JN440840

수산생물 선발육종 프로그램

Trygve Gjedrem

한현섭 · 김경길 · 강정하

(주)바이오사이언스출판

수산생물 선발육종 프로그램

초판 발행: 2013년

저　자: Trygve Gjedrem
역　자: 한현섭, 김경길, 강정하
발행인: 문정구
편집팀: 이종률, 홍수희, 정지혜, 김지훈
영업총괄: 한상정
기획총괄: 최성원
발행처: (주)바이오사이언스출판
137-060 서울특별시 서초구 효령로2길 10, 201호(방배동, 호산빌딩)
전　화: (02)581-4057~8　팩　스: (02)581-4059
이메일: inquiry@biosciencepub.com
홈페이지: http://www.biobooks.co.kr
ISBN: 978-89-6824-021-8　93520
등록 번호: 제22-3079호

이 도서의 국립중앙도서관 출판시 도서목록 (CIP)은 e-CIP 홈페이지
(http://www.nl.go.kr/cip.php)에서 이용하실 수 있습니다.
(CIP 제어번호: 2014013064)

표지사진 제공: 한현섭

서 문

생물학적 생산 시스템 측면에서 비록 수산양식이 오랜 역사를 지녔다 하더라도, 양식되는 어종들의 주요 경제형질들을 개량하기 위한 체계적이고 효율적인 육종 프로그램들은 연어과 어류를 제외한 다른 어종에서는 거의 활용되지 않았다. 이는 양식 어종들의 대부분(90% 이상)이 유전적으로 개량이 되지 않은 생물에 기초를 두고 있음을 의미한다. 이와 대조적으로 축산의 경우는 아주 다르다. 실제 지구상의 어떤 축산물도 유전적으로 개량되지 않거나 길들여지지 않은 집단에 바탕을 두고 이루어지는 생산은 없다. 가축과 마찬가지로 어류나 패류 역시 육종의 기본 개념이 동일함에도 불구하고, 육종에 있어 수산양식과 축산업 간의 차이점은 분명히 있다. 이러한 차이들의 근본적인 원인은 수산양식 생물의 번식생태가 축산 동물의 번식생태보다 훨씬 복잡하기 때문이다. 따라서 이러한 수산생물을 육종하기 위해서는 매우 신중해야 할 필요가 있다.

1971년 이래 AKVAFORSK는 연어과 어류들을 육종해왔고, 최근 15년 동안은 담수어와 해산어류의 육종을 위해 다양한 분야에서 연구를 수행하고 있다. 이 기관의 연구 결과와 세계 각국의 또 다른 연구기관들에서 나온 연구 결과들은 다른 어종들에 적용할 효율적인 육종 프로그램들을 만드는데 중요한 정보들을 제공하였다. 어류와 패류의 선발육종 프로그램을 통해 얻어진 이들의 유전적 개량 효과는 축산업에서 얻은 유전적 개량의 성과보다 훨씬 높은 것으로 나타났다.

이 책을 발간하게 된 주된 목적은 양적 유전이론과 선발육종에 관한 수많은 최근 연구 결과들을 바탕으로 수산생물들의 효율적 육종 프로그램들을 개발하기 위해 현재 이용되고 있는 방법들을 요약하여, 가축의 육종 프로그램에 관한 책들이 많이 출간되었으나 수산생물들에 적용할 만한 책이 없기 때문이다.

따라서 우리는 대학생, 생물학자, 수산양식의 육종 프로그램을 계획하거나 도움을 주는 컨설턴트들이 이 책을 이용할 수 있기를 바란다. 또한 이 책이 수산업의 생산성을 증대시키고, 날로 증가하는 인류의 식량, 토지, 수자원 이용의 개선을 위해 선발육종 프로그램들이 이용될 수 있기를 희망한다.

이 책을 집필하는데 많은 연구자들이 도움을 주었다. 특히 AKVAFORSK의 동료와 다른 공동연구기관의 동료들이 큰 공헌을 하였으며, 이러한 노력과 지원, 그리고 충고로 인해 이 책이 완성될 수 있었다. 또한 통계적 수식들을 변환해준 Ms. Grethe Tuven(노르웨이 농과대학 축산 및 수산양식 학과)과 원고를 읽고 이해하기 쉽도록 퇴고 작업을 도와주신 Dr. Ben Hayes와 Nick Robinson(AKVAFORSK)에게 감사하며, 마지막으로 이 책이 완성되고 출판될 수 있도록 끝까지 격려해주신 AKVAFORSK의 관계자 분들께 깊은 감사의 마음을 전합니다.

Trygve Gjedrem

「수산생물 선발육종 프로그램」 번역서를 내면서 . . . .

우리나라에서 수산학을 연구하면서 겪은 가장 큰 애로사항은 참고할 만한 교과서나 자료가 매우 빈약하다는 것이다. 우리나라에서는 최근에 대형 서점에서 조차도 수산학 관련 전문서적은 찾아보기 힘들다. 그러나 인터넷에 소개되는 외국 서적 중에는 수산관련 전문 서적들이 끊임없이 출판되어 판매되고 있으며, 특히 일본에서는 다양한 분야와 여러 종류의 수산 관련 전문서적들이 대학이나 일반 출판사를 통해 매년 꾸준히 출판되고 있다. 수산관련 자료나 전문서적이 부족한 우리나라 현실이 아쉽기도 하고, 한편으로는 수산의 저력이 점점 약화되고 있다는 느낌이 들어 안타깝기만 하다.

그러한 안타까움에서 이번에 「수산생물 선발육종 프로그램」이란 책을 번역하게 되었으며, 이 책이 수산육종의 원리나 지침이 되어 우리의 현실을 좀 더 이해할 수 있는 하나의 귀중한 자료가 되기 바라며, 또한 이 책의 출판을 계기로 이 분야의 발전을 기대해 본다.

이 책은 노르웨이 양적유전학 전문가인 Trygve Gjedrem에 의해 발간되었는데, 저자는 세계 최고의 양적유전학 전문가로서 노르웨이의 연어 육종의 선구자이며, 오랫동안 연어의 육종 연구에 전념하여 오늘날 연어가 세계적인 어종으로 자리매김하는데 큰 역할을 했다. 1992년도 싱가포르 아시아수산학회에 참석했을 때 저자를 잠시 만난 적이 있는데, 큰 체격과 함께 인자한 미소가 인상적이었다. 그 후로 몽고에 건너가 양의 육종을 하고 있다는 소문을 들었는데 언제부터인가 다시 노르웨이로 돌아와서 이 책을 집필했다고 한다.

우리나라에서는 국립수산과학원에서 2004년부터 넙치의 육종연구에 착수하여, 육종 프로그램과 microsatellite DNA 마커를 이용한 선발육종을 추진하고 있다. 그 결과 2009년에 성장이 연 30% 빠르고 체형이 개선된 속성장 넙치를 개발하여 수산육종의 성공 가능성을 확인시켜 주었다. 2011년에는 킹넙치라는 브랜드로 산업화에 성공했으며, 현재도 넙치의 육종연구는 계속 발전하여 5세대까지 진행되는 쾌거를 이루었다.

이 책의 출판을 계기로 우리나라에서도 수산과학원뿐만 아니라 민간업체에서도 여러 가지 품종에 대한 육종연구가 활발해지기를 바라고, 우리나라 수산업이 육종연구를 통하여 재도약할 수 있기를 기대한다.

이 책이 출판되기까지는 여러분의 노력과 수고가 있었다. 특히 여러 가지 까다로운 문장을 깨끗하게 편집해 주신 (주)바이오사이언스출판의 문정구 사장님께 감사드리고, 번역자료를 정리하기 위해 수고해 주신 서라벌대학교 도경탁 교수께도 진심으로 감사드린다.

2014. 1. 역자 일동

역자 프로필

한 현 섭

現 국립수산과학원 사료연구센터장
제주대학교 증식학과 졸
일본 동경대학 해양연구소 연구원
일본 고치대학 석사 수료(농학석사)
일본 에히메대학 박사 수료(농학박사)
미국 Washington 주립대학 post doc.
전공: 유전육종, 집단유전학

김 경 길

現 국립수산과학원 전략연구단장
부산수산대학교 양식학과 졸
부산수산대학교 박사 수료(수산학박사)
전 육종연구센터장
전공: 수산양식, 유전육종

강 정 하

現 국립수산과학원 생명공학과 수석연구원
제주대학교 증식학과 졸
일본 긴키대학 석사 수료(농학석사)
일본 동경수산대학 박사 수료(수산학박사)
영국 Stirling 대학 양식연구소 postdoc.
호주 CSIRO 연구소 연구원
전공: 유전자원, 분자육종

CONTENTS

1. 수산양식의 현황과 범위

TRYGVE GJEDREM

1.1 서론

지구 표면의 약 71%는 해수이고 1%가 담수이다. 1990년 모든 종에서 생산된 세계의 식량 총생산량은 약 46억 톤이었으며, 이중 식용이 가능한 곡물은 약 24억 톤이었다. 이들 중 98%는 육지에서 생산되었으며, 2% 정도는 해양이나 연안에서 생산되었다. 이 중 식물성 식품은 92%, 동물성 식품은 8%를 차지하고 있다. 수산양식 생산물은 축산물과 비교하면 매우 제한적이다. 어류와 패류의 생산량은 1966년 100만 톤이고, 1975년 500만 톤으로 추정된다(Pillay and Dill, 1979). 그리고 1985년 770만 톤, 2001년에는 3,790만 톤으로 증가하였다(FAO, 2003). 그림 1.1은 지난 10년간 수산생물 생산량의 빠른 증가 추세를 보여주고 있다.

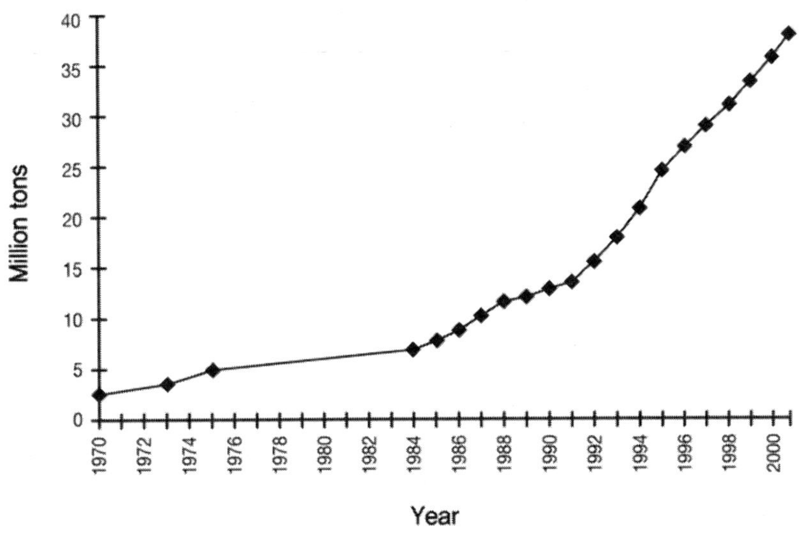

그림 1.1 어류와 패류의 세계 생산량.

수산생물 생산량의 증가 추세는 앞으로 계속될 것으로 전망된다(New, 1991). 수산양식 생산량은 매년 어획된 어류들이 꾸준히 9,000~10,000만 톤을 유지하였으며, 어류와 패류의 양식이 가능해지면서 그 양이 급격히 증가할 것이다. New(1991)에 따르면 어류와 패류에 대한 수요를 충족시키기 위해

2025년에는 수산양식 생산량이 6,300만 톤이 되어야만 할 것이라고 보고하고 있다(그림 1.2). 이러한 목표에 도달하기 위해서는 생산량이 매년 4.75%씩 증가해야만 할 것이다. 수산양식의 확장은 아시아 특히 오늘날 수산물 시장이 크게 발달하고 있는 열대와 아열대지역에서 가장 빈번하게 일어날 것이다. 증가된 수산물 수요는 고집약 양식과 해수면 양식 그리고 외해 양식 등 어종의 양적 증가로 이어질 것이다. 반면 이러한 양적 증가로 인해 수질 특히 담수의 오염으로 인해 많은 문제점들이 발생할 수도 있으며, 어유의 유효성 또한 문제가 될 수 있다.

따라서 생산 목표량에 도달하는 것뿐만 아니라 생산원가의 감소, 질병에 대한 저항성 향상, 식량자원 이용의 개선과 생산물의 질적 향상을 위한 효율적인 육종 프로그램 개발이 매우 중요하다.

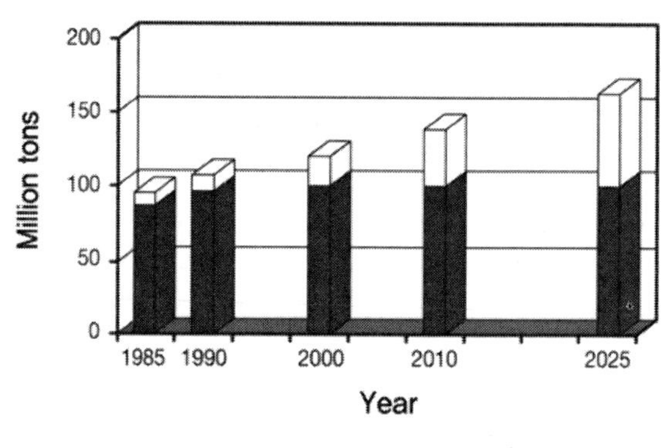

그림 1.2 인구증가율과 1989년 1인당 섭취량에 따른 수산물의 수요량.

1.2 순치

동물의 순치는 빙하기 말기부터 시작되었다. 인간이 순치하고자 했던 많은 동물들 중 매우 적은 종만이 성공적으로 순치되었다. 순치를 정의하기 위해서는 몇 가지 요인들을 충족시켜야 한다. Lush(1949)는 순치의 일반적 의미를 다음과 같이 결론지었다.

- 순치란 성격이 온순해지고 사람에 의해 길들여질 수 있으며, 인간의 주변에서도 스트레스를 적게 받는 등 행동에 큰 변화를 가지는 것
- 인간에 의해 부분적으로 번식과 성장이 조절되는 것
- 동물들의 생산과 서비스가 향상(개량)되는 것
- 생존을 위해 사육자에 의해 사육되는 것

Hale(1969)은 순치란 동물의 번식, 관리, 사육에 있어 일부분이 인간에 의해 통제되는 것으로 정의 내리고 있으며, 이는 인위적인 조건들에 의해 사육됨으로써 초래되는 행동, 형태학 또는 생리학상의 유전적 변화들에 의해 특징지어진다. 그러므로 새로운 종을 순치하는 것은 매우 큰 도전이다. 결국 자연적 혹은 인위적 선발을 통해 새로운 환경과 부분적으로 인간의 통제에 가장 잘 적응하는 동물들만이 선발되는 것이다.

최초로 순치가 이루어진 것에 대해 알려진 바는 거의 없다. 다만 사냥꾼들이 야생동물들을 애완용으로 집에 데려왔고, 그들 중 가장 성격이 온순하고 잘 따르는 동물들만이 선발되어 사육되었던 것으로 추측된다. 일부 가축들의 유래가 한 종 혹은 여러 종에서 왔는지에 대해서는 확실하지 않다. 순치는 여러 지역에서 일어났을 것이고, 순치된 가축들은 이후 종간 혹은 종내 교배가 이루어졌을 것이다.

어류에서 순치는 육상 가축에 비해 비교적 최근에 시작되었다. 어류에서 가장 오래전에 순치된 것으로 알려진 잉어는 3~4천 년 전에 양식된 것으로 보고되고 있다(Bardach et al., 1972). 수산양식 어종과 관련하여 비교적 최근에 발표된 보고에서 순치는 높은 번식력과 연관되어 있다. 이 이론에서는 왕성한 번식력으로 적은 수의 친어로도 다음 세대에 충분한 자어들을 부화하여 양육하기 때문에 순치가 가능하다고 설명하고 있다. 이로 인해 근친교배(그에 따른 질병과 활동의 둔화)가 빠르게 축적되기 때문에, 양식업자들은 일부러 이를 줄이고자 야생에서 순치되지 않은 친어들을 잡아 교배에 이용함으로써 지속적으로 이러한 문제점들을 개선해왔다.

하지만 관상용 어류는 예외적이다. Purdom(1993)에 따르면 가장 오래전에 순치된 관상용 어류는 금붕어(*Carassius auratus*)이다. 금붕어는 16세기 이전 중국에서 길들여졌고, 일본으로 건너간 후 유럽으로 이입된 것으로 추정되고 있다. 또 다른 관상용 어류인 비단잉어는 일반 잉어에서 변이된 화려한 잉어로써 주로 일본에서 생산된다. 비단잉어의 생김새와 색상의 큰 차이점들은 꾸준한 선발과 이종교배에 의해 만들어진 결과이다.

1.3 동물육종의 역사

동물육종은 여러 세대를 거치며 최고의 형질들을 지닌 자손들을 생산해내는 부모들을 찾아내기 위한 목적을 지닌 중심 이론이다. 동물에게 변이는 필수적으로 일어나는 현상이다. 따라서 동물육종은 이러한 변이들에 주목하게 되었고, 이들을 선발육종에 이용하는 것이다.

동물육종 역사는 육종의 이론적 배경이 만들어지기 훨씬 전부터 선발의 원리가 수천 년 동안 이미 현장에서 성공적으로 적용되어 왔음을 보여주고 있다. 우리는 인위적 선발들이 언제부터 가축의 순치에 중요한 역할을 하기 시작했는지는 모르지만, 오랜 기간 동안 의도하지 않은 인위적 선발들이 자연스럽게 이루어져 왔던 것으로 믿고 있다. 아마도 순치의 초기 단계에는 형태적 특징들을 기준으로 선발되었을 것이다.

20세기 초부터 발달하게 된 현대의 육종이론들은 비교적 새롭다. 한 세대에서 그 다음 세대로 유전물질이 옮겨가는 원리를 내포하는 Mendel의 유전법칙을 토대로 발달하였다. 오스트리아의 신부인 Johan Georg Mendel은 유전법칙에 대한 고전적 논문을 1866년에 발표하였으며, 식물 실험을 통해 이 이론을 발달시켰다. Mendel 유전학은 몇 개의 유전자들에 의해 지배되는 질적형질과 불연속변이에 대해 주로 다루었다. Gardner and Snustad(1981)에 따르면, Mendel의 논문은 세 명의 식물학자에 의해 동시에 재검토되었다. 네덜란드 출신인 Hugo de Vries는 옥수수, 완두콩, 콩의 달맞이꽃에 대한 돌연변이 이론과 연구들로 잘 알려져 있다. 오스트리아 출신인 Eric von Tschermak-Seysenegg는 완두콩을 포함한 여러 식물들을 연구했다. 이들 각 연구자들은 자신들의 독립된 연구들을 통해 Mendel의 유전법칙을 증명했던 것이다. 1901년 William Bateson은 Mendel의 "유전입자"가 동물 유전의 기초라는 사실을 닭을 이용한 실험에서 처음으로 증명하였으며, 1905년 그는 이러한 학문을 유전학이라 명명하게 되었다.

1908년부터 Hardy-Weinberg 법칙에 의해 한 집단에서 Mendel의 유전학을 연구하는 집단유전학의 기초가 설립되었다. 질적형질에 영향을 미치는 유전자들은 일반적으로 1~2개의 유전자에 의해 발현되는 것으로 제한되었으며, 이 실험 결과들은 유전자형과 표현형의 빈도로 표현되었다.

연속변이의 유전형질을 다루는 양적유전학 이론의 이해와 발달은 거의 동시에 시작되었다(양적형질은 각각의 형질들에 적은 영향을 미치는 다수의 유전자들에 의해 조절되는 것으로 가정됨). Charles Darwin은 1859년 "종의 기원"을 출간했고, 형질의 작은 변화들의 축적이 자연선택에 어떻게 영향을 미치는가에 초점을 맞추었다. 양적형질들을 증가시키기 위한 선발의 개념들은 가축과 수산양식 어종에서 생산형질의 증가를 내포하고 있는 양적유전학의 중심개념이다. 생물통계학자인 Francis Galton and Karl Pearson은 회귀와 상관관계의 통계적 방법들을 이용하였고, 한 세대에서 그 다음 세대로 갈 때 부모와 자손 간 유사성이 반으로 줄어든다는 원리를 발견하는데 큰 공헌을 하였다. 후에 Ronald A. Fisher and Sewall Wright는 양적형질과 Mendel 형질이 생물통계학적 상관관계에 기초해 유전되는 방식임을 증명함으로써 두 요인 간의 모순을 조정할 수 있었다.

Fisher, Wright 그리고 J. B. S. Haldane은 교배와 선발절차 체계와 관련된 양적수치들을 개발했고, 그 결과들을 진화의 문제점들에 적용하는 한편, Wright and Jay L. Lush는 동물육종 문제의 해결책에서 이와 같은 절차들을 처음으로 이용하였다.

1930년대 현대 동물육종의 아버지로 불리는 Lush는 동물의 육종효율과 육종가를 추정하기 위한 방법을 확립하기 위해 Wright와 다른 사람들의 이론들을 이용했다. 1950년대 초반 Lush 이후, C. R.

Henderson and Alan Robertson은 컴퓨터를 이용하여 젖소의 육종가를 평가하는 방법과 프로그램을 개발했다.

오늘날 대부분의 국가 연구기관은 기존의 양식방법을 개선하기 위해 새롭고 효율적인 방식을 개발하고 있으며, 결과적으로는 경제적으로 중요한 가축들의 유전적 개량 비율을 향상시키기 위해 선발육종과 관련된 여러 문제점들을 보완하기 위한 연구를 수행하고 있다.

1.4 육종의 목적; 집단은 왜 변화하는가?

육종 프로그램의 목적은 식량, 토지, 수자원을 좀 더 효율적으로 이용하여 동물을 성장시키는 것이다. 이런 목표를 추구함으로써 우리는 어떤 조건에서도 번식을 잘 하고, 사육환경에 더 잘 적응하는 동물들을 선발하는 것이다. 어류나 패류를 포함한 순치되지 않은 동물들이 포획된 상태에서 지속적인 스트레스를 받는 것은 쉽게 관찰된다. 이러한 측면에서 동물들을 순치시켜야 할지 야생 상태 그대로 둘지에 대한 동물복지 차원의 문제점이 끊임없이 제기되고 있다. 사실 육종 프로그램은 2가지의 목적을 가진다.

- 가축의 복지를 증진시키는 것
- 동물의 생산성을 증가시키며 생산의 질과 양을 향상시키는 것

1.5 가축에서 육종 프로그램의 영향

1.5.1 무엇을 달성하였는가?

가축이 얼마나 빨리 순치되었는지는 알 수 없다. 하지만 습성, 형태, 번식능력에 있어서 오늘날의 가축들과 야생동물들 간 큰 차이는 분명히 있다. 순치되는 과정 동안 동물들은 더욱더 사육환경에 적응되었을 것이고, 사육자들은 이들 중 가장 온순하고 번식력이 좋은 개체들을 선호하였을 것이다. 이렇게 순치된 가축들이 실제 야생동물들과 비교하여 어느 정도 변화되었는지, 혹은 어떤 유전적 변화가 일어났는지에 대해 구체적으로 알려진 바는 없다.

가축에 적용된 최초의 육종 프로그램은 양적유전학의 이론적 개념이 확립된 1930년대에 만들어졌으며, 그 이후 생산성과 관련된 형질들은 크게 향상되었다. 그림 1.3처럼, 암탉이 일 년 동안 낳는 알의 평균 개수는 1940년대 약 120개에서 1980년대 중반 320개 이상으로 점차 증가하였고, 305일 동안 젖소의 젖꼭지 한 개당 평균 우유 생산량은 1945년 약 2,000kg에서 1980년 5,000kg 이상으로 증가하였다. 돼지의 평균 일일 증체량은 1960년 약 450g에서 1980년대 800g으로 증가했다. 가축의 생산성은 꾸준히 증가하고 있으나, 유전적 이득이 평준화되었다는 증거는 확인할 수 없다. Barlow(1983)와

Michell et al.(1982)에 따르면 가축의 육종 프로그램으로 측정된 비용/이익의 비율은 종에 따라 1:5에서 1:50의 수준을 유지하였다.

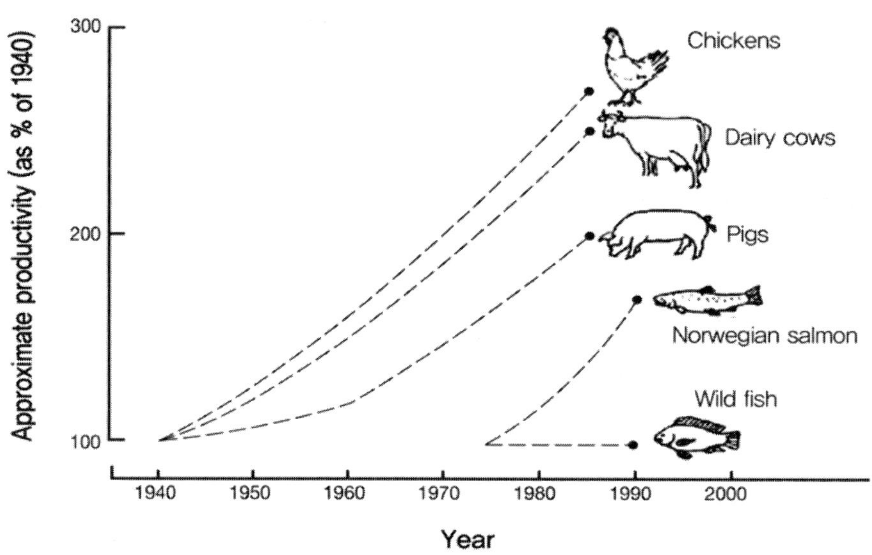

그림 1.3 1940년대에 시작된 유전적 연구는 가축화된 포유동물들과 조류들의 생산성을 크게 향상시켰다.

생산량의 증가는 식량자원을 좀 더 효율적으로 이용할 수 있게 되었고, 생산 원가를 크게 감소시켰다. 달걀, 닭고기, 돼지고기, 우유, 양모처럼 가축들로부터 만들어지는 모든 축산물들이 야생동물을 포획하여 만든다는 것은 오늘날 상상할 수도 없을 것이다. 하지만 수산양식 생물의 상황은 가축과 매우 다르다.

1.6 수산양식에서의 육종

가축과 비교하여 수산양식에 양적유전학적 원리를 적용하는 것은 최근까지도 매우 드물었다. 어류의 양식은 중국에서 4,000~5,000년 전부터 시작되었으며, 어류의 인공부화는 BC 2,000년경 중국에서 시작되었다(Lin,1940). 양식에 대한 최초의 기록은 BC 12세기경 중국으로부터 시작되었다(Menasveta and Fast, 1998). 누에의 번데기와 배설물이 어류의 대체 식량으로 제공되었던 것처럼, 어류양식의 발달은 누에 양식과 함께 성장하였다(Hickling,1962). 수산양식에 관한 가장 오래된 책은 중국인 Fan Lee에 의해 저술되었으며, BC 475년 초기에 출판되었다(Ling,1977). Fan Lee는 BC 500년경에 행해졌던 수산양식 기술을 묘사했으나, 어류의 육종이 중국에서 언제부터 이루어졌는지에 대한 정확한 정보는 없다. 다만 〈강한 번식능력을 가진 어류를 잡으려면 큰 강에서 야생친어를 포획하라〉라는 중국 속담 속에서 볼 수 있듯이, 이때까지 잉어 사육자들이 번식능력을 향상시키기 위해 인위적으로 선발하는 것이 일반적이지 않는다는 것을 의미하고 있다. Schaperclaus(1961)에 따르면 가축이 수천 년 동안 선발되어 온 것에 비하면 유럽의 잉어 양식업자들은 단지 수백 년 동안 가장 큰 어류들을 선발해 왔으며, 질병에 대한 저항력과 성장률을 향상시키기 위한 몇 가지 실험들은 1920년대에 들어와서야 시작되었다(Embody and Hyford,1925; Lewis,1944; Donaldson and Olson,1955).

비록 어류양식이 세계의 여러 지역에서 오랜 전통을 지니고 있더라도, 양식이 어느 정도까지 가능했는지에 대해서는 명확하지 않다. 유럽과 이스라엘 잉어는 오랜 시간 동안 폐쇄된 집단속에서 양식되어왔다(Schaperclaus,1961). 무지개송어는 1890년대 이후 유럽에서 몇 세대 동안 가두어져 길러졌고, 이들을 야생 송어와 비교하면 순치된 표시가 명백히 나타난다. 틸라피아는 1937년 인도네시아에서 처음 발견되었고, 2차 세계 대전 이후 동남아시아에서 양식되었다.

노르웨이에서 대서양연어 양식은 1960년대 후반에 시작되었고, 오늘날 양식되는 연어의 대부분은 7세대 동안 인위적으로 선발된 것들이며, 이들 역시 여러 곳에서 순치의 흔적들을 보여주고 있다. 예를 들어 자어나 치어들의 야생성은 담수상태에서 가장 두드러지게 줄어드는 것으로 나타났다. 즉, 어류들은 헤엄치고 싸우는데 에너지를 사용하지 않고, 서로가 서로를 숨겨주는 등의 행동의 변화가 생겼다.

바다새우를 포함해 milkfish(*Chanos chanos*)와 다른 어종들은 주로 15세기경 인도네시아의 염분이 있는 연못에서 대량으로 양식되었지만, milkfish, 방어류, 갑각류, 연체동물 같은 주요 수산양식 어종들은 최근(2004년)들어 야생 친어나 치어에 크게 의존하고 있는 실정이다.

1.7 수산양식의 육종 현황

수산양식에서 선발육종 프로그램들은 일반적으로 산업에 잘 이용되지 않고 있으며, 대부분 어종들은 여전히 야생친어나 치어를 포획하여 이용하고 있다.

수산양식에서 효율적인 육종 프로그램이 부족할 이유는 없다. 수산양식에서 중요한 경제형질들은 가축이나 식물과는 조금 다른 양상으로 나타날 뿐이지, 선발반응은 가축보다 수산양식에서 일반적으로 더 높게 나타난다(Olesen et al., 2003).

수산양식 생물에서 육종 프로그램이 부족했던 이유 중 하나는 번식주기가 매우 복잡하여 이를 완벽하게 이해하고 제어하는 것이 매우 어려웠기 때문이다. 특히 수산생물의 경우가 그렇다. 수산양식 생물의 육종 프로그램이 부족한 가장 큰 요인으로는 각 세대마다 적은 수의 친어(반복되어 이용되는 것을 방지하기 위한 개체 확인 없이)를 이용함으로써 그들 사이에서 근친교배가 빠르게 이루어졌고, 그 결과 점차 퇴화되었기 때문이다. 이러한 문제점들은 번식력이 높은 종들에서 더 큰 문제가 되었다. 연구자, 외부관리자, 양식업자들이 양식이론에 대해 교육을 제대로 받지 못한 것도 하나의 원인이며, 어류 생물학의 교육과정에서 양적유전학과 육종 계획에 대한 관심이 없거나 적었기 때문이다. 또한 수산양식 분야에서 유전학을 논하는 논문들의 대부분은 질적형질과 집단유전학의 유전적 변이에 대해서만 다루고 있는 실정이다.

수산양식의 육종 프로그램을 개발하는 데에는 관심이 적었기 때문에, 산업적으로 중요한 양식종들에 대한 주요 경제형질의 표현형 혹은 유전형들에 대한 정보가 매우 적다. 이전의 육종 목표는 단순히 유전적 변이를 계산하고, 유전형질과 표현형질 간의 연관 정도만 정의하였다. 수산양식종에서 이루어진 최초의 유전평가는 Aulstad et al.,(1972)의 송사리 체중과 체장, Kirpichnikov(1972)의 잉어 치어의 체중에 대한 결과 정도이다. 이후 표현형 혹은 유전형 매개변수에 대한 대량의 신뢰할만한 값들이 연어과 어류에서는 발표되었지만, 다른 어종들에서는 이러한 정보들이 여전히 부족하기에 이러한 값들을 얻기 위해 육종실험은 반드시 이루어져야 한다.

다음 장에서는 Mendel의 유전학, 집단유전학, 양적유전학이 어류와 패류의 지속적 개량에 어떻게 활용될 수 있는가에 대한 이해를 돕고자 선발육종 프로그램에 대한 기본 원리들을 설명하도록 하겠다.

2. 기초유전학

TRYGVE GJEDREM AND QIVIND ANDERSEN

2.1 분자유전학

2.1.1 DNA 분자

유기체를 구성하는 최소 단위는 세포이다. 세포는 물질대사를 하고 성장하여 번식하며 외부 영향에 반응을 한다. 세포는 막으로 둘러싸여 있는데 이 막은 물질이 내·외부로 통과할 수 있게 되어 있다. 세포핵은 세포질로 둘러싸여 있는데, 세포질은 반유동체 물질인 유기물, 특히 단백질로 구성되어 있다. 세포질은 미토콘드리아, 골지체, 리보솜, 라이소좀 등의 세포기관이라 불리는 여러 입자들이 포함되어 있다. 미토콘드리아에는 몇 가지의 유전정보들이 있는데 이것들은 세포핵에 의해 직접적인 영향을 받는다(그림 2.1).

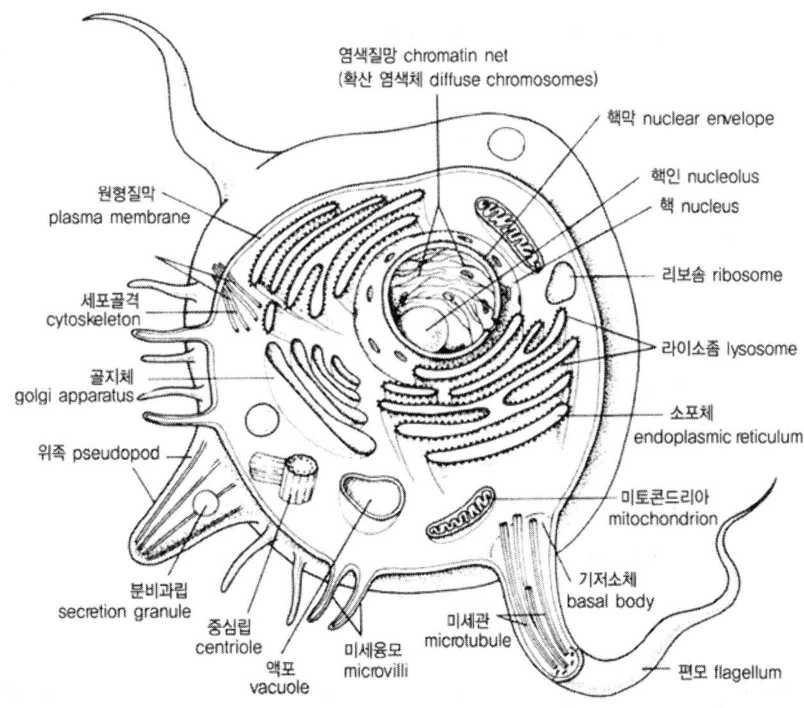

그림 2.1 선발된 구조를 가진 세포.

핵은 유기체의 발달, 물질대사 그리고 행동에 대한 모든 유전정보를 포함하고 있기 때문에 특히 흥미롭다. 개개의 모든 세포들은 DNA 분자에 저장된 유전정보의 완벽한 세트를 가지고 있다. DNA는 핵막 안에 있는 염색체라 불리는 가늘고 긴 구조로 되어 있다. 염색체에는 핵산의 기본 단백질들이 결합된 형태인 핵단백질들로 구성되어 있다. 핵산은 부착된 당 분자에 따라 디옥시리보핵산(DNA)과 리보오스핵산(RNA)의 2가지 유형으로 구분된다(그림 2.2). 한동안 DNA가 유전의 근본물질이라는 것이 입증되기까지 DNA가 유전정보를 옮기는지에 대해 명백히 밝혀지지가 않았었다. 일부 DNA가 없는 바이러스의 경우 RNA가 유전물질 역할을 했기 때문이다.

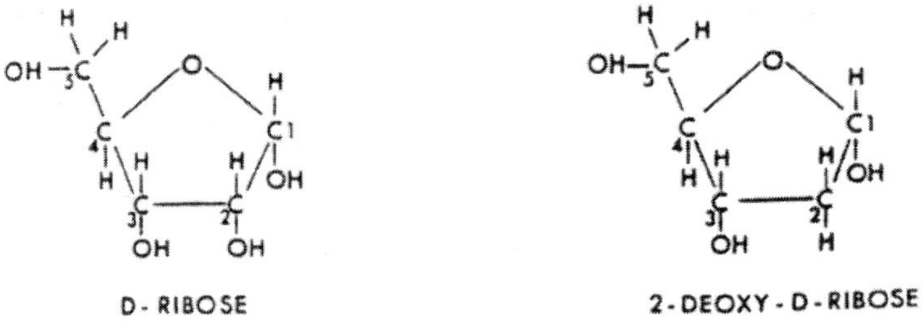

D-RIBOSE

2-DEOXY-D-RIBOSE

그림 2.2 D-Ribose(RNA)와 2-deoxy-D-Ribose(DNA)의 화학구조.
탄소 5개에 1~5까지 번호가 붙여져 있다.

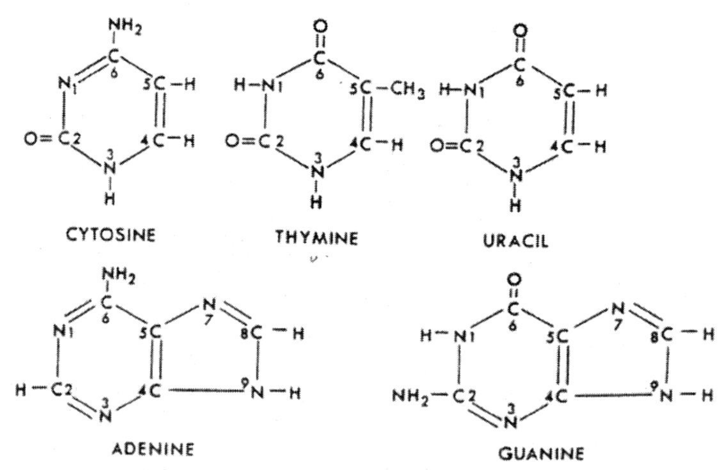

그림 2.3 DNA와 RNA의 화학적 염기구조.

Watson and Crick(1953)은 DNA 분자의 구조가 오른쪽으로 꼬인 이중나선구조처럼 생겼다는 것을 밝혀냈다. 구조의 오른쪽 상단은 인산(P)과 deoxyribose 당(S)이 서로 엇갈리는 형태로 이루어져 있고, 반대편에는 그림 2.3에 있는 아데닌(A), 구아닌(G), 티민(T), 시토신(C) 같은 4개의 염기들이 쌍의 구조를 이루고 있다. 수소결합을 하고 있는 각 염기는 항상 아래와 같은 4가지 조합으로 되어 있으며, 이들은 퓨린기(A,G)와 피리미딘기(C,T)로 구분된다.

C+G G+C A+T T+A

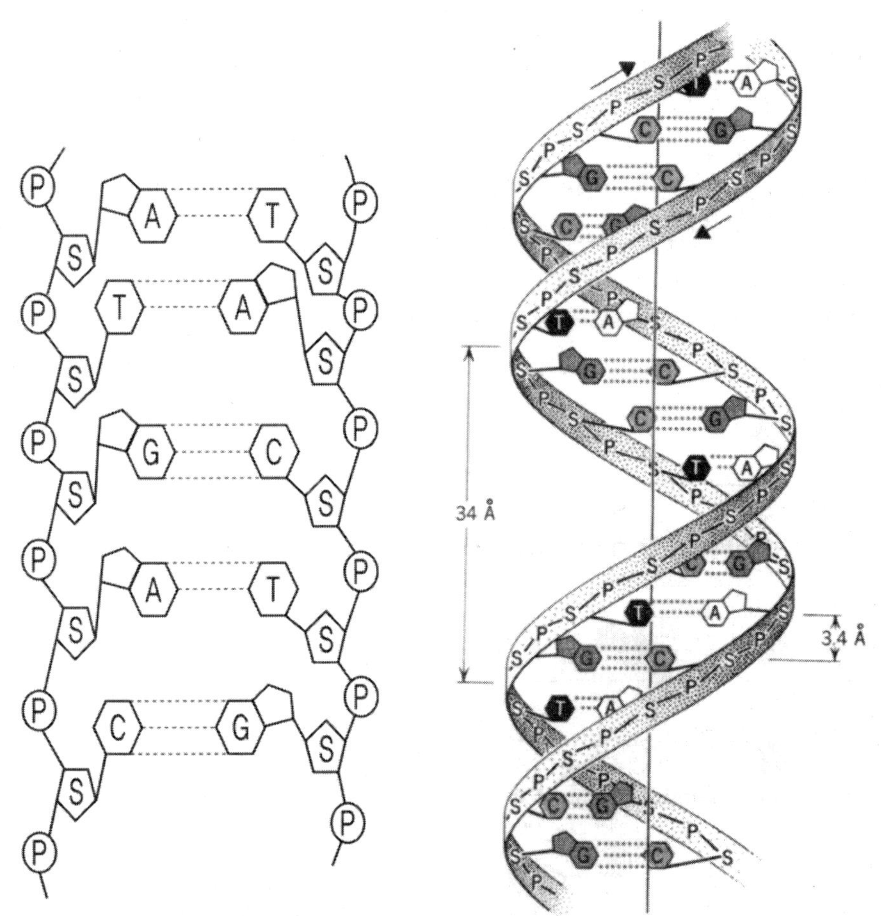

그림 2.4 왼쪽 : 두 개의 DNA 가닥 사이에서 쌍을 이루고 있는 염기. 오른쪽 : DNA 이중나선구조.

RNA는 티민(T) 대신 우라실(U)을 가지고 있다는 점에서 DNA와 다르다. DNA 분자의 경우 나선이 완전히 한번 회전하는 사이에 10개의 염기가 존재하게 된다. 그림 2.4에서 보여주는 각 염기쌍 간의 거리는 3.4Å(1Å=1mm의 1,000만분의 1)이다. 만약 동물세포의 DNA를 펼치게 된다면, 그 길이는 2미터 이상이 될 것이다. 이러한 DNA는 다양한 염기서열을 가질 수 있으므로 저장할 수 있는 유전정보는 거의 무한대라고 볼 수 있다. 바이러스는 DNA 분자에 5,000개의 염기를 가진다고 알려져 있다. 이 정도 길이에 포함된 DNA 정보는 책 한 페이지 정도의 분량이다. 박테리아 세포는 바이러스에 비해 1,000배 이상의 유전정보를 담고 있으므로, 책 1,000페이지 이상의 분량이 될 것이다. 포유동물 세포의 유전정보는 굉장히 많아서 정보를 적으려면 백만 장 이상의 종이가 필요하게 될 것이다. DNA 분자는 부친으로부터 하나의 염색체를, 모친으로부터 또 다른 하나의 염색체를 물려받음으로써 한 쌍의 염색체를 구성하고 있다. 염색체 수는 종에 따라 다양하고, 표 2.1에서처럼 염색체 수로 종을 특성화시키는데 이용될 수 있다. 유전자는 DNA 염기서열의 일부인데, 보통 단백질 구조를 암호화하고 있다. 한 유전자의 염기서열은 수백에서 수천 개의 염기들로 이루어져 있으며 매우 다양하다. 비록 한 유기체의 각 세포는 모든 염색체와 유전자들을 포함하고 있지만, 어떤 세포는 발달단계와 자극의 차이에 따라 다른 유전자들을 발현하기도 한다. 이러한 현상은 다른 조직의 세포분화에서도 일어난다. 유전자의 수는 동물들 사이에서도 다양하지만, 대부분의 척추동물들은 28,000~34,000개의 유전자를 가지고 있다(Crollius et al.,2000). 단백질의 레시피 외에 유전자도 프로모터를 가지고 있다. 단백질 레시피 앞에서 발견되며 단백질 합성을 시작하기 위한 것이다. 전사조절인자는 어떤 세포에서 유전자가 언제, 얼마만큼 발현하는지를 결정하는데 영향을 미친다. 유전자는 불활성 DNA 단편들에 의해 흩어져 있는데 이들은 DNA 분자의 85~90% 정도의 양이 만들어진다고 여겨진다.

표 2.1 수산생물의 염색체 수

종	염색체 수	종	염색체 수
대서양연어	58	곱사송어	52
브라운송어	80	Chum salmon	74
바다송어	80	홍연어	56~58
arctic char(북극담수송어의 일종)	80	큰연어	68
담수송어	84	은연어	60
잉어	98~104	무지개송어	60
Gras 잉어	48	틸라피아(*O. niloticus*)	44
Rohu 잉어	50	틸라피아(*O. mosambicus*)	44
Mrigal	50	찬넬메기	58
catla 잉어	50	가자미	88
백련어	48	Striped snake head	40
대두어	48	작은 새우(*Penaeus*)	86~92
붕어	94~100	참새우(*M. rosenbergii*)	118
Mosquito fish	48	홍합	28

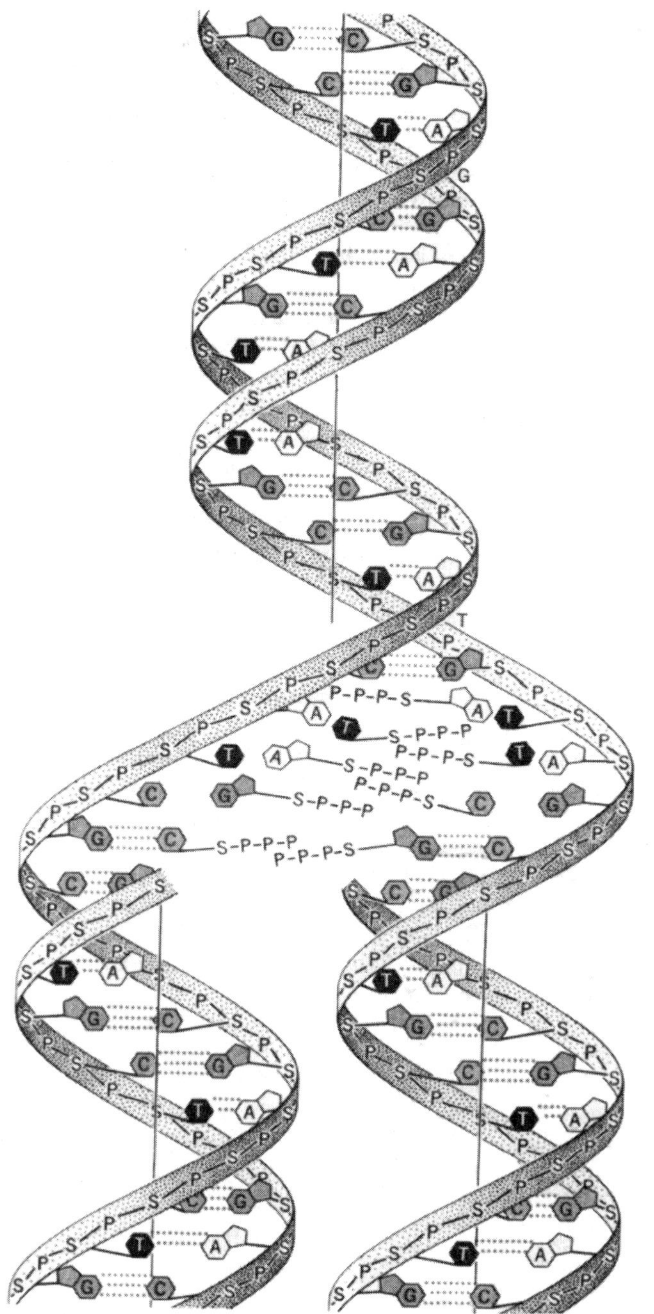

그림 2.5 DNA 이중나선의 복제를 위해 제시된 Watson and Crick의 모델.

2.1.2 DNA 복제

1개의 세포가 2개의 동일한 자세포로 분화되기 전, DNA 분자는 자신의 복제물을 만들어 낸다. Watson and Crick(1953)은 이러한 DNA 복제과정을 밝혀냈다. 복제과정 동안 수많은 효소들이 활성화 된다. 하나의 효소가 이중나선을 이루는 염기들의 결합을 끊으면서 복제과정이 시작된다. DNA 사슬이 중간 중간에서 끊어져 그림 2.5에서처럼 두 가닥으로 분리된다. 분리되는 동시에 뉴클레오티드가 복제된다. 이 뉴클레오티드는 각각의 딸 DNA 분자가 부모의 이중나선 사슬의 원형과 상보적으로 사슬들을 합성함으로써 새로운 상보적인 이중나선 구조를 만드는 것이다. 따라서 DNA 복제는 반보존적인 특성을 지니게 된다.

염기치환과 격자이동 같은 돌연변이는 복제과정에서 복제가 완벽하게 일어나지 않기 때문에 생기는 결과이며, 자연적으로 생기는 돌연변이 중 20% 이하가 이러한 염기치환에 의한 돌연변이라고 생각된다. 나머지의 대부분은 격자이동 돌연변이로, 하나 또는 여러 개의 뉴클레오티드가 삽입되거나 혹은 삭제됨으로써 생기는 것들이다. DNA 분자의 잘못된 복제로 인해 발생하는 가장 심각한 영향을 미치는 때는 다음 세대에 유전정보를 전달하는 역할을 하는 난자와 정자가 만들어질 때일 것이다.

2.1.3 단백질 합성

단백질은 살아 있는 유기체에서 매우 중요한 역할을 한다. 생명체의 다양성은 단백질의 다양성과 복합성으로 대면하며 이러한 모든 단백질들은 구조에 따라 특별한 기능들을 가지게 된다. 단백질의 구조는 20개의 필수아미노산 조합으로 결정된다. DNA 염기서열이 아미노산과 단백질로 직접적으로 번역되지는 않는다. 사실 DNA 분자는 단백질로 합성되기 전 RNA 분자로 먼저 전사가 된다. 이렇게 만들어진 RNA 분자는 핵막을 통과해 단백질이 합성되는 세포질에 도달하게 된다. 이런 분자를 전령 RNA(mRNA)라고 부르며, 이들이 단백질을 만드는 계획을 하게 된다. 단백질 합성의 단계는 다음과 같다.

DNA → RNA → 단백질

그 자체가 단백질인 효소들은 단백질 합성의 중요한 촉매역할을 한다. 이런 효소들은 오직 하나 또는 몇 개의 화학반응에 매우 효과적이고 특별하며, 직접적으로 작용을 한다.

2.2 세포분열

세포분열은 성장, 염색체 복제, 유사분열, 세포질분열의 과정들을 끊임없이 반복한다. 세포주기는 전형적으로 4단계의 유사분열과 3단계의 간기로 나누어진다. 첫 번째 간기에서는 앞에서 일어난 분열에 의해 생긴 각 딸세포의 염색체들이 풀어헤쳐진다. 이 단계는 특히 단백질이 합성되는 곳에서 매우 활발히 일어나고, 염색체가 하나의 DNA 사슬로 만들어지는 시기이기도 하다. DNA는 몇 시간 동안 지속되는 두 번째 단계에서 복제가 이루어진다. 세 번째 단계에서 세포는 유사분열을 준비하며, 유사분열시 염색체의 이동과 관련 있는 방추사가 만들어지게 된다. 이 단계에서 염색체는 2개의 DNA 분자와 염색분체라 불리는 동원체로 연결된 단백질들로 구성되어 있다.

2.2.1 유사분열

유사분열은 4개의 세부단계로 구분된다(Wallace et al., 1986).

1. 전기에서 염색체는 응축되고 인과 핵막이 사라지며 유사분열시 필요한 방추사가 형성된다.
2. 중기에는 염색체들이 중앙에 나란히 배열되며 방추사는 염색체의 동원체 부위에 붙게 된다.
3. 후기에는 각 염색체의 동원체가 분리되어 각 쌍의 두 개의 딸 염색체가 방추사의 반대편 극(중심체)으로 이동한다.
4. 말기에는 딸 염색체 주위에 새로운 핵막이 생기며 인이 나타나고 염색체는 다시 풀어진 상태로 된다. 그 후 최종적으로 2개의 딸 세포를 만들기 위해 세포질로 분리된다. 이 모식도를 그림 2.6에 나타내었다.

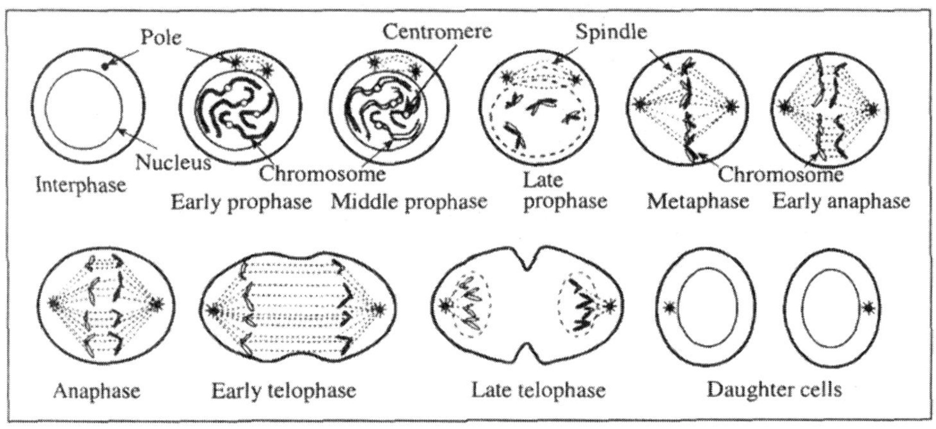

그림 2.6 유사분열의 모식도.

2.2.2 감수분열

동물세포는 2쌍의 염색체들과 유전자들을 가진 배수염색체로써 1쌍은 모친으로부터 다른 1쌍은 부친으로부터 물려받는다. 감수분열과정에서 배수염색체의 줄기세포는 반수체인 번식세포(난자와 정자)로 된다. 하지만 번식세포가 수정하면 자손은 다시 배수염색체가 된다.

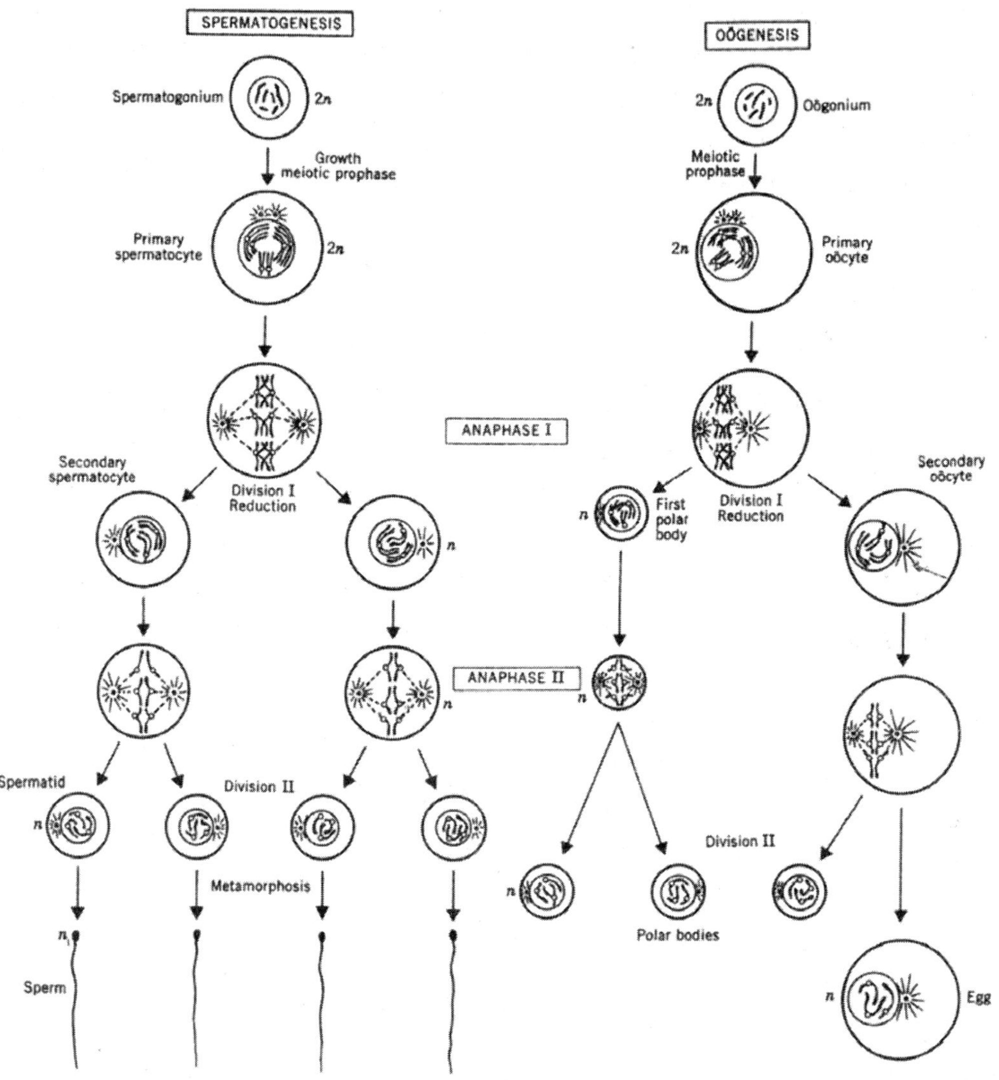

그림 2.7 감수분열. 오른쪽은 정자, 왼쪽은 난자 형성 과정.

감수분열은 각 두 번씩의 전기, 중기, 후기와 말기의 세포분열 과정을 거친다. 감수분열이 시작되기 전, 염색체는 2개의 딸 염색분체로 복제된다. 각각의 딸 염색분체 쌍은 첫 번째 감수분열 동안은 그대로 유지된다. 감수분열 과정에서 더 이상의 DNA 복제는 일어나지 않는다. 전기 I에서 상동염색체는 서로 붙어 있고, 각 염색체는 각 2개씩의 딸 염색분체를 만들어낸다. 중기 I에서는 염색체 쌍이 세포의 적도면에 나란히 나열하게 된다. 후기 I에서는 이러한 염색체 쌍이 하나씩 반대편 중심체 쪽으로 이동하게 되며, 절반의 세포에 1개씩의 염색체가 들어 있게 된다. 그래서 말기 I에 만들어진 핵은 유전적으로 반수체이지만 각 딸 염색분체들이 복사본을 각각 2개씩 가지고 있는 것이다. 이어지는 간기에는 DNA 복제가 일어나지 않는다.

정자의 두 번째 감수분열은 유사분열 과정과 비슷하다. 딸 염색분체가 동원체로부터 분리되어 반대편의 중심체 쪽으로 이동하여 4개의 반수체를 가진 정자가 만들어지게 된다.

암컷에서의 감수분열은 오직 1개의 난자에서만 일어난다. 다른 세포들은 말기 I과 II에서 극세포들이 제대로 분열되지 않아 사라지게 되어, 말기 I의 세포질 분열 단계에서는 큰 세포 하나와 기능이 없는 작은 극세포들로 구성되어진다. 어류는 수정이 일어나기 전 두 번째 감수분열이 발생하지 않는다. 그림 2.7에서 정자와 난자는 결합하고 두 번째 극세포는 제외되는 것을 볼 수 있다.

2.2.3 유전자의 위치

염색체상에서 유전자의 위치를 유전자좌라고 한다. 배수염색체를 가진 동물에는 상동염색체가 있으며, 각 쌍의 염색체는 완전한 유전자를 쌍으로 가지고 있다(성염색체는 제외). 유전자좌에 있는 유전자나 암호화되지 않은 염기서열의 또 다른 형태는 유전자좌의 대립형질로 존재한다. 일반 대립형질에는 유전적 변이들이 많이 존재한다. 어류는 각 친어들로부터 1개씩, 단 2개의 대립형질을 가지고 있지만 유전자좌에서 복대립형질이 발생할 수 있다.

2.3 Mendel의 유전법칙

오스트리아 신부인 Johann Gregor Mendel(1822~1884)은 유전의 기본법칙을 발견했다. 잘 계획된 잡종교배 실험과 그 결론에 관한 수학적 측정값들을 1866년 출간했다. Mendel이 발표한 2가지 법칙은 다음과 같다.

제1법칙 : 유전은 세대를 거치며 그들을 동일하게 유지시켜주는, 현재 유전자라 불리는 인자들에 의해 일어난다. 유전자는 세대가 지나도 동일하며 이러한 원리를 유전자 '분리의 법칙'이라 한다.

제2법칙 : 이러한 유전자들은 개체 안에서 배수체로 존재한다. 한 유전자좌의 분리가 다른 유전자좌의 분리에 영향을 미치지 않는 것을 유전자 '독립의 법칙'이라고 한다.

유전이 유전입자들에 의해 이루어진다는 Mendel의 주장은 유전학의 기초가 되었다. 그는 모든 유전자가 독립적으로 분리된다고 생각했지만, 후에 연관으로 인해 유전자들 모두가 독립적으로 분리되는 것은 아니라는 사실이 밝혀냈다. 또한 그는 우성형질에 관한 사실들을 발견했고 이에 대해 설명하였다.

개체가 번식할 때 그들이 가지고 있는 각 유전자 쌍 중 한 가닥만을 자손들에게 물려준다. 따라서 부모는 자신의 유전자 중 반만 자손에게 물려주는 것이다. 이 과정에서 가능성의 법칙이 적용된다. Mendel의 이러한 발견은 다윈의 융합설(Darwin은 잉크의 두 가지 색을 섞었을 때 두 가지의 색이 한 가지로 혼합되는 것처럼 친어로부터 물려받은 자손의 혈액이나 형질이 융합된다고 믿었음)이 틀렸다는 것을 증명하였다.

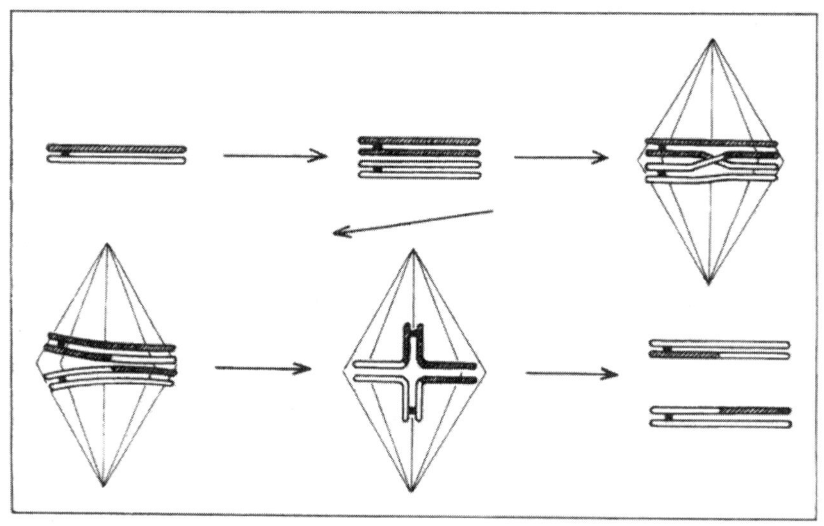

그림 2.8 교차.

같은 염색체에 있는 유전자들은 서로 연관되어 있을 것으로 생각되지만, 실제 상동염색체는 복제 과정에서 분리되어 다시 재결합하는 과정에서 교차가 일어나게 되며 이를 그림 2.8에 나타내었다. 감수분열 과정 동안 일부의 자어들은 친어로부터 이렇게 교차로 인해 재조합된 번식세포를 물려받게 된다. 이러한 교차는 두 유전자 사이의 염색체 길이가 커지면 커질수록 교차가 더 빈번히 발생한다. 교차의 빈도는 유전자 사이의 거리를 예측할 수 있는 함수 역할을 하기도 한다. 실제 염색체에서 두 유전자 간에 교차가 발생하는 빈도로 2개의 유전자 간의 거리를 예측할 수 있다. 또한 실제 이중 교차도 발생할 수 있으며, 유전자가 서로 가깝게 위치하여 연관이 되어있는 유전자 사이에서는 이러한 교차가 드물게 발생한다.

2.3.1 어류에서 Mendel 형질들의 사례

2.3.1.1 색 유전

Mendel의 유전법칙을 따르는 어류의 형질을 예로 들어보면, 알비노가 좋은 예이다. 알비노는 Bondari(1984)가 관찰한 찬넬메기, Bridges and von Limbach(1972) 등이 관찰한 무지개송어, Yamamoto(1969a)가 관찰한 medaka 등 많은 어종에서 발견되었다. 이런 조사로 알비노는 하나의 열성유전자(*a*)에 의해서 일어나며 우성유전자(*A*)가 있으면 색채를 띤 몸체가 된다는 것을 알게 되었다(그림 2.9). 알비노(*aa*) 무지개송어는 몸체가 노란색이며 눈에는 멜라닌이 없다(검은색보다는 분홍색으로 나타남). 알비노 어류의 몸체는 astaxanthine을 가진 사료를 주어 붉은색을 띠게 할 수도 있다.

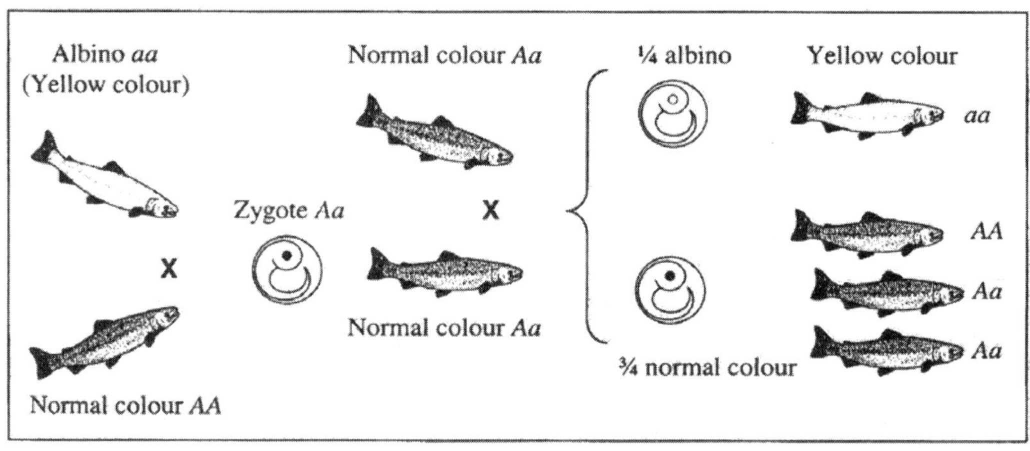

그림 2.9 무지개송어의 알비노 유전.

2.3.1.2 비늘모양의 유전

일반적인 잉어에서 2개의 유전자좌의 유전자에 의해 조절되는 비늘 모양은 매우 다양하게 존재한다. S 유전자좌의 유전자는 비늘 모양을 제어하고 N 유전자좌의 유전자는 선형비늘 모양으로 변형시킨다. 이 2개의 유전자좌는 상위적 상호작용을 한다. 잉어에서 비늘 모양의 표현형은 기본적으로 4가지로 분류된다.

1. 야생잉어의 비늘잉어
2. 몸 주위 일부에 비늘을 가진 거울잉어
3. 몸을 따라 선형의 비늘을 가진 선형잉어
4. 비늘이 거의 없는 향어

이런 모든 비늘의 형태들은 야생에서 만큼 양식 잉어에서도 발견된다. 이러한 형태별 그룹간의 유전자형은 그림 2.10에 나타나 있다.

SS nn 또는 Ss nn – 비늘잉어

ss nn – 거울잉어

SS Nn 또는 Ss Nn – 선형잉어

ss Nn – 향어

SS NN, Ss NN 또는 ss NN – 생존하지 않음

선형잉어와 향어를 교배하면 치사율이 25%이므로 잉어를 양식할 때 이런 문제점들을 고려해야 한다. Kirpichnikov(1981)에 따르면, 일반적으로 비늘잉어의 성장률이 선형잉어보다 더 높은데, 특히 어류가 먹이를 더 먹지 않았을 경우에 비늘잉어의 성장률이 더 높다. 선형잉어와 향어는 다른 잉어들보다 성장이 매우 느리다.

2.4 유전자의 활성

각 활성 유전자들은 각각 특정한 효과들을 가지고 있다. 오늘날의 많은 연구들은 단일유전자의 효과와 염색체에서 유전자의 위치를 지도화하는 방향으로 흘러가고 있다. 이런 연구들은 각 유전자들이 어떤 기능을 하는지에 대해 이해하는데 크게 기여할 것이다. 우리는 유전자의 기능들이 정밀하게 조절되어 그들이 다른 세포나 다른 시기에 서로 뒤바뀌게 된다는 사실도 알고 있다. 접합체가 배아로 되고 최종적으로 성숙한 개체로 되는 것은 생명의 정밀한 유기적 과정이다. 각 세포들은 자신들이 생존하는데 필요한 기능들을 유지하기 위해 연관된 유전자들을 활성화시키고 변화시키며, 또한 이들을 위해 필요한 세분화된 조직들과 다양한 기관들을 가지고 구체적인 유전자 활성화에 대한 필요는 생존주기 동안 달라진다.

유전자 효과의 가장 간단한 형태는 각 유전자 값들이 부가적인 상황이며, 이때 유전자는 2개의 유전자의 평균이 된다. 경제적으로 중요한 양적형질의 경우 일반적으로 형질마다 관련된 유전자좌의 수가 많은 반면 각 유전자들의 비중은 적은 편이다.

많은 경우 유전자에서 하나의 대립형질 효과는 상동유전자좌의 또 다른 대립형질에 의해 영향을 받으며, 이를 우위상호작용이라 부른다. 이형접합체 *Aa*를 살펴보자. 그림 10.2에서처럼 유전자형은 적어도 3가지 경우로 나타난다. 유전자형 *Aa*가 *AA*와 같을 때, *A*는 우성이다. 이런 상호작용은 무지개송어의 알비노 색처럼 질적형질에서 자주 발생한다. 이형접합체가 동형접합체(*AA*나 *aa*)보다 우성일 때의 상호작용을 초우성이라고 한다. 이형접합체가 동형접합체의 평균일 때, 상호작용은 없으며 이런 유전을 중간유전 또는 부가유전이라 한다.

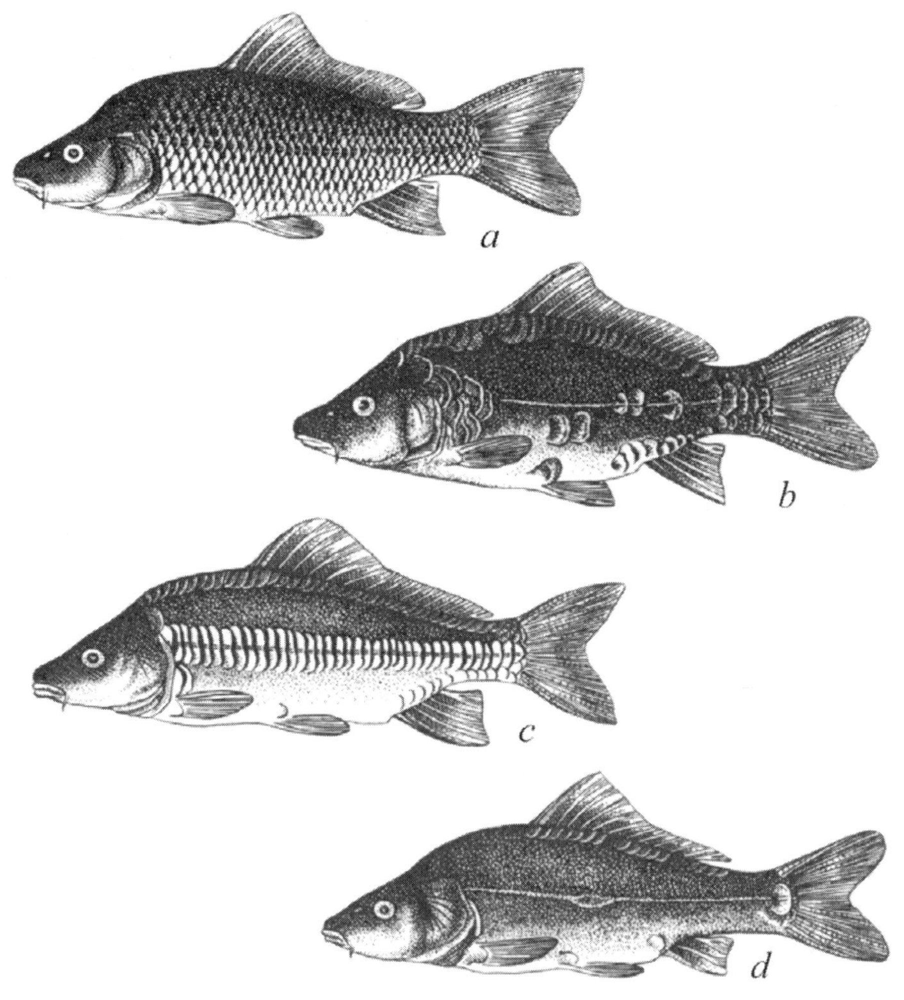

그림 2.10 잉어의 비늘.
a. 비늘잉어(*SS nn*과 *Ss nn*) b. 거울잉어(*ss nn*) c. 선형잉어(*SS Nn* 과 *Ss Nn*) d. 향어(*ss Nn*)

다른 유전자좌에 있는 유전자의 대립형질 사이에서 일어나는 상호작용을 우위(상위)라고 하며, 이는 한 유전자좌에 있는 하나의 유전자가 다른 유전자좌에 있는 유전자에 영향을 미치기 때문에 발생한다. 가금류의 경우, 유전자 I는 색 유전자 C에 대해 우위적 작용을 한다. IC, Ic, ic의 유전자형을 지닌 조류는 흰색인 반면, iC의 경우엔 색깔을 띠고 있다. 우성유전자 I를 가진 조류는 우성유전자 C를 가지고 있어도 흰색을 띠며, cc에 열성이거나 I에 우성일 경우에도 흰색을 나타낼 수 있다(Crawford, 1990).

척추동물들의 수많은 유전자들과 이들의 유전적 다형성들에 의해 생물의 다양성을 증명하였다. Lush(1949)는 〈다양한 생물체가 있을 가능성은 우주에 있는 전자 수가 약 10^{80}개라고 물리학자가 예측한 만큼 오직 200쌍의 유전자가 잡종에서 10^{95}개의 다양한 생물체가 존재할 수 있다는 말이다. 이것은 우주에 있는 전자보다 수백만, 수억만 배 더 많은 숫자이다〉라고 말하고 있다. 이 사례에서는 오직 2개의 대립형질만이 고려되었다. 하지만 만약 대립형질 m이 여러 개 존재한다면, 가능한 번식세포의 수는 m^n 이고, 가능한 유전자형의 수는 $[m(m+1)/2]^2$ 이 될 것이다(Lush, 1949).

3. 집단유전학

ØIVIND ANDERSEN AND BEN HAYES

3.1 서론

어류의 육종 목적은 개개의 어류들의 특성을 모두 바꾸는 것이 아니라, 집단 전체의 특성을 바꾸는 것이다. 따라서 Mendel 유전법칙에 대한 우리의 지식을 개체의 수준을 벗어나 집단의 수준으로 생각의 폭을 넓힐 필요가 있다. 집단유전학이란 공통의 유전자 pool을 지닌 근친교배 집단의 개체들에 Mendel의 유전법칙을 적용하는 것이다. 이러한 유전자 pool에 있는 유전자의 수는 *E.coli*의 약 4,000개부터 척추동물의 약 30,000개까지 종에 따라 매우 다양하다. 오랜 기간 동안 유전자에 돌연변이가 축적되었기 때문에 이러한 유전자들의 염기서열들은 집단 혹은 개체들 사이에서 조금씩 차이를 보인다. 이러한 차이를 보이는 유전자의 형태를 대립형질이라 부른다. 만약 이러한 대립형질의 차이가 다른 유전자 산물을 만들어 낸다면, 그 결과는 집단 내의 형질들에 대해 더 많은 유전적 다양성을 가져오게 되는 것이다. 그 유전자 pool 내의 각 유전자의 서로 다른 대립유전형질의 비율 즉, 대립형질의 빈도는 집단의 유전적 특징을 결정한다. 이런 대립형질들의 차별적 발현은 집단이 서식하는 생활환경과 밀접한 연관성을 지닌다. 이러한 일부 상호작용들은 특별한 대립형질의 조합을 만들며, 이러한 우수 대립형질들의 축적 결과 자연선택에 더 강한 후대가 만들어진다. 따라서 이런 대립형질의 빈도에 의해 유전적 변화가 생긴다.

3.2 Hardy-Weinberg 평형

1908년 영국 수학자 G. H. Hardy와 독일 의사 W. Weinberg는 규모가 큰 이종교배집단 내에서 대립형질의 빈도가 세대를 거듭하여도 일정하게 유지된다는 사실을 발견했다(그들은 무작위로 교배했으며, 대립형질의 빈도를 바꿀만한 선발 압박 혹은 그 외 어떤 요인도 없었다고 가정함).이런 집단을 'Hardy-Weinberg 평형'이 된다고 말한다.

Hardy-Weinberg 평형을 이해하기 위해서는 부모로부터 물려받은 상동염색체 쌍의 특정 유전자좌에 위치한 2개의 유전자 복사본을 가진 2배체를 생각해 보라. Mendel의 제 1법칙은 유성생식 개체에서 2개의 대립형질이 배우자를 만드는 과정에서 분리된다는 것이다. 유전자형 빈도는 집단에서 대립형질의 비율과 동일하기 때문에 대립형질의 빈도로부터 계산되며, 따라서 유전자형 빈도는 집단의 대립형질의 빈도에 의해 결정된다. 이것은 유전자형 빈도가 대립형질의 빈도에 변화가 없고, 임의 교배가 일어나는 집단에서 영구히 유지된다고 주장하는 Hardy-Weinberg 법칙에서 공식화되었다.

틸라피아색의 경우 Hardy-Weinberg 평형 결과를 잘 설명해준다. 틸라피아가 가진 색소는 단지 2개의 대립형질인 *A*와 *a*로 구성된 단일유전자에 의해 조절된다. 집단에서 *A*의 빈도를 p라 하고 *a*의 빈도는 q라고 하자, 그리고 $p+q=1$이 된다(집단에 단지 2개의 대립형질이 존재할 때). 정상적인 색소를 지닌 검은색 틸라피아는 동형접합체 *AA*, 이형접합체 *Aa*는 청동색, 황금색의 개체는 동형접합체 *aa*이다(그림 3.1). 만약 대립형질 *A*의 빈도가 틸라피아 집단에서 0.7이면, Mendel의 제 1법칙에 따라 다른 배우자(정자나 난자)에서 *A*가 나올 확률은 0.7이다. 수정 시 배우자들끼리 2개의 *A*를 가져올 확률은 $p \times p = p^2 = 0.49$이다. 따라서 검은색의 동형접합체 *AA*형을 가진 개체의 빈도는 집단에서 49%이다. 그와 마찬가지로, 상대 대립형질 a의 빈도가 $1-0.7=0.3$이기 때문에, 배우자가 가진 *a*의 확률은 0.3이다. 따라서 두 개의 *a*를 가진 배우자끼리 만날 확률은 $q \times q = q^2 = 0.09$이다. 그렇게 집단에서 어류의 9%는 동형접합체 *aa*이다(이러한 어류는 금색을 띈다). 이형접합체인 개체(청동색)의 빈도는 $pq+qp=2pq=0.42$, 즉 42%이다. 비록 검은색, 청동색, 황금색 개체들의 빈도는 틸라피아 집단에서 모든 개체들을 합한 것이고, 이는 $p^2+2pq+q^2=1$로 나타낼 수 있다.

그림 3.1 틸라피아 색소.
동형접합체 *AA*는 검은색(a), 이형접합체 *Aa*는 청동색(b), 동형접합체 *aa*는 황금색(c)

위 그림은 복대립 유전자좌의 대립형질을 고려한다면 더욱 복잡해진다. 동일한 염색체에 위치한 2개의 유전자좌의 *A/a*, *B/b* 대립형질 쌍일 경우, 그들은 배우자의 형태로 독립적으로는 분리되지 않을 것이다. 따라서 아직 평형이 되지 않았다면 두 유전자좌 간의 연관은 평형의 도달을 지연시킬 것이다. 이것을 연관불평형이라 한다. 임의교배의 더 많은 세대들은 평형을 얻기까지 연관된 유전자좌가 더욱 가깝게(두 유전자좌 간 재조합의 기회를 줄이는 것처럼) 되기 위해 더 많은 교배가 필요하다.

Hardy-Weinberg 평형 분석은 임의교배 혹은 대립형질 빈도를 바꾸는 요인을 밝혀내기 위해 집단 연구에서 종종 이용된다. 평형집단에서 관찰된 대립형질 빈도들을 기초로 하는 유전자형 빈도는 Hardy-Weinberg 공식에 거의 일치한다. 하지만 만약 유전자형 빈도가 예상했던 Hardy-Weinberg 값과 유의적인 차이를 보인다면, 아래의 요인들을 조사할 필요가 있다.

1. 근친교배나 잡종교배를 포함하는 계획교배의 형태
2. 선발, 이입, 돌연변이 또는 유전적 부동으로 인한 대립형질의 빈도 변화

3.3 근친교배

근친교배는 유전적으로 거리가 가까운 부모들 간의 교배에 의해 자손을 생산하는 것을 의미한다. 가장 극단적인 근친교배의 형태는 가리비 같은 몇몇 수산양식 생물에서 가능한 자가수정이다. 전형매 교배와 반형매 교배와 같은 계획교배 모두가 근친교배의 결과이다. 한정된 크기의 집단에서 우연히 발생된 것처럼 오랜 시간 무작위 교배를 하더라도 근친교배는 축적된다.

근친교배 계수 F는 1개체의 어느 유전자좌의 2개의 대립형질이 세대가 거듭되어도 동일할 확률이다(다시 말해, 2대립형질이 하나의 공통된 조상에서 왔을 수 있음). 계획교배와 한정된 크기의 집단에서 임의교배를 통해 근친교배가 이루어질 축적률 'ΔF'의 계산이 가능하다. 예를 들어, 한정된 크기의 집단의 임의교배에서 세대별 근친교배 축적률은:

$$\Delta F = 1/2N \tag{3.1}$$

이다. 여기서 N은 교배한 개체들의 유효 수, 또는 더 정확히 말하자면 이상적인 집단의 크기이다. 이상적 집단은 다음과 같다(Falconer, 1981).

- 교배는 같은 계통의 구성원들로 제한한다. 다시 말하자면 이입은 제외된다.
- 세대들은 뚜렷이 구분되고 서로 겹치지 않아야 한다.
- 각 계통에서 양식되는 개체 수는 모든 계통 그리고 모든 세대들에서 동일해야 한다. 양식하는 개체들은 다음 세대로 유전자들이 전달되어야 한다.
- 각 계통 내의 교배는 자가수정을 포함해 임의적이어야 한다.

- 각 단계에서 선발은 없어야 한다.
- 돌연변이는 고려하지 않는다.

수산양식 종의 높은 번식력으로 인해 큰 규모의 양식에도 비교적 적은 수의 친어가 이용되므로 대부분 수산양식 집단에서 유효집단 크기는 작은 편이다. 예를 들어 각 세대에서 이용된 수컷 N_m과 암컷 N_f로 나타냈을 경우, 유효집단 크기는

$$N_e = \frac{4N_m N_f}{N_m + N_f} \tag{3.2}$$

로 나타낼 수 있다. 따라서 만약 어류양식 계획이 수컷 1마리당 암컷 2마리의 교배 비율을 이용하고, 즉 수컷 25마리(암컷 50마리)가 각 세대마다 이용된다면 유효집단 크기는 약 67이 된다. 위의 공식을 이용한 육종 프로그램에서 근친교배의 축적률은 세대당 0.75%가 된다.

근친교배의 효과는 동형접합체 유전자형의 빈도를 증가시키는 것이다. 이러한 효과의 증거는 근친교배집단에서 더 많은 열성 대립형질들이 발현되는 것이다. 대부분의 유해하거나 질병에 걸리기 쉬운 조건들은 열성에 해당하며, 이는 근친교배 집단에서 나타나기 쉽다. 그래서 근친교배 집단은 적응도의 감소에 의해 병들게 된다. 근친교배는 6장의 근친교배 열성화 현상으로 내용이 이어질 것이다.

3.4 잡종교배

동형접합체 빈도를 증가시키는 근친교배와는 반대로, 잡종교배 또는 비근친 개체의 교배는 이형접합체를 증가시킨다. 이형접합체 유전자형 빈도의 증가로 열성 대립형질들의 발현은 줄어들고, 집단의 적응도는 증가될 수 있다(적어도 한 세대의 잡종교배가 있을 경우). 잡종교배한 개체의 증가된 이형접합체의 빈도는 특정형질에 대한 자손의 평균값이 친어 계통들의 평균값을 초과할 때 가끔 잡종강세가 관찰된다. 잡종강세는 식물이나 동물육종 체계에서 개발되었지만 수산양식 생물에서는 널리 이용되지 않는다. 필리핀의 나일틸라피아는 예외이다. 2개의 다른 큰 규모의 잡종교배 시험에서, *O.aureus* x *O.spjlurus*는 체중의 22%, *O.mossambicus* x *O.niloticus*는 25%의 잡종강세를 보였다. 또 다른 예로는 *O.mossambicus* x *O.niloticus*의 잡종집단이 순수 *O.niloticus* 집단보다 염분에 대해 더 높은 내성을 가진다는 사실이 있다(Tayamen et al., 2002).

유전자형 빈도와 반대로 집단의 대립형질 빈도들은 근친교배나 잡종교배에 의해 원래 영향을 받지 않는다. 진화와 관련된 자연선택이나 인위적 선발, 돌연변이, 유전적 부동, 이입 같은 요소가 집단의 대립형질 빈도를 바꾸는 것이다.

3.5 선발

선발은 특정 유전자형이 다른 유전자형보다 더 많은 번식의 결과를 가질 때 발생한다. 예를 들어 1개의 유전자에 있는 특정 대립형질이 특정 집단의 다른 개체들보다 번식에 더 유리할 때, 그 집단의 대립형질의 빈도는 시간이 지날수록 증가될 것이다.

선발의 효과는 그 집단에서 2개의 대립형질 *A*와 *a*를 가진 1개의 유전자좌에 의해 임의교배 집단을 고려하여 증명될 수 있다(Gardner and Snustad, 1981). 1-q를 *A*의 빈도, q를 *a*의 빈도라 하자. 이 경우에 *A*는 완전 우성이다. 지속적인 선발의 장점은 유전자형 *aa*보다 유전자형 *AA*와 *Aa*가 우성형질로 나타난다는 것이다. 유전자형 *AA*, *Aa*, *aa*의 번식률은 각각 1:1:1이다. 선발계수 s는 선발된 특정 유전자형과 관련된 개체의 단점들을 측정하거나 결과적으로 선발의 강도를 나타낸다. 만약 aa가 치사형질이라면(예를 들어, 찬넬메기의 알비노) s=1이다. 만약 초기 집단의 q와 s를 알고 있다면, 각 세대의 *a* 빈도는

$$\Delta q_s = -\frac{sq^2(1-q)}{1-sq^2} \qquad (3.3)$$

로 계산될 수 있다.

이 공식은 치사 열성 대립형질의 빈도를 줄이기 위해 필요한 많은 세대들을 나타내는데 이용될 수 있다(이 경우 이형접합체 *Aa*는 영향을 주지 않음). 위의 알비노 대립형질의 사례에서 만약 *a*의 초기 대립형질 빈도가 50%라면 대립형질 *a*의 빈도는 표 3.1의 집단에서 약 50세대를 더 거쳐야 5%로 감소될 것이다. 대립형질 *a*에 대한 선발은 처음에는 빠르나 *a*의 빈도가 감소하며 점점 속도가 줄어들 것이다.

표 3.1 열성유전자형(*aa*)을 선발할 때 유전자형과 유전자의 빈도, 우성 동형접합체(*AA*)와 이형접합체(*Aa*)의 표현형은 구별되지 않는다. q는 열성유전자 *a*의 빈도이다.

세 대	유전자형 %			q의 유전자 빈도
	AA	*Aa*	*aa*	
0	25.00	50.00	25.00	0.500
1	44.44	44.44	11.11	0.333
2	56.25	37.50	6.25	0.25
3	64.00	32.00	4.00	0.20
4	69.44	27.78	2.78	0.167
5	73.47	24.49	2.04	0.143
10	84.03	15.28	0.69	0.083
50	96.19	3.77	0.04	0.049
100	98.05	1.94	0.01	0.010

사실, 대립형질 a는 동형접합체가 매우 적게 생길 만큼 q가 적더라도 선발을 통해 집단에서 완전히 제거될 수 없으며, 열성 대립형질은 여전히 이형집합체 Aa를 감추고 있다. 이형접합체가 다른 동형접합체들보다 생존 가능성이 더 클 경우, 우위 이형접합체에 2개의 대립형질이 모두 있기 때문에 대립형질 중 어느 것도 다른 형질을 없앨 수 없다. 이런 현상을 평형다형성이라 한다.

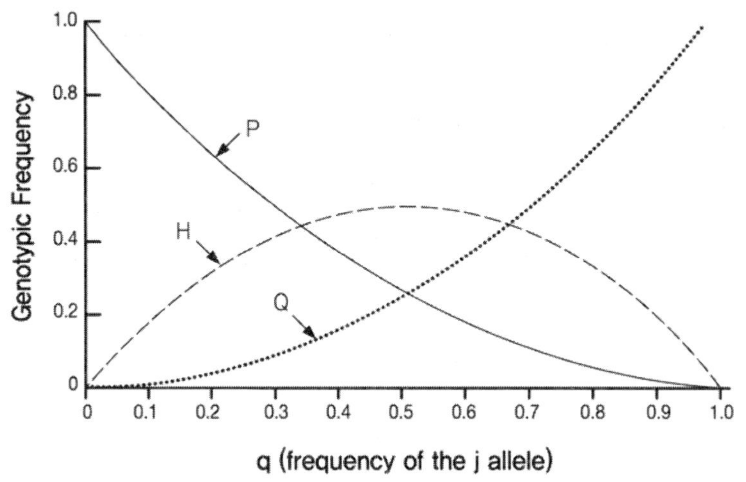

그림 3.2 대립형질 빈도와 유전자형 빈도간의 관계는 우성 동형접합체의 빈도 P, 이형접합체의 빈도 H, 열성 동형접합체의 빈도 Q를 보여준다.

자연 상태에서, 어떤 한 유전자좌의 선발계수는 일반적으로 매우 작아서 자연선택을 통해 집단 내의 대립형질 빈도를 바꾸기까지 여러 세대를 거쳐야 할 것이다. 그 이유는 집단 내에서 살아남기 위해 유전적 변이를 허용함으로써 다른 대립형질의 형태를 유지하는 것이다. 결과적으로 이러한 연속적인 대립형질의 변화가 다른 대립형질에 우호적이라면 그 집단은 자연환경의 변화에 대응하여 살아남을 수 있을 것이다.

인위적인 선발을 통한 동물들의 육종 결과는 오랜 시간에 걸쳐 변화를 일으켜 온 선발된 형질들이 영향을 미친 유전자의 대립형질 빈도의 변화로 설명할 수 있다. 예를 들어 틸라피아의 피부색처럼 만약 형질이 1개 또는 몇 개의 유전자에 의해 결정된다면 선발강도가 클수록 대립형질 빈도의 변화도 빠르게 나타날 것이다(그림 3.2).

3.6 돌연변이

돌연변이는 1개의 대립형질이 다른 대립형질로, 예를 들어 $A \rightarrow a$로 변하는 것이다. 역방향의 돌연변이($a \rightarrow A$)는 무시하고, a빈도 변화는 돌연변이율(u)과 A빈도(p)에 비례한다. 주어진 대립형질 빈도의 변화에 필요한 세대의 수(t)는 다음 방정식으로 계산할 수 있다(Falconer, 1981).

$$p_t / p_0 = (1 - u)^t \tag{3.4}$$

여기서 p_t와 p_o는 각각 t세대와 기준 세대의 대립형질 빈도이다. 유전자좌당 변이율이 작아서, 돌연변이가 대립형질 빈도에 영향을 미치기 위해서는 여러 세대를 거쳐야 할 것이다. 예를 들어 10^{-6}의 변이율로 돌연변이가 축적된다면 a의 빈도를 0.1% → 1%로 바꾸기 위해서는 9,050세대를 거쳐야 할 것이다.

이러한 변이의 결과가 중요한 이유는 선발에 이용될 새로운 변종 대립형질을 만들기 때문이다. 수천 년에 걸친 DNA 변화들의 축적은 한 생물이 다른 생물과 구별되게 하거나 같은 종의 개체간 차이를 만들기도 한다. 어떤 돌연변이는 유기체에 이롭지만 대부분의 돌연변이는 해롭고, 선발을 통한 집단에서의 빈도 또한 일반적으로 낮다. 돌연변이와 선발(s=선발강도)이 자발적으로 일어난다면 집단의 대립형질 빈도의 경향을 예측할 수 있을 것이다. 희귀한(그리고 해로운) 대립형질 빈도가 낮다면 각 세대의 대립형질 빈도 변화는 $-sq^2$이며, 반면 각 세대의 돌연변이율 u에 의해 돌연변이는 희귀 대립형질(a)의 빈도를 증가시킨다. 평형상태에서 두 힘은 같아지고, 희귀 대립형질이 도달할 빈도 $\hat{q}$ 는

$$- sq^2 = u$$
$$\hat{q} = \sqrt{u / s} \tag{3.5}$$

로 측정된다(Falconer, 1981). 유전자형 aa(s=1)가 치사인자인 메기의 알비노를 다시 예로 들어보자. 야생형질에서 알비노 대립형질까지의 변이율이 각 세대당 10^{-6}이고 s=1일 때, 집단에서 얻어지게 될 대립형질의 측정 빈도는 10^{-3}이다.

3.7 유전적 부동

유전적 부동은 작은 집단에서 육종하는 동안 대립형질의 표본추출의 결과인 대립형질 빈도에서의 무작위적인 차이이다. 집단이 작으면 작을수록 표본추출 효과는 커진다. 극단적 예는 이형접합체 유전자형을 가진 양친어의 경우이다. 만약 이들이 단지 자손 둘만을 낳는다면, 2개체 모두 유전자형이 AA일 가능성은 25%이며, 대립형질 a는 집단에서 없어질 것이다. 교배된 개체의 수가 수십이나 수백일

경우 유전적 부동의 과정은 중요하다. Falconer(1981)는 유전적 부동의 방향을 예측할 수 없다고 했으나, 한 세대에서 표본추출을 함으로써 대립형질 빈도 변화의 분산으로 표현할 수 있다.

$$\sigma_{\Delta q} = q_0(1-q_0)/2N \tag{3.6}$$

여기서 q_0는 기준집단의 대립형질 빈도이고, N은 각 세대에서 표본추출한 개체의 수이다. 그림 3.3에서 보면, 각 세대에서 표본추출할 개체 수가 작을수록 대립형질 빈도 변화의 분산은 클 것이다.

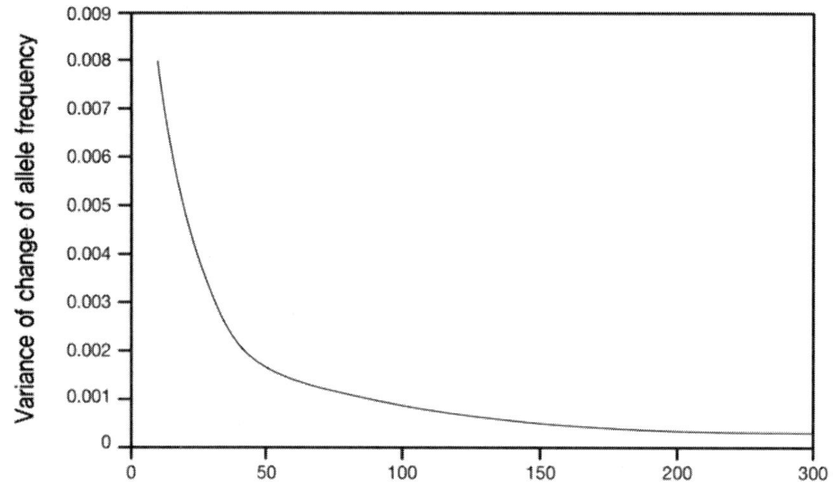

그림 3.3 각 세대의 교배 개체의 임의적 방향 변이로 인한 유전자 빈도 변화의 분산.

유전적 부동의 효과는 유전적 변이를 감소시킬 것이다. 이는 환경의 변화에 더 잘 적응하기 위해 집단 수용능력을 더 작게 할 것이다. 명확한 유전적 부동은 특히 작은 개체의 집단이 더 큰 집단으로부터 분리될 때 발생한다. 우연히 이런 선구 생물들이 모계집단의 유전변이 중 일부분을 지니고 있을 수 있다. 따라서 2집단의 유전자 pool은 기존의 유래집단과 다르게 된다. 이런 현상을 창시자 효과(founder effect)라 부른다. 유전적 부동은 집단 내의 생물이 대량으로 죽었을 때 남아 있는 적은 개체들 간의 교배에 의해 집단이 새로 만들어질 때 발생한다. 이 과정은 유전적 병목현상으로도 설명이 된다. 유전적 병목현상 이론에 따르면, 새로운 집단의 유전자 pool은 초기의 유전자 pool과 비교하여 매우 제한적임을 알 수 있다.

3.8 이입

집단은 강이나 산처럼 물리적 경계를 포함한 다양한 메커니즘들로 인해 같은 종의 다른 집단으로부터 분리될 수 있다. 다양한 환경에서의 유전적 부동과 선발의 과정은 집단간 대립형질의 빈도차의 원인이 된다. 이렇게 분리된 집단 사이를 개체들이 이동을 하고, 이동한 집단이 원래 집단과 이종 교배한다면 집단의 대립형질 빈도는 바뀔 것이다. 대립형질 빈도의 변화는 집단과 이입 비율 간의 빈도 차이에 비례한다. 각 세대에서 한 집단은 n개의 새로운 이입자와 (1-n)개의 원래 있던 개체들로 구성된다고 생각해보자. 이입자들 중에서 특정 유전자의 어떤 대립형질 빈도를 q_n이라 하고 원래 있던 집단의 대립형질 빈도를 q_0라 한다면, 혼합 집단의 대립형질 빈도 q_m은

$$q_m = nq_n + (1-n)q_0 = n\ (q_n - q_0) + q_0 \tag{3.7}$$

이다. 가끔 이입자는 이웃 집단으로부터 올 것이다. 이웃 집단은 이입하려는 집단과 현저하게 다른 대립형질 빈도를 만들 시간이 없을 수도 있다. 하지만 먼 집단에서 동물이 이동해 오거나 순치된 집단의 정자나 난자가 들어오는 것은 대립형질 빈도차를 크게 바꾸거나 완전히 새로운 대립형질을 만들어낸다. 이입된 대립형질이 새로운 환경에 더 잘 적응하였을 경우가 그렇다. 단적인 예로, 종간 교배(다른 종으로 분류되기에 충분한 유전적으로 서로 다른 집단 간의 이종교배)를 통해 발생하는 유전적 교환이다. 종 내에서의 유전자 흐름은 일반적이지는 않지만, 오랜 기간 동안 대립형질 빈도가 나누어지며 그 영향은 더 명확해질 것이다. 실제로, 한 종의 대립형질들이 다른 종에서는 없을 수도 있다(Gardner and Snustad, 1981).

3.9 유전적 거리와 집단 분화

유전적 부동, 자연선택, 돌연변이로 인해 서로 고립되어 있던 집단은 대립형질 빈도의 차이를 겪을 수 있다. 특히 집단의 크기가 작거나 다양한 집단에서의 다양한 특징을 위한 자연선택의 경우(예를 들어 다양한 질병) 대립형질 빈도의 차이를 보일 수 있다. 실제로 집단간 대립형질 분화의 정도는 집단이 고립되어 있던 기간과 집단 간 유전자 흐름의 정도를 추측하기 위해 이용된다.

Nei(1975)는 여러 집단 간에 축적된 대립형질의 차이를 측정하기 위한 간단한 통계적 모델을 만들었다. Nei의 유전적 거리(D)는 다음과 같이 추정된다. x_i와 y_i를 임의 교배한 2집단 X와 Y의 대립형질 A_i 빈도라 하자. 각 집단에서 임의로 1개씩 대립형질을 추출하면 똑같은 대립형질을 선발할 확률은

$j_{xy}=\Sigma x_i y_i$이다. 집단 X에서 2개의 똑같은 대립형질을 추출할 확률은 $j_x=\Sigma {x_i}^2$이고 집단 Y에서의 확률은 $j_y=\Sigma {y_i}^2$이다. J_{xy}, J_x, J_y가 게놈에 있는 모든 유전자에 대한 J_{xy}, J_x, J_y의 산술 평균이라면, 유전적 거리 D는

$$D = -\log_e I \tag{3.8}$$

이다. 여기서 $I=J_{xy}/(J_xJ_y)1/2$이다.

Nei의 유전적 거리는 집단간 유전적 차이를 결정하는데 널리 사용된다. 최근 분자기법과 고변이 반복 DNA 요소의 동질성 확인 방법의 발전으로 많은 유전자좌의 유전화와 유전적 거리의 예측이 용이해졌다(20장 참조).

이 방법은 8마리의 틸라피아의 계통간 유전적 거리를 구하는데 적용되었다(Macaranas et al., 1995). 이집트, 가나, 케냐, 세네갈의 야생에서 채포된 4종의 아프리카 틸라피아 계통과 함께 1972년에서 1988년까지 이스라엘, 태국, 싱가폴, 대만을 거쳐 파생된 필리핀의 양식 틸라피아 계통도 포함되었다. 유전적 거리를 연구하기 위해 30개 유전자좌의 유전자형들을 분석하였다.

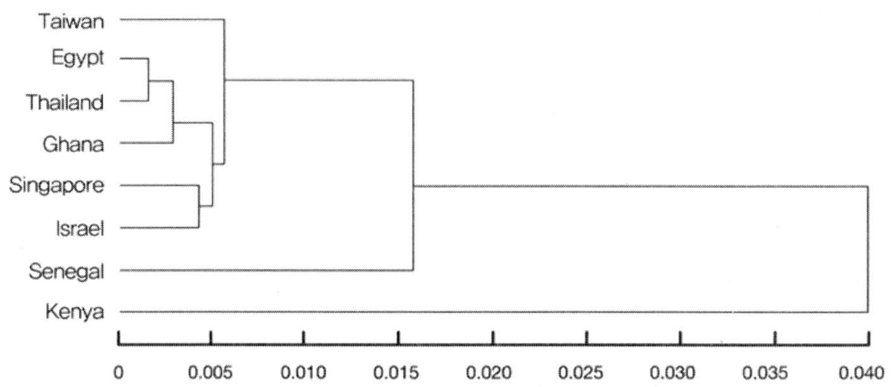

그림 3.4 8개의 *Oreochromis niloticus* 계통 간의 유전적 유연관계를 나타내는 계통수는 Nei의 유전적 거리 값으로 작성했다.

그림 3.4의 결과처럼 4개의 필리핀 양식계통간 유전적 거리는 이집트와 가나의 계통에 가까운 반면 세네갈과 케냐의 계통과는 거리가 멀었다.

3.10 요약

개체수준에서 집단수준까지 Mendel 법칙의 확장으로 인해, 집단의 특정 유전자좌에 있는 대립형질 빈도와 유전자형의 변화를 표현하는 것이 가능하게 되었다. 가장 간단한 방법은 선발, 돌연변이, 이입, 유전적 부동이 없는 임의 교배방법이다. Hardy-Weinberg 이론에 따르면 이러한 상태에서의 유전자형 빈도는 세대가 반복되어 빈도는 일정할 것이라고 예측하고 있다. 근친교배나 잡종교배처럼 비임의적 교배 형태는 유전자형 빈도를 바꿀 수는 있지만, 대립형질의 빈도를 바꾸지는 못한다. 선발, 돌연변이, 이입, 유전적 부동은 집단의 대립형질의 빈도마저 바꿀 수 있다. 이와 같은 대립형질 빈도의 변화는 동일한 조상의 유전자 pool을 가진 두 집단 간에 일어난 유전적 분화의 원인이 될 수 있다.

4. 다인자형 유전

HANS BERNHARD BENTSEN

4.1 서론

Mendel의 대립형질의 유전과 집단유전학에서 집단의 대립형질 빈도의 변화간 연관성은 3장에서 서술한 것처럼 분명히 있다. 양적유전학에서 대립형질의 유전과 성장, 성숙, 습성과 관련이 있는 복합형질 유전과는 관계가 명확하지 않다. 집단유전학에서는 대립형질 변이를 다루는데 대립형질 변이는 단백질이나 DNA 다형성 분석을 통해 알 수 있다. 표현형으로 대립형질 효과가 잘 나타나지 않기에 그 대신 대립형질 변이들을 마커로 이용하여 확인한다. 양적유전학이라 불리는 복합형질의 유전 분석은 표현형 측정값과 관찰값을 다루고 있으며, 잠재되어 있는 대립형질의 특성은 일반적으로 알려지지 않는다. 그럼에도 불구하고 양적유전학은 Mendel의 유전 법칙에 기초하고 있다.

Mendel의 유전학, 집단유전학, 양적유전학 사이의 관계에 대한 간단한 예를 나타냈다(표 4.1). 유전자는 대립형질 빈도가 0.5인 2개의 대립형질 *a*와 *A*로써 집단에서 발생한다. Hardy-Weinberg 평형(3.2장)이 될려면 표에 나타난 대립형질 유전자형의 분포와 같을 것이다. 대립형질이 표현형 형질에 영향을 미친다면, 즉 *A*가 *a*와 비교해 +1 단위의 상가효과가 있다면, 표현형에 대한 대립형질 유전자형의 유전적 효과는 표와 같을 것이다.

표 4.1 빈도가 0.5인 대립형질 a와 A인 집단에서의 대립형질 유전자형 빈도와 표현형에 대한 유전적 효과. a에 대한 A의 상가적 유전효과는 +1이다.

빈도	대립형질의 유전자형	유전효과
25%	*aa*	0
50%	*aA* 또는 *Aa*	+1
25%	*AA*	+2

다른 유전적 또는 비유전적 효과는 형질에 영향을 주지 않는다고 가정하면, 집단은 표현형질(=1.0)에 대한 유전효과의 평균과 유전자 분산(=0.5)이나 유전자 표준편차(=0.71)처럼(표준공식을 적용해 쉽게 확인 가능) 수리적 통계에 의해 특징지어진다. 이런 매개변수는 잠정적인 대립형질 변이에 대한 어떤 지식도 없이 표현형의 측정값으로부터 얻을 수 있다.

4.2 단일 유전자 모형의 한계

단일 유전자는 유전자 내에서 일어날 수 있는 다른 대립형질의 수에 따라 표현형에 영향을 미치는 유전자의 수도 제한된다. 다형성에 대한 연구는 최소한 단백질 단계에서 주어진 유전자의 2개에서 5개까지는 성공하였지만 그 이상의 탐색에는 실패하였다. 위의 사례에서처럼 2개의 대립형질은 3가지 유전효과(대립형질 하나가 완전 우성일 경우에는 2가지만)를 만든다. 대립형질 중 1개의 빈도가 매우 드물지만 않다면, 가능성이 있는 유전효과들은 모두 그 집단의 개체들 사이에서 표현될 것이다. 대립형질이 상가적인 효과를 지닌다면, 선발 후 원하는 대립형질이 고정될 때까지 집단이 가장 원했던 유전효과의 발생을 증가시킬 것이다. 선발이 이루어지기 전에는 기초집단에서 가장 우수한 개체보다 더 우수한 형질을 나타내는 유전자 효과를 지닌 개체는 만들지 못했다. 형질을 위한 유전자 변이의 고정은 더 우수한 선발반응을 방해할 것이다. 즉, 기초집단에서 가장 우수한 개체는 형질에 대한 선발에 한계가 있음을 나타낸다.

이러한 사실은 선발실험이나 육종 프로그램에서 관찰된 것은 아니다. *Tribolium*의 경우 증가된 번데기의 체중에 대한 선발실험에서는 119세대가 지난 이후에도 유전자의 변이들이 감소되지 않았다(Enfield, 1979). 대조군과 선발된 집단 간의 유전적 표준편차는 28이었다. 기준집단의 모든 개체의 실제적 번데기 체중이 3개의 유전적 표준편차 범위보다 낮거나 평균값보다 높다는 사실을 되새겨 보면, 선발된 집단의 모든 개체들은 기준집단에서 가장 무게가 많이 나가는 개체보다 더 무겁다는 것이다. 현대 북유럽의 양계 프로그램은 지난 25년 동안 출하 크기(1.4kg)에 도달하기까지의 성장 기간을 10~12주에서 5주까지 감소시켰다(Sorensen, 1986). 그리고 선발에 대한 반응을 유지했다. 야생 닭은 일반적으로 모두 성장하여도 판매용 크기까지 성장하지 않는다. 그러면 이러한 것들은 어떻게 설명할 수 있을까?

새로운 돌연변이의 출현만이 이를 설명할 수 있을 것이다. Falconer and Mackey(1996)는 유전자에 생긴 새로운 돌연변이는 아마 20세대 정도는 지나야 반응을 나타내기 시작하며, 이렇게 기준집단으로부터 분리되는 모든 유전자들은 곧 고정될 것이라고 주장하였다. 연속적인 반응들은 전적으로 선발 과정 동안 축적된 변이들에 달려 있는 반면, Enfield(1988)는 유효집단의 크기가 너무 작고, 새로운 변이들이 적용된 동물육종 프로그램에서 세대 수가 너무 적기 때문에 선발반응에 주요한 영향을 미칠 수 없다고 요약하였다. 일반적으로 돌연변이는 세대당 10^{-5}에서 10^{-6}의 비율로 발생한다고 가정하면, 대부분의 경우 나쁜 영향을 끼쳤을 것이다. 오랜 기간 가축을 순치한 결과, 돌연변이는 가축화된 집단과 야생집단 간의 유전적 분화를 나타내는데 중요한 역할을 한다. 그러나 현재의 육종과 유전적 다양성들은 지난 150년간 형성된 것이고, 상가유전적 주된 향상들은 과거 50년 동안 일어났다.

오랜 선발을 통해 반응과 유전적 다양성의 지속성에 대한 또 다른 연구는 양적형질이 형질에 적은 영향들을 미치는 분리된 여러 유전자들에 의해 영향을 받을 것이다. 이러한 다인자 유전과의 밀접한 관계는 이 장에서 설명될 것이다.

4.3 단순화된 다인자 모형

대립 유전자형과 유전효과 사이의 대립형질 간 다인자적 관계를 간소화시킨 모형이다. 그림 4.1은 각 유전자가 0.5의 대립형질 빈도(zero 대립형질과 형질에 한 단위를 더한 대립형질)를 가진 2종의 대립형질 형태를 가질 때, 대립 유전자형과 2개의 독립적으로 분리된 유전자들에 의해 암호화된 형질의 유전적 영향의 분포를 보여주고 있다.

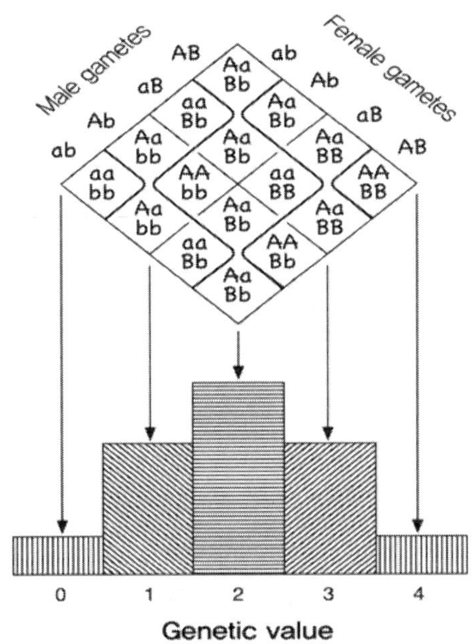

그림 4.1 대립형질의 유전자형과 2개의 유전자좌의 영향을 똑같이 받은 형질의 유전효과(유전자값)의 분포. 유전자좌에는 친어세대에 각각 zero 대립형질(*a*와 *b*)과 빈도가 0.5인 형질에 한 단위 더한 대립형질(*A*와 *B*)이 있다.

극단적인 영향들을 제외한 유전적 영향들에 특히 주의하며, 그림 4.1에서 고정된 유전자형은 여러 개의 대립형질 조합에 의해 얻어질 것이다. 결과적으로, 극단적 효과보다 주어진 유전효과를 공유하는 개체의 집단은 모든 대립형질을 가지며 빈도에만 차이가 있다.

이론적으로 그림 4.1을 만드는 데 사용한 접근법은 유전자와 대립형질의 수와 plus 대립형질의 상대적 효과에 적용할 수 있다. 유전자들이 독립적으로 분리되고 각 유전자가 형질에 대한 plus 대립형질의 효과가 같고, 모든 plus 대립형질의 빈도가 동일한 대립형질 형태가 2개가 있을 경우를 가정하는 동안, 유전효과의 분포는 대립형질 수 또는 유전자 수의 두 배와 똑같은 매개변수 n(반복수)과 plus와 zero의 대립형질 빈도와 같은 매개변수 p와 q(두 산출 값의 확률)를 가진 이항분포와 같을 것이다. 그림 4.2는 간소화된 가정과 plus 대립형질의 대립형질 빈도가 0.5인 조건 하에서 5개의 유전자(10개의 대립형질)와 10개의 유전자(20개의 대립형질)로 암호화된 형질에 대한 유전효과의 분포를 나타낸다. 표준 정규분포 곡선도 나타내었다.

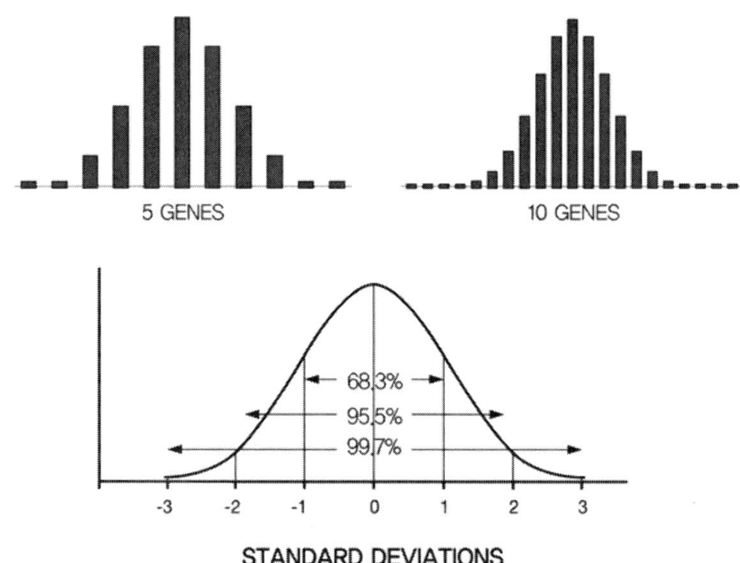

그림 4.2 그림 4.1과 같은 간소화된 가정 하에서 5개나 10개의 유전자로 암호화된 형질에 대한 집단의 유전효과 분포. 표준 정규분포 곡선에 따라 분포를 비교했다.

그림 4.2에서 형질에 영향을 미치는 유전자 수가 증가할수록 유전효과의 계급의 수가 어떻게 증가하는지 볼 수 있다. 집단에서 유전효과의 이항분포는 유전자 수가 증가하면 표준 정규분포에 근접한다는 사실을 숫자로 보여준다. 이때 적어도 p와 q는 0이나 1에 가깝지 않다(즉, 대립형질의 고정이나 손실). 이항분포의 평균값은 np이고 분산은 npq이다. 그림 4.1에서 극단의 고정효과를 제외한 모든 계급은 집단의 모든 대립형질을 가지고 있다. 그림 4.2는 유전자 수가 증가하면 극단의 고정 대립형질의 유전자형의 빈도가 감소한다는 것을 보여준다. 극단적 유전효과의 빈도는 유전자 5개의 경우에 9.5×10^{-4}이고 유전자 10개의 경우엔 9.5×10^{-7}이다.

숫자에 나타난 것처럼, 표준 정규분포 곡선의 그림은 양쪽 끝이 열려 있고, 극한값을 포함하지 않았다. 실제로 정규분포 곡선은 양쪽 끝이 무한대로 계속되지만, 평균값에서 3개의 표준편차 바깥쪽의 빈도는 드물고(합쳐서 0.3%) 극한값의 경우는 더 드물다. 하지만 이항분포의 범위는(모든 zero 대립형질을 조합한 배경효과를 만든다) 0개의 plus 대립형질(배경효과에 n개의 plus 대립형질을 더하라)과 n개의 plus 대립형질의 관찰값의 범위로 제한된다. 그림 4.3은 형질에 영향을 미치는 유전자(유전자좌)의 수가 10, 100 또는 300일 때 간소화된 다인자 모형에 따른 유전자 표준편차에서 측정한 유전효과의 분포와 범위를 나타낸다.

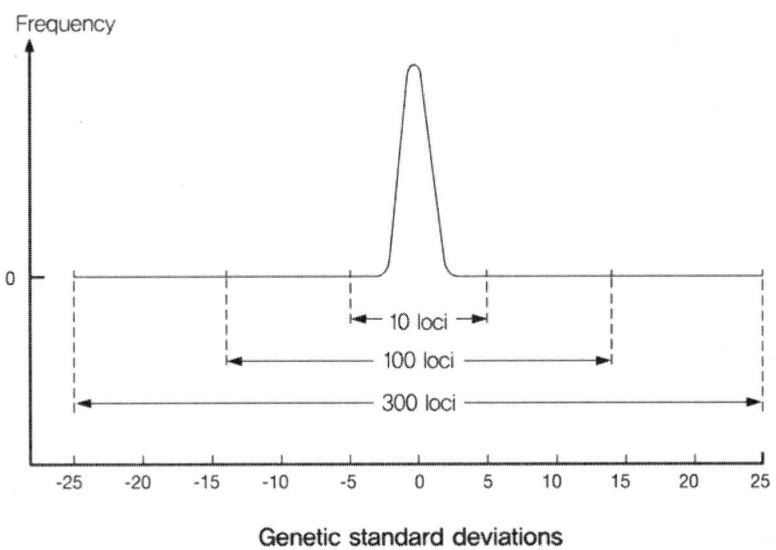

그림 4.3 형질에 영향을 미치는 유전자(유전자좌)의 수에 따른 유전자 표준편차에서 측정한 유전효과의 분포와 이론적 유전범위.

정규분포에 따르면, 집단의 99.7%가 평균값에서 3개의 표준편차보다 작게 나온다. 4개의 표준편차보다 클 확률은 0에 가깝다. 이것은 형질에 영향을 미치는 유전자좌의 수가 일정한 극소값보다 클 때 실제 집단에서 유전자가의 가능 범위구간이 제한된다는 사실을 의미한다. 그림 4.3에서 유전자가 300개일 경우 고정된 극단 유전자형의 빈도는 2.4×10^{-191}이다.

4.4 얼마나 많은 유전자가 필요한가?

지금까지는 형질에 영향을 미치는 유전자좌의 수에 대한 설명이었다. 유전자 1개 또는 몇 개로 암호화된 형질(s)은 발견하기 쉽기 때문에(예, 색깔 형질) 잘 알려져 있다. 초기 양적유전학에서는 제한된 유전자좌의 수가 더 많은 복합형질의 유전적 다양성을 완벽하게 설명함으로써 자연선택의 한계와 고정에 빠르게 도달할 것이라고 가정했다(Lerner(1950) 참조). 이런 초기의 가정은 확인되지 않았다. 최근의 몇몇 선발실험에서 복합형질에 관련된 유전자좌의 수에 대한 극소값은 100이나 100 이상, 심지어 300 이상에 가까웠다(Enfield, 1974; Falconer and Mackay, 1996). 다른 관찰값은 극소값보다 더 낮았다. 그러나 이것이 선발된 형질의 속성 때문인지, 연구된 집단 때문인지는 확실하지 않다. 오랜 기간 동안 폐쇄적이었던 집단의 경우, 유전적 부동이나 근친교배 때문에 형질에 변화를 일으키는 유전자들이 고정되었을 가능성도 있다.

이런 극소값은 몇몇 가정과 단순화에 근거한 것이며(Lande 1981; Falconer and Mackay, 1996 참조), 양적형질에 영향을 미치는 유전자좌의 수에 대한 증거로는 간주되지 않는다. 그러나 대사 단백질은 성장과 번식 같은 복합과정과 관련이 높고, 여러 유전자들이 직접적 혹은 간접적으로 대사 단백질을 만든다고 주장하고 있다. 최근 인간의 게놈 연구에 따르면 단백질을 암호화한 유전자의 총 수는 약 30,000~40,000개 정도이며, 일부 어종의 경우 이보다 훨씬 많은 유전자들을 가지고 있다고 알려져 있다.

더군다나, DNA의 분자유전학적 연구(Singer and Berg(1991) 참조)는 대사 단백질을 암호화하지 않은 양적관계의 경우 부가유전자로서의 역할을 하는 유전적 요인들을 확인하였다. 조절 DNA 염기서열과 DNA 조절 단백질을 암호화한 염기서열은 유전자 발현의 양, 시기, 위치를 결정한다. 조절 메커니즘과 관련된 것들은 유전적 차이들로 인해 유전자 발현에 영향을 미치며, 만약 그들이 조절 대립형질이라면 상가적 유전자가 다양하게 나타나는 원인이 되기도 한다. 단백질로 암호화된 염기서열은 조절 메커니즘의 영향을 받고 게놈을 통해 상호 조절작용이 일어나며, 형질의 양적 유전변이를 결정하는 유전자좌의 수는 형질 발현과 직접적으로 관련이 있는 유전 암호화된 가변단백질의 수보다 훨씬 더 클 것이다. 이러한 맥락에서 300개 정도의 유전자좌도 다인자 형질에선 부족할지도 모른다.

4.5 자연선택에 대한 반응의 밀접한 관계

단순 다인자 모형에 따른 집단간 유전적 차이에 대한 plus 대립유전자의 다양한 빈도의 효과는 300개의 유전자에 영향을 받았을 경우의 사례를 그림 4.4에 나타내었다.

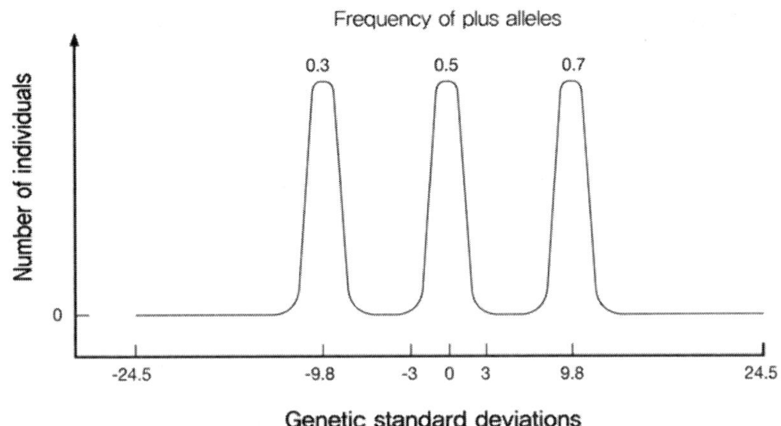

그림 4.4 단순 다인자 모형에 따른 유전자 표준편차에서 측정한 유전효과의 분포도.
plus 대립유전자의 빈도가 0.3, 0.5, 0.7일 때 형질은 유전자 300개의 영향을 받고 있다.

형질에 영향을 미치는 유전자좌의 수가 클 때 대립유전자 빈도의 중간차도 양적형질에 대해 유전적으로 중복되지 않은 집단을 만들 수 있다는 사실이 그림으로 증명되었다. 집중적인 선발실험은 보통 세대당 유전자 표준편차가 0.5보다 큰 선발반응(모평균의 변화)을 만들어 내지 않는다. 선발된 형질(s)이 소수의 효과를 지닌 수 많은 유전자들로 암호화되었다고 가정한다면, 유전적으로 복합적인 형질을 개선하기 위해 적용된 프로그램은 대립유전자 빈도의 중간차로 수많은 세대에 연속적 선발 반응을 만들어 낼 것이다.

실제로 수많은 대립유전자의 적절한 변화들에 의해 생기는 가능차는 생물학적으로 가능해 보이는 것보다 더 커졌다. 예를 들어, 성숙한 양식 대서양연어 체중(평균 약4kg)의 유전자 표준편차는 약 1kg으로 측량되었다. 그림 4.4에서 고정 외항값 사이의 거리는 연령이 같고, 먹이와 관리 조건이 같은 연어의 경우 50kg이 될 것이다. Bentsen(1994)은 다른 사례들을 제시하였다. 생물학적 제한들이 고정 외항 유전가에 도달하기 훨씬 전에 선발반응을 제한할 것이라는 사실들은 실험결과들과 일치한다(Enfield가 발표한 *Tribolium* 번데기의 증가된 체중에 대한 선발실험, 1979). 여기서 점진적으로 유전적 진행을 하지만 선발 상태에서 형질의 유전변이에 중요한 손실의 흔적 없이 수많은 세대가 지난 후 선발반응이 줄어들 것으로 보인다. 이항분포의 분산식(npq)에서 분산값의 극대는 대립유전자 빈도가 0.5인 곳에서 일어나지만, plus 대립유전자 빈도가 0.2나 0.8로 변화하는 것은 분포선의 표준편차를 20% 감소시키며, 0.1이나 0.9로 변화하는 것은 40%를 감소시킨다. 결론적으로 대립유전자 빈도의 외항은 유전효과 분포의 표준편차 크기를 감소시킬 것이다. 그림 4.4에서 선발에 대한 상당한 반응이 형질에 영향을 주는 유전자 수가 클 때 표준편차에 대한 효과없이 생긴다.

4.6 단순 다인자 모형의 한계

단순 다인자 모형의 가정은 다음과 같다. (1) 모든 가변유전자는 2개의 대립유전자를 가지고 있다. (2) 모든 유전자의 plus 대립유전자 효과는 같다. (3) 모든 plus 대립유전자는 같은 빈도로 발생한다. (4) 유전자는 독립적으로 분리되어 있다. (5) 대립유전자의 모든 효과는 상가적이다(우성효과나 우위효과가 없다). 이러한 경우는 실제 상황에서 매우 드물 것이다. 이런 가정을 어기면 결과는 어떻게 될까?

(1) 가변유전자에는 2개 이상의 대립유전자가 있다. 주요 조직적합성유전자복합체 같은 유전자 영역은 생물학적 기능이 중요해 보이는 대립유전자 변이들에 의해 특정화된다. 하지만 대부분의 유전자는 다소 제한된 수의 대립유전자 형태로 나타난다. 유전자에 의한 변이가 주로 유사효과를 지닌 대립유전자와 비교하여 형질에 대한 상이효과를 가진 대립유전자에 의한 것이라면, 단순 모형은 여전히 유용하다. 만약 유전자가 형질에 대해 2가지 이상의 상이한 효과를 가지고 있다면, 집단에서 가능한 유전효과의 계급 수가 많이 늘어날 것이지만 단순모형에서 내리는 주된 결론에는 영향을 받지 않을 것이다.

(2) 모든 가변유전자들은 형질에 대해 동일효과를 가지고 있지 않다. 유전자 중 어떤 것은 형질에 대해 주된 효과(또는 가까이 연관된 유전자복합체)를 가질 수 있다. 가축의 대량분석 결과에서는 양적형질에 영향을 주는 유전자의 대부분이 상대적으로 적은 영향을 미치고 있으며, 큰 영향을 미치는 유전자는 훨씬 적게 나타난다(Hayes and Goddard, 2001). 또한 큰 상가효과를 지닌 주요 유전자들은 선발과정 동안 매우 빠르게 고정된다(Sehested and Mao, 1992). 직접적인 선발에 영향을 받아온 형질들에 대해 남아 있는 유전적 변이들은 다수의 작은 영향을 미치는 유전자들(minor genes)에 의하여 이루어지는 경향이 있다. 하지만 많은 수산양식 생물은 유전적으로 여전히 야생 상태이며, 번식형질에 대한 선발은 이루어지지 않았다. 고정되지 않은 주요 유전자는 초기 세대에서 상가유전변이는 확대되고 선발반응은 증가된다.

(3) 모든 plus 대립유전자는 같은 빈도로 나타나지 않는다. 가정한 평균 빈도 주위에 plus 대립유전자의 빈도가 분산되는 것은 집단의 유전자 효과분산(그리고 표준편차)을 감소시킨다. 특히 분산이 클 경우 유전자효과 분산은 감소된다. 감소된 유전자 표준편차는 집단 내의 변화와 비교하였을 때 이론적 유전자효과와 고정유전자 효과의 외항 간의 거리가 증가할 것이라는 사실을 내포한다. 선발은 높은 빈도에서 나타나는 plus 대립유전자를 빠르게 고정시켜 집단의 유전자 효과 분산을 감소시킬 것이다. 한편, 선발은 희귀한 plus 대립유전자 빈도를 증가시켜 변화를 늘릴 것이다. 종합해 보면, 단순모형의 경우처럼 유전자 효과의 변화는 선발에 의해 변하지 않을 것이다.

(4) 형질에 영향을 주는 유전자 수가 많아지면 모든 유전자들은 독립적으로 분리될 수 없는데, 그것은 서로 연관을 가진 유전자들이 특정 염색체들에 모여 있기 때문이다. 서로 가깝게 연관되어 있는 유전자들은 조합효과를 지닌 단일 유전자처럼 유전되는 반면, 멀리 떨어져서 연관되는 유전자들은 시간이 지나며 재조합이 일어난다. 이러한 효과들은 단순모형에서처럼 설명되지만 그 효과는 약간 지연될 것이다.

(5) 다수의 비상가 유전효과는 단순 다인자 모형으로부터 도출된 많은 결론들을 방해할지도 모른다. 우성은 집단의 유전효과 계급수를 감소시키는 반면, 우위효과는 한 계급 수를 증가시킬 것이다. 우성과 우위효과 모두 한 세대에서 그 다음 세대로 유전되는 동안 상호작용하는 대립유전자가 재조합되기 때문에 선발반응을 감소시킨다.

4.7 요약

단일유전자의 대립유전자 형태로 설명이 되는 유전은 집단에서 선발에 의해 유도된 복합 유전형질의 크고 빠른 변화를 설명할 수 없다. 단일유전자에 대한 선발은 선발되기 전 기준집단에서 관찰된 효과 외의 유전효과를 만들 수 없다. 바람직한 대립유전자의 고정으로 유전변이가 곧 소멸될 것이며, 이것은 복합형질에 대한 선발의 측정과 일치하지 않는다. 다인자 유전의 단순모형으로 Mendel의 유전법칙을 확장해 보면, 어떻게 선발에 대한 연속반응이 형질에 대한 유전효과 변화의 감소없이 기준집단에서 관찰한 유전자값을 훨씬 초과하는지를 설명할 수 있다. 단순 모형은 형질에 대한 소수효과를 가진 분리 유전자의 자발적 상가유전효과를 고려한다. 형질에 영향을 주는 유전자의 수가 굉장히 크다면, 선발한계는 바람직한 대립유전자의 고정보다는 생물학적 제약에 의해 생길 수 있다.

5. 기본 통계적 매개변수

TRYGVE GJEDREM AND INGRID OLESEN

5장에서는 육종에 공통적으로 사용되는 기본 매개변수들에 대해 간략히 소개하고자 한다. 우리는 생물통계의 관계를 보이거나 양적 매개변수에 대한 공식을 이끌어 내지 않을 것이다. 그것은 다른 많은 교재와 논문들에서 정보를 찾을 수 있기 때문이다. 흥미를 가지고 있는 독자를 위해 'Falconer and Mackay의 양적유전학에 대한 서론(1996)', 'Lush의 집단유전학(1994)', 'Snedecor and Cochran의 통계적 방법(1980)'이란 책을 권한다.

5.1 형질 편차

5.1.1 평균, 표준편차, 분산

육종의 목적을 위한 형질의 특성을 기술하기 위해 최소한 평균값과 표준편차를 알아야 한다. 표 5.1에는 수산양식종의 몇몇 형질들에 대한 평균, 표준편차, 변이계수가 나타나 있다. 더불어, 형질에 대한 더 정확한 편차 연구를 위해 통계적인 방법이 사용될 때, 형질분포를 알고 있어야 한다.

한 개의 형질에 대한 표본의 평균값 $\bar{x}$는

$$\bar{x} = \sum_{i=1}^{N} x_i / N \tag{5.1}$$

이다. 여기서 $\sum_{i=1}^{N} x_i$는 표본에 있는 모든 N개의 형질 X 값들의 합이다.

분산은 특정 형질을 가진 동물들 간의 편차에 대한 정보를 준다. 표본에 있는 N개의 측정값의 분산 $\hat{\sigma}^2$은

$$\hat{\sigma}^2 = \frac{1}{N-1} \sum_{i=1}^{N} \left(x_i - \bar{x}\right)^2 = \frac{1}{N-1} \left[\sum_{i=1}^{N} x_i^2 - \frac{1}{N} \left(\sum_{i=1}^{N} x_i \right)^2 \right] \tag{5.2}$$

로 측정할 수 있다.

분산은 각 측정값과 평균값 사이의 차를 제곱한 평균값이다. 분산은 예를 들면 g^2와 같이 제곱 단위로 측정된다. 표준편차는 분산의 제곱근이고, 가끔 측정값 사이의 편차를 측정하는 방법으로 사용된다. 평균과 표준편차는 값이 같기 때문에 표준편차가 분산보다 더 유용하게 사용된다. 표본에서 N개의 측정값의 표준편차는

$$\hat{\sigma} = \sqrt{\left[\frac{1}{N-1}\left(\sum_{i=1}^{N} x_i - \bar{x}\right)^2\right]} \tag{5.3}$$

로 측정할 수 있다.

표 5.1 여러 종들의 다양한 형질에 대한 평균, 표준편차, 변이계수

	평균	표준편차	변이계수
대서양연어:			
연어 자어의 체중, g	9,8	7,6	80
연어 자어의 체장, cm	8,9	2,3	26
체중, kg	6,6	1,89	29
내장 체중, kg	6,2	1,79	29
길이, cm	81,2	6,4	8
조건 유전인자	1,2	0,14	12
내장비율	93,9	0,8	-
어류토막 내 지방	16,0	2,5	16
무지개송어:			
자어의 체중, g	13,3	4,4	33
자어의 체장, cm	3,4	0,73	21
체중, kg	3.0	0,74	25
내장 체중, kg	2.3	0.59	26
길이, cm	59,0	4,4	8
조건 유전인자	1,6	0,15	10
내장비율	87,3	1,9	-
어류토막 내 지방	14,8	2,6	18
Rohu 잉어:			
잉어 자어의 체중, g	31.7	16.7	53
체중, g	401.1	109.4	27
틸라피아:			
틸라피아 자어의 체중, g	3.5	1.2	35
체중, g	72.6	25.2	35
새우. *P. vannamei*:			
다리 체중, g	1.5	0.7	44
Harvest 체중, g	19.3	3.4	18

분산은 육종에서 가끔 사용되는 중요한 성질을 지니고 있다. 형질 X의 분산은 $var(\bar{x})$로 표시하고 α는 상수이다.

1. $var(X+\alpha) = var(X)$

   비록 상수에 의해 평균값이 변한다 하더라도 측정값 사이의 편차는 같기 때문에 각 측정값에 상수를 더 하여도 분산값은 변하지 않는다.

2. $var(\alpha X) = \alpha^2 var(\overline{X})$

   $(\alpha X - \alpha\overline{X})^2 = \alpha^2(xX - \overline{X})^2$ 이기 때문에 분산값은 α^2만큼 증가한다.

3. X와 Y가 독립형질이라면

   a) $var(X+Y) = var(X) + var(Y)$

   b) $var(X-Y) = var(X) + var(-Y) = var(X) + (-1)^2 var(Y) = var(X) + var(Y)$

   c) 3a)로부터 각 X_i에 대해 분산이 같고, 모든 X_i가 독립적이라 가정하면 3a)

   $$var\left(\sum_{i=1}^{N} x_i\right) = N\ var(X)$$

4. $$var\left(\frac{1}{N}\sum_{i=1}^{N} x_i\right) = \frac{1}{N^2}\ var\left(\sum_{i=1}^{N} x_i\right) = \frac{1}{N} var(x)$$

   성질 2와 3에 의해 1/N은 상수이다.

이것은 평균의 분산이 관측값 분산의 1/N 번째라는 의미이다. N개의 관측값 평균의 분산은 평균값에 대한 정확성의 척도이다. 각각 분산값을 가진 평균은 큰 분산값을 가진 평균보다 더 작은 정확한 측정이라는 것을 나타내고 있다.

표본추출 평균의 분산값에 대한 제곱근은 평균값의 표준오차이다.

$$\sqrt{var(\overline{x})} = \sqrt{\frac{var(x)}{N}} = \text{standard error} \qquad (5.4)$$

측정값의 수가 증가하면 표준오차는 감소한다.

5.1.2 변이계수

형질과 종의 변이를 비교하기 위해 유용한 통계적 매개변수는 변이계수(CV)이다. 평균과 표준편차는 같이 변하지만, 변이계수는 평균의 영향을 받지 않는다. CV는 평균의 %로써 표준편차처럼 측정된다.

$$CV = (\sigma/\overline{x})100$$

체중에 대한 변이계수의 몇 가지 예가 표 5.1과 5.3에 나타나 있다. 소, 돼지, 가금류 같은 가축들의 체중에 대한 변이계수(CV = 7-10)에 비하여 어류와 패류의 체중에 대한 변이계수는 매우 높게 나타난다(CV = 17-29). 그러나 어류의 체장, 조건 인자, 지방 분포율의 변이계수 값은 다소 적게 나타난다.

5.2 관측값의 분포도

5.2.1 정규분포

그림 5.1은 연속형질의 분포도를 나타낸다. 이러한 분포를 정규분포라 하며, 많은 생물학적 형질들의 특성들을 나타내게 된다. 그림 5.1에서 대서양연어의 체중을 예로 들었다. 그림 5.1에서처럼 완만한 곡선을 얻기 위해서는 측정값 X_1, X_2, ..., X_N 의 수가 많아야 하며, 여기서 N은 측정값 또는 각 개체의 기록값이다.

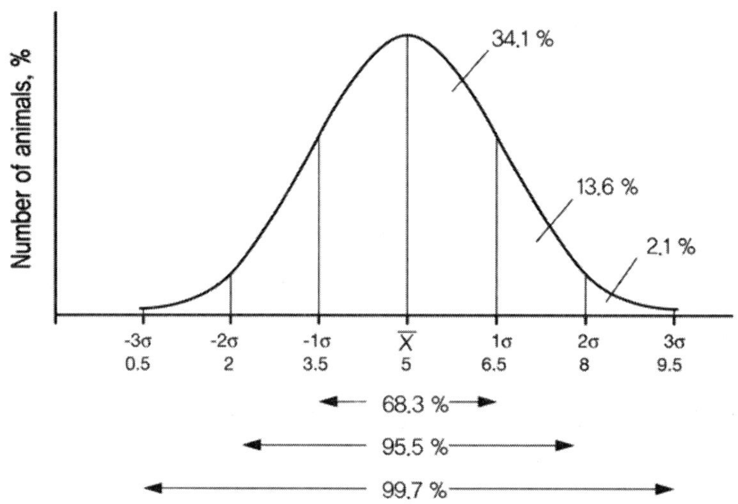

그림 5.1 평균값 X = 5.0kg 표준편차 σ = 1.5kg인 3년 된 양식 대서양연어의 체중 분포 ±1σ 사이의 곡선 아래 부분은 총 측정값 수의 68.3%, ±2σ 사이의 곡선 아래 부분은 95.5%, ± 3σ 사이의 곡선 아래 부분은 99.7%를 나타낸다.

그림 5.1에서처럼 정규분포는 종 모양의 곡선을 나타내며, 두 개의 상수나 매개변수, 즉 분포도의 중앙에 위치한 평균값, 〈분포〉의 척도인 표준편차나 측정값의 편차들로 결정된다. 곡선은 평균 $\overline{X}$를 중심으로 대칭적이다. 모든 빈도의 합은 1이 되며 곡선 아래 부분도 1이다. $\overline{X}$와 어떤 점 $(\overline{X}+f)$사이의 측정값 빈도는 $\overline{X}$와 $(\overline{X}+f)$사이의 측정값 빈도와 같다. 그림 5.1에서처럼 정규분포 곡선은 평균값 $\overline{X}$ 위로 6σ, 3σ, 평균값 $\overline{X}$ 아래로 3σ를 포함한다. 정규분포에서 측정값의 68.3%가 평균값의 $\pm\sigma$

안에 있고, 측정값의 95.5%가 ±2σ 안에 있으며, 측정값의 99.7%가 ±3σ 안에 존재한다. 그래서 표준편차와 평균을 알면 정규분포하는 형질들을 잘 설명할 수 있다. 자료의 표본추출이 임의적이지 않거나 또는 자료가 선발되었을 경우, 자료가 정규분포의 범위에서 벗어날 수 있다.

통계적 기법의 대부분은 형질이 정규분포하고 있다는 가정을 근거하고 있다. 따라서 정상 검증에 유용하다. 분포도가 평균을 중심으로 대칭한다면 비대칭도 검증을 해야만 한다. 두 번째는 첨도에 관한 것으로, 평균을 중심으로 측정값이 많거나 적을 때 첨도 검정을 한다. Sokal and Rolph(1981)는 비대칭도와 첨도의 검증방법을 제시했다. 정규적으로 분포되지 않은 형질은 근의 공식과 대수공식을 사용하여 간단히 정규화로 변환시킬 수 있다.

주어진 평균값 μ과 분산 σ^2을 가진 정규분포의 변량 X는 $X \sim N(\mu, \sigma^2)$으로 주어진다.

5.2.2 비정규분포

어떤 생물학적 자료값들은 심하게 비대칭적인 경우가 있다. 그림 5.2는 3가지 연어과 자어의 체중에 대한 분포도를 나타낸 것이다. 집단 내에서의 강한 경쟁으로 확대된 어류의 초기단계에서 비교적 크기 차이가 작은 것은 이 비대칭 분포도를 부분적으로 설명할 수 있다. Moav and Wholfarth(1973)가 큰 어류가 포함된 계층구조를 잉어집단에서 발견하였다.

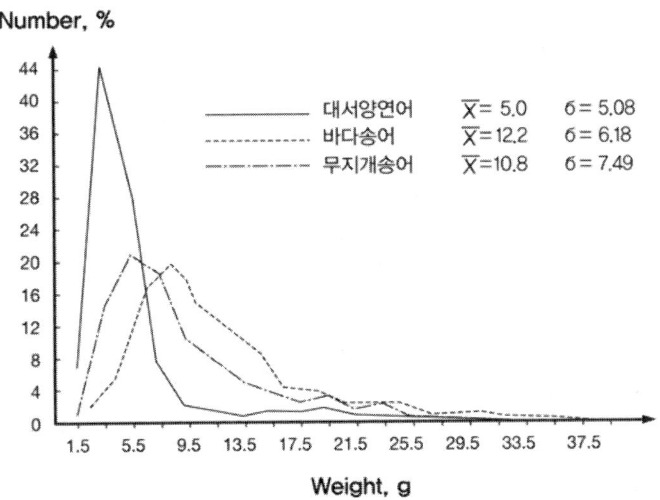

그림 5.2 연어과 자어의 체중 분포도.

기존집단 값의 분포는 정규분포가 아니었지만, 표본추출 분포도는 표본추출의 크기가 커질수록 정규분포화되었다.

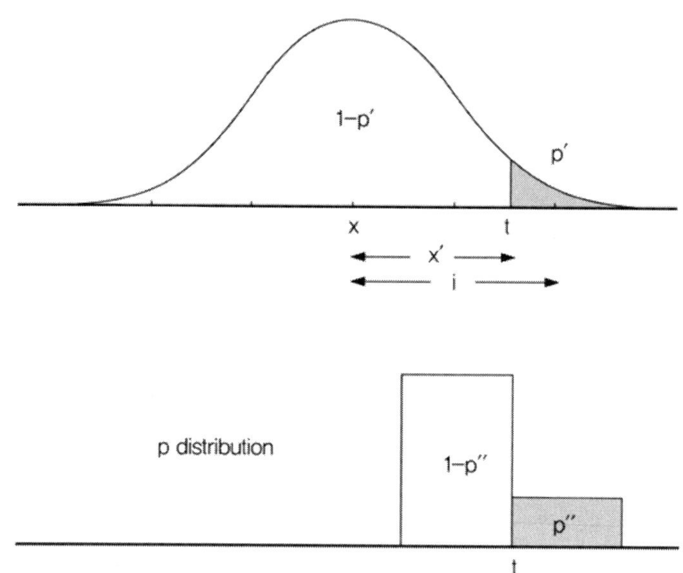

그림 5.3 Threshold character. 기본변수 위와 관측가능변수 아래의 분포도.

어떤 형질은 불연속적으로 변화한다. 이런 형질들은 몇 개의 계급들로 나타나며, Mendel의 단순 유전방식으로는 유전되지 않는다. 예를 들면, 성숙단계에서 치사율과 연령에 관련된 형질들은 불연속 변이의 형태를 보인다. Dempster and Lerner(1950), Falconer(1965)는 이런 자료들을 분석하는 데 이용할 수 있는 모형을 제시하였다. 가시단계(p scale)에서 관찰된 표현형 변이는 기본 형질(x scale)로 결정된다고 가정한다. p 단계에서의 형질 발현은 오직 2개나 3개의 계급으로 나누어진다. 기본변수가 x 단계의 어떤 역치를 넘었을 때 p 단계에서 변화가 나타난다. 이를 그림 5.3에 나타냈다. 그래서 형질 p는 불연속 분포도를 나타낸다. 그러나 역치모형은 가설에 근거한 형질 x가 정규분포화되었다고 가정한다. 분포도의 매개변수는 가시적 p 단계나 기본적인 x 단계의 가정에 근거한 상황의 형질을 나타낸다. 최초의 기본형질 연속변이는 유전적이고 생태적이다. 쌍둥이가 태어난 경우에, 기본 형질은 다중배란을 유도하는 호르몬이나 호르몬의 조합체일 수 있다. 질병내성의 경우 원인 형질은 면역반응 때문에 생긴 항체이다.

5.3 분산

5.3.1 분산분석법

분산분석법은 생물학적 자료를 연구하는 데에 매우 유용하다. 분산분석법으로 변화 근원의 중요성을 평가하고 변화의 근원이 형질에서 관측된 전체 변이에 기여하는지를 검증할 수 있다.

표 5.2 분산분석법

변화원	DF	제곱의 합계	평균값의 제곱(MS)	E(MS)*
계급간	$n-1$	$\sum d_{\bar{x}}^{\ 2}$	$\sum d_{\bar{x}}^{\ 2}/(n-1)$	$\sigma_e^2 + k\sigma_\alpha^2$
계급내	$n(k-1)$	$\sum\sum d_{x_i}^2$	$\sum\sum d_{x_i}^2/n(k-1)$	σ_e^2
총합계	$N-1$	$\sum d_x^2$	$\sum d_x^2/(N-1)$	

E(MS)는 평균값의 제곱의 기대값이다.

각 계급 내의 N개의 측정값, n개의 계급, k개의 측정값을 가진 형질 X의 분산분석은 표 5.2에서처럼 다음 모형을 가정하여 측정할 수 있다.

$$Y_{ij} = \mu + \alpha_i + e_{ij} \tag{5.6}$$

여기서 Y_{ij}는 $E(\mu) = \mu$인 관측 변량, 집단 평균값 α_i는 $\alpha_i = N\left(0, \sigma_\alpha^{\ 2}\right)$인 무작위 효과이고 무작위 오차 $e \sim N(0, \sigma)$이다.

분산분석법에서 요소들은 다음과 같이 쓸 수 있다.

표준편차의 제곱인 총 분산 $\hat{\sigma}^2$은

$$\hat{\sigma}^2 = \frac{1}{N-1}\sum_{i=1}^{N}\left(x_i - \bar{x}\right)^2 = \frac{1}{N-1}\left[\ \sum_{i=1}^{N} x_i^2 \ - \frac{\left(\sum_{i=1}^{N} x_i\right)^2}{N}\right]$$

으로 측정할 수 있다.

간단히 하면,

$$\frac{\sum d_x^2}{N-1} \tag{5.7}$$

이다.

통계값은 제곱의 합이다.

$$\left(\sum X_i^2 - (\sum X_i)^2/N \right) = \sum d^2 x \tag{5.8}$$

그 제곱의 합은 자유값(N − 1)로 나누며 평균의 제곱 또는 형질의 편차값을 얻는다.

$$\left(\sum X_i^2 - (\sum X_i)^2/N \right)/N-1 = \sum d^2 x/(N-1) \tag{5.9}$$

평형 자료의 경우, 계급간($k_1 = k_2 = \cdots = k_n$) 평균의 제곱은

$$\hat{\sigma}_{\bar{x}}^{\ 2} = \frac{k\sum_{i=1}^{N}(\bar{x}_i - \bar{x})^2}{n-1} = \frac{\frac{1}{k}\sum_{i=1}^{n}\left(\sum_{i=1}^{k}\bar{x}_i\right)^2 - \frac{1}{N}\left(\sum_{i=1}^{N}x\right)^2}{n-1} = \frac{\sum d_{\bar{x}}^{\ 2}}{n-1} \tag{5.10}$$

으로 측정된다.

불평형 자료의 경우, 계급간 평균의 제곱은

$$\hat{\sigma}_{\bar{x}}^{\ 2} = \frac{\sum_{i=1}^{N}k_i(\bar{x}_i - \bar{x})^2}{n-1} = \frac{\sum_{i=1}^{n}\frac{1}{k_i}\left(\sum_{i=1}^{k}\bar{x}_i\right)^2 - \frac{1}{N}\left(\sum_{i=1}^{N}x\right)^2}{n-1} = \frac{\sum d_{\bar{x}}^{\ 2}}{n-1} \tag{5.11}$$

이다.

평형 자료의 경우, 계급내 평균의 제곱은

$$\widehat{\sigma_{x_i}}^{\ 2} = \frac{\sum_{i=1}^{n}\sum_{i=1}^{k}(x_i - \bar{x}_i)^2}{n(k-1)} = \frac{\sum_{i=1}^{n}\left[\sum_{i=1}^{k}x_i^2 - \frac{1}{k}\left(\sum_{i=1}^{k}x_i\right)^2\right]^2}{n(k-1)}$$

$$= \frac{\sum d_x^{\ 2} - \sum d_{\bar{x}}^{\ 2}}{n(k-1)} = \frac{\sum_{i=1}^{n}\sum_{i=1}^{k}d_{x_i}^{\ 2}}{n(k-1)} \tag{5.12}$$

이며, 계급내 제곱의 합은 제곱의 총합에서 계급간 제곱의 합을 빼면 구할 수 있다.

$$\hat{\sigma}_{x_i}{}^2 = \sum d_x{}^2 - \sum d_{\bar{x}}{}^2 \tag{5.13}$$

육종 자료의 분석에서 계급은 수컷이나 다른 가계가 될 수 있다.

수컷의 분산은

$$\sigma_\alpha{}^2 = [\mathrm{MS(between\ sires)} - \mathrm{MS(within\ sires)}]/k \tag{5.14}$$

$$\mathrm{E(MS(between\ sires))} = \sigma^2 + k\sigma_\alpha{}^2 \tag{5.15}$$

과

$$\mathrm{E(MS(within\ sires))} = \sigma^2 \tag{5.16}$$

으로 측정된다.

이 방정식은 유전적, 생태적 모계효과의 크기를 측정하기 위해 관련 생물 자료를 포함할 수 있다 (9장 참조).

5.3.2 합의 분산

각 성분의 분산과 성분 간 공분산의 2배를 합한 합의 분산이 통계학에서 중요한 1차 대수식이다 (Chapman,1962). 이 식은 표현형과 성분 간의 관계식을 연구하는 데 사용될 것이다. 개체의 표현형 P는 각 개체를 구성하고 있는 2개의 유전자형 G와 평생 표현형에 영향을 주는 환경성분 E로 나타낸다.

$$P = G + E \tag{5.17}$$

표현형 수의 합계는 유전자형의 합과 환경성분의 합을 더한 것과 같다.

$$\sum P = \sum G + \sum E \tag{5.18}$$

N개의 표현형의 평균은

$$\sum P/N = \bar{P} = \sum G/N + \sum E/N = \bar{G} + \bar{E} \tag{5.19}$$

로 측정할 수 있다.

평균에서의 편차는

$$(P - \bar{P}) = (G - \bar{G}) + (E - \bar{E}) \tag{5.20}$$

으로 나타낸다.

정의에 따른 제곱의 합은

$$\sum(P-\overline{P})^2 = \sum[(G-\overline{G})+(E-\overline{E})]^2 = \sum(G-\overline{G})^2 + \sum(E-\overline{E})^2 + 2\sum(G-\overline{G})(E-\overline{E}) \tag{5.21}$$

이다.

합의 분산은 각 성분의 분산과 공분산의 2배를 합한 것과 같다.

$$\sum(P-\overline{P})^2/(N-1) = \sum(G-\overline{G})^2/(N-1) + \sum(E-\overline{E})^2/(N-1) + 2\sum(G-\overline{G})(E-\overline{E})/(N-1) \tag{5.22}$$

아니면,

$$\sigma_p^2 = \sigma_G^2 + \sigma_E^2 + 2\mathrm{cov}_{\cdot GE} \tag{5.23}$$

이다. 일반적으로,

$$\sigma_\Sigma^2 = \sum\sigma_i^2 + 2\mathrm{cov}_{\cdot ij} \tag{5.24}$$

이다.

만약 $\mathrm{cov}_{\cdot ij} = 0$이라면,

$$\sigma_\Sigma^2 = \sum\sigma_i^2 \quad \text{또는} \quad \sigma_P^2 = \sigma_G^2 + \sigma_E^2 \tag{5.25}$$

이다. 만약 $\mathrm{cov}_{\cdot ij} = 0$이고 $\sigma_G^2 = \sigma_E^2 = \sigma_i^2$ 이라면,

$$\sigma_\Sigma^2 = n\sigma_i^2 \tag{5.26}$$

이다. 여기서 n은 합의 요인수이다. 하지만 $\sigma_G^2 = \sigma_E^2$ 인 경우는 거의 없다. 그러나 환경이 너무 상이하지 않을 때 유전자형과 환경 사이의 공분산은 0($\mathrm{cov}_{\cdot ij} = 0$)이라고 가정한다. 상관관계가 0이라는 것은 서로 다른 유전자형을 가진 개체들이 동일한 환경조건을 가지고 있다는 것을 의미한다. 환경이 조금 다른 실제 양식조건 하에서, 유전자형과 환경 간 공분산은 0이거나 매우 낮다.

유전자형과 환경 간의 상호작용이 없다고 가정하면, 서로 다른 유전자형을 가진 2개체 간 표현형의 차이는 개체가 처한 공통 환경의 유형에 관계없이 일정하게 유지된다. 서로 다른 환경에서 각 개체의 절대 표현형 값은 동일할 필요가 없지만, 서로 다른 환경조건 하에서 개체의 표현형 변화는 같다고 추측된다. 분산이 이질적일 때 다른 단계의 자료로 바꾸는 것은 때때로 상호작용을 없애기도 한다.

5.3.3 유전적 분산

총 유전자값 G는 다른 성분으로 나뉘기도 한다. 상가유전자값 A는 각 유전자좌에서의 상가유전효

과의 합을 나타내며, 육종가라고도 한다. 우성유전자값 D는 유전자좌 내의 상호작용에 의해 생기는 각 유전자좌에서의 모든 유전효과의 합을 나타낸다. 상위성 유전자값 I는 유전자좌간 모든 상호작용의 합을 나타낸다. 총 유전자형 값은 상가유전효과, 우성유전효과, 상위성 또는 하위성유전효과의 합으로 나타낸다.

$$G = A + D + I \tag{5.26}$$

성분 사이에 상호작용 효과가 없다고 가정하면, 총 유전분산은

$$\sigma_G^2 = \sigma_A^2 + \sigma_D^2 + \sigma_I^2 \tag{5.27}$$

이다. 여기서 σ_G^2는 총 유전자형 분산, σ_A^2는 상가유전분산, σ_D^2는 우성유전분산, σ_I^2는 상하위성 유전분산이다. 이런 유전분산의 측정은 9장에서 다룬다.

5.3.4 환경분산

많은 환경적 인자는 생물의 형질에 영향을 준다. 수정에서부터 형질이 관측되는 순간까지 개체 성장의 어느 단계에서도 형질은 환경에 영향을 받는다. 이런 환경인자는 영구적 인자, 즉 체계적 인자 ES와 일시적 인자, 즉 임의적 인자 ER의 두 부분으로 나뉘며 이는 그림 5.4에 나타냈다. 중요한 군(예, 가계) 안에 있는 동일 개체나 다른 여러 개체들에 대한 형질 측정을 반복적으로 수행하면, 임의적 환경인자들을 감소시킬 수 있다. 임의적 환경인자의 예로는 측정이나 기록의 오차, 온도, 먹이, 관리적 변수가 있다. 이런 인자들 개개의 영향은 측정하기 곤란하다.

체계적 환경분산	연령 성별 연못-가두리 양식장 먹이	연령-성-연못-가두리 양식장-먹이
임의적 환경분산	질병 스트레스 경쟁 온도 기록오차 다른 요인들	질병 스트레스 질병 온도 기록오차 다른 요인들
유전적 분산	유전적	유전적

그림 5.4 총 변이 중 유전적, 환경적 성분(왼쪽)과 형질에 대한 체계적 환경인자를 조절한 후의 성분(오른쪽).

반복된 측정과 어떤 생물집단에 공통적인 대표 효과, 매년 달라지는 효과가 체계적 환경요인을 감소시킬 수 없다. 체계적 요인의 예로, 연령, 성별, 수온, 연못, 가두리, 양식장, 먹이가 있다. 육종실험이나 육종 프로그램에서 동일한 환경조건 아래에서 생물을 실험하여 임의적 환경요인과 체계적 환경요인을 감소시키려는 노력이 중요하다. 이러한 이유는 생물의 표현형만으로도 유전자형을 예측할 수 있기 때문이다.

하지만 모든 환경인자들을 배제시키는 것은 불가능하다. 환경인자들의 영향을 줄이기 위해 체계적 환경인자들에 대한 기록들을 보정해 나가야 할 것이다. 따라서 보정인자의 측정을 위해 기본 자료들이 많을수록 좋다. 또한 측정된 자료에는 표준오차를 낮추기 위해 각 그룹은 일정 수 이상의 기록들을 가지고 있어야 한다. 예를 들어, 체중에 대한 성별인자를 보정하려 한다면, 다른 인자들과 섞이지 않을 경우 각 성별의 평균체중을 보정계수로 사용할 수 있다. 인자들이 섞인다면, 체계적 고정인자와 임의적 인자를 포함한 통계모형을 사용해 보정계수를 다시 측정해야 할 것이다. 서로 다른 그룹에서의 측정값들은 일반 평균이나 집단 평균에 가장 근접한 그룹에 맞추어야 한다. 표 5.3의 자료를 사용한 보정계수의 편차의 사례가 아래에 있다.

표 5.3 수컷(1), 암컷(2), 미성숙 어류(3)의 체중에 대한 평균($\bar{X}$), 표준편차(Σ), 변이계수(CV)

가두리	성별	$\bar{X}$(상대 체중)	Σ	CV
연어				
1	1	4.75(100)	1.09	23
	2	5.80(122)	1.28	22
	3	2.92(61)	0.97	33
2	1	4.76(100)	1.08	23
	2	5.86(123)	1.27	22
	3	3.15(66)	0.97	31
무지개송어				
1	1	3.71(100)	0.85	23
	2	4.06(109)	0.92	23
	3	3.09(83)	0.95	31
2	1	3.59(100)	0.86	24
	2	3.96(110)	0.93	23
	3	3.04(85)	0.97	32

1번 가두리양식 연어의 경우, 암컷의 체중에 맞추었을 때

수컷의 보정계수 : 4.75 - 5.80 = −1.05　　　미성숙 어류의 보정계수 : 4.75 - 2.92 = +1.83

추가 보정을 적용할 때, 미성숙 어류의 체중에 1.83kg을 더하고, 수컷의 체중에서 1.05kg을 뺀다. 추가 보정으로 모든 그룹의 평균값은 동일한 것이나, 추가 보정은 그룹의 분산에 영향을 주지 않는다.

변이는 보통 더 높은 평균값에서 증가한다. 성이 다른 그룹의 체중은 표준편차가 다르다는 것을 표 5.3에 나타낸 규모 효과를 통해 볼 수 있다. 수컷이 가장 큰 표준편차를 가지기 때문에 추가 보정 후 수컷은 조절된 체중의 범위가 가장 커야 할 것이다. 이런 자료들과 잠재적 번식 생물의 순위에 근거한 육종가의 측정은 그룹간 이종분산 때문에 한쪽으로 편중될 것이다. 이런 문제를 해결하기 위해, 곱셈 보정을 사용한다. 1보다 크거나 1보다 작은 계수를 가진 측정값을 곱해서 보정한다. 이런 보정 계수는 측정값의 분산에 영향을 준다. 1보다 큰 보정계수는 분산을 증가시키지만 1보다 작은 계수는 분산을 감소시킨다. 2그룹의 변이계수가 비슷하다면(표 5.3에서 수컷과 암컷의 경우) 곱셈 보정이 이뤄진 후 표준편차뿐 아니라 평균값도 비슷해질 것이다. 이것은 수컷의 체중을 1보다 큰 계수로 나누어야 한다는 사실을 의미한다. 여기서 계수는 1.22(5.80/4.75)이다. 수컷과 미성숙 어류의 표준편차가 매우 비슷하기 때문에 미성숙 어류의 경우는 상황이 다르다(변이계수가 다른 이유는 수컷의 평균값이 더 크기 때문). 위에서 나타낸 규모 효과 때문이 아니고 서로 다른 계급의 측정값이 다른 분산을 가질 때, 계수를 가진 계급 i의 측정값을 곱하여 보정한다.

$$\sigma_i = \sigma_0 / \sigma_i \tag{5.28}$$

여기서 σ_i는 계급 i에서 측정된 표준편차이고, σ_0는 원하는 표준편차이다.

체계적 환경인자가 연속변수일 때, 보정계수를 측정하는 데에 회귀분석을 사용해야 한다. 처음 먹이를 공급할 때부터 기록될 때까지의 연령과 날짜 변화를 예로 들 수 있다. 연령에 대한 체중의 회귀계수는 보정계수를 측정하는 데 사용된다. 회귀가 곡선이라면, 다중회귀를 측정해서 보정에 사용해야 한다.

보정값은 타당한 계급 평균에서의 측정값 편차를 이용해 구할 수 있다. 예를 들어 연못에 대한 계급 평균은 보정된 자료를 사용해 측정한다. 이런 방법은 큰 개체 집단에 대한 요인이나 정확한 과거 기록에서 얻을 수 없는 요인에 적당하다. 예로는 연못, 년수, 계절적인 요인이 있다.

자료는 육종가, 표현형 매개변수, 유전적 매개변수 등이 측정되기 전에 보정되어야 한다. 분산에 대한 체계적 환경인자의 보정 기록 효과를 그림 5.4에 나타냈다. 16장에서 설명하는 것처럼 육종가를 예상하는 경우 BLUP 방법론을 사용하면, 체계적 환경인자의 보정과 육종가 예측이 동시에 실행된다. 이것은 보정계수 측정이 편중되지 않을 뿐 아니라 육종가의 예측도 편중되지 않는다. BLUP 과정에서 이질분산을 설명할 수 있다.

5.3.5 모계 분산

모계능력은 모계효과의 초기의 유전적 요인뿐만 아니라 환경에 의해 가능한 모계효과로부터의 분산이다. 포유동물의 경우 출생 전, 후 모두 모계효과를 발견할 수 있으며, 이 경우 모계효과는 상당하다. 하지만 어류와 패류의 경우, 모계효과는 주로 난자의 크기와 부화, 성장의 첫 단계에서 생존 변화를 일으키는 난질의 변이와 관련이 있다. 이런 효과는 암컷의 영양상태, 특히 비타민 부족, 수질, 수온, 관리 상태에 의해 일어난다.

잉어(Kirpichnikov, 1970), 대서양연어(Navdal et al., 1975; Refstie personal comm.), 무지개송어(Gall, 1972; 1974), 틸라피아(Siraj et al., 1983), 찬넬메기(Reagan and Conley, 1977)의 경우 난의 크기가 부화 후 초기에는 어류의 성장률에 영향을 준다는 것을 알았다. Refstie(personal comm.)는 2년생 연어와 치어의 사망에 대한 난 크기의 영향을 발견하지 못했다. 하지만 비타민 C가 적은 동복의 자어들이 많이 죽은 사례가 있다. 가재 같은 종류는 부화될 때까지 복부에 알을 지니고 있다. 그래서 암컷은 어류의 주기보다 더 긴 시간 동안 유생에 영향을 줄 것이다. 틸라피아의 구강부화도 비구강 부화하는 어류와 비교하여 더 큰 모계효과를 일으킨다. 하지만 모계효과는 어류와 패류에게 중요하지 않았다.

개체 표지 때까지 가계를 별도로 관리하는 육종 프로그램에서 가계간 환경 차이가 있을 수 있다. 이런 환경 차이를 수조효과 또는 혼합효과라 하며, 사용된 기술에 따라 달라질 것이며, 수조효과는 모계효과와 환경효과가 조합된 것일 수 있다. 대서양연어 자어 체중의 총 변화의 5%가 190일된 자어에서 발견됐다(Refstie and Steine, 1978). 하지만 어류를 바다에서 2년간 양식한 후에 수조효과는 1%보다 적게 감소되었다(Gunnes and Gjedrem, 1978). 틸라피아의 경우 높은 추정값(7~13%)이 나왔다(Bentsen, personal communication).

표 5.4 상호작용을 포함한 분산분석

변이원	DF	제곱의 합	평균 제곱
계통간	r-1	$\sum d^2_{x_i}$	$\sum d^2_{x_i}/(r-1)$
환경간	m-1	$\sum d^2_{x_j}$	$\sum d^2_{x_j}/(m-1)$
계통과 환경의 상호작용	(r-1)(m-1)	$\sum d^2_{x_{ij}}$	$\sum d^2_{x_{ij}}/(r-1)(m-1)$
계급내	rm(n-1)	$\sum\sum d^2_{x_{ij}}$	$\sum\sum d^2_{x_{ij}}/n(k-1)$
총 합계	N-1	$\sum d^2_{x_{ijk}}$	$\sum d^2_{x_{ijk}}/N-1$

5.3.6 유전자형과 환경 간 상호작용

연구 실험에서의 공통 관계는 서로 다른 환경에서 서로 다른 계통의 어류를 키우는 것이다. 이런 자료는 유전자형-환경의 상호작용을 연구할 수 있는 기회를 제공해 준다. 분산분석은 표 5.4에서 나타낸 것과 같다. 계통과 환경 간의 상호작용은 유전자형-환경 상호작용이라고 하는데, 그것은 계통이 다양한 유전자 그룹에 속하기 때문이다. 위에서 말한 것처럼 유전자형-환경 상호작용은 계통 또는 유전자 그룹 간의 차이가 서로 다른 환경에서 같지 않다는 것을 의미한다. 하지만 차이가 굉장히 커서 또 다른 환경의 유전자 그룹을 다시 분류할 때, 상호작용은 실질적 결과를 가질 것이다. 그림 14.4는 낮은 유전자형-환경 상호작용을 나타냈다(Eknath et al., 1993). 11개의 여러 환경에서 다양한 계통의 틸라피아를 실험하였다. 그림에서 가장 낮은 성장률을 가진 환경이 왼쪽이고, 높은 성장률을 가진 환경이 오른쪽이다. 각 계통의 체중은 각 환경의 평균에서의 편차로 나타낸다. 보는 것처럼, 계통의 분류는 여러 환경에서 매우 유사하며, 특히 좋은 환경에서 그러하다. Eknath et al.,(1993)은 G-E 상호작용이 총 변이의 0.3%라고 측정했다. 유전자형-환경 상호작용의 예로, 그림 14.1에서는 극한 환경에서 재분류되는 것을 보여준다. 다소 유연한 환경과 비교하여, 유전자형간의 차이는 더 작고 유전자의 순위는 같다.

어류와 패류에서 유전자형-환경 상호작용의 중요성에 대하여 다양한 결과가 있다. 그래서 육종 프로그램에서 사용될 집단 수에 대하여 일반 결론을 이끌어 내기가 어렵다. G-E 상호작용에 대한 증거는 각 육종 프로그램에 대해 연구되어야 한다.

5.4 형질간 유연관계

5.4.1 상관관계와 회귀

두 형질 X와 Y 간의 유연관계는 공분산(cov_{xy}), 상관관계(r_{xy}), 회귀(b_{xy})로 나타낼 수 있다. 공분산은

$$cov_{XY} = \sum(X - \overline{X})(Y - \overline{Y})/N - 1) \tag{5.29}$$

이다. 여기서 X와 Y는 두 형질에 대한 측정값이다. 두 형질 간의 상관관계는 $r_{XY} = cov_{XY}/\sigma_Y\sigma_X$이다. 이것은 공분산을 형질의 표준편차 값으로 나눈 것이다.

즉, 분산의 기하평균은

$$\begin{aligned} r_{XY} &= [\sum(X - \overline{X})(Y - \overline{Y})/N - 1]/\surd(\sum d_x^2/(N-1)(\sum d_Y^2))/(N-1) \\ &= \sum(X - \overline{X})(Y - \overline{Y})/\surd(\sum d_X^2(\sum d_Y^2) = (\sum XY - \sum X \sum Y/N)/\surd(\sum d_X^2)(\sum d_Y^2) \end{aligned} \tag{5.30}$$

이다. X에 대한 Y의 회귀계수는

$$b_{XY} = cov_{XY}/\sigma_X^2 = r_{YX}\sigma_Y/\sigma_X = \sum d_{YX}/\sum d_x^2 \quad (5.31)$$

이다. 단순 회귀방정식은

$$Y = a + b_{YX}X \quad (5.32)$$

선의 기울기가 byx인 직선과 x=0일 때의 $\overline{Y}$값을 나타내는 a로 설명한다. 회귀선은 두 형질의 평균을 통과한다. 절편값 a는

$$a = \overline{Y} - b_{yx}\overline{X} \quad (5.33)$$

따라서, 회귀방정식은

$$Y = (\overline{Y} - b_{YX}\overline{X}) + b_{YX}X \quad (5.34)$$

이나

$$Y - \overline{Y} = b_{YX}(X - \overline{X}) \quad (5.35)$$

로 쓸 수 있다.

측정된 회귀계수는 Y의 측정값 사이의 편차를 제곱한 합이며 회귀선은 줄어들게 되며 Snedecor and Cochran(1980)을 참고하기 바란다. 생물 사육에서, 표현형에서 생물의 육종가를 예측하는데 추정 회귀방정식을 사용할 수 있다.

5.4.2 공분산 분석

계급 상관계수간, 예를 들어 수컷간이나 가계간 상관관계는 공분산 분석으로 구할 수 있다. 계급간 교차산출물의 합은 계급간 제곱의 합의 기하평균으로 나눈 값과 같다.

$$r = (\sum(\sum Y_i \sum X_i)/k_i - \sum Y \sum X/N)\surd \sum d_X^2 \sum d_X^2 = \sum d_{YX}/\surd \sum d_X^2 \surd \sum d_Y^2 \quad (5.36)$$

계급내 상관계수는

$$r_{YiXi} = \sum d_{YX} - \sum d_{YX}/\surd \sum d_{Yi}^2 \surd \sum d_{Xi}^2 = \sum d_{YiXi}/\surd \sum d_{Xi}^2 \quad (5.37)$$

이다.

회귀 제곱의 합은 회귀에 의해 설명되는 제곱의 합이고, 상관계수의 함수로 나타낼 수 있다.

$$\sum d_Y^2 \sum d_X^2 r_{YX}^2 = [\sum (Y - \overline{Y})(X - \overline{X})]^2 = (\sum d_{YX})^2 \tag{5.38}$$

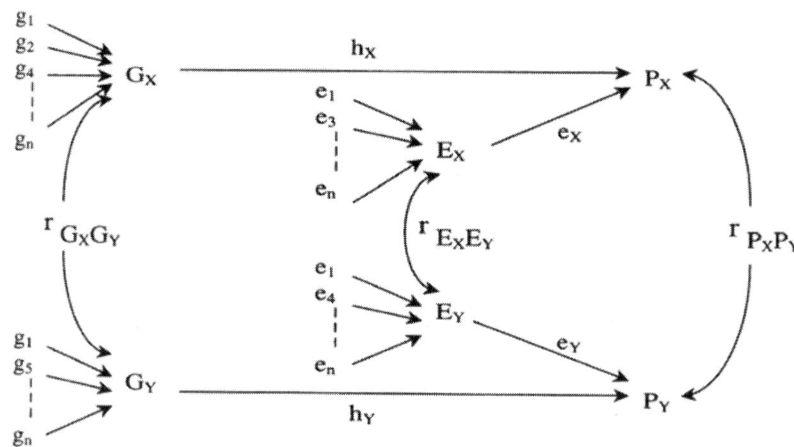

그림 5.5 유전자형(G_x와 G_y), 환경(E_x와 E_y), 표현형(P_x와 P_y) 간의 관계 $G_{1\text{-}gn}$은 단일 유전자이고 $e_{1\text{-}en}$은 환경계수이다. R_{pxpy}는 표현형 상관관계이고, r_{ExEy}는 환경 상관관계이며 r_{GxGy}는 유전 상관관계이다. h_x는 형질 P_x의 유전자형에서 표현형으로의 경로, 즉 유전율의 $\sqrt{\ }$값(h_x^2)이다. E_x는 형질 P_x의 환경에서 표현형으로의 경로, 즉 환경분산의 $\sqrt{\ }$값(e_x^2)이다.

회귀독립 제곱의 합, 즉 예측 오차의 제곱의 합은

$$\sum d_Y^2 (1 - r_{YX}^2) = \sum (Y - \widehat{Y})^2 \tag{5.39}$$

이다. 여기서

$$\widehat{Y} = \widehat{a} + \widehat{b}_{YX} X \tag{5.40}$$

값은 추정 회귀방정식에 맞추거나 예측했다. 회귀계수 추정값의 표준오차는 다음과 같다

$$se(b_{YX}) = \sqrt{\frac{\sum d_Y^2 (1 - r_{YX}^2)}{(N-2)\sum d_X{}^2}} \tag{5.41}$$

5.4.3 유전 상관관계와 표현형 상관관계

관찰된 표현형 상관관계는 환경 공분산과 유전 공분산이 원인일 수 있다. 형질 1개의 표현형분산과 유전분산을 추정하는 것과 유사한 방식으로 두 형질 간 공분산을 표현형과 유전자 기준에서 추정할 수 있다. 유전분산과 표준편차는 유전 상관관계 추정에 필요하다.

$$r_{G(XY)} = \frac{\sigma_{G(XY)}}{\sigma_{G(X)}\sigma_{G(Y)}} \tag{5.42}$$

표현형이 상가유전효과와 환경효과의 합이라고 가정하면, 2개의 형질(X와 Y) 간의 표현형 공분산(σ p(xy))은 상가공분산(ΣG(xy))과 환경공분산(ΣE(xy))의 합이다.

$$\sigma_{p(XY)} = \sigma_{G(XY)} + \sigma_{E(XY)} \tag{5.43}$$

유전 상관관계의 주요 원인은 다면발현과 연관이다. 유전자 1개는 보통 1개의 형질에 효과가 있으나, 유전자들은 빈번하게 여러 형질에 영향을 미치며, 이런 관계를 다면발현이라고 한다. 유전효과는 일생 동안 바뀔 수 있다. 예를 들어, 일생의 어떤 단계에서는 양성이었다가 다른 단계에서는 음성이 된다. 2개 이상의 유전자가 염색체 위에 근접하여 위치하고, 서로 연관되었을 때 한 단위로 분리되어 몇 세대 동안 하나의 유전자로 여겨지며 이것이 다시 유전 상관관계를 일으킨다.

모든 상관관계가 그런 것처럼, 유전 상관관계는 -1과 1 사이에서 변한다. 유전 상관관계가 같거나 1에 가까운 것은 두 형질이 유전적으로 매우 유사하다는 것을 나타낸다. 유전적으로 독립된 2개의 형질 간 유전 상관관계는 0이다.

유전 상관관계가 높은 예를 들면, 무지개송어의 체중(W)과 체장(L) 사이의 유전 상관관계는 0.98이다(Gunnes and Gjedrem, 1978). 같은 자료를 사용하면, 환경 상관관계는 0.86이고 다면발현성 상관관계는 0.88이다. 그림 5.6에서는 이들의 관계를 나타내었다.

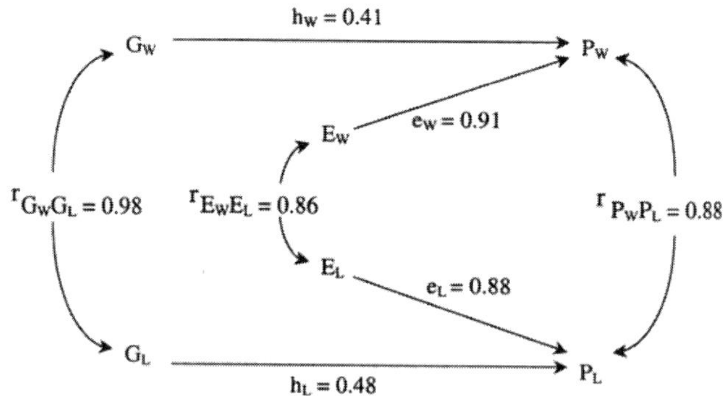

그림 5.6 무지개송어의 체중(W)과 체장(L)간의 관계.

표 5.5와 표 5.6에서 몇몇 유전 상관관계와 표현형 상관관계의 추정값을 나타내었다. 표현형 상관관계, 유전 상관관계, 환경 상관관계와 분산비는 그림 5.5에서 나타내었다. 표현형 상관관계는

$$r_{p(XY)} = h_X h_Y r_{G(XY)} + e_{1X} e_Y \cdot r_{E(XY)} \tag{5.44}$$

로 측정할 수 있다. 여기서 $rE(xy)$는 환경 상관관계이고 ex와 ey는 표현형분산의 환경비율의 √값이다. X와 Y의 경우 $\sqrt{(1-H)^2}$ 이다.

표 5.5 체중과 질적형질 간 표현형 상관관계(대각선 아래 부분)와 유전 상관관계(대각선 윗부분)

형질	체 중	지 방 %	지 방 저장부분	근 육 색	비 만 도	내 장 %	조 직
체 중		0.42(0.17)[2] -0.19[3] 0.40 (0.35)[4] 0.65 (0.33)[5] 0.22[7] -12(0.26)[9]	0.17[8]	-0.21(0.33)[1] 0.31(0.20)[2] 0.21[3] 0.58[7] 0.36(0.21)[9]	0.37(0.18)[2] 0.16[3] -0.38(0.18)[5] 0.29(0.17)[9]	0.61(0.17)[2] 0.07[3] 0.04(0.18)[9]	0.15[10]
지 방 %	0.63[2] 0.21[3] 0.45(0.05)[4] 0.36(0.05)[5] 0.67[6] 0.30[7]		0.71[8]	-0.39(0.32)[2] 0.44[3] 0.22(0.60)[5] -0.03[7] 0.13(0.24)[9]	0.64(0.14)[2] 0.115[3] 0.05(0.80)[4] 0.00(0.20)[9]	0.59(0.19)[2] 0.24[3] 0.38(0.18)[9]	0.19[10]
지 방 저장부분	0.53[6]	0.86[6]					0.10[10]
육 색	0.19(0.02)[1] 0.17[2] 0.07[3] 0.64[7] 0.13[9]	0.03[2] -0.23[3] -0.05(0.05)[5] 0.33[7] 0.11[9]			-0.25(0.27)[2] -0.08[3] 0.34(0.17)[9]	-0.39(0.32)[2] -0.45[3] 0.00(0.18)[9]	0.14[10]
비 만 도	0.51[2] 0.27[3] 0.50(0.05)[5] 0.42[9]	0.45[2] 0.16[3] 0.09(0.05)[4] 0.38[9]		0.04[2] 0.15[9]		0.51(0.19)[2] -0.09[3] -0.27(0.14)[9]	
내 장 %	0.26[2] 0.29[3] -0.20[9]	0.09[2] 0.13[3] 0.07[9]		0.05[2] -0.22[3] 0.13[9]	0.12[2] -0.02[3] -0.22[9]		

1) Rye et al.(1994) 대서양연어 | 2) Rye and Gjerde(1996) 대서양연어
3) Gjerde and Schaeffer(1989) 무지개송어 | 4) Elvingson(1992) 무지개송어
5) Elvingson and Nilsson(1992) 북극담수송어 | 6) Rye pers. med. 대서양연어
7) Iwamoto et al.(1990) Coho salmon | 8) Gherde pers. med. 대서양연어
9) Kause et al.(2002) 무지개송어 | 10) Refstie et al.(1999) 대서양연어

표현형 상관관계 $r_{p(xy)}$는 유전부분 h_x, h_y, $r_{G(xy)}$와 환경부분 e_x, e_y, $r_{E(xy)}$로 구성된다. 유전자형에서 표현형으로의 경로(h_i)는 유전율의 √값이다. 선발에 대한 반응을 예측하기 위해 이런 매개변수들이 필요하다. 특히 육종가를 예측할 때 유전 상관관계의 크기를 아는 것이 중요하다.

표현형 상관관계의 유전 부분에는 상가유전분산과 공분산이 있다. 환경 부분 값에는 상위 분산, 우성 분산 그리고 공분산을 포함하고 있다.

표 5.6 성장률과 생존의 여러 측정값 간의 관계

	유전 상관관계	종	개수	
			♂	♀
1) 전체 생존, 송어 자어	0.30	담수송어	32	32
2) 냉수 비브리오병, 성체	0.18	대서양연어	53	329
3) 전체 생존, 연어자어	0.37	대서양연어	187	1404
3) 전체 생존, 연어자어	0.23	무지개송어	213	1062
4) 절창병, 송어자어, 면역성 테스트	0.30	대서양연어	25	50
5) 전체 생존, 연어자어	0.31	대서양연어	100	298
6) 세균에 의한 감염	0.50	북극담수송어	36	32
7) Taura 증후군 바이러스	-0.12	흰다리새우	57[D)]	279[F)]
8) 전체 생존, 90일	0.20	나일틸라피아	50	150

A.s. = 대서양연어
Rb = 무지개송어
B.t. = 담수송어
A.c. = 북극담수송어(Artic char)
P.v. = 흰다리새우
N.t. = 나일틸라피아
D) 암컷 모계의 반형매
F) 전형매

1) Robison & Luempert (1984)
2) Standal & Gjerde (1987)
3) Rye et.al. (1990)
4) Gjedrem et.al. (1991)
5) Jonasson (1993)
6) Nilsson (1992)
7) Fjalestad et al. (1997)
8) Eknath et al. (1998)

5.5 유전율

유전율은 생물 사육에 유용한 매개변수 중 하나이다. 유전율은 초기 발생시 유전적인 총 표현형 변이의 비율을 나타낸다. 선발에 대한 반응이나 개체의 육종가를 예측할 때뿐 아니라 육종 프로그램을 계획할 때 유전율의 크기를 아는 것이 중요하다. 유전율은 0과 1 사이에서 변한다. 넓은 의미의 유전율 hB^2은 전체 유전분산 σG^2대 총 표현형분산 σP^2의 비율로 정의한다.

$$h_B^2 = \sigma_G^2 / \sigma_P^2 \tag{5.45}$$

하지만 σG^2는 선발에 반응하지 않는 우성효과와 상위효과를 포함하므로, 넓은 의미의 유전율은 자주 사용되지 않는다. 좁은 의미의 유전율은 상가유전분산 σA^2과 표현형분산 σP^2의 비율로 정의된다.

$$h_A^2 = \sigma_A^2 / \sigma_P^2 \tag{5.46}$$

좁은 의미의 유전율은 집단에 있는 개체의 육종가간의 차이로 인한 전체 분산의 비율이다. 높은 유전율은 상당한 비율의 표현형분산이 상가유전분산에 의한 것이고, 더 큰 선발 반응이 일어날 것이라는 사실을 나타낸다. 유전율이 낮으면 환경효과는 상가유전효과보다 표현형분산에 더 큰 기여를 한다.

유전율은 양식집단의 일반적이고 정적인 특성이 아니라는 사실을 알아야 한다. 유전율은 추정에 사용된 자료나 자료를 표본추출한 집단에만 관련되어 있다. 환경조건이 바뀌거나 집단이 상가분산의 변화도 같이 일어나는 선발에 반응할 때, 유전율은 변할 수 있다. 여러 종들과 여러 형질에 대한 유전율의 값을 표 5.7에 나타내었다. 유전율 추정방법과 다른 표현형, 유전형 매개변수는 9장에서 제시하고 논의한다.

5.6 경로계수

경로계수 절차는 Wright(1934)가 만들었다. 경로계수 절차는 변수를 원인으로 간주하거나 효과로 간주하는 것에 관해 논리적 관점에서 문제들과 관련하여 이용될 수 있다. Wright가 정의한 경로계수는 주어진 영향경로의 중요성을 원인에서 효과까지 측정하여 문제되는 하나를 제외한 변수율이 변화하지 않는 모든 원인이 상수일 때, 효과의 표준편차간의 비율이다.

제곱한 경로계수는 결정계수라고 하는데, 다른 변수 변화에 의해 설명되는 변수 변화의 비율을 측정하기 때문이며, 유사하게 단순 상관관계 계수의 제곱을 결정계수라고도 한다.

경로 도표는 다음처럼 만든다.

- 직선 화살표는 각 근원의 종속변수에 대해 그린다.
- 곡선으로 된 이중머리 화살표는 '0' 이 아닌 상관관계를 가진 독립변수 쌍 사이에 그린다.

그림 5.5, 5.6, 5.7, 5.8은 경로 도표를 나타낸다.

표 5.7 표현형 평균(X), 변이계수(CV), 표준오차를 가진 유전율(h^2), 근육 형질에 대한 수컷(S), 암컷(D), 전형매(F)의 측정 분산성분.

종/형질	X	CV	h^2 s(se)	h^2 D(se)	가계 수	저자
무지개송어						
성숙했을 때 체중,kg	1.9	25	0.20(0.10)	0.57	49_S; 192_p	Gall and Huang (1988a)
$2\frac{1}{2}$세 체중,kg	3.4	21	0.21	0.41	47_S; 249_p	Gjerde and Schaeffer (1989)
내장%	83.3	6	0.01(0.05)	0.14 (0.07)	13_S; 108_p	Gjerde and Gjedrem (1984)
생육품질, 등급	3.6	20	0.14(0.06)	0.07 (0.05)	56_S; 108_p	〃
근육색, 점수	3.4	23	0.06(0.08)	0.28 (0.09)	56_S; 108_p	〃
내장%	87.3	2	0.36	0.42	47_S; 249_p	Gjerde and Schaeffer (1989)
비만도	1.6	10	0.19	0.34	47_S; 249_p	〃
근육색, 등급	4.3	15	0.27	0.29	47_S; 249_p	〃
지방%	14.8	17	0.47	0.19	37_S; 111_p	〃
단백질%	20.0	7	0.03	0.08	37_S; 111_p	〃
비만도	1.7	11	0.03(0.04)		32_S; 81_p	Elvingson (1992)
지방%	14.7	23	0.17(0.09)		32_S; 81_p	〃
생존, 불특정			0.16(0.03)		186_S; 770_p	Rye et al. (1990)
VHS			0.69(0.25)		14_S	Chevassus and Dorson (1990)
성숙 연령			0.21(0.14)		14_S; 14_p	McKay et al. (1986)
성숙 연령			0.13		56_S	Gjerde and Gjedrem (1984)
성숙 연령			0.07		98_S	Gjerde (1986)
성숙도의 연령			0.12−0.34(0.03)		340_S; 552_p	Kause et al. (2003)
체중,g			0.21−0.27(0.03)		340_S; 552_p	〃
성장	1.6	28	0.26(0.12)		44_S; 145_p	Kinghorn (1983b)
먹이 소비	1.4	24	0.41(0.13)		44_S; 145_p	〃
사료 효율	1.2	8	0.03(0.10)		44_S; 145_p	〃
지방%	9.7	10	0.47(0.34)		44_S; 145_p	〃

표 5.7 계속

종/형질	X	CV	h^2 s(se)	h^2 D(se)	가계 수	저자
대서양연어						
체중,kg	6.6	29	0.35 (0.10)	0.32 (0.09)	58_S; 171_p	Rye and Refstie (1995)
내장%	90	4	0.03 (0.02)	0.02 (0.02)	105_S; 248_p	Gjerde and Gjedrem (1984)
생육품질, 등급	3.8	19	0.16 (0.05)	0.14 (0.03)	105_S; 248_p	〃
근육색, 등급	3.6	16	0.01 (0.03)	0.17 (0.04)	105_S; 248_p	〃
지방%	15.6	16	0.30 (0.09)	0.38 (0.10)	58_S; 171_p	Rye and Gjerde (1996)
내장%	93.9	1	0.20 (0.07)	0.18 (0.08)	58_S; 171_p	〃
근육색, 등급	3.3	18	0.09 (0.05)	0.16 (0.08)	58_S; 171_p	〃
비만도	1.21	13	0.31 (0.09)	0.30 (0.09)	58_S; 171_p	〃
근육색	7.7	18	0.47 (0.13)			Rye et al. (1994)
지방%	22.0	17	0.46 (0.21)	0.43 (0.17)	30_S; 81_p	Rye pers. med.
지방저장 부분	8.3	21	0.41 (0.19)	0.27 (0.15)	30_S; 81_p	〃
지방저장 부분			0.32 (0.15)			Gjerde pers. med.
생존, 불특정			0.08 (0.02)		178_S; 1127_p	Rye et al. (1990)
비브리오병			0.12 (0.05)		42_S; 140_p	Gjedrem and Aulstad (1974)
냉수 비브리오병			0.13 (0.08)		32_S; 81_p	Gjedrem and Gjoen (1995)
절창병			0.48 (0.17)		25_S; 50_p	Gjedrem et al. (1991)
절창병			0.16 (0.12)		32_S; 81_p	Gjedrem and Gjoen (1995)
BKD			0.23 (0.01)		32_S; 81_p	Gjedrem and Gjoen (1995)
요각류, Lepeophtheirus			0.25 (0.07)		25_S; 50_p	Kolstad et al. (2004)
요각류, Caligus			0.22		73_F	Mustafa and MacKinnon (1999)
성성숙도 연령			0.48 (0.20)		실현됨	Gjerde (1984a)
성성숙도 연령			0.20		54_S	Gjerde and Gjedrem (1984)
성성숙도 연령			0.07		50_S	Gjerde (1986)

표 5.7 계속

종/형질	X	CV	h^2 s(se)	h^2 D(se)	가계 수	저자
대서양연어						
체중,kg	6.6	29	0.35 (0.10)	0.32 (0.09)	58_S; 171_p	Rye and Refstie (1995)
내장%	90	4	0.03 (0.02)	0.02 (0.02)	105_S; 248_p	Gjerde and Gjedrem (1984)
생육품질, 등급	3.8	19	0.16 (0.05)	0.14 (0.03)	105_S; 248_p	〃
근육색, 등급	3.6	16	0.01 (0.03)	0.17 (0.04)	105_S; 248_p	〃
지방%	15.6	16	0.30 (0.09)	0.38 (0.10)	58_S; 171_p	Rye and Gjerde (1996)
내장%	93.9	1	0.20 (0.07)	0.18 (0.08)	58_S; 171_p	〃
근육색, 등급	3.3	18	0.09 (0.05)	0.16 (0.08)	58_S; 171_p	〃
비만도	1.21	13	0.31 (0.09)	0.30 (0.09)	58_S; 171_p	〃
근육색	7.7	18	0.47 (0.13)			Rye et al. (1994)
지방%	22.0	17	0.46 (0.21)	0.43 (0.17)	30_S; 81_p	Rye pers. med.
지방저장 부분	8.3	21	0.41 (0.19)	0.27 (0.15)	30_S; 81_p	〃
지방저장 부분			0.32 (0.15)			Gjerde pers. med.
생존, 불특정			0.08 (0.02)		178_S; 1127_p	Rye et al. (1990)
비브리오병			0.12 (0.05)		42_S; 140_p	Gjedrem and Aulstad (1974)
냉수 비브리오병			0.13 (0.08)		32_S; 81_p	Gjedrem and Gjoen (1995)
절창병			0.48 (0.17)		25_S; 50_p	Gjedrem et al. (1991)
절창병			0.16 (0.12)		32_S; 81_p	Gjedrem and Gjoen (1995)
BKD			0.23 (0.01)		32_S; 81_p	Gjedrem and Gjoen (1995)
요각류, Lepeophtheirus			0.25 (0.07)		25_S; 50_p	Kolstad et al. (2004)
요각류, Caligus			0.22		73_F	Mustafa and MacKinnon (1999)
성성숙도 연령			0.48 (0.20)		실현됨	Gjerde (1984a)
성성숙도 연령			0.20		54_S	Gjerde and Gjedrem (1984)
성성숙도 연령			0.07		50_S	Gjerde (1986)

표 5.7 계속

종/형질	X	CV	h^2 s(se)	h^2 D(se)	가계 수	저자
Coho:						
체중,g	239	41	0.19 (0.11)		20S; 40p	Hershberger et al. (1990)
체중,g	371	40	0.33 (0.10)		20S; 40p	〃
색	418	36		0.50 (0.16)	35F	Iwamoto et al. (1990)
색	464	28		0.30 (0.14)	38F	〃
지방%	8	63		0.18 (0.13)	35F	〃
지방%	9	52		0.19 (0.23)	38F	Cerda et al. (2003)
체중			0.36 (0.03)		120S	〃
색			0.11 (0.02)		120S	〃
지방두께			0.04 (0.03)		120S	Beacham and Evelyn (1992)
절창병(송어의 병)			0.00 (0.12)		14S; 28p	
왕연어:						
체중,kg	2	26	0.25 (0.10)		16S; 32p	Winkelman and Peterson (1994)
절창병			0.14 (0.11)		15S; 30p	Beacham and Evelyn (1992)
잉어:						
체중			0.25			Smisek (1979)
Rohu 잉어:						
체중,g	440	31	0.23 (0.06)		311S; 357p	Gjerde et al. (2004)
생존			0.16		57S; 20p	〃
메기:						
48주 체중,암컷,g			0.52 (0.42)		13S; 26p	El-Ibiary and Joyce (1978)
48주 체중,수컷,g	237	24	0.27 (0.37)	0.51 (0.37)	13S; 26p	〃
내장%,암컷	328	27	0.00 (0.20)	0.67 (0.41)	13S; 26p	〃
지방%	69	2	0.08 (0.25)	0.47 (0.36)	13S; 26p	〃
내장%, 수컷	42	9	0.00 (0.27)	0.50 (0.32)	13S; 26p	〃
지방%	68	2	0.00 (0.23)	0.84 (0.44)	13S; 26p	〃
지방%	43	7	0.61 (0.78)	0.64 (0.37)	10S; 20p	Reagan (1980)
먹이 섭취량				0.41	31F	Silverstein et al. (2001)

표 5.7 계속

종/형질	X	CV	h^2 s(se)	h^2 D(se)	가계 수	저자
틸라피아:						
90일 체중,g	19	27	0.04 (0.06)	0.04 (0.08)	16_S; 32_p	Tave and Smitherman (1980)
체중			0.32		실현됨	Jarimopas (1990)
16주 체중,g			0.38			Bolivar (1999)
90일 체중,g			0.23	0.53	50_S; 150_p	Eknath et al. (1998)
생존,%			0.08		50_S; 150_p	〃
체중, 양식장	181		0.30	0.83	52_S; 84_p	Pondzoni et al. (2003)
체중, 연못	291		0.39	0.93	52_S; 84_p	〃
체중, 98일			0.20 (0.04)			Gall and Bakar (2002)
Artic char:						
체중,g	651	36	0.52 (0.17)	0.38 (0.14)	36_S; 32_p	Nilsson (1992)
체중,g	439	37	0.45 (0.19)	0.45 (0.20)	36_S; 32_p	〃
비만도	2	11	0.24 (0.15)		12_S; 21_p	Elvingson and Nilsson (1992)
지방%	20	12	0.06 (0.08)		12_S; 21_p	〃
색	1	46	0.28 (0.17)		12_S; 21_p	〃
곰팡이 병			0.34 (0.14)		36_S; 32_p	Nilsson (1992)
Turbot						
체중,g	829	36	0.70 (0.19)	0.45 (0.28)	35_S; 19_p	Gjerde et al. (1997)
대구:						
체중,g	25	38		0.29 (0.27)	51_F	Gjerde et al. (2004)
생존,%				0.00 (0.14)	51_F	〃
새우:						
체중,g	4	70	0.10 (0.002)	0.39 (0.004)	17_S; 34_p	Benzie et al. (1997)
체중,g	18	17	0.76 (0.15)	0.71 (0.05)	57_S; 279_p	Fjalestad et al. (1997)
taura 증후군 바이러스	48	34	0.22 (0.09)	0.35 (0.03)	57_S; 279_p	〃
체중,g	16	22	0.40 (0.09)		26_S; 52_p	Suarez et al. (1997)
생존율,%	66	-	0.13 (0.05)		26_S; 52_p	〃

표 5.7 계속

종/형질	X	CV	h^2 s(se)	h^2 D(se)	가계 수	저자
굴:						
체중,g	24	34	0.28 (0.06)		실현됨	Jarayabhand et al. (1995)
각장,mm			0.34 (0.12)			Toro and Newkirk (1991)
각장,mm			0.19 (0.07)			Toro and Newkirk (1990)
생체중			0.11-0.24			〃
체중,g			0.33 (0.19)			Lannan (1972)
체중			0.08 (0.25)			Haley et al. (1975)
자루당 생산량			0.54			Langdon et al. (2000)
체중			0.10-0.51		25_F	Davis (2000)
가리비:'						
체중,g			0.37		실현됨	Heffernan et al. (1993)
체중,g			0.43 (0.09)			Ibarra et al. (1999)
체중,g	47	26	0.59 (0.13)			〃
체중,g	61	21	0.21			Crenshaw et al. (1991)
대합:						
각장,mm	33	17	0.42		실현됨	Hadley et al. (1991)
성장률,%			0.40		실현됨	Chrenshaw et al. (1996)
전복:						
각장,mm	51		0.34		29_S; 88_p	Jonasson et al. (1999)
생존율,%	10		0.11		29_S; 88_p	〃
홍합:						
체장,mm	30	8	0.09		20_F	Brichette (2001)
각장,mm	30	20	0.22 (0.07)		20_S; 60_p	Mallet et al. (1986)
각장,mm	24	31	0.92 (0.27)		20_S; 60_p	〃

그림 5.7에서 형질이 3개일 경우, 가능한 경로계수는 형질 B에 대한 형질 A의 부분 회귀계수이다. 형질 C는 상수로 둔다. 형질 A와 B의 상관관계는 형질 B와 C의 상관관계가 0일 때 B에 대한 A의 경로와 같다.

마찬가지로, 경로계수는 두 부분으로 나누어서 친어와 자어 간의 관계를 설명할 수 있다.

1) 번식세포에서 접합체로의 경로 a 배우자는 번식세포가 다른 번식세포와 결합될 때 접합체를 형성한다.

2) 친어의 접합체에서 그 접합체를 생성하기 위한 배우자로의 경로, b

자어의 유전자값은 자어 안에서 결합된 두 번식세포(X와 Y)의 유전자값의 합이다. 그래서 그림 5.6의 경로계수 a_1과 a_2는 다음과 같다.

a_1 = 정자에서 자어로의 경로 = $\sigma_x/\sigma_{x+y} = \sqrt{\sigma_x^2/(\sigma_x^2+\sigma_y^2+2cov_{xy})}$

a_2 = 난자에서 자어로의 경로 =σ_y/σ_{x+y}

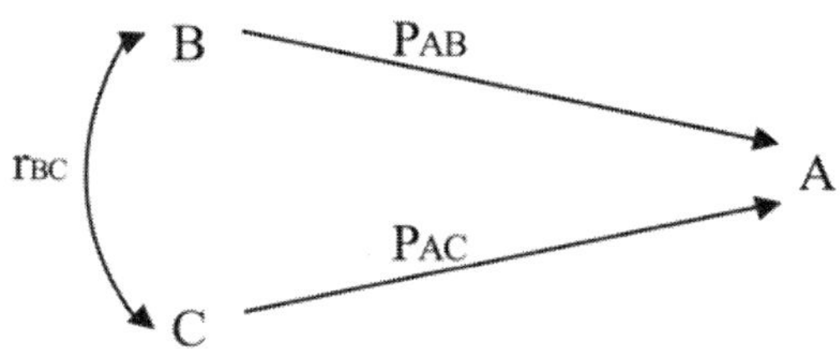

그림 5.7 B와 C에서 A로의 방향성 화살표와 B와 C간의 양방향 화살표를 나타낸 경로 도표.

난자와 정자는 똑같이 변하기 쉽고, σ_x와 σ_y가 비슷하다면 아래에 쓰인 기호를 생략할 수 있다. 만약 친어(난자와 정자)가 혈연적 관계에 있고, 자손(접합체)이 근교계수 F를 가지고 있다면, 난자(정자)에서 접합체로의 경로는

$$a = \sqrt{\sigma_x^2/(2\sigma_x^2+2F\sigma_x^2)} = \sqrt{1/2(1+F)} \quad (5.47)$$

이다. 여기서 b는(배우자 X와 W를 가진) 친어의 접합체에서 배우자(X)를 만드는 번식세포의 경로이다. 부친에서 배우자로의 경로는

$$b_s = r_{sx} = covX\,(X+W)/\sigma_x\sigma_S = (\sigma_x^2+\sigma_x\sigma_W F_s)/\sigma_x\sigma_S = (\sigma_x+\sigma_W F_s) = (\sigma_x+\sigma_W F_S)/\sigma_S \quad (5.48)$$

이다. 만약 $\sigma_S = \sigma_W = \sigma_x$ 라면, b의 공식은

$$b = (1+F_s)/\sqrt{2(1+F_s)} = \sqrt{(1+F_s)/2} \quad (5.49)$$

로 줄어들 것이다.

친어에서 자어로의 직접 경로는 그림 5.8에서 나타낸 것처럼 친어의 접합체에서 배우자로의 경로와 배우자에서 자어의 접합체로의 경로의 곱이다.

부친에서 자어로의 경로는

$$a_1 b_s = 1/2\sqrt{(1+F_s)/(1+F)} \quad (5.50)$$

이고 모친에서 자어로의 경로는

$$a_2 b_D = 1/2\sqrt{(1+F_D)/(1+F)} \quad (5.51)$$

이다. 만약 수컷과 암컷이 똑같이 근친교배 되었다면, 방정식은

$$ab = 1/2\sqrt{(1+F')/(1+F)} \quad (5.52)$$

일 것이다. 여기서 F′는 친어의 근친교배이고 F는 자어의 근친교배이다. F′와 F가 같거나 0일 때

$$ab = 1/2 \quad (5.53)$$

이다. 이것은 친어의 한쪽과 자어 사이의 유전 관계이다.

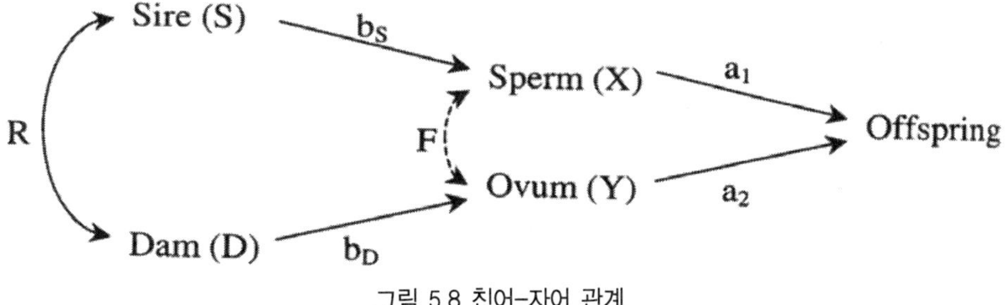

그림 5.8 친어-자어 관계.

개체의 유전자형에서 번식세포로의 경로는 b, 번식세포에서 수정란으로의 경로는 a이다. R은 유전자형 사이의 관계계수이다. F는 결합된 정자와 난자 간 근교계수이다.

경로계수는 유전자형과 표현형 간의 관계와 형질 간의 관계를 조사할 때 매우 유용하다. 경로계수

방법론은 Hazel and Lush(1942)가 동물의 선발지수 방식을 만들 때 사용되었다. 그림 5.6에서 경로계수 방법은 형질이 2개인 경우, 유전자형과 환경에 관하여 표현형에서 나타나는 원인과 효과를 설명하는데 사용된다.(Lush(1994) 참조)

그림 5.5처럼, G_1과 G_2에서 표현형 P_1과 P_2로의 방향성 화살과 E_1과 E_2에서 표현형 P_1과 P_2로의 방향성 화살표가 있다. 화살표는 원인에서 효과 또는 G_i과 E_i에서 P_i로 향한다.

유전율 h^2은 유전자형 변이에 의해 생기는 표현형 변이의 측정이다. 그래서 G_i에서 P_i로의 경로는 유전율의 $\sqrt{\ }$값이고, h_i라 한다. 마찬가지로 E_i에서 P_i로의 경로는 환경에 의해 생기는 표현형 변화비의 $\sqrt{\ }$값이다.

6. 혈연관계, 유연관계, 근친교배

ANN K. SONESSON, JOHN A. WOOLLIAMS AND THEO H. E. MEUWISSEN

6.1 서론

근친교배는 혈연관계가 있는 개체의 교배이다. 혈연관계가 있는 개체는 통제된 양식집단이나 이입이 거의 없는 고립된 야생집단처럼 폐쇄된 집단을 형성한다. 이 장에서는 혈연계수, 유연계수, 근교계수 같은 기본 개념을 다룬다. 양식집단과 고립 집단이 겪을 유전적 작용을 다루기 전에 관계가 왜 유전자 동일성과 어떻게 관련 있는지를 명확히 할 것이다.

6.2 개념

Malecot(1848) 'co fficient de parente'으로 두 동물 U와 W 간 유연관계를 정량하였다. 'co fficient de parente'를 영어로 하면 공통가계계수, 혈연계수라고 한다. 혈연계수는 동물 U의 상동 대립유전자 2개 중 무작위로 표본추출된 대립유전자가 동물 W의 무작위 표본추출된 대립유전자와 혈통적으로 동일할 확률이다. 공통 선조의 동일 대립유전자 복사본이 2개일 때, 2대립유전자는 동일하다. 동물 U의 부계 대립유전자와 모계 유전자는 u_p와 u_m으로 나타내고,(즉, 수컷과 암컷에서 유전된 대립유전자) 동물 W의 경우 w_p와 w_m으로 나타내면, 혈연계수(f_{UW})는

$$f_{UW} = 1/4\left[Prob(u_p = w_p) + Prob(u_p = w_m) + Prob(u_m = w_p) + Prob(u_m = w_m)\right] \quad (6.1)$$

이다. 여기서 $Prob(u_p = w_p)$는 대립유전자 u_p가 w_p와 같을 확률이다.

우리는 동물의 자체 혈족관계(f_{UU})를 정의할 수 있다. 방정식(6.1)의 처음 확률과 마지막 확률은 1일 것이다. 방정식에서 동물 U의 자체 혈족관계는

$$\begin{aligned} f_{UU} &= 1/4\left[Prob(u_p = u_p) + Prob(u_p = u_m) + Prob(u_m = u_p) + Prob(u_m = u_m)\right] \\ &= 1/2\left[1 + Prob(u_p = u_m)\right] \end{aligned} \quad (6.2)$$

이다. $f_{UU} = 1/2[1+F_U]$라고 쓸 수 있는데, 여기서 F_U는 동물 U의 근교계수이다. 근교계수는 무작위로 선발된 중립 유전자좌에 있는 대립유전자가 혈통적으로 동일할 확률로 정의한다. 동물 U의 수컷에서 무작위로 표본추출한 대립유전자가 동물 U의 암컷에서 무작위로 표본추출한 대립유전자와 혈통적으로 동일한 확률과 같다. U의 근교계수는 친어간 혈연계수이다. 즉, $F_U = f_{SD}$ 이다. 여기서 S와 D는 U의 수컷과 암컷이다.

항상 0과 1 사이에서 변하는 확률은 이런 정의에서 사용된다. 그 이유는 분자유전학적 정보가 없어서 $u_p = w_p$ 인지 알 수가 없고 확률로 연구해야 하기 때문이다. 좀 더 일반적으로 위의 f_{UW} 정의에서 설명한 대립유전자의 무작위 표본추출은 원위치로 돌아간다는 사실을 인식하는 것이 중요하다. 이것은 친어의 대립유전자가 일단 표본추출 되었다 하더라도, 친어의 대립유전자 pool에서 없어지는 것이 아니어서 다시 표본추출될 수 있다는 것을 의미한다. 무작위 교배는 양적유전학에서 표준 결과를 이끌어내기 위해 만들어진 가정 중의 하나이며, 또한 친어는 원위치로 돌아가 표본추출 된다고 가정한다. 엄밀히 말하면 무작위 교배는 자가교배도 가능하게 하지만, 여기서는 자가교배가 없다고 가정한다. 즉, 수컷과 암컷은 다른 개체이고 2개의 성이 존재한다고 가정한다.

이제까지 유전자좌 기준에서 동일성을 살펴보았다. 그러나 실제 집단에서는 전체 게놈에 대한 동일성 평균 확률에 관심이 있다. 그래서 모든 결과는 가능한 모든 유전자좌와 집단에 대한 기대치가 될 것이다. 지금부터 '양적유전학적' 접근에 중점을 둔다.

자가교배가 없을 때 공통 선조까지 거슬러 가보면 1개체는 근친교배 되었을 수도 있다($F > 0$). 그러면 계통에 회로가 있어야 한다. 폐쇄집단에서 근친교배는 오랜 시간 동안 피할 수 없다. $F > 0$이 되는 것을 막기 위해 서로 다른 친어 2쌍, 그 위 세대 조친어 4쌍, 그 위 세대의 증조친어 8쌍이 있어야 한다. 즉 선조는 각 세대에 2배가 된다. 이것은 한정된 집단의 경우 불가능하다는 것이 명확하다. 그리하여 한정된 집단은 근친교배 집단을 가지게 될 것이다.

최초 집단은 가끔 준거 기준집단이라 한다. 기초집단과 마찬가지로, 최초 세대는 준거 기준세대라 하는데, 준거 기준세대 개체는 혈연관계가 없고, 근친교배를 하지 않는다고 간주한다. 준거 기준세대부터 개체는 이어져 내려온다. 기초집단에서 개체들이 지닌 대립유전자는 모두 다르다고 간주한다. 한 유전자좌에 있는 개체의 대립유전자 2개가 준거 기준세대에서 같은 대립유전자에서 이어져 내려온다고 한다면, 즉 준거 기준세대에 복제된 대립유전자가 있다면, 2대립유전자는 앞에서 정의한 동질성이다. 준거 기준세대의 대립유전자들을 어떤 면에서 화학적으로 동일한 형태, 즉 같은 염기서열을 공유하거나 같은 아미노산 서열로 암호화되거나 다른 화학적 성질에서 동일한 형태로 분류하는 것이 가능할지도 모른다.

t 세대의 대립유전자 2개가 형태가 동일한 준거 기준세대 대립유전자의 복제본이 2개라면, 이 대립유전자는 유사상태(AIS)라 한다. AIS가 되는 것은 동질성이 되는 것과 다르다. 동질성 대립유전자는 AIS이어야 하지만(준거 기준세대 이후의 돌연변이를 무시하면) AIS는 동일할 필요는 없다.

육종을 위해 기초집단은 육종 프로그램을 시작하기 위해 사용된 자연산 어류집단으로 이루어질 수 있다(16장에서 실제로 기초집단을 만들기 위한 여러 방식에 대해 논의한다). 그리고 기초집단은 기록된 계통의 제 1세대이다. 하지만 모든 개체가 완전히 관련이 없다는 것, 즉 $F = 0$이라는 것은 사실이 아니다. 개체간 혈연계수도 사실이 아니다. 기초집단의 선발은 임의적이지만 참고사항이 필요하다. 집단 내의 유연관계의 절대값, 근친교배의 절대값은 기초집단을 한정했을 때 의미가 있다. 집단에 공통 기초집단이 없거나, 집단에 대한 정보가 유사한 시간 주기나 세대 수에 미치지 않았을 때 집단간 비교는 임의적이다. '10%의 평균 근교계수를 가진 집단은 근친교배가 많은가'라는 질문은 이 근친교배 수준에 도달할 때까지 얼마나 많은 세대가 걸렸는가를 알지 못하면 대답할 수 없다. 하지만, 유연관계/근친교배의 증가율은 기초집단 선발에 달려 있지 않다. 집단에서 일어나는 것에 대한 측정법을 제공하고 집단의 유효크기를 결정하는 것이 근친교배 증가율이며 다음 단락에서 소개하겠다.

얼마나 빠르게 근친교배가 증가하는가와 관련된 주요 매개변수는 근친교배율(ΔF)이다. $t+1$ 시간에

$$\Delta F = \frac{(F_{t+1} - F_t)}{(1 - F_t)} \tag{6.3}$$

으로 정의한다. 여기서 F_t는 t시간의 평균 근친교배이다. 친어의 수, 동복 자어수의 평균과 변이, 연령층, 선발 수단 같은 구조가 일정한 집단일 경우, 집단에서 예상되는 ΔF는 시간에 대해 일정하다. ΔF는 덧셈법이 아니라 곱셈법이다. 즉, 근교계수가 일정량까지 각 세대를 증가시키는 것이 아니라, (1-F)의 일정비율이 각 세대를 사라지게 하는 것이다. 다음 단락에서 볼 수 있는 것처럼, (1-F)는 준거 기준세대와 비교하여 남아 있는 이형접합체의 비율과 직접적으로 관련이 있다. 그래서 ΔF는 각 세대를 사라지게 하는 이형접합체 비율이다. ΔF가 같을 경우, F가 낮을 때보다 F가 높을 때 F에서 작은 획득이 생긴다. (6.3)에서 지배자는 최대 근친교배가 1이라는 것을 나타낸다. 이것은 논리적인데 $F = 1.0$일 때 모든 개체가 정확하게 똑같은 대립유전자를 가지는 경우의 확률 1을 가지고 있기 때문이다. F가 매우 낮고 ΔF가 작을 때 F의 변화는 처음 시간에 대해 선형으로 나타난다. 즉 $F \approx t\Delta F$인데, 시간에 대한 집단의 ΔF를 측정하는 데 사용된다. 좀 더 일반적으로 말해서 시간에 대한 집단의 평균 동종계수가 주어지면, $\log(1-F_t) = t\log(1-\Delta F) +$ 상수를 사용해서 회귀적으로 ΔF를 측정할 수 있다.

'유효집단 크기'란 용어는 집단의 차이를 설명하는데 쓰인다. 유효집단 크기는 $N_e = 1/(2\Delta F)$로 정의한다. N_e의 다른 정의는 받아들이지 말자. 무작위로 선발되고 교배하는 이상 집단의 개체 N_e와 동

복 자어 수는 문제의 집단(무작위로 선발되고, Poisson 동복 자어 수와 교배한 약 $1/2N_e$의 수컷과 $1/2N_e$의 암컷)과 동종 교배율이 같다. 이상 집단의 구체적인 설명은 3장을 참조하라.

널리 사용된 U와 W의 상가유전 유연계수는 혈연계수의 2배이다. 즉, $A_{UW} = 2f_{UW}$이며, 앞으로 유연계수라고 하겠다. 동물의 자체 유연계수는 $A_{UU} = 1 + F_U$이다. 집단이 점점 혈연적 관계가 되면서 f_{UW}는 1.0으로 근접해가기 때문에, A_{UW}는 2.0으로 근접해간다. 유연계수는 확률이 아니다. 혈연계수(유연계수, 근교계수) 계산법을 6.3절에서 설명하겠다.

지금까지의 사실을 요약하면, 집단의 평균 혈연계수, 평균 유연계수, 평균 근교계수 간의 관계는 자가교배가 없을 때 일정 비율의 근친교배와 무작위 교배가 나타난다는 사실을 그림 6.1에 나타내었다. (1) 개체는 기초집단에서 혈연관계가 없기 때문에 3개의 계수는 모두 0에서 시작한다. (2) 근교계수는 혈연계수와 같은 속도로 증가한다. 근교계수는 양성으로 인해 무작위적 교배가 전혀 일어나지 않기 때문에 혈연계수에 따라 증가하기 시작한다. (3) 유연계수는 1세대에서 증가하기 시작하지만 혈연계수보다 2배 빨리 증가한다. (4) 혈연계수와 근교계수는 1.0으로 근접해가고, 유연계수는 2.0으로 근접해간다는 사실을 알 수 있다.

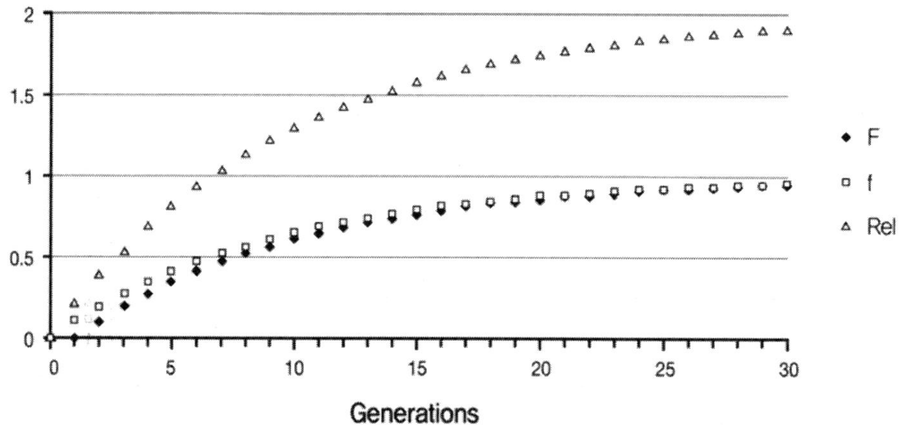

그림 6.1 시간에 따른 근교계수(F), 혈연계수(f), 유연계수(Rel)의 진행.

6.3 혈연계수와 상관계수 측정

6.3.1 경로와 회로

혈연계수 측정이 간단한 예는 기초집단에 U의 수컷과 암컷이 모두 있다고 가정하면 수컷 S와 자어 U 간의 혈연계수 $F_U = 0$ 과 $F_S = 0$ 이다.

$F_U = 0$ 이기 때문에 U에서 임의로 대립유전자를 선발한다면, S가 물려주는 대립유전자를 표본추출할 때 S가 가진 2대립유전자 중 하나가 동질일 수 있다. 이것은 1/2의 확률로 나타난다. $F_S = 0$ 이기 때문에, U에 전해진 대립유전자와 같은 대립유전자가 S에서 표본추출 된다면 동질성이 나타난다. 이때의 확률도 $\frac{1}{2}$, 따라서 $f_{SU} = 1/2 \times 1/2 = 1/4$ 이고 $A_{SU} = 2f_{SU} = 1/2$ 이다.

기초집단에서 암컷과 공통 수컷을 가진 부계 반형매인 2동물 U와 W를 생각해 보자.

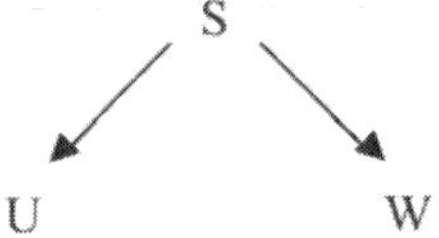

U에서 무작위 표본추출된 대립유전자와 부계 대립유전자 u_p(즉, U가 수컷으로부터 물려받은 대립유전자)가 같을 확률은 $\frac{1}{2}$이다. W에서 같은 대립유전자를 표본추출하기 위해 부계에서 물려받은 대립유전자를 표본추출해야 한다는 점을 주목하자. 마찬가지로 확률이 $\frac{1}{2}$인 W에서 부계에서 물려받은 대립유전자를 표본추출한다. 다음 S는 U와 W에 동일 대립유전자를 전한다. 이것은 $\frac{1}{2}$의 확률로 일어난다. $f_{UW} = 1/2 \times 1/2 \times 1/2 = 1/8$ 이고, $A_{UW} = 2f_{UW} = 1/4$ 이다.

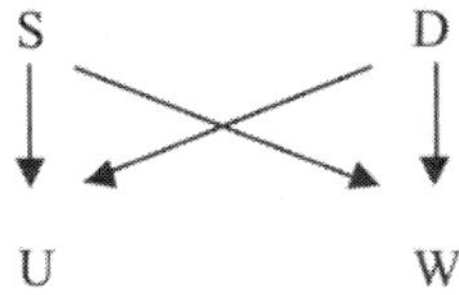

U와 W가 전형매일 때 좀 더 복잡하게 나타난다.

반형매의 경우처럼, 부계에서 물려받은 U와 W의 대립유전자를 표본추출할 확률과 대립유전자가 동일할 확률은 $\frac{1}{8}$이다. 그러나 여기에 U와 W의 암컷에 따라서 U에서 W로의 경로도 있다. 모계에서 물려받은 U와 W의 대립유전자가 표본추출되고 대립유전자가 같을 확률은 다시 $\frac{1}{8}$이다. 그러면 총 혈연계수는 $f_{UW} = 1/8 + 1/8 = 1/4$ 이다. 상관계수 $A_{UW} = 2f_{UW} = 1/2$ 이다.

$$g_U = z_{u_p} + z_{u_m}$$

근교계수를 측정하기 위해 개체의 계통에 있는 회로를 모두 고려해야 한다.

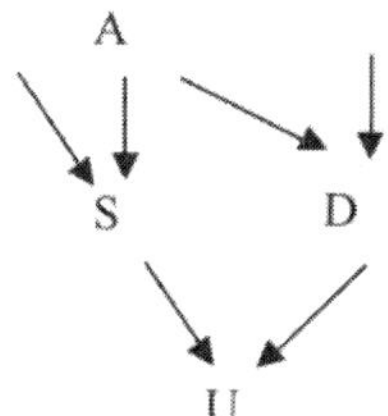

공통 선조 A에서 회로가 하나 있다면, $F_A = 0$ 이다. 이 회로의 결과로 U가 근친교배되려면 A는 회로의 왼쪽과 오른쪽에 같은 대립유전자를 전달해야 한다. 이것은 $\frac{1}{2}$의 확률로 일어난다. $S \rightarrow U$와 $D \rightarrow U$에서 각 단계에 따라 같은 대립유전자가 옮겨져야 한다. 각 단계의 확률은 $\frac{1}{2}$이다. 이 회로는 $\frac{1}{2} \times \frac{1}{2} \times \frac{1}{2} = \frac{1}{8}$ 이다. 총 근교계수는 식 $F_u = \sum_{\text{all loops}} (1/2)^{\text{n\_arrows}-1}$ 사용하여 모든 회로를 합한 것이다. 여기서 n인 화살표는 회로에 있는 화살표의 개수이다. A가 부분적으로 근친교배되었을 때, 회로의 왼쪽과 오른쪽으로 전달된 대립유전자가 동질일 확률은 $1/2(1+F_A)$이다. 식은 $\sum_{\text{all loops}} (1/2)^{\text{n_arrows}-1}(1+F_A)$이다.

간단한 사례에서 나온 일반식은

$$f_{UW} = 1/2 \sum_{\text{all loops}} (1/2)^{\text{n\_arrows}} \times (1+F_A) \tag{6.4}$$

$$A_{UW} = \sum_{\text{all loops}} (1/2)^{\text{n\_arrows}} \times (1+F_A) \tag{6.5}$$

이다. 여기서 U에서 W로 가는 모든 유전 경로를 합하였고, n 화살표는 U에서 W로의 경로에 있는 단계(화살표) 개수이다. F_A는 경로에서 가장 오래된 선조의 근친교배 계수이다. 개체는 2개 이상의 경로의 일부분이지만 가장 오래된 선조는 모든 경로에 대해 다르다.

6.3.2 작표 방법

혈연계수를 측정하는데 작표 방법도 있다. 이 방법은 컴퓨터로 프로그램화가 더 쉽다. 수컷 S에서 유전된 대립유전자 $u_p(W_p)$와 암컷 D에서 유전된 대립유전자 $u_m(w_m)$인 동물 U를 가정하자.

$$\begin{aligned} f_{UW} &= 1/4[Prob(u_p = w_p) + Prob(u_p = w_m) + Prob(u_m = w_p) + Prob(u_m = w_m)] \\ &= 1/4[\ f_{SW} + f_{SW} + f_{DW} + f_{Dw}] \\ &= 1/2[f_{SW} + f_{DW}] \qquad (6.6) \end{aligned}$$

$Prob(u_p = w_p)$는 무작위로 선발된 S의 대립유전자(이 경우엔 w_p)가 무작위로 선발된 B의 대립유전자(이 경우엔 w_p)와 같을 확률이다. $A_{UW} = 2f_{UW}$이므로

$$A_{UW} = 1/2[A_{SW} + A_{DW}] \qquad (6.7)$$

이다. 만약 U와 W가 기초집단에 있다면 $f_{UU} = 1/2(1 + f_{SD})$이고 $f_{UW} = 0$(아니면 U와 W가 기초집단에 있다면) $A_{UU} = 1 + 1/2A_{SD}$이고 $A_{UW} = 0$이라는 사실과 함께, 계수 f(또는 A)의 행렬을 채우기 위해 모든 개체간 f(또는 A)를 측정할 알고리즘을 이용할 수 있다. A는 실제로 자주 쓰이기 때문에 알고리즘을 A행렬로 나타내면 다음과 같다.

1. 표에서 친어가 자어보다 앞에 있도록 연령이 많은 동물부터 연령이 적은 동물로 분류한다.
2. 혈연관계가 없는 기초집단 동물 U와 W의 A를 구한다. $A_{UW} = 0$이고, $A_{UU} = 0$이다.
3. 기초집단 바깥으로 두 번째로 연령이 많은 동물을 옮기며, 그것을 U라고 지칭한다.
4. U의 수컷 S와 암컷 S를 확인한다.
5. 모든 동물 X는 U보다 연령이 많기 때문에 A_{XU}를 구한다. $A_{XU} = 1/2[A_{XS} + A_{XD}]$를 이용하여 구한다. A의 행렬 원소는 대칭 $A(u; 1 : u-1)$이기 때문에 $A(1 : u-1; u)$로 나타낸다.
6. $A_{UU} = 1 + F_U = 1 + 1/2A_{SD}$를 구한다. $A(u, u)$는 A의 원소이다.
7. 모든 개체가 완료될 때까지 단계 3으로 돌아간다.

위의 측정에서 A의 원소는 방정식의 오른쪽에서 필요하기 전에 모두 측정되었다. 친어, 즉 암컷을 모를 경우 기초집단 동물이라 가정하고 단계 5의 A_{XD}와 단계 6의 A_{SD}는 0이라 가정한다.

2개체가 연관된 정도는 계통을 얼마나 멀리 거슬러 올라가느냐에 달려 있다. 즉, 충분히 멀리까지 거슬러 올라가면 2개체는 연관되어 있을 것이다. 이것이 앞에서 언급한 기초집단이다(6.2절 참조).

6.3.3 유연관계 행렬의 성질(A행렬)

위에서 본 것처럼, 집단의 개체간 유연관계는 행렬의 형태로 쓸 수 있다. 즉, 유연관계 행렬 A이다. 각 개체는 행렬에 하나의 행과 열을 가지며, (u, w)는 개체 U와 W 간 유연관계이다. 예를 들어, 전형매 개체 2개로 이루어진 집단은 아래의 유연관계 행렬을 가진다.

$$A = \begin{pmatrix} 1 & 0.5 \\ 0.5 & 1 \end{pmatrix} \qquad (6.8)$$

W에 대한 U의 유연관계가 U에 대한 W의 유연관계와 같으므로 A는 대칭이다. 개체 자체간의 유연관계가 1이라는 사실을 6.2절에서 보았다. 개체를 근친교배하면 A의 대각선 A(u, u)는 $1+F_u$이다. 여기서 F_i는 개체 i의 근교계수이다. 이것은 유연관계 행렬에는 개체의 근교계수가 들어있다는 것을 의미한다. 따라서 유연관계 행렬과 진화를 이해하는 것이 근친교배를 이해하는 한 가지 방법이다. 또 다른 방법으로는 개개의 유전자좌에서 대립유전자 빈도의 유전적 부동을 연구하는 것이 있다. 여기서는 A행렬 방법에 중점을 둔다. A행렬을 자세히 공부하고 유전적 부동에 대한 관계를 보일 것이다.

상가적 창시자 대립유전자 효과 zi는 크기가 1인 분산을 가진 분포도에서 표본추출한 기초집단을 가정해 보자. 어떤 분포도라도 사용할 수 있지만 가장 실질적인 것은 아마 대립유전자 2개 중 하나를 무작위로 고르는 축소된 이항분포일 것이다. Z_i를 정규분포에서 표본추출했을 때 N(0, 1)로 보는 게 더 쉽다. 창시자 대립유전자의 평준화 효과(개체에서 Z_i로 나타나는 모든 가능한 대립유전자를 평준화)로 Z_i를 정의하는 것을 주목한다. 기초집단 대립형질의 경우

$$\text{분산}(z_i) = 1 \text{ 이고 } i \neq j \text{ 일 때 공분산 } (z_i ; z_j) = 0$$

이다. z_x와 z_y가 나중 세대의 대립유전자라면, 이것은 φ_{xy}를 가진 기초집단의 동일 대립유전자(즉 z_i)의 복사본이다.

$$\text{분산}(z_i) = 1.0\text{이고 공분산}(z_i ; z_j) = \varphi_{xy}$$

대립유전자 z_{u_p}와 z_{u_m}을 지닌 동물 U의 총 유전자값은

$$g_U = z_{u_p} + z_{u_m} \tag{6.9}$$

분산으로

$$\begin{aligned} 분산(g_U) &= 분산(z_{u_p} + z_{u_m}) = 분산(z_{u_p}) + 분산(z_{u_m}) + 2공분산(z_{u_p};z_{u_m}) \\ &= 2(1+\varphi_{u_p u_m}) = 2(1+F_U) = 4f_{UU} \end{aligned}$$

이다. 이것은 u_p와 u_m이 같은 확률이 $\varphi_{u_p u_m}$이고, F_u와 $1/2(1+F_U)$는 동물 U의 자체 혈연계수 f_{UU}이기 때문이다. 비근친교배 된 동물의 경우 $Var(g_u) = 2.0$이라는 사실을 주목한다. 이것은 각 대립유전자의 분산이 1.0이고 관련이 없는 2개의 대립유전자의 합의 분산이 2.0이라는 가정 때문이다.

마찬가지로 동물 U와 W사이의 유전공분산은

$$\begin{aligned} 공분산(g_u;g_w) &= 공분산(g_{u_p} + g_{u_m}; g_{w_p} + g_{w_m}) + 공분산(g_{u_p};y_{w_m}) + 공분산(g_{u_p};g_{w_m}) + 공분산(g_{u_m};g_{w_p}) \\ &+ 공분산(g_{u_m};g_{w_m}) = \varphi_{u_p w_p} + \varphi_{u_p w_m} + \varphi_{u_m w_p} + \varphi_{w_m w_m} = 4f_{UW} \end{aligned}$$

이다. 이것은 $\varphi_{u_p w_p}$이 $Prob(u_p = w_p)$ 와 같기 때문이다.

위에서는 동물의 육종가의 유전분산과 공분산이 혈족관계와 유연관계의 상수에 의해서만 다르다는 사실을 보여준다. 여기서는 4였던 상수는 기초집단에 있는 형질의 유전분산에 따라 달라질 것이다.

일반적으로 유전자값의 분산행렬은

$$분산(g) = AV_a$$

이다. 여기서 g는 유전자값의 벡터이고 V_a는 유전분산이다.

앞에서 언급한 유전자값이 선발(예, 표현형 선발) 상태에 있다면 분산은 선발로 감소할 것이다. 그래서 g가 유전자값인 형질(즉 상관된 형질)이 선발 상태에 있지 않을 경우에만 $Var(g) = AV_a$가 유지된다. g와 상관되지 않은 형질은 선발 상태에 있을 것이다.

$Var(g)$와 AV_a 간의 동일성은 g를 측정하기 위한 BLUP 육종가 측정에서 사용된다. BLUP-EBV 측정의 경우 g는 선발 상태에 있다(육종가 측정에 대한 설명은 13장을 참조). 자료의 정보(그리고 선발)가 g의 분포를 바꾸기 전에 BLUP은 g의 선행 분포로 $Var(g) = AV_a$를 사용한다.

6.4 근친교배의 결과

6.4.1 평균과 분산의 변화

이상 집단에서 선발 시 원위치로 돌아간 대립유전자를 표본추출하므로(6.2절 참조), 어떤 대립유전자들은 선발을 시작할 때 1회 이상 표본추출화된다(다시 말하면, 몇몇 대립유전자들은 없어질 것이다). 어떤 개체도 첫 번째 세대에서 동일 유전자를 얻는다. 어떤 대립유전자들은 첫 번째 세대에서 1회 이상 표본추출이 되었기 때문에 나중 세대에서 1번 이상 표본추출된다. 기초집단에서 선발을 시작했을 때, 대립유전자의 무작위 표본추출로 집단간과 집단 내에서 평균 유전자값은 변한다. 그림 6.2에서 한 기초집단에서부터 4개의 선이 진행되었다는 것을 볼 수 있다.

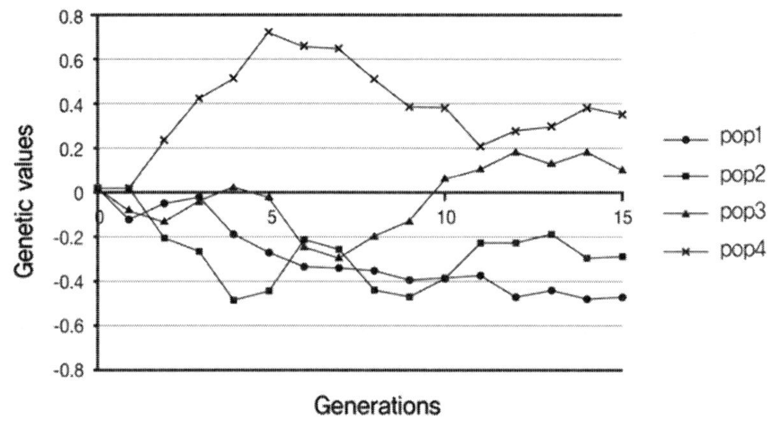

그림 6.2 세대에 따른 유전적 부동.

기초집단에서 유전자값은 0이지만, 2개의 집단에서 평균 유전자값은 시간에 따라 감소했고, 2개의 집단에서 평균 유전자값은 시간에 따라 증가했다. 이론적으로 무한한 집단에 대한 평균으로, 유전자값은 0으로 남아 있을 것이다. 집단간 분산이 증가되었다는 것을 볼 수 있다. 같은 기초집단에서 이끌어낸 집단간 분산을 유전적 부동이라 한다.

그림 6.3에서 각 계통 내의 유전분산은 감소했다. 결국 근친교배가 1에 근접하는 것처럼 계통 내의 분산은 0으로 근접해 갈 것이다. 이 그래프는 10마리 수컷과 10마리 암컷으로 적은 수의 개체들로 만들었다. 이 개체들로 효과가 커진다. 평균값과 유전분산의 변화는 근친교배의 직접적 결과인데 다음 단락에서 보기로 한다.

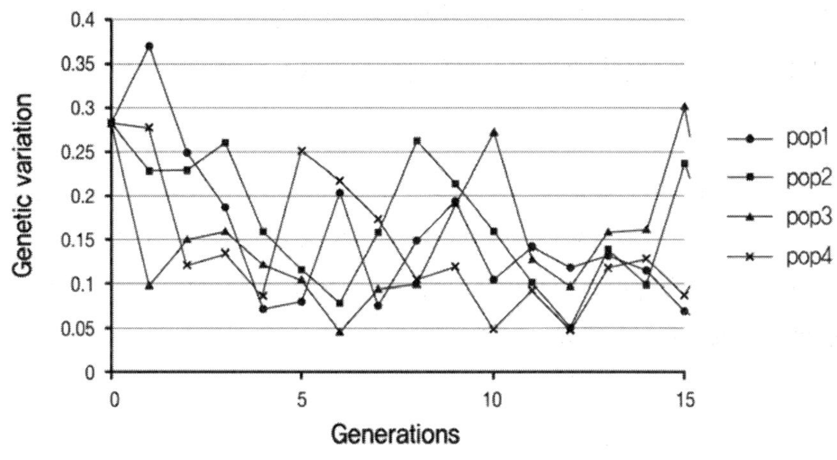

그림 6.3 세대에 따른 집단 내 유전분산.

행렬 형태에서 이 효과들은 다음과 같다. g_t는 t세대의 친어가 있는 g의 sub-vector라고 하자. t세대에 집단의 유전 평균은

$$\text{평균}(g_t) = \sum_i g_{ti}/n = 1'g_t/n$$

이다. 여기서 n은 t세대에 있는 동물의 수이다. 즉 1은 n×1벡터이다. 또한, 유전적 부동분산은 유전자 평균의 분산이다.

$$\begin{aligned}\text{분산}(\text{평균}(g_t)) &= \text{분산}(1'g_t/n) \\ &= \text{분산}(1'g_t)/n^2 \\ &= 1'\text{분산}(g_t)/n^2 \\ &= 1'A_{tt}1V_a/n^2 \\ &= 2\ 1'f_{tt}1V_a/n^2\end{aligned}$$

여기서 f_{tt}는 t세대의 혈연계수의 행렬이다. 자가교배 가능성도 포함하는 무작위 교배 하에서, $1'f_{tt}1/n^2$은 교배된 동물들 간 평균 혈족관계이며, t+1세대에 있는 자어의 근친교배 평균과 같다. 즉,

$$\text{분산}(\text{평균}(g_t)) = 2F_{t+1}V_a$$

이다. 이것은 잘 알려진 부동과 근친교배 간 관계식이다. 자가교배가 없고 유성번식이 있다면, 위의 관계식은 조금 복잡해진다. 그러나 부동과 근친교배의 증가율은 관계식이 같다.

형질이 선발 상태에 있다면, 유전분산은 감소된다. 선발된 집단의 감소된 유전분산은 V_a를 $V_{a\infty}(1-\rho_{\infty}^2 k)$로 바꿔서 비슷해질 수 있다. 선발 상태에서 형질의 부동분산은

$$분산(평균(g_t)) = 2F_{t+1}V_{a\infty}(1-\rho_{\infty}^2 k)$$

이다. 여기서 ρ ∞는 유전자값과 선발지수 간 상관관계이고 K는 선발로 인한 선발지수의 분산 감소이다. 이것은 선발강도의 함수이다. 선발 상태에서 형질의 부동분산은 비선발된 형질의 부동분산보다 작은데 그 이유는 $V_{a\infty}(1-\rho_{\infty}^2 k) < V_a$ 이기 때문이다. 선발을 통해 원하는 방향으로 집단 평균을 바꿔서 유전분산을 다루기 때문에 논리적이다.

위의 내용은 유연관계 행렬이 유전적 부동과 근친교배를 연구하는데 매우 중요한 수단이라는 것을 보여준다.

6.4.2 감소된 이형접합체

유전자좌 기준에서 유전적 부동으로 대립유전자의 고정이나 손실이 발생한다. 순차적으로 집단 내의 이형접합체 개체의 수를 감소시킨다. 집단이 완전 근친교배 될 때($F_t = 1.0$), 이형접합체는 없고 집단은 PP(확률 p_0)나 QQ(확률 q_0)이다. 즉 P나 Q는 계통 안에 고정되었다. 이형접합체는 계통의 근교계수와 관련하여 계통 내에서 감소한다. t시간에 이형접합체 $H_t = 2p_0 q_0(1-F_t)$이다. $t+1$ 세대의 이형접합체는 $(1-F_{t+1}) = (1-\Delta F)(1-F_t)$ 과 관련이 있다. $(1-F_{t+1}) = (1-\Delta F)(1-F_t)$ 는 ΔF의 등적표시이다. 만약 ΔF가 상수라면, $(1-F_{t0+t}) = (1-\sigma\psi\mu\beta o\lambda F)^t (1-F_{t0})$이다. 이것은 이형접합체가 시간이 지나면서 어떻게 감소하는지 직접적으로 보여준다.

즉, $H_{t0+t} = (1-\rho\psi\mu\beta o\lambda F)^t H_{t0}$ 이다. 더 알고 싶다면 Crow and Kimura(1970), Falconer and Mackay (1996)를 참고하라. 이것은 여러 계통에 대한 기대값이지만 단일 계통에서는 나타나지 않을 수도 있다는 사실을 주목해야 한다.

6.4.3 근교약세

근교약세는 특정 우성의 경우 비상가적 유전을 하는 형질에서만 볼 수 있다. 근교약세는 감소된 이형접합체와 관련이 있다. 우성유전을 하는 형질의 경우, 동협접합체 중 1개 또는 2개와 같거나 더 높은 선행 이형접합체를 기대하기 때문이다. 우성유전을 하는 전형적 형질은 번식능력이나 생리적 효율성과 연관된 적응성 형질이다. 이런 형질들은 생활사 형질(예, 번식력, 부화율, 성장률)과 형태적 형질(예, 체장 비대칭)일 수 있다. 또한 이형접합체들은 생존하지만 동형접합체는 폐사하는 열성 질병에 대한 질병내성일 수도 있다(Falconer and Mackay, 1996). 그래서 이형접합체가 근친교배로 인해 빈도가 줄어들면 동형접합체가 더 많기 때문에 근친교배된 어류의 활동이 감소한다. 이것을 근교약세라

고 한다. 기록된 계통을 가진 양식집단에서, 근교약세는 개체의 근친교배 계수에 대한 형질값의 선형 회귀로 측정된다. 양식집단에 있는 개체의 평균 근교약세는 근친교배의 평균과 같은 기준이라고 조사되었다. 예를 들어 연어 자어에 대한 근교약세는 11.3이었고, 태평양연어는 10% 근친교배당 4.5%였다(Hard and Herschberger, 2002). 그리고 몇 개의 연구는 초기 시절 무지개송어의 생존율 같은 관계를 조사하였다(Kincaid, 1976a, b; Gjerde et al., 1983). 마지막으로 근친교배율이 낮은 무지개송어 집단(Pante et al., 2001a)은 근친교배율이 높은 집단보다 체중에서 근교약세가 더 낮다(Gjerde et al., 1983). 이것은 새로운 돌연변이와 자연선택이 작용할 기회가 부족한 것으로 설명된다.

6.5 어류양식에서의 유전변이 관리

육종 프로그램에서 평균 유연관계는 모든 세대에 증가되며, 이런 현상은 피할 수 없다. 그것은 크기가 무한정한 양식집단이 없어서 일정 수 이상의 세대의 경우, 혈연관계가 없는 개체를 발견하는 것이 불가능하기 때문이다. 6.4절에서 근친교배는 집단의 유전적 구성에 나쁜 영향을 미친다는 것을 보았다. 그래서 실제 양식 계획에서는 근친교배가 관리되어야만 한다.

- 근친교배율을 줄이는 가장 쉬운 방법은 세대당 친어를 더 많이 선발하는 것이다. 형매 정보를 사용하는 실제 양식 계획에서, 친어의 수는 육종 프로그램이 가지는 전형매 집단의 수에 의해 제한된다. 일반적으로 말해서, 친어의 수는 가능하면 많아야 한다. 수컷과 암컷 간 교배 비율의 영향에 대해서는 12장에서 논의하겠다. 하지만 일반적으로, 친어의 수가 고정된 경우 수컷과 암컷의 수가 같아질수록 더 좋다. ΔF는 $1/\min(N_s, N_D)$과 매우 밀접한 관련이 있다. 여기서 N_s와 N_D는 선발된 수컷과 암컷의 수이다. 친어의 어느 한쪽 성이 많아도 다른 쪽 성의 적은 수를 거의 메우지 못한다.

- 선발된 동물의 수가 근친교배를 통제하는 데 중요할 뿐 아니라 가계당 선발된 생물의 수도 근친교배율에 영향을 미칠 수 있다. 가계가 다음 세대에 똑같이 기여한다면 근친교배는 가장 낮게 유지된다. 특히 어류집단처럼 집단이 큰 집단에서, 한 가계에서 많은 개체를 선발하는 것은 위험이 크다. 가계들의 기여를 동등하게 하는 가장 극단적 양식 계획은 가계내 선발 계획이다. 여기서 각 집단은 고정된 수의 친어로부터 기여한다. 집단 평균에서 가장 큰 편차를 가지기 때문에 생물이 선발되는데 이것은 가장 좋은 Mendel의 표본추출 기간을 가지고 있다는 것을 의미한다. 그렇지만 간단하게(각 집단 내에서) 가장 높은 가치를 가진 동물이 선발된다. 일정 수의 선발된 친어를 가정하면 Doyle and Herbinger(1994)가 제안한 walkback selection은 일정의 집단내 선발이다. 여기서 유전적 마커는 미리 선발된 어류의 전형매와 반형매를 결정하는 데 사용된다. 이런 형매들은 선발되지 않는다. Walkback selection 계획의 장점은 모든 어류가 하나의 커다란 수조에 있어서 표지방류할 때까지 전형매 집단이 있는 작은 수조들의 유지 비용을 절감시켜 준다는 것이다. 하지만 모든 집단내 선발 계획처럼 walkback selection 계획은 집단간 유전변이 요소를 사용하지 않는다. 그래서 모든 유전변이의

50%만이 사용되어 유전적 획득을 감소시킨다.

- 선발 프로그램에서 혈연관계가 없는 1개체 또는 여러 개체를 친어로 하면, 자어의 근친교배는 0으로 줄어든다. 대부분의 어류집단의 근친교배율을 감소시키려는 목적으로 야생집단을 육종 프로그램에 넣을 수 있지만, 이런 방법에 의하여 근친교배율이 영향을 받을 뿐, 양식집단이 야생 선조들보다 특정 양식 목표를 더 잘 수행한다고 가정하면 야생집단에 대한 유전적 이점도 줄어들게 될 것이다. 선발된 계통이 야생계통보다 월등하다면 야생계통의 자어들은 그 다음 선발에서도 제외될 것이다.

- 최적조건 기여는 근친교배율을 제약하는 유전자 반응을 최대화시키는 선발방법이다(Meuwissen, 1997; Grundy et al., 1998). 이 방법에서 입력정보는 BLUP-EBV 벡터, 선발될 만한 생물의 유연관계 행렬(A), 평균 유연관계의 증가이다. 각 개체의 자어의 근친교배 기준 대신에 모든 친어간 혈족관계나 유연관계 기준에 제약이 있다는 점을 주목해야 한다. 왜 친어의 혈족관계 기준에 제약이 있어야 하는지를 예를 들어 설명해보자. 만약 자어의 근친교배 기준에 제약이 있다면, 혈연관계가 없는 개체(즉 야생이입 동물)가 선발 가능성이 있는 동물과 교배할 때 근친교배가 가장 낮을 것이다. 하지만 그 다음 세대에서, 6.3절에서 본 것처럼 이 모든 자어들은 적어도 평균 유연관계가 0.25인 반형매일 것이다. 그리고 그 자어는 단일 이입동물에서는 자어의 증손 자어가 될 것이다. 알고리즘은 최적조건 기여를 측정한다. 이 방법은 선발될 만한 생물의 BLUP-EBV의 크기와 다른 선발 대상 동물과의 유연관계을 설명하는 잠재적 기여를 평가하기 위해 2차 지수를 이용한다. 선발될 이상적 개체는 높은 육종가를 가진 동물이지만, 다른 선발 대상 생물과는 거의 혈연관계가 없다. BLUP-EBV에 대한 절단선발과 비교하였을 때, 최적조건 기여선발로 동일한 근친교배율에서 유전적 획득이 더 높은 사례로, 선발강도가 증가하게 된다는 점이다. 이 방법은 다중산란 집단에 효과적이다. 여기서 친어와 자어는 동시에 선발될 만한 생물들이다(Meuwissen and Sonesson, 1998; Grundy et al., 2000). 이 방법은 혈연관계는 약간 낮지만 평균적으로 BLUP-EBV가 더 낮을 친어 세대에서의 개체나, 혈연관계가 더 높지만 BLUP-EBV가 더 높을 자손 세대에서의 개체 중 하나를 선발할 것이다. 중복된 세대를 가진 집단의 경우, 선발될 이상적 개체는 기여하지 않은 높은 육종가를 가진 나이가 많은 동물이다. 즉, 자어가 없이 나이가 많은 동물이다. 근친교배 제약이 엄격한 정도, 개체가 나이가 들면서 BLUP-EBV의 정확성 증가, 선발 대상 생물의 수에 따라서 이 방법은 친어 세대나 자손 세대 중 하나에서 개체를 선발할 것이다. 결과적으로 동일한 근친교배율에서 비교했을 때, 기여를 최적화하는데 2차 지수의 사용은 동일한 근친교배율에서의 높은 선발강도의 결과로써 절단선발보다 많은 획득이 생긴다. 그래서 수행 중 획득과 근친교배간 교환은 없지만 유전자원의 관리를 더 잘하도록 한다(Woolliams et al., 2002). 만약 좀 더 확실한 계획이라면 ΔF가 감소할 때 획득도 감소한다. 하지만 ΔG와 ΔF의 관계는 2차식이다. 그래서 ΔF가 높다면 ΔF가 상당히 감소하기 때문에 ΔG에서는 감소가 작다.

선발된 친어의 수에 대한 실질적 제약을 고려하지 않고, 모든 수컷이 모든 암컷과 교배하는 임의교배(Woolliams, 1989) 같은 최적조건 기여선발이 결합된 비무작위 교배 계획이나 자어의 평균 혈연관계가 최소인 교배 계획은 동일한 근친교배율에서 무작위 교배와 비교하여 22%까지 유전적 획득이 증가됐다(Sonesson and Meuwissen, 2000). 어떤 수의 전형매 집단의 실질적 한계로, 비무작위 교배의 우위는 감소될 것이다. 일반적으로 어떤 제약이라도 유전적 획득을 필요로 한다.

최적조건 기여선발은 특히 일반 어류의 세포핵 같은 육종핵에 유용한 방법이다. 그 이유는 각각 선발된 친어의 이용에 대한 중심 지도가 있기 때문이다.

근친교배는 유전변이의 손실이며 육종 프로그램에서 관리하는 것이 변이라는 사실을 알았다. 유전변이를 증가시키고 빠른 근친교배의 속도에서도 집단이 살아남는 방법이 2가지 있다. 즉, 자연선택과 돌연변이이다. 자연선택의 사례에는 평균 이형접합체율을 증가시키는 선발력이 있다. 이것은 근교약세를 막는다. 돌연변이율은 게놈, 개체간, 염기간 등에 따라 다르지만, 초파리의 돌연변이의 일반 분산은 강모 수의 경우 약 $0.001 \times V_e$이고(Falconer and Mackay, 1996) 쥐의 체중의 경우 $0.005 \times V_e$(Keightley, 1998)이며 V_e는 환경분산을 나타낸다. 양식집단의 경우 나타난 경우가 한번도 없었다. 일반적으로 자연선택이나 돌연변이율은 모두 오래된 가축집단에 대한 약점이다. 하지만 최근에 길들여진 종들, 예를 들면 어류집단에서 자연선택은 중요하게 설명되어야 하며 이 분야에 대한 많은 연구가 필요하다.

진행 중인 육종 계획에서 수용할 수 있는 근친교배율은 얼마나 높아야 하는가? 유전율과 적응성의 표준편차에 대한 몇 가지 가정을 세우고, 번식형질과 적응성 간에 상관관계가 없다고 가정하면, 임계유효집단 크기가 세대 당 동물 31마리에서 250마리라는 사실을 알아내었다(Meuwissen and Woolliams, 1994a). 일반적으로 적어도 100마리의 유효집단 크기, 즉 0.5%의 근친교배율이 실제 양식 계획에 이용된다. 근친교배율이 수산생물집단에 중요하다는 점을 주목하는데, 그 이유는 순치 과정 동안 큰 집단에서 작은 집단으로 변하기 때문이다. 매우 높은 근친교배율이 적용되면 유전적 부동으로 원하지 않은 대립유전자를 제거하는 시간은 매우 짧아진다.

7. 선발

TRYGVE GJEDREM AND JØRN THODESEN

7.1 서론

선발은 다른 개체들보다 더 개량된 개체들을 집단에서 고르는 것이다. 번식이 가능한 동물들이 미래의 집단에 영향을 줄 수 있는 것처럼, 성성숙을 이룬 동물들에서 개체들을 선발한다. 선발은 새로운 유전자를 만드는 것이 아니라 유전자 빈도를 바꾼다. 선발에서 표현형에 바람직한 영향을 미치는 대립유전자 빈도는 증가하고, 바람직하지 않는 유전자의 빈도는 감소한다. 수산생물의 경우, 경제적으로 중요한 형질은 일반적으로 많은 유전자값에 의해 나타나는 양적형질이다. 이런 유전자에 있는 바람직한 대립유전자의 빈도를 바꾸는 효과는 선발하고 있는 형질에 대한 집단 평균의 변화로써 나타난다.

선발의 목적이 번식형질을 향상시키는 것이라면, 첫 번째 단계는 집단에 있는 모든 생물들의 번식형질을 측정하거나 기록하고, 평균과 표준편차를 측정하는 것이다. 선발은 육종가가 가장 높은 동물들을 식별해내는 것이다.

7.2 자연선택

다음 세대에 대한 자어의 기여를 개체의 적응력, 생존가, 선발가라고 한다(Falconer and Mackay, 1996). 적응력은 자연선택이 선발하는 '형질'이다. 환경조건이 바뀌면, 존재하는 유전자형의 적응성이 더 이상 최적의 상태가 되는 것은 아니다. 현재 환경에서 적응성이 가장 높은 동물은 적응성이 떨어지는 동물들보다 많이 번식하고 더 많이 살아남을 것이다. 세대에 대한 자연선택의 영향은 집단이 새로운 환경조건에 적응하도록 하는 것이다. 적응성은 개체보다는 집단의 반응성이다.

환경조건의 변화가 크고 빠르게 일어난다면 집단은 없어지거나 붕괴될 것이다. 왜냐하면 자연선택이 집단이 새로운 환경에 적응하기에 충분할 정도로 효율적이지 않았기 때문이다. 최근에 노르웨이 남부에서 비효율적인 자연선택이 나타났다. 몇십 년 동안 산성비는 강물과 호수의 pH가 연어와 어류의 pH 허용기준(pH < 5.0) 이하로 떨어진 결과 담수의 낮은 pH에 적응하기 위한 허용 범위는 유전율 $h^2 = 0.09 \sim 0.33$이었다(Gjedrem, 1976; Edward and Gjedrem, 1979). 이것은 어류가 더 낮

은 pH 기준에 적응하는 것이 가능했었을 것이라는 사실을 의미한다. 하지만 산성화가 너무 빨리 진행되어서 자연선택이 어류를 낮은 pH에 적응시키는데 이르지 못했다. 그 결과 수백 개의 호수에서 어류집단이 사라졌다. 또한 자연선택이 짧은 시간 주기에 대해 다소 비효율적이라는 사실도 보여준다. 비효율성의 이유 중 하나는 자연선택이 개체나 집단선발을 한다는 사실이다.

7.3 인위선발

인간은 집단을 원하는 방향으로 바꾸기 위해 인위선발을 한다. 하지만 동시에 집단은 인위선발과 방향이 같거나 반대 방향일 수 있는 자연선택에 의한 영향도 계속 받는다.

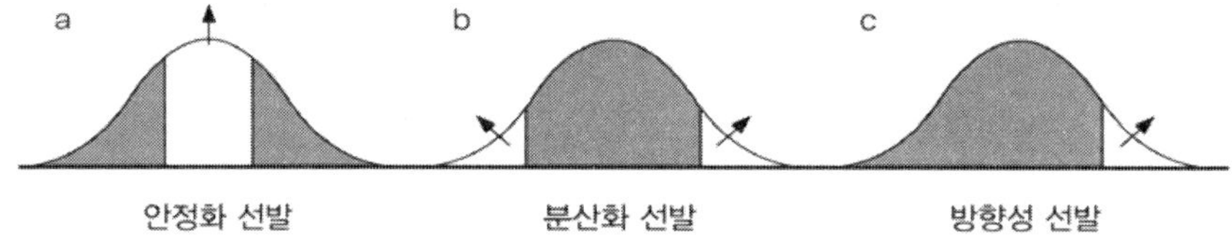

그림 7.1 인위선발은 여러 가지 방식으로 수행된다.
a. 평균 활동을 하는 동물이 선발된다.
b. 극단적 동물이 선발되어 서로 교배된다.
c. 한 쪽에서 활동성이 좋은 동물이 선발된다.

인위선발은 여러 가지 방식으로 실행되며 그림 7.1a에 나타냈다. 안정화 선발은 중간에 있는 표현형을 선발하고 양극단을 버린다. 안정화 선발의 목적은 평균 근처에 분포해 있는 집단을 표준화하는 것이다. 이것은 문제가 되는 형질에 대한 다소 감소된 분산과 함께 어느 정도 일정한 평균 내에 기인한다. 어떤 형질의 경우, 유기체의 생태나 생활사에 따라 달라지는 중간 최적화가 될 것이다. 예를 들어, 어류의 경우 filet에서 최적 지방량이 요구되지만 지방률이 높은 것이나 낮은 것은 그다지 바람직하지 않다.

분산화 선발의 경우, 그림 7.1b에서 보는 것처럼 양 극단이 육종생물로 선발된다. 선발된 친어가 무작위로 교배된다면, 평균 활동에서의 변화는 없고 자어의 분산은 약간 증가할 것이다. 양쪽 극단에 있는 선발된 친어가 교배된다면, 자어의 분산은 증가하고 결국 별개의 새로운 집단이 나타난다. 이런 선발법은 생물육종에서 거의 사용되지 않는다.

가축 프로그램과 수산생물 육종 프로그램에 적용되는 가장 일반적 선발 형태는 그림 7.1c의 방향성 선발이다. 목적은 경제적으로 중요한 형질을 개선시키는 것이다. 유전 가능성 형질에 대한 방향성 선발의 효과는 다음 세대의 형질에 영향을 주는 유전자좌의 유전자 빈도가 변하는 것이다. 환경조건에 변화가 없다고 가정하면, 선발된 친어의 자어 평균 표현형값이 증가된다.

우성유전자와 열성유전자에 대한 선발은 3장과 3.5절에서 논의되었다.

7.4 선발반응의 예측

특히 우리에게 흥미로운 인위적 방향성 선발의 효과는 집단 평균의 변화이다. 이 변화를 선발반응 또는 유전적 증가라 하고 Δ로 나타낸다. Δ은 선발 전의 세대와 비교하여 선발된 친어의 자어에 대한 평균 우위이다. 적용된 선발의 크기나 강도는 선발차이라 한다. 그림 7.2에서처럼, S는 집단 평균과 선발된 생물의 평균 사이의 거리이다. 선발된 형질이 정규분포화되어 있다고 하면, 예상되는 선발반응은

$$\Delta G = S \cdot h^2 \tag{7.1}$$

이다. S는 표현형 단위로 나타낸다. 유전자 단위인 Δ은 S에 유전율을 곱한 것이다. 예를 들어, 선발된 형질의 유전율이 1이면 선발반응은 S이다. 유전율이 0이면 선발반응은 없다.

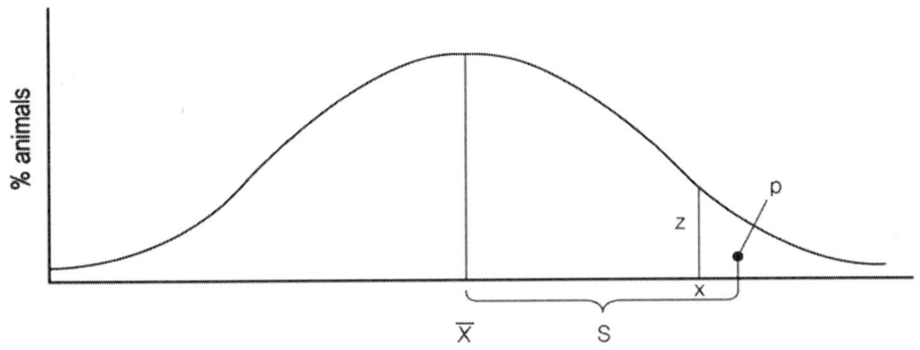

그림 7.2 절단 점에서 선발차이(S), 선발된 비율(P), 세로좌표 높이(Z).

선발차이를 표현형 표준편차 σ_P로 나타내면, 선발반응은 표준화된다. 그래서 선발반응은 형질간 비교와 집단간 비교를 할 수 있게 한다. 표준화된 선발차이 S/σ_P를 선발강도라 하고 i로 나타낸다. 표준화된 선발차이로 집단 평균 위에서 선발된 생물의 표준편차가 얼마나 있는지 알 수 있다.

선발차이는

$$S = i \cdot \sigma_P \tag{7.2}$$

와 같다. 선발반응은

$$\Delta G = i \cdot h^2 \cdot \sigma_P \tag{7.3}$$

으로 쓸 수 있다.

세대보다는 매년의 반응을 보고 싶다면, 세대간격의 길이를 년 수 L로 나눈다.

$$\Delta G/year = i \cdot h^2 \cdot \sigma_P/L \tag{7.4}$$

형질의 표현형과 유전자형이 정규분포화되어 있다고 가정하면, 그림 7.2에서와 같이 선발강도는 오직 선발된 집단의 비율에 달려 있다. 절단 점(x)보다 위에 있는 선발된 동물의 비율을 p로 두고, 절단 점에서 세로 좌표 높이를 z라 하자. 그러면, 정규분포의 수학적 성질로,

$$S/\sigma_P = i = z/p \tag{7.5}$$

가 된다.

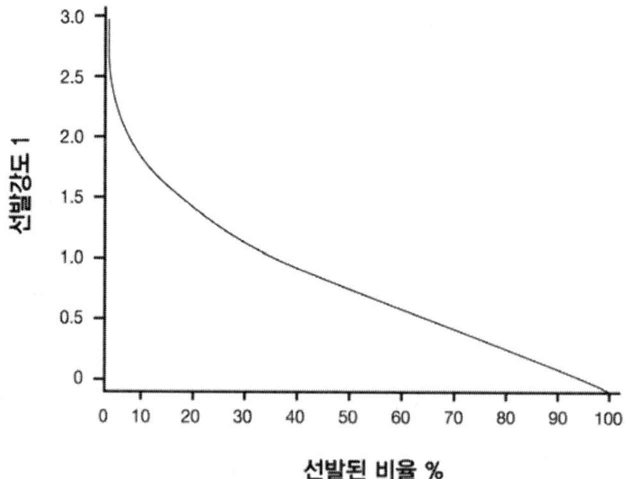

그림 7.3 선발된 비율에 대한 선발강도.

i와 선발된 비율 사이의 관계는 그림 7.3에 나타나 있다. 선발된 동물의 비율을 알고 있다면, i값은 부록 A에서 알 수 있다.

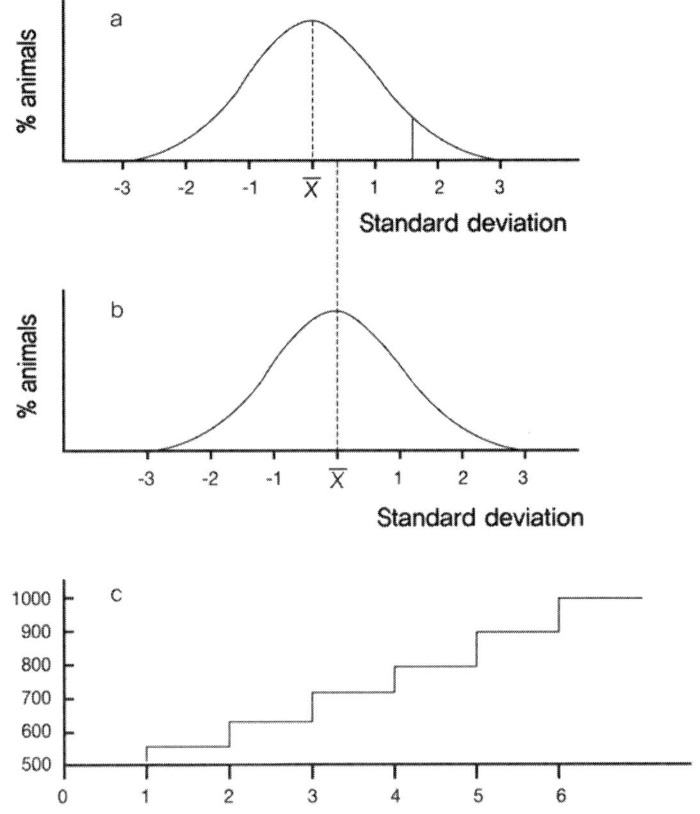

그림 7.4 a는 5%가 친어로 선발된 표준편차 단위에서 친어 세대의 분포도를 나타낸다.
b는 친어세대와 비교하여 집단 평균의 변화를 같이 나타낸 자어 세대의 분포도이다.
c는 6세대에 대한 체중의 선발 결과를 나타낸다.

7.4.1 예측되는 유전적 증가의 사례

다음의 매개변수를 가진 틸라피아 집단을 가정해보자. 체중 $x = 500g$, 표준편차 $\sigma_P = 150g$, 유전율 $h^2 = 0.20$, 5%는 $i = 2.063$인 선발강도를 나타내는 자어들로 선발된다.

기초집단은 그림 7.4a에서 나타내었다. 1세대에 대한 선발반응은

$$\Delta G = i \cdot h^2 \cdot \sigma_P = 2.063 \cdot 0.20 \cdot 150 = 61.9$$

이다. 표준편차가 g로 주어졌기 때문에 반응은 61.9g이다. 평균에 대한 선발반응은

$$\text{유전적 증가 \%} = 61.9\text{g}/500\text{g} \cdot 100 = 12.4\%$$

평균이 계속 증가하므로 선발반응은 누적된다. 선발이 6세대 동안 계속되면 집단의 체중은 2배가 된다. 그림 7.4c에 나타나 있다.

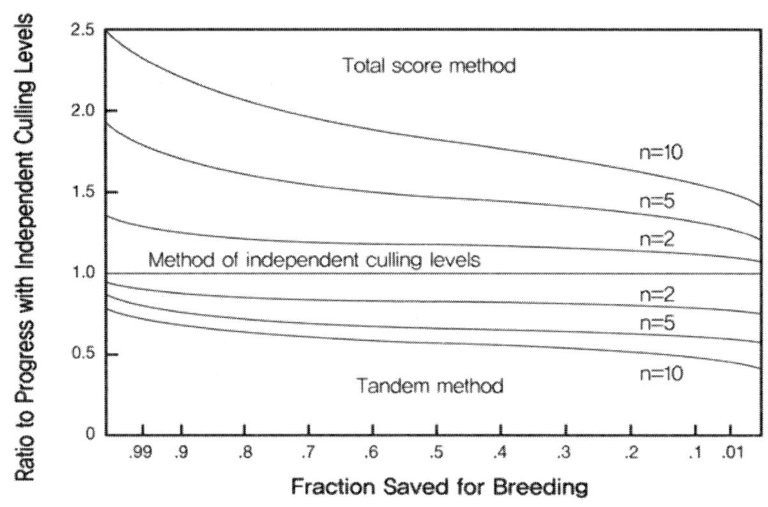

그림 7.5 독립적 선발 단계 방법의 효율에 대한 총 점수 방법과 tandem 방법의 효율 비교. 여기서 n개의 형질은 상관관계가 없고 동일하게 중요하다.

7.5 다중 형질 선발

선발 프로그램은 경제적으로 중요한 형질 몇 가지에 집중할 것이다. 여러가지 형질 n개가 관련되었을 때, 선발에는 기본적으로 3가지 방법이 있다(Hazel and Lush, 1942).

직렬선발의 경우, 각 형질은 연속적으로 개선된다. 하나의 형질에 대해 먼저 선발을 통해 원하는 유전자 기준이 될 때까지 실행된다. 그리고 나서 두 번째 선발, 세 번째 선발이 이 순서대로 실행된다.

두 번째 방법은 각 형질이 동시적이지만 독립적으로 선발되는 것이다. 이런 선발방법을 독립선발 기준이라 한다. 그리고 기준은 각 형질을 위한 선발 또는 선택기준을 나타낸다.

세 번째 방법은 동시적으로 선발을 적정한 상품가치의 체중, 유전율 그리고 그 특징들 간의 표현형

과 유전적 상관관계에 주어지는 모든 특징들에게 적용하는 것이다. 이러한 선발방법을 선발지수 또는 총 점수라고 한다.

그림 7.5에서 3가지 방법을 비교하였다. 직렬방법과 총 점수 방법은 선택된 형질 수(n)와 육종용으로 선발된 생물의 비율을 변화시켜 독립선발 기준의 효율과 비교해서 나타냈다.

직렬방법이 3가지 중 가장 효율이 낮다. 반면, 선발지수 방법은 복합형질 양식 목표에 있는 선발반응에서 효율이 가장 좋다. 육종가 측정을 위한 선발지수 작성은 13장에서 개괄적으로 설명하겠다.

7.5.1 비율로 나타낸 형질 선발

FCR(사료계수)이나 FER(사료 효율 비) 같은 비율로 정의한 형질 선택은 동시에 2개의 형질을 선발한다. 선택이 강해질수록, 선택 차이는 변수 형질에 대해 불평형적으로 더 커진다. 체중 증가에 대한 편차계수가 먹이 소비의 약 2배이므로(Sutherland, 1965), 선발압력은 먹이 소비보다 성장률에 대해 훨씬 클 것이다. 직접선발은 '잉여 먹이 섭취량(RFI)'의 감소에 근거한다(그림 7.6). 잉여 먹이 섭취량은 실제 먹이 섭취량과 생산이나 체중 유지에 필요한 예상 먹이 양의 차이이다(Kennedy et al., 1993). 이러한 선발은 몸의 조직 구성, 유지, 에너지를 요구하는 다른 과정들에 대한 에너지 요구량을 감소시킨다(Van Bebber and Meyer, 1994). RFI의 측정값은 성분형질이 주는 유전정보 외에 부가적 정보를 주지 않는다(Kennedy et al., 1993). 먹이 사용의 개선을 위한 선발은 적정한 상품가치의 체중을 활용한 선발지수에 성분형질을 포함해서 실행되어야 한다.

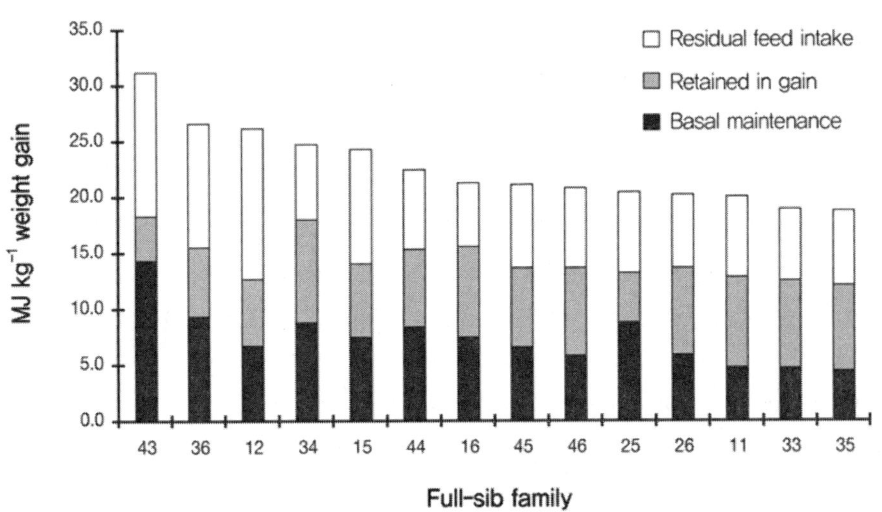

그림 7.6 대서양연어의 전형매 집단에 대해 측정한 잉여 먹이 섭취량(RFI).

7.6 간접선발

선발이 형질(P_2)과 유전적으로 상관관계가 있는 형질(P_1)에 직접적이라면, 상관된 형질도 선발에 의해 영향을 받을 것이다. P_2의 상관반응(CR)은

$$CR_{P2} = i \cdot h_{P1} \cdot r_G \cdot h_{P2} \cdot \sigma_{P2} \tag{7.6}$$

의 매개변수에 따라 달라진다. 여기서 h_{P1}와 h_{P2}는 형질 1과 형질 2의 유전율의 √값이다. σ_{P2}은 형질 2의 표준편차이다. 이 식은 P_1의 예상 선발반응($\Delta G = i \cdot h^2_{P1} \cdot r_G \cdot \sigma_{P1}$)과 비슷하고 그림 5.8의 경로 도표에서 볼 수 있다. 상관된 형질 P_2가 유전적으로 상관관계가 높게 P_1에 결합되어 있다면, 선발이 P_1에 직접적일 때 P_2가 변할 것이다. 유전적 상관관계가 긍정적이라면 긍정적 반응이 나타나고, 유전적 상관관계가 부정적이면 반응은 부정적으로 나타난다. 또한 상관반응의 크기는 P_2의 유전율과 표준편차에 따라 다르다.

간접선발은 육종 프로그램에서 사용할 수 있다. 형질을 측정하거나 기록하기가 힘들거나 곤란할 때, 상관된 형질을 대신 사용할 수 있다. 상관된 형질은 중요하거나 경제상 전혀 중요하지 않을 수 있다.

7.6.1 질병내성에 적합한 선발

Fjalestad et al.,(1993)은 어류의 질병내성에 대한 선발의 효율성을 증가시키기 위해 상관형질이나 표지형질을 사용할 가능성에 대해 논의했다. 언급된 표지형질은 라이소자임(Lund et al., 1995), haemolytic activity(RØed et al., 1990), 코티솔(Fefstie, 1982), IGM(Lund et al., 1995; StrØmsheim et al., 1994a), 항체가(Lund et al., 1995; StrØmsheim et al., 1994b), plasma α_2-antiplasmin 활성(Salte et al., 1993) 같은 면역학적 매개변수와 생리학적 매개변수들이다. Plasma α_2-antiplasmin 활성은 유전변이와 생존율과의 유전적 상관관계를 보여준다. 하지만 이런 유전적 상관관계들은 모두 ±0.37을 초과하지 않았다. 그래서 상관반응은 그다지 크지 않다.

성장도 질병내성과 상관관계가 있다. 표 5.6에서처럼 적어도 생존율과는 상관관계가 있다. 성장률이 증가되도록 선발할 때, 성장선발로 인해 생존의 경우 긍정적 상관반응이 생긴다.

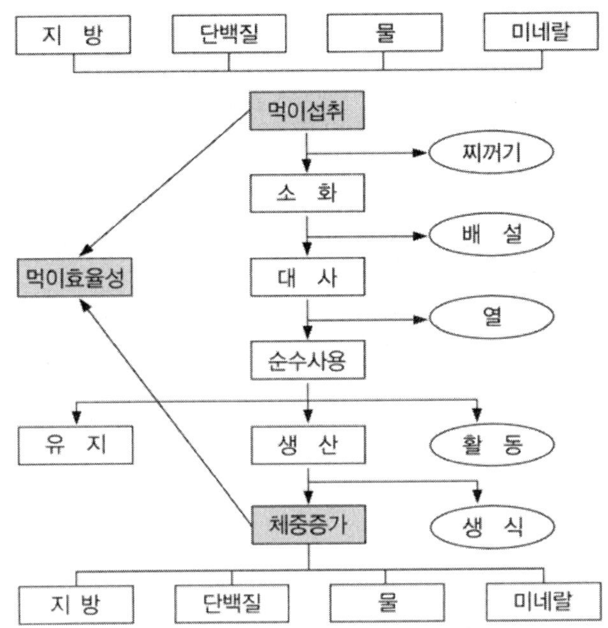

그림 7.7 먹이효율성은 먹이 섭취량과 체중의 증가 사이의 관계에 영향을 주는 모든 형질에 의해 결정되는 복합 형질이다. 더 효율적인 어류의 선발은 섭취한 에너지와 영양분의 소비를 줄이는 것에 중점을 둔다.

7.6.2 사료효율에 적합한 선발

어류의 먹이효율성은 생산체계를 집약할 때 더 중요해진다. 집약적 대서양연어 양식에서 나타난 것처럼 먹이 비용은 생산비용의 60% 이상을 구성한다. 먹이의 구성을 최적화하고 먹이관리를 개선해서 어류양식의 먹이효율성을 개선하였다. 먹이효율성을 더 개선하는 것은 선발육종을 통해 먹이효율 형질을 개선시킬 수 있는지에 달려있다.

먹이효율은 복합형질이다(그림 7.7). 먹이소비, 찌꺼기와 배설물에 있는 영양분 손실, 유지와 활동을 위한 에너지 소비, 체중 증가의 화학적 구성, 번식 생산에 영향을 주는 모든 형질에 의해 결정되기 때문이다. 어류의 먹이효율성은 "사료계수"(FCR, 체중 증가 kg당 소비된 먹이 kg)나 "사료효율비"(FER, 소비된 사료 kg당 체중 증가 kg)로 나타낸다. 하지만 이런 측정들은 어류의 먹이효율 치수는 매우 대략적이다. 그것은 먹이와 체중 증가의 화학적 구성에서의 변화를 허용하지 않기 때문이다. 먹이효율성은 단백질 보유(소비된 단백질 g당 체중 증가의 단백질 g)나 에너지(소비된 에너지 KJ당 체중 증가의 에너지 KJ)로 나타낼 수 있으며, 먹이의 성분(단백질원, 지방원, 탄수화물원)이 미래의 어류양식에서 제한되는 것에 따라 먹이효율성은 달라진다.

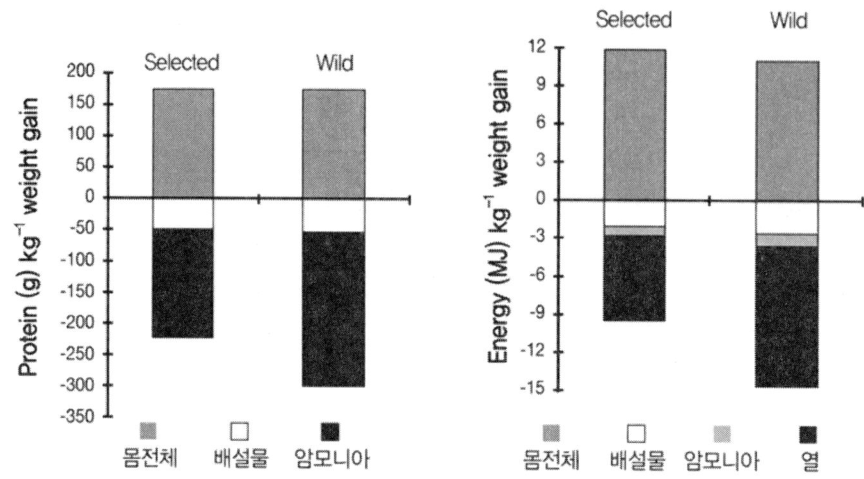

그림 7.8 선발된 대서양연어와 선발되지 않은 야생 대서양연어 자어의 단백질과 에너지 구성.

성장을 증가시킨 선발은 어류의 먹이효율성을 간접적으로 향상시키기 위해 사용되었다. Thodesen et al.(1999)이 제시한 결과는 선발되지 않은 야생 연어 자어(야생계통)보다 5세대 동안 성장이 증가되도록 선발한 대서양연어 자어(선발된 계통)의 상대적 먹이 섭취량, 성장, 먹이효율성이 더 높다는 사실을 보여주었다. 측정된 단백질과 에너지 구성은 선발된 계통의 어류가 증가한 kg당 단백질과 에너지의 소비가 17% 낮더라도 선발된 계통의 어류가 에너지를 8% 더 저장하고, 야생계통의 어류가 저장하는 단백질만큼 저장한다는 것을 나타낸다. 더군다나 선발된 계통의 어류는 야생계통 어류와 비교하여 단백질량과 에너지가 30% 더 낮게 소실된다. 선발된 계통에서 더 높은 번식 능력과 관련된 높은 상대적 먹이 소비량은 유지와 활동의 에너지 비용에 대한 체중 증가에 사용할 수 있는 대사 에너지량 증가시켜 먹이효율을 향상시킨다(McCarthy and Siegel, 1983). 이것으로 야생계통과 비교하여 선발된 계통에 의한 암모니아나 열 같은 에너지 손실(30%와 39%)이 더 낮아지게 된다.

Thdesen et al.(2001)이 제시한 결과는 대서양연어의 성장과 먹이효율 간의 유전적 관계가 비선형이라는 것을 보여준다(그림 7.9). 이것은 성장능력이 증가하면 먹이효율의 반응이 감소한다는 것을 나타낸다. 더군다나 Kinghorn(1983b)은 먹이를 더 많이 소비하는 어린 무지개송어가 더 빨리 성장하지만, 먹이의 순수 변환이 더 나은 것은 아니라고 결론 내렸다. 이것은 가금류에 대해 내린 결론처럼(SØrensen, 1986) 어떤 단계에서 먹이효율성을 증가시키기 위해 직접적으로 선발하거나, 지방 저장의 감소나 영양 흡수의 획득을 위한 선발에 의해 간접적으로 선발하는 것이 더 유리하다는 사실을 의미한다.

Silverstein(2003)은 무지개송어의 잉여 먹이 섭취(RFI)에서 중요한 유전변이를 발견했다. RFI와 먹이 소비 간의 상관관계나 성장과의 상관관계가 없었지만 질소와 먹이효율과의 상관관계를 발견했다.

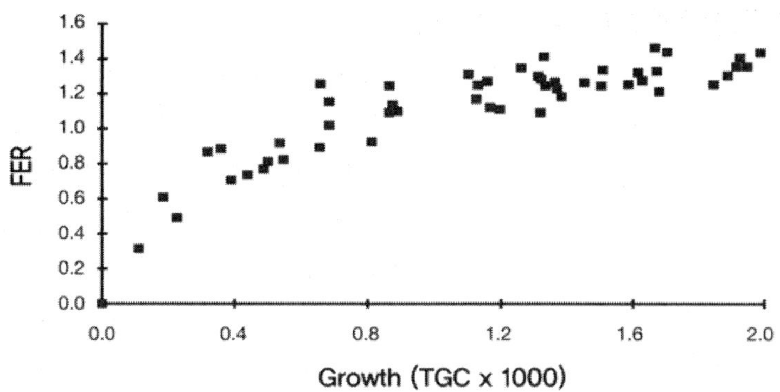

그림 7.9 성장능력이 다른 대서양연어의 전형매 집단에서의 먹이효율 비 (FER, 소비된 먹이 kg당 체중 증가 kg).

무지개송어에서 높은 상관관계 r_G = 0.78은 소비와 성장률 사이에서 측정되었다(Gj∅en et al., 1993). 이 측정값은 농장용 가축의 성장률과 사료효율 사이에서 측정된 유전적 상관관계와 유사하다. 이 값은 0.6부터 0.9사이에서 바뀐다(16장 참조). 높은 성장률을 선발하면 먹이효율성은 상관반응을 통해 향상될 것이다.

먹이효율성의 향상을 위한 선발은 영양분의 요구량을 바꾼다. 섭취되는 단백질과 에너지의 최적 비율은 지방이 많은 어류와 비교하여 지방이 적은 어류의 경우에 증가할 것이다(Åsg rd and Hillestad, 1998). 그래서 먹이효율은 지방이 적은 어류를 위해 만든 음식을 이용해 실험하게 된다.

7.6.3 증가된 영양분 흡수에 적합한 선발

같은 환경에서 사육한 개체들이나 전형매 어류집단에서 음식에 불활성 표지를 넣어 영양분 흡수를 기록할 수 있다(Maynard and Loosli, 1969). 어류의 증가된 영양분 흡수에 적합한 선발은 먹이의 영양 밀도를 증가시키는 것과 비슷한 방식으로 먹이효율을 향상시킬 수 있다. 충분한 양의 영양분과 성장, 유지, 활동에 대한 에너지를 공급하기 위해서 적은 먹이가 필요하기 때문이다. 흡수가 높으면 먹이의 필수 영양분(필수 아미노산, 필수 지방산, 미네랄, 비타민)의 요구량이 감소된다.

Thodesen(1996b)이 재검토한 결과는 연어과 어류의 에너지, 단백질과 아미노산, 미네랄 흡수에서의 유전변이를 나타낸다. 영양분의 흡수는 유전적으로 어류의 크기와 상관관계가 있을 것이라 한다. 이것은 영양분의 흡수가 증가된 성장에 적합한 선발을 적용했을 때 바람직하거나 바람직하지 않은 방향으로 변할 수 있다는 것을 의미한다. 성장, 몸의 구성 변화, 먹이효율성이 형질간 유전적 상관관계를 측정하기 위해 기록되어야 하는 연구와 함께 증가된 영양분 흡수에 적합한 선발을 통해 먹이효율성을 간접적으로 향상시킬 수 있는 가능성이 수반되어야 한다.

7.6.4 감소된 지방축적물에 적합한 선발

감소된 지방축적물에 적합한 선발반응의 크기는 지방축적 형질의 유전 변화량에 따라 다르다. Rye and Gjerde(1996)가 제시한 결과는 대서양연어의 지방축적물에서의 유전변이를 보여준다. 그들의 연구에서 지방축적물의 유전변이는 크기나 성장률에 의한 것이었다(Rye and Gjerde, 1996 ; Thodesen et al., 1999a). Kause et al.(2002)는 무지개송어의 체중과 지방 비율 간의 유전적 상관관계를 발견하지 못했다. 돼지를 사용한 연구(Vangen and Kolstad, 1986)는 지방이 적은 개체가 지방이 많은 개체보다 매일 유지 요구량이 더 높다는 사실을 보여준다. 이것은 상대적 유지 에너지 비용이 더 높기 때문에 먹이효율이 감소되는 것을 막기 위해 감소된 지방축적물에 적합한 선발이 성장에 적합한 선발과 결합되어져야 한다는 것을 주장한다. 이런 선발은 성장률과 지방축적물 간의 적당한 유전적 상관관계에 따라 달라진다. 대서양연어와 다른 어류의 경우, 이런 상관관계의 크기는 알려져 있지 않다.

7.7 유전분산과 공분산에 대한 선발의 효과

선발의 효과는 유전자 빈도를 바꾸는 것이다. 유전분산은 유전자 빈도에 달려 있으므로 선발이 유전분산에 영향을 줄 수 있다. 양적형질, 유전효과의 크기, 대립유전자의 빈도에 영향을 주는 각 유전자에 대한 지식이 부재한 경우, 유전분산에 대한 선발의 효과는 예측하기 힘들다. 양적형질은 형질에 작은 효과를 지닌 매우 많은 유전자의 영향을 받는다는 가정이 가능하다. 이런 모형을 무한소모형 모델이라 한다. 이 모형에 의한 예측에 Bulmer효과가 있다(Bulmer, 1971). Bulmer효과는 선발의 최초 세대에서 자어의 유전분산이 감소하지만, 그 다음 세대로 가면서 감소가 더 축소된다고 예측한다(Fimland, 1979). 최초 세대에서 다소 가벼운 선발을 하도록 조언한다.

Falconer and Mackay(1996)에 따르면, 선발로 인한 표현형분산(σ^2_{P})의 감소는

$$\sigma^2_{\mathrm{P0}}\ {}^2{}_{\mathrm{P}} = (1-\mathrm{k})\,\sigma \tag{7.7}$$

이다. 여기서 σ^2_{P0}는 선발전의 표현형분산이고, k는 선발강도에 따라 달라진다.

$$\mathrm{k} = \mathrm{i}(\mathrm{i}-\mathrm{x})$$

여기서 i는 선발강도이고 x는 집단평균과 절단점 간의 거리이다. 선발된 생물 비율을 알면 i값과 x값은 부록 A에서 찾을 수 있다.

유전분산에 대한 선발효과를 예측하기 위해 이 식을 재배치해본다.

$$\sigma_A^2 = (1 - h^2 k)\sigma_{A0}^2 \tag{7.9}$$

여기서 σ_{A0}^2는 선발 전 집단의 상가분산이다.

표 7.2 기초집단의 유전율(h^2)의 대표값과 선발된 비율(p%)의 대표값의 경우, 첫 번째 세대의 선발반응에 비례한 두 번째 세대의 선발반응

Heritability, h^2					
p%	0.9	0.7	0.5	0.3	0.1
5	0.79	0.79	0.83	0.89	0.96
20	0.78	0.81	0.85	0.90	0.96
50	0.83	0.85	0.85	0.92	0.97

선발에 따른 유전분산 감소는 선발의 첫 번째 세대와 유전율이 높은 형질에서 나타난다. 이것은 표 7.2에서 볼 수 있다. 두 번째 세대의 유전적 획득과 감소는 유전분산이 감소되기 때문이다. 유전율은 상가유전분산이 감소되고 환경분산이 변하지 않을 때 감소될 것이다.

선발이 동시에 두 형질에 대해 직접적일 때, 선발은 형질간 유전상관관계에 영향을 줄 수 있다. Falconer and Mackay(1996)는 변화의 이유를 다음과 같이 설명한다. "원하는 방향으로 양쪽 형질에 영향을 주는 다면발현성 유전자는 선발이 강력하게 작용하여 빠르게 고정화될 것이다. 다면발현성 유전자는 2개의 형질의 분산이나 공분산에 거의 기여하지 않는다. 하나의 형질에 우호적인 영향을 미치고 다른 형질에 비우호적인 영향을 미치는 다면발현성 유전자는 선발에 의해 그다지 강하지 않은 영향을 받고 중간 빈도에서 더 오랜 기간 남아 있을 것이다. 2개의 형질의 남아 있는 공분산의 대부분은 다면발현성 유전자에 의한 것이고 유전상관관계는 부정적으로 일어날 것이다."

유전적 매개변수의 차이를 적절히 설명하기 위해 선발 프로그램의 유전적 매개변수를 정기적으로 재평가해야 한다. 이 점은 선발이 동시에 여러 형질에 근거를 둘 때 특히 중요하다.

7.8 획득 선발반응

7.8.1 질병내성

어류선발에 대한 가장 초기의 실험 중 하나가 Embody and Hyford(1925)의 실험이라 할 수 있다. 두 사람은 풍토성 절창병이 있는 집단에서 살아남은 담수송어를 선발했고, 최초 집단의 2%에서 선발된지 3세대 후 69%로 생존율을 증가시켰다. Ehlinger(1977)는 선발 후 Brown trout와 담수송어의 절창병 때문에 감소된 사망률을 얻었다. Kirpichnikov et al.(1993)은 1965년에 시작된 잉어의 수종 질병에 대한 선발 프로그램을 보였다. 3집단이 포함되었고 대량 선발반응은 중간이었다. 잉어 선발실험에 대한 Schaperclause(1962) 보고서는 선발되지 않은 어류의 자어가 있는 76개의 연못에서 평균 사망률 57%와 대비해서 선발된 어류의 자어가 있는 65개의 연못에서 평균 사망률이 11.5%라는 것을 보여주었다. Okamoto et al.(1993)은 매우 민감한 계통의 평균 사망률 96.1%와 비교하여 평균 사망률 4.3%인 IPN 내성 무지개송어에 대해 보고했다.

Fjalestad et al. (1997)은 비록 성장률에 대한 자발적 선발이었지만 흰다리새우의 Taura 증후군에 대한 예비실험 이후 생존율로서 12.4%의 높은 선발반응을 얻었다. 시드니바윗굴에서 Nell and Hand(2003)는 QX 질병에 대비한 선발의 2세대 후 사망률에서 22%가 감소하였다는 것을 발견했다. 비슷한 반응이 다른 굴에 있는 질병내성의 선발에 대해 보고되었다(Haskin and Ford, 1979; Allen, 1998; Naciri-Graven et al., 1998).

7.8.2 성장률

성장률이 빠른 어류를 선발하는 실험은 많았다. Kincaid et al.(1977)은 수정 후 147일에 증가된 체중을 선발하였다. 선발 후 3세대 동안 유전적 증가는 매년 0.98kg으로 5% 획득이었다. Moav and Wohlfarth(1973, 1976)는 다음과 같이 잉어의 성장률에 대한 여러 집단선발법 실험에서 얻은 결과를 요약했다.

느린 성장률에 대한 선발은 반응을 가져오지만 빠른 성장률에 대한 선발은 긍정적 반응을 가져오지 않았다. Kinghorn(1983a)은 이스라엘의 선발실험의 결과를 재검토하고, 빠른 성장률에 대한 선발반응이 없다는 결과는 이 경우 확정적이지 않다고 결론을 내렸다. 인도 CIFA에 있는 rohu 잉어의 성장률을 증대시키기 위한 선발실험에서, 반응은 선발에서 6세대 선발한 경우 30%였다(Mahapatra et al., 2004).

은연어의 경우 Hershberger et al.(1990)은 4세대에서 높은 성장률을 선발해 세대당 10.1%의 선발반응을 보고하였다. Gjerde and Korsvoll(1999)은 6세대 동안 대서양연어에서 83.9%의 실현된 선발

차이, 즉 세대당 성장률을 14%라고 보고했다. 그리고 성성숙도에서 12.5% 감소, 즉 세대당 8% 감소하였다고 보고했다. Gjerde(1986)은 무지개송어와 대서양연어에서 세대당 13~14.4% 선발반응을 추정했다. Bondri(1983)와 Dunham(1987)은 찬넬메기의 성장률에서 20%와 12~18%의 선발반응을 발견했다.

틸라피아를 이용한 3가지 실험에서는 성장률에서 집단선발법에 대한 반응이 보고되지 않았다(Teichert-Coddington, 1983; Hulata et al., 1986; Huang and Liao, 1990). 필리핀에서 성장률을 향상시키기 위해 양식된 틸라피아의 유전적 향상(GIFT)의 대규모 선발 프로젝트에서는 결과가 달랐다. 매년 12~17% 사이에서 변화하여 최초 5세대에 축적된 반응은 85%였다(Rye and Eknath, 1999).

많은 생물이 포함된 선발실험과 육종 프로그램에서 성장률 향상의 결과는 표 7.3에 주어져 있다.

선발실험은 다른 수산생물에서도 수행되었다. Haley et al.(1975)은 성장한 굴의 집단선발법은 확실히 강한 성장률 선발반응을 나타냈다고 보고했다. 그들은 환경적 변이성이 크기 때문에, 최대의 반응을 얻기 위해서 집단과 집단선발법의 조합이 필요하다고 결론 내렸다. Newkirk(1980)는 선발한 1세대 후 굴의 성장률에서 상당한 선발반응을 얻었다. 그는 성장률에서 세대 당 10~20% 획득은 합리적인 기대치라고 결론 내렸다. Nell et al.(1999)과 Toro et al.(1996)은 굴의 증가된 성장률에서 9%와 9~12%의 유전적 획득을 보고했다.

Hadley et al.(1991)은 선발된 제 1세대 대합의 성장률에서 9%의 유전적 획득을 보고했다. 가리비를 사용한 2가지 선발실험에서 Ibarra et al.(1999)은 전체 체중에서 16%와 18% 유전적 획득을 추정했다.

흰다리새우에서 Fjalestad et al.(1997)은 선발된 1세대에서 성장률 4.4%의 반응을 추정했다. Taura 증후군의 내성에 대한 자발적 선발이 획득이 적은 이유를 부분적으로 설명할 수 있다. Hetzel et al.(2000)은 보리새우에서 선발된 1세대의 직접적 반응은 성장률이 평균 10.7%라는 사실을 알았다.

일반적으로 성장률에 대한 선발반응이 더 좋고 농장용 가축에서 얻은 성장률보다 더 높다. 이런 차이점의 주요 원인은

- Gjedrem(1998)에 따르면 성장률의 분산상관 계수는 농장용 가축에서 7~10%인 반면, 어류와 패류에서는 20~35%로 농장용 가축과 비교하여 훨씬 높다.
- 수산생물은 번식력이 매우 높아서 농장용 가축보다 수산생물의 선발강도를 훨씬 높게 해준다.

표 7.3 성장률에서 선발반응

종	x	세대 당 증가비율	세대 수	저 자
은연어	250g	10.1	4	Hershberger et. al.(1990)
무지개송어	3.3g	10.0	3	Kincaid et al.(1977)
무지개송어	4.0kg	13.0	2	Gjerde(1986)
대서양연어	4.5kg	14.4	1	Gjerde(1986)
대서양연어	6.3kg	14	6	Gjerdeankd Korsvoll(1999)
대서양연어	3.5kg	12.5	1	Flynn et al.(1999)
찬넬메기	-	12.0-18.0	1	Dunham(1987)
찬넬메기	67g	20	1	Rezk et al.(2003)
찬넬메기	491g	17	3	Bondary(1983)
틸라피아	ca. 100g	15	5	Rye and Eknath(1999)
틸라피아		12	12	Bolivar(1999)
Rohu 잉어	440g	30	6	Matnwhtra et al.(2004)
흰다리새우	20g	4.4	1	Fjalestad et al.(1997)
흰다리새우	15g	10.7	1	Hetzel et al.(2000)
굴	42g	9-12	1	Toro et al.(1996)
굴	36g	9	2	Nell et al.(1999)
굴		17	1	Newkirk and Haley(1983)
굴		20	4	Barber et al.(1998)
대합	33g	9	1	Hadley et al.(1991)
가리비	47g	16	1	Ibarra et al.(1999)
가리비		18	1	Ibarra et al.(1999)

7.8.3 먹이 변환 효율성

기본적 형질로서 먹이 변환 효율성을 선발한 선발실험은 없었다. 하지만 다른 형질에 대한 선발에 이어 FCR에서 상관관계가 있는 반응이 관찰되었다. Thodesen(1999a)은 대서양연어에서 성장률에 대한 선발을 할 때 먹이 변환에서 상관관계가 있다는 반응을 보고하였다. 성장률에 대해 제 5세대에서 선발된 어류와 비교하여 야생 연어는 성장시 1kg당 에너지와 단백질의 흡수가 17% 더 높고, 동시에 에너지와 단백질의 보유가 8% 더 낮았다. 이 연구는 성장률에 대해 선발된 어류가 선발되지 않은 어류와 비교하여 먹이 자원의 이용이 더 높다는 사실을 보여준다.

7.8.4 산란일

Lewis(1944)는 초기 산란, 난의 수, 연간 체중의 선발반응을 조사하였다. 무지개송어에서 23년(6~7세대)에 걸친 선발은 성장률, 난 생산, 초기 산란에 큰 영향을 준다고 조사되었다(Donaldsen and Olson, 1955). 이 경우에 조사된 선발반응은 관리가 유지되지 않았기 때문에 환경변화와 혼동되었다.

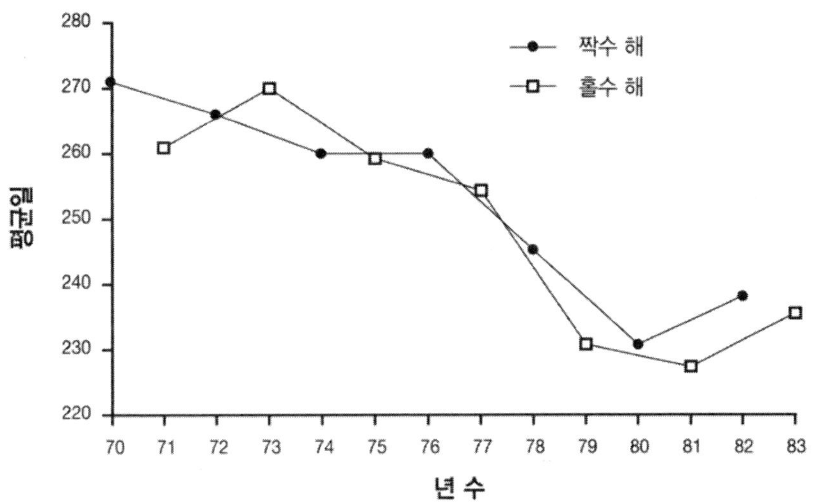

그림 7.10 2세 산란 무지개송어의 2년간 실험에서 초기 산란일의 선발 후 6세대에 걸친 평균 산란일.

Siitonen and Gall(1989)은 무지개송어의 초기 산란일에서 유전변이를 발견하였다. 그들은 2개의 연도 부문에서 초기 산란의 유전율을 0.55와 0.53으로 추정했다. 같은 집단에서 선발한 후 선발된 어류의 평균 반응은 6세대를 통하여 세대 당 거의 7일 이었으며 그 결과는 그림 7.10에 나타냈다.

7.8.5 성성숙

나일틸라피아에서 Longalong et al.(1999)은 일찍 성숙한 암컷 어류에 대해 양방향성 선발실험을 하였다. 일찍 성숙한 암컷 어류의 평균 빈도가 83%인 집단에서 친어 16쌍(초기 성숙이라 정의한다)과 일찍 성숙한 암컷 어류가 0%인 집단에서 친어 9쌍이 친어로 선발되었다. 25개의 집단에서 3,000마리 이상의 어류 자어에 표지가 부착되었고 3개의 실험용 연못에 공동으로 방류되었다. 성적으로 성숙된 암컷의 빈도를 구하기 위해 선발 그룹내에서 연못과 교차된 집단에서 최소 제곱 평균으로 수정한 세대는 일찍 성숙한 암컷의 높고 낮은 빈도를 가진 전형매 집단의 친어의 자손들이 각각 57%와 34%였다. 지연된 성성숙 선발은 나일틸라피아 육종 프로그램에 포함되어야 한다는 사실을 제안한다.

7.9 선발한계

실험실과 가축의 장기간 선발실험이 한계에 접근하는 신호도 없이 많은 세대에 걸쳐 연속적인 반응을 보여주었지만, 어떤 조건에서는 선발반응에 대한 실험적 한계가 나타났다. Falconer and Mackay(1996)는 실험집단의 선발한계가 선발에서 20~30세대 후에 빈번하게 도달하고 선발계통에서 번식이 감소한다고 주장한다. 선발한계의 두 가지 상황을 구별해야 한다.

1. 유전분산이 남아 있지 않다.
2. 유전분산은 존재하나 집단이 반응하지 못한다.

다음은 유전분산이 존재할 때 반응하지 못하는 몇 가지 이유들이다.

- 생물학적 또는 신체적 한계 – 알을 낳는 암탉의 하루의 난수는 오랫동안 지속되는 달걀 껍질 합성의 생물학적 한계를 가지고 있는 것으로 간주된다.
- 적응성 손실 또는 선발된 형질 간 대립적 유전상관관계 – 농장용 가축의 생산과 번식형질 간 바람직하지 않은 관계 또는 생산과 행동형질 간 대립적 관계. 후자의 사례로, broiler 품종에서 성장률을 위한 선발의 결과로 수탉의 번식활동 감소가 있다.
- 인위선발은 자연선택에 의해 중지된다.

몇 가지 장기간 선발실험에서 선발반응은 세대를 거듭할수록 감소하다가 마지막에 멈추었다. Eisen(1980)은 쥐의 선발한계가 약 30세대 후 도달하고, 반응이 성장률의 경우 표준편차가 약 2.4이고 같은 모친의 자어 수의 경우 표준편차가 1.9라는 사실을 나타냈다. 대부분의 선발실험에서, 반응은 번식형질보다 재생산형질이 더 높았던 것으로 보인다. 그리고 번식은 재생산형질을 위해 선발된 계통에서 감소된 것으로 보인다(Bakken et al., 1998).

Falconer(1960)는 초파리를 사용한 2개의 실험(Clayton and Roertsson, 1957; Robertson, 1955)과 쥐를 사용한 2개의 실험(Falconer, 1955; MacArthur, 1949)에서의 결과를 요약했다. 이들 실험에서 선발반응은 30세대 후에 멈추었다. 측정된 반응을 설명할 수 있는 유전자 수는 35와 99 사이에서 변하였다.

세대를 거듭하면서 선발반응이 감소하는 데에는 여러 가지 원인이 있다. 선발한계는 문제가 되는 형질에 영향을 주는 유전자 수에 따라 많이 달라진다. 몇 개의 유전자좌를 가진 형질은 몇 세대 후에 고정되어 유전변이와 선발반응이 없어질 것이다. 유전자좌의 수가 증가하면, 유전분산이 영향을 받고 한계에 도달하기 전에 더 많은 세대가 필요할 것이다.

폐쇄된 집단에서는 근친교배의 획득이 항상 존재한다. 근친교배는 유전자의 고정화와 선발된 형질의 유전분산의 감소를 일으킨다. 더욱이 근친교배가 증가하면 집단의 적응성은 일반적으로 감소된다.

자연선택은 인위선발에 역행하여 세대 당 얻은 유전자 획득을 감소시킨다.

하지만 선발 상태에 있는 집단이 크고 세대당 최소한 50쌍의 많은 친어를 이용해서 근친교배가 늘어나는 것을 낮게 유지한다면(Bentsen and Olesen, 2002), 선발은 유전자의 증가나 감소없이 많은 세대 동안 계속될 수 있다. 이것은 특히 선발된 형질 안에 유전분산에 기여하는 유전자 수가 많을 때 좋은 결과가 일어난다. 농장용 가축은 많은 세대 동안 생산 증가를 위해 선발되었고, 실제로 유전자 획득이 감소되는 경향은 없다.

Enfield(1979)는 양적형질에 대한 장기간 선발반응의 사례를 제시했다. 그는 세대당 유전자 증가에서 현저한 감소 없이 120세대 동안 붉은밀가루갑충의 번데기 체중에 대해 선발했다. 부가 유전분산과 표현형분산은 실험과정 동안 증가했고 유전율은 약간의 감소를 보였다. 총 선발반응은 이들 매개변수의 최초 추정치에 근거한 유전 표준편차 28과 표현형 표준편차 17의 변화를 나타낸다. 그림 7.11a는 120선발 세대 동안 통제가계의 발달과 2개의 선발계통에 있는 애벌레 체중의 증가를 보여준다. 다른 방식으로 선발반응을 나타내기 위해 분포선으로 된 창시자 집단의 평균과 120번째 세대의 평균을 그림 7.11b에 나타냈다. 표현형 평균간의 거리는 표준편차 17이고, 이 집단 사이에 중복되는 부분은 없다. 붉은밀가루갑충으로 한 실험에서, 양식집단이 크고 근친교배의 획득이 낮게 유지되면 상당한 수의 유전자들이 선발 상태에서 형질을 조절할 때, 집단이 선발에 의해 극적으로 변하는 것이 가능하다는 사실을 Enfield(1979)가 보여주었다. 곱셈효과를 가정하면 애벌레 체중에 대한 유전자 수의 추정값은 저자가 최소 수라고 언급한 것처럼 최소한 170이라는 사실을 알 수 있다.

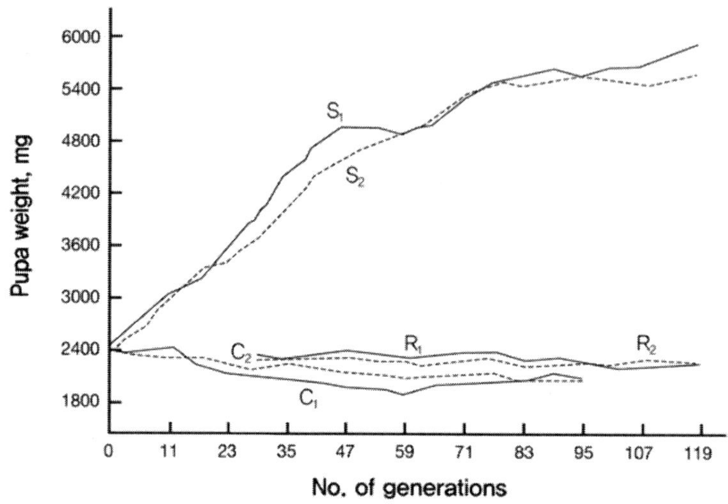

그림 7.11a 붉은밀가루갑충에서 애벌레 체중의 장기간 선발반응.

S_1과 S_2는 애벌레의 체중에 대해 선발된 계통이다. C_1, C_2, R_1, R_2는 통제집단이다.

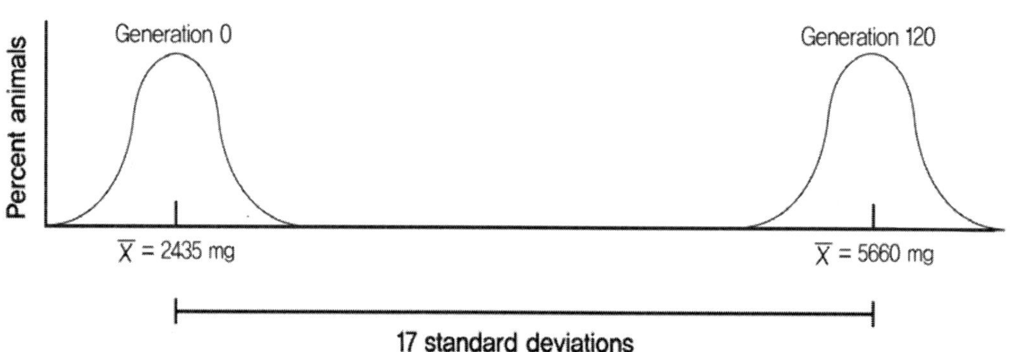

그림 7.11b 0번째 세대와 120번째 세대의 번데기에 대한 평균과 분포선.
분포선은 그림 7.11a의 자료에 근거해서 그렸다.

7.10 순치에 대한 선발 효과

순치는 인간이 만들어낸 환경에 생물이 적응하는 과정이다. 표현형 중에서 생태적, 생리적, 형태적 성분은 선발을 통해 바뀔 수 있다. 어류와 패류의 경우 성장률, 질병내성, 성숙기에 있는 연령, 육질

같은 경제적으로 중요한 형질을 개선하기 위해서는 보통 방향성 선발이 적용된다. 선발반응은 생산형질과 유전적으로 상관관계가 있는 형질에서 나타날 수 있다. 또한 자연선택은 주어진 환경에 동물을 적응시킬 것이다. Ruzzante(1994)에 따르면, 생태적 형질은 순치과정에 의해 영향을 받는 여러 형질 중의 하나이다.

순치의 초기 단계 동안에 생물체의 일반적 적응에 영향을 주는 형질의 유전적 차이로 인한 번식력과 변이성의 변화는 상당할 것이다. Doyle(1983)에 따르면, 이런 형질에는 질병내성, 저산소와 고온에 대한 내성, 새로운 형태의 먹이를 효율적으로 이용하는 능력 등이 있다. Doyle는 생존과 번식력의 변화가 수산생물 순치의 현재 상태에서 불가피하며 상업적으로 중요한 형질의 변이가 적응성과 긍정적 상관관계에 있는지를 이해하는 것이 중요하다고 한다. 상관관계가 긍정적이면 생산량은 시간이 경과하면서 향상하고 생물들은 인간의 사육에 유전적으로 적응하게 된다. 생산형질이 적응성과 긍정적 상관관계에 있지 않다면 변화가 없거나 해로운 변화가 일어나기 쉽다.

빠른 성장률에 적합한 선발이 어류의 경쟁을 증가시킨다고 주장했는데(Purdom, 1974), 이것은 먹이 사용량이 한정되었을 때 나타났다(Swain and Riddle, 1991; Moyle, 1969). 하지만 송사리에 대하여 빠른 성장률에 적합한 선발은 먹이가 초과 상태에 있을 때 대립적 행동이 줄어든다는 사실을 보여주었다. 그런 조건에서 우세하고 더 공격적인 어류는 경쟁자를 몰아내어 먹이 공급을 독점하기 위한 불필요한 시도에 자신의 에너지를 낭비하므로 공격성이 약한 어류가 자라도록 방치하는 경향이 있었다(Ruzzante and Doyle, 1991). 이 결과는 빠른 성장에 적합한 인위적 선발이 공격성이 아니라 길들이기 적합하도록 간접적 선발을 할 것이라는 Doyle and Talbot(1986a)의 결론과 일치한다. 순치되어 공격성이 감소되는 형태는 농장용 동물의 경우도 마찬가지다.

Purdom(1974)은 성장률의 편차계수가 개별적으로 성장한 어류보다 집단 내에서 성장한 어류가 훨씬 높았다는 사실을 보여주었다. 이것은 어류간의 상호작용이 편차를 증가시켰다는 사실을 나타낸다. Mesa(1991)가 야생집단의 체중에 대한 편차계수가 같은 종의 종묘배양장의 체중에 대한 편차계수보다 약 4배 크다는 사실을 발견한 것은 흥미로운 일이다. 이것은 선발된 후 제 4세대의 자손의 자어들에 대한 체중의 변이계수 CV가 44인 점과 비교하여, 야생 대서양연어 자손의 자어들의 체중에 대한 변이계수 CV가 78로 더 높다는 사실을 발견한 Gjedrem and Fjahestad(1997)와 일치하며, 표 7.4에 나타냈다. 이 선발은 주로 해상 양식장에서 2년 후의 체중에 근거를 두었다. 선발된 후 4세대 중에 어류의 눈에 띄는 다른 변화는 Gjedrem and Fjahestad(1997)에 따르면

- 어류 자어의 체중 분포도는 매우 비대칭한 상태에서 더 정규분포화 상태로 바뀌었다.
- 어류는 야생성과 공격성이 감소했으며 스트레스 수준이 낮아졌다.

표 7.4 해상 양식장에서 2년 후 체중에 대하여 선발한 후 4세대의 대서양연어 자어집단 4개에서의 평균 체중(x)과 육종 변이계수(CV)

Generation of selection	Year-class	Populations							
		1		2		3		4	
		X	CV	X	CV	X	CV	X	CV
0	72-75	6.1	78	17.7	75	5.5	84	7.8	75
1	76-79	8.8	67	3.7	55	4.3	74	5.5	59
2	80-83	4.8	59	6.8	48	6.4	58	6.3	64
3	84-87	6.4	50	5.2	40	5.7	51	8.2	56
4	88-91	5.6	43	5.8	43	8.3	43	12.5	42

순치는 유전적 과정이며, 이 과정들은 동물이 새로운 환경에 적응하게 한다. 효율적인 수산생물 생산에서 환경조건은 끊임없이 변할 것이다. 이것은 동물의 순치가 계속되어야 한다는 것을 의미한다. 가장 잘 적응한 동물이 다른 동물보다 우수하고 결국 다음 세대의 동복의 자어군으로 선발되기 때문에 효율적 육종 프로그램은 순치율을 증가시킬 것이다.

7.11 개량된 생물의 사회경제적 효과

투자에 대한 영향, 환경, 생물학적 다양성과 관련하여 향상된 나일틸라피아 친어의 채색은 아시아에서 유전적으로 향상된 틸라피아의 평가(DEGITA)프로젝트에서 조사되었다(Dey and Eknath, 1996). GIFT의 어류와 나일틸라피아 계통의 생산은 방글라데시, 중국, 필리핀, 태국, 베트남에 있는 수산시스템 범위 안에서 양어장 실험을 통해 평가되었다. GIFT 어류는 선발 후 2세대 이후에 분포되었다.

결과는 어류가 생산한 단위당 생산비가 비-GIFT 계통보다 GIFT 계통이 더 감소했다는 것을 나타낸다. 즉, 방글라데시 외 필리핀에서 30% 이상 낮았고, 중국, 태국, 베트남에서 20% 이상 낮았다. 추정된 생산 가능량은 현존하는 가장 좋은 계통보다도 50% 이상 더 높았으며, 그 내용은 표 7.5에 나타냈다.

이들 나라에서 틸라피아 생산의 대부분은 지역적으로 판매되고, 틸라피아 수요는 가격 탄력적이므로 생산자와 소비자 모두 기술적 조정으로 이득을 볼 것이다. 가격이 낮은 틸라피아는 수요가 가격에 반비례하는 가난한 사람들에 의해 주로 소비되고 대부분의 소비자 이익은 가난한 소비자에게 돌아간다.

표 7.5 5개의 아시아 국가에서 연못(per ha.)과 양식장(100m² 당)에서 GIFT와 non-GIFT를 이용한 틸라피아 양식의 생산량(kg)과 생산비(US $)

	방글라데시	중	국	필	리 핀	태 국	베 트 남
	연 못	양 식 장	연 못	양 식 장	연 못	연 못	연 못
GIFT:							
생산량	1,593	3,893	4,645	236	1,361	2,829	743
현금비용	463	4,191	3,548	168	1,385	1,510	427
어류/kg 비용	0.29	1.08	0.76	0.71	1.02	0.53	0.58
Non-GIFT:							
생산량	896	3,111	4,275	153	912	2,044	558
현금비용	405	4,191	3,523	168	1,375	1,517	441
어류/kg 비용	0.45	1.35	0.82	1.10	1,511	0.74	0.74
%변화: (GIFT/Non-GIFT):							
생산량	+77.5	+25.1	+8.7	+54.2	+49.2	+38.4	+33.2
현금비용	14.3	0	0.7	0	-0.5	-0.5	3.9
어류/kg 비용	-35.7	-20.1	-7.3	-35.2	-28.0	-28.0	-22.0

8. 수산생물의 번식형질

TERJE REFSTIE AND TRYGVE GJEDREM

8.1 번식주기

번식주기 및 번식을 지배하는 요인에 대한 충분한 지식만 있다면, 육종을 인위적으로 제어하는 것은 가능하다. 그러나 지금까지 이런 지식이 부족해서 여러 양식종의 육종 프로그램을 만들 수 없었다. 제어된 양식, 인공수정, 종묘 배양장 사육의 요소는 육종 프로그램 시작을 가능하게 하는 요인일 것이다. 양식된 종이 달성한 인공번식은 표 8.1에 나타냈다.

번식생태는 종들 사이에서 매우 다양하다. 수산생물의 대부분은 계절 친어인데 온도, 일주기, 우기, 홍수 같은 기후적 조건과 관련이 있다. 연어과 어류 같은 생물들은 한번에 알을 모두 산란하지만, 넙치 같은 어류는 몇 회에 나누어서 산란한다. 태평양연어는 일생동안 한번 산란하고 나중에 곧 죽는 반면, 무지개송어처럼 다른 생물들은 1년에 한번이나 몇 년에 한번 산란한다. 열대 틸라피아의 경우 3~4주 간격으로 반복해서 산란한다.

8.2 성 결정

동물 세계의 기본 형태는 2가지 성, 즉 수컷과 암컷이 있다는 것이다. 이런 생물들을 양성이라 한다. 그러나 어류에서는 상당히 다양한 성 변화가 있다. 어떤 생물들은 자웅동체, 즉 자웅이 한 생물 안에 존재한다. 이 생물들은 처음에는 같은 성이었으나, 나중에 다른 성이 되거나 동시에 수컷과 암컷이 존재한다. 단성의 어류 또한 알려져 있으며, 이 경우 암컷 어류는 오직 암컷 자어만 낳는다.

8.2.1 단성 어류

단성의 어류들은 희귀하고 양식된 어류가 단성 어류 그룹에 속해 있는 경우는 없다. 단성은 자성발생이나 교잡발생에 의해 나타난다. 자성발생의 경우, 근접하게 관련된 생물의 정자가 난자의 발생을 일으키지만 결합하지는 않는다. 그 결과 2배체의 암컷 자어만 생긴다. 자연 자성발생은 *Poeciliopsis* 와 *Carassius auratus gibelio*에서 관찰되었다. Hubbs and Hubbs(1932)는 최초로 *Poecilia formosa* 의 자성발생을 설명하였다.

8.2.2 자웅동체

Purdom(1993)에 따르면, 자웅동체에는 3가지 형태가 있다.

- 자성선숙 자웅동체 : 이것은 개체가 먼저 암컷으로 발생하고 후에 수컷으로 발생하는 것이다. 가장 흔한 형태이다. 농어(*Epinepelus tauvina*)와 cockoo 놀래기(*Labrus bimaculatus*)를 예로 들 수 있다.
- 웅성선숙 자웅동체 : 이것은 수컷 상태가 먼저 분화된다. 도미(*Sparus aurata*), 굴(*Grassostrea gigas and Ostrea edulis*)을 예로 들 수 있다. 모든 수컷이 성 전환을 겪는 것은 아니다(Zohar et al., 1978).
- 동시성 자웅동체 : 수컷과 암컷 상태가 기능적으로 공존한다. 가리비가 그 예이다. 이 형태가 자웅동체에서 가장 드물게 나타난다.

가끔 자웅동체는 보통 양성인 다른 생물에서 나타나기도 한다. 순치된 계통인 *Xiphophorus helleri*(Lodi, 1979)가 그 예이다. 자발적 자웅동체는 Brown trout에서 보고되었다(O' Farrel and Peirce, 1989). 웅성선숙 자웅동체는 대합, 가리비, 전복에서 관찰되었다.

자웅동체 생물의 성 전환은 번식기 이후에 주로 나타나지만, 거의 언제라도 나타날 수 있다(Brusle, 1987). 성 전환 시작의 기초가 되는 메커니즘은 아직도 완전히 알려져 있지 않지만, 환경인자와 사회적 생태에 관계가 있는 것은 분명해 보인다. 유전인자가 제시되고 있지만 자웅동체에 관한 유전적 근거는 잘 알려져 있지 않다.

8.2.3 양성 어류

대부분의 어류는 수컷과 암컷이 있는 양성이다. 대부분 양성 어류에는 성 염색체가 수컷 이형배우자(암컷XX와 수컷 XY)나 암컷 이형배우자(암컷 WZ과 수컷 ZZ)를 통해 성을 결정한다. 성 염색체는 대부분 어류에 있는 상염색체와 형태상으로 구별할 수 없다. 어떤 생물의 경우, 성 결정은 다원 발생적이고 분포된 많은 유전자나 많은 염색체에 달려 있다고 한다. 하지만 이 궁극적인 관점은 Kallman(1965)에게 비판받았다.

8.3 성비

암컷과 수컷의 상대빈도를 성비라고 한다. 부화기나 생활사 초기에 성비는 보통 1:1이다. 생활사 후기의 비율은 여러 가지 이유로 비대칭이 될 수 있다. 두 성의 생존이 다를 수 있고, 어떤 생물들의 경우에는 성성숙 연령과 사망 연령이 수컷과 암컷이 다를 수도 있다. 성 등급간 성장차이 때문에 분명한 성비의 편차가 생기게 된다.

표 8.1 번식 형질

	세대간격, 년 수	산란호르몬	난경(mm)	알의 수	산란습성
담수					
잉어	2~3	있음	0.9~1.6	100~150,000/kg	매년
초어	4~7	있음	1.2~1.4	80~120,000/kg	매년
대두어	3~5	있음	1.1~1.4	100~180,000/kg	매년
백련어	3~4	있음		70~120,000/kg	매년
Catla	2	있음		100~200,000/kg	매년
Rohu	2	있음	0.9~1.1	100~300,000/kg	매년
Mrigal	2	있음	0.9~1.1	150~400,000/kg	매년
메기	2~3	없음	1.3~1.6	6~9,000/kg	매년
틸라피아	0.5~1	없음		300~1,500	매 3~4주
해산					
도미[1]	2~3	있음	0.9~1.1	2~3 mill./kg	다회
농어	2~3	있음	1.2~1.4	300,000/kg	매년/다발
능성어(Grouper)[2]	2~5	있음	0.7~1.0	300,000/kg	다회
방어	3~5	있음	–	–	
Milkfish	4~5	있음	0.8~1.2	25~100,000/kg	다회
가숭어	2~3	있음	0.6~1.2	1 mill./kg	매년/다발
가자미	2~3	없음	0.9~1.2	1mill./kg	매년/다발
대서양넙치	4~6	없음	3	40,000/kg	매년/다발
Wolffish	2	없음	5~6		매년
대구	2	없음	1.1~1.6	600,000/kg	매년/다발
갑각류					
새우(Penae.)	1	Eyeablat	0.2	50~300,000	다회
참새우(Macrob.)	1	없음	0.6	1 mill	3~4번/년
연체동물					
홍합	1~2	없음	0.07	Millions	
굴[1]	1~2	없음		1mill.	
대합	1	없음			
가리비[3]	2~3	없음	0.01	10^{-17} mill.	매년
전복		없음		10 mill.	
회유 어류					
대서양연어	3~4	없음	6	1,600/kg	1회/2회
무지개송어	2~3	없음	5	1,750/kg	매년
은연어	2	없음	7	1,200/kg	1회
왕연어	2~3	없음	10	800/kg	1회

[1] 웅성선숙 자웅동체 : 수컷 ⇒ 암컷

[2] 자웅선숙 자웅동체 : 암컷 ⇒ 수컷

[3] 동시성 자웅동체 : 수컷과 암컷이 공존

8.4 성징

호르몬 생산에 차이점이 있는 생식선, 난소, 정소는 어류와 패류의 주요 1차 성징이다. 어류의 경우 생식선은 보통 생식공을 통해 바깥쪽으로 열리는 난소와 정소의 도관을 지지하는 배측 장간막에 의해 매달린 체강 안에 있는 쌍으로 된 기관이다. 생식선의 발달로 생물은 그 이후의 성징과 성적 습성을 스스로 결정하는 성호르몬을 생산하기 시작한다.

생물이 성숙기에 가까워지면 생식선은 성장하여 체강의 많은 부분을 채운다. 생식선에서 만들어진 스테로이드 호르몬에 의해 지배되는 2차 성징이 어떤 생물에게 나타난다. 수컷은 흔히 형태, 색, 공격적 행동인 더 극단적 특징이 나타난다. 암컷의 2차 성징은 수컷보다는 분명하지 않다.

일반적으로 성장률은 성성숙을 향해 증가한다. 연어과 어류나 고등어 같이 집단을 이루거나 자유롭게 유영하는 생물들의 경우, 수컷들이 가장 빨리 성장한다. 향어의 경우도 마찬가지이다. 하지만 바다의 가자미류, 여러 잉어과 어류, 뱀장어, 철갑상어의 경우는 암컷이 더 크다. 새우와 담수 참새우의 경우에 성적으로 성숙된 수컷은 평균적으로 암컷보다 더 크다. 성이 성장률이나 크기에 영향을 준다면 육종가를 추정할 때 성을 기록해야 하고, 성의 효과에 대한 체중의 상관관계를 포함해야 한다.

8.5 성숙기

성 성숙기에 관하여 생물들 간에는 큰 차이가 있다. 이런 사실은 육종 프로그램이 세대간격의 길이를 정해야 하기 때문에 중요하다. 표 8.1에 있는 숫자들은 몇몇 수산생물의 평균 세대간격을 나타낸다. 다양한 생물의 세대간격은 환경조건, 특히 수온에 따라 다르다는 사실을 고려해야 한다. 성장률을 자극하는 인자는 보통 세대간격을 좁혀 주지만, 성장률을 감소시키는 인자는 세대간격을 늘린다. 어떤 생물의 경우에 성 성숙은 상품 크기 전에 나타난다. 이 경우, 후에 나타난 성 성숙은 양식 목표의 일부일 수 있다.

세대간격이나 성 성숙 연령은 생물마다 다르다. 표 8.1에 나열한 양식생물 중 틸라피아는 세대간격이 가장 짧고 3~5개월 된 연령 때 성적으로 성숙될 수 있다. 새우와 참새우도 세대간격이 짧다. 초어, milkfish, 대서양연어, 대서양넙치 같은 생물은 세대간격이 4~5년으로 길다. 대서양연어의 경우에 어떤 수컷들은 연어 자어(15~20g) 상태로 성 성숙될 수 있는 특별한 경우가 있다.

8.6 난자와 정자 생산

8.6.1 난자 생산

배아 단계에서 번식세포는 제외되어 휴지기 상태가 되고 기관형성의 발생을 늦게 시작한다. 어류가 부화되어 먹이를 섭취하기 시작할 때, 생식선은 성장하고 간세포는 성호르몬을 만들기 시작한다. 결과적으로 성징이 나타나게 된다. 1차적 난모세포는 어류 생애의 초기단계에서 형성된다.

난자의 크기는 직경이 몇 μm에서 몇 mm까지 증가한다. 크기의 증가는 주로 난황단백질이라 불리는 당지질단백질의 난모세포에 의한 섭취량으로 생긴다. 난황단백질은 간에서 합성되고 생식선 스테로이드에 의해 조절된다. 이후의 난자는 2차 난모세포라 불리고 그림 2.7처럼 어류는 성숙기에 가까워진다. 같은 방향으로 진행이 일어나는데 그 이유는 생물의 성장률의 획득을 자극하는 성장호르몬 방출이 증가되기 때문이다.

표 8.1에서 보면 만들어진 난자의 수는 틸라피아의 200개에서 가리비의 1,000만개까지 생물간 차이가 많다. 이것은 다른 육상 동물들보다 훨씬 높다.

1차 감수분열을 한 배란된 난자는 정자가 난자의 내부에 들어가고 두 번째 극체가 방출되었을 때 2차 감수분열을 할 것이다. 난자는 물이 더해진 후 빠르게 수정되어야 하는데 그것은 난자가 물속에서 빨리 팽창하여 난문(핵으로 가는 통로)이 닫히기 때문이다. 잉어의 경우 유효시간은 약 50~60초이다.

8.6.2 정자 생산

정자의 생산은 보통 산란기 전체 동안 일어난다. 대서양연어와 무지개송어의 경우에 Gjerde(1984b)는 대서양연어를 4번, 무지개송어를 3번씩 일주일 간격으로 어류를 죽여서 정액의 생산을 연구하였다. 생산된 정자량의 개별적 변동은 높았다. 정액의 평균 총 부피는 대서양연어가 137㎖(20㎖/체중 kg)였고, 무지개송어가 23㎖(5㎖/체중 kg)였다. Scott and Baynes(1980)는 연어과 어류에 있는 정자 수가 정액의 ㎖당 15×10^9개라고 추정했다. 정자의 질은 배출기마다 다르다. 난자를 수정시키는 능력은 배출기 마지막에 줄어들 수 있다. 정자가 물이나 난소액으로 방출된 후 정자의 운동성은 짧은 시간 동안 증가하고 몇 분 후에 움직일 수 없게 되어 죽는다.

8.7 수정

수정은 정자가 물속으로 들어간 후에 빠르게 일어난다. 난자핵에 도달하기 위해 정자는 난문, 즉 외부 난자막으로 통하는 통로를 통과한다. 상대적으로 많은 수의 정자가 난자를 수정시키기 위해 필요하다. Fredrich and Reuter(1982)는 70만 개에서 710만 개로 정자의 수가 증가하면 무지개송어의 수정란의 비율이 증가한다고 보고했다. 잉어 난자의 경우 13,000~30,000개의 정자가 필요하다(Pillay, 1990). 수정이 성공하면 난문은 닫힌다. 대서양연어같이 소하성 어류의 경우, 염분이 있는 물이나 완전 해수에서 수정이 일어나면 난문이 닫히지 않아 난자가 죽는다는 사실을 보여주었다(Billard, 1978).

8.8 성의 유전적 결정

틸라피아의 잡종교배는 다양한 성비를 만든다. Chen(1969)은 *O. mosambicus*에 동형배우자성 암컷(XX)과 이형배우자성 수컷(XY)이 있다고 말했다. *O. hornorum*의 경우에는 이형배우자성 암컷(WZ)과 동형배우자성 수컷(ZZ)으로 반대가 되었다. 성이 동형배우자성이라는 점에서의 이런 차이점은 틸라피아 잡종교배에서 단성의 집단을 나타내기 위해 이용될 수 있다. Chen(1969)은 *O. mosambicus* 암컷과 *O. hornorum* 수컷을 교배하여 모두 수컷 잡종(XZ)이 나타난 사실을 설명하였다. 반대의 잡종교배, 즉 *O. mosambicus* 암컷과 *O. hornorum* 수컷은 모든 암컷당 수컷이 3마리 나타났다. 수컷 자어의 빈도를 높이는 잡종교배는 *O. nilotica* 암컷과 *O. aurea* 수컷, *O. nilotica* 암컷과 *O. hornorum* 수컷, *O. mosambica* 암컷과 *O. nilotica* 수컷이 있다. Lovshin(1980)은 *O. nilotica* 암컷과 *O. hornorum* 수컷을 잡종교배해서 모두 암컷 잡종을 낳는 체계를 설명하였다. Hulata et al.(1983)은 높은 빈도의 모든 수컷 자어를 생산하는 *O. aurea*와 *O. nilotica*의 동복자어군의 친자관계를 확인하기 위한 자어 검사를 포함한 체계를 제안했다.

8.9 호르몬으로 유도된 성 전환

어류를 웅성화하거나 자성화하는 것은 가능하다. Yamazaki(1983), Hunter and Donaldson(1983)은 자웅화하기 위한 여러 방식의 성공률을 재조사하였다. 그런 효과를 얻기 위한 가장 실질적 접근법은 섭이를 통한 것이다. 최초에 먹이를 주기 시작하면서 먹이에 성호르몬을 첨가하고 몇 주 동안 어류의 종류와 사용된 방법에 따라서 테스토스테론이 먹이에 첨가됐을 때 수컷 100마리를 얻고 에스트라디올이 첨가되었을 때 100% 암컷을 얻을 수 있었다.

성 전환에 대한 호르몬의 사용은 자성발생을 적용한 육종 프로그램이나 3배체 생산에서 중요하다. 모든 수컷 어류집단이나 모든 암컷 어류집단의 경우도 흥미롭다. 성 전환된 유전적 암컷은 정관이 부족하여 정자를 얻기 위해서는 수술이 필요하다.

8.10 호르몬으로 유도된 배란

어류와 패류에서 발견되는 공통점은 포획된 상태에서 난황형성이 완료되더라도 배란이 반드시 일어나지 않는다는 사실이다. 이 사실은 대부분의 잉어과 어류와 해산어류의 경우에 사실이다. 그래서 호르몬 처리법이 개발되었을 때 수산양식에 대한 비약적 발전이 있었다. 포유동물의 황체형성호르몬 LH와 인간의 생식선자극호르몬(HCG)은 어류의 성숙과 배란을 유도하는데 효과적이다. 좋은 결과를 얻기 위해서 암컷은 2회, 수컷은 8회 호르몬이 주입되어야 한다(Lutz, 2001).

호르몬 처리법을 적용해서 좋은 점은 많은 어류의 산란이 동시에 진행되어 개체간 일령차이가 없어진다는 것이다.

8.11 번식세포의 보관

정자의 냉동 보관은 가축에 널리 사용되고, 가축인 송아지의 검사에 의한 육종 프로그램의 성공에 도움이 되었다. Blaxter(1953)가 청어를 이용한 어류 조사와 Buyukhatipoglu and Holtz(1978), Stoss(1979)가 무지개송어를 이용한 조사는 액화질소에 정자를 저장하고 난자의 수정을 얻는 것도 가능했다는 사실을 보여주었다.

Salte et al.(2004)은 정자의 냉동 보관은 실제 수산양식에 적용될 수 있다는 사실을 보여 주었다. 이것은 전염병 없이 국가간에 유전자를 옮기는 안전한 방법이다. 번식기관은 미리 여러 질병과 기생충에 대해 검사해주기 때문이다.

난자와 접합체의 냉동 보관은 시도되었으나 큰 성공을 거두지 못했다. 이것이 어려운 주요 이유는 난자의 난황과 세포질의 양이 많기 때문이라고 생각된다. 어떤 해산 어류와 패류에서 발견된 난자들과 유사한 작은 난자들이 냉동 보관하기에 더 쉬울 수 있다. 그러나 지금까지 어떤 어류의 난자와 배아의 냉동 보관에 성공했다는 보고는 없었다.

며칠 혹은 몇 주 동안 정자와 난자를 보관하는 것은 많은 수산생물에게 가능하다. 어떤 생물의 경우엔 정자와 수정되지 않은 난자의 단기간 저장과 수송에 대한 protocol이 만들어졌다(Stoss, 1983).

8.12 유전적 향상 전략에 대한 번식의 영향

일반적으로 수산생물은 높은 번식 잠재력을 가지고 있고 상대적으로 적은 수의 친어가 유생이나 치어의 생산을 위해 필요하다. 이점은 선발을 유전적 향상을 위한 도구로 사용할 때, 높은 선발강도와 월등한 유전적 진보의 가능성을 나타낸다. 친어를 사육하고 교환하는 비용이 낮아진 것과 함께 번식

능력이 높아져서 증식을 통해 얻은 유전적 획득을 양식업자에게 옮기는 것이 용이해졌다. 하지만 각 세대에서 필요한 친어의 수가 적은 것은 집단의 근친교배와 근친교배 억제에 대한 위험이 생긴다. 그래서 모든 선발 계획은 문제가 되는 생물의 번식 방법을 고려하여야 한다.

번식력과 번식 방식에서 수산생물간의 차이는 크다. 양식환경과 생물의 세대간격 하에서의 번식력 같은 중요 인자들이 유전적 향상을 계획할 때 고려되어야 한다.

어떤 연어과 어류들은 일생 동안 한번 산란한다. 곱사연어의 경우, 2년어 때 모두 산란한다. 그 결과, 수년 사이에 완전한 유전적 고립이 있어서 근친교배가 생기기 쉽다. 이런 상황에서 냉동 보관된 정자는 근친교배의 위험성을 줄이기 위해 집단간 유전자를 옮기는데 사용될 수 있다.

긴 세대 간격을 가지고 있고 매년 산란하는 생물의 경우, 후대검정을 고려해야 한다. 어떤 경우에는 검증된 수컷과 암컷이 성적으로 성숙했을 때 후대검정 결과가 준비된다.

일생동안 성을 바꾸는 생물들은 육종가가 높은 개체들을 수컷과 암컷으로써 모두 이용할 수 있는 가능성을 나타낸다. 수년간 유전자의 이동으로 육종가를 제어할 수 있는 가능성도 있다. 이런 상황에서 근친교배가 빨리 축적되는 것을 피하기 위해 근친간 교배를 막는 것이 매우 중요하다.

9. 표현형과 유전자 매개변수를 추정하는 방법

KARI KOLSTAD

9.1 혈연간 유사성에서 추정한 유전분산 성분

표현형(P)은 유전효과(G)와 환경효과(E)로 구성된다. 반면 유전자형은 상가유전효과(A), 우성효과(D), 우위효과(I)로 구성된다(6장 참조).

$$P = A + D + I + E \tag{9.1}$$

전체 표현형분산은 6장에서 설명한 대로, 유전분산과 환경분산의 합이다. 반면, 유전분산은 상가분산과 우성효과 및 우위효과에 의해 생기는 분산의 합이다. 즉,

$$\sigma_P^2 = \sigma_A^2 + \sigma_D^2 + \sigma_I^2 + \sigma_E^2 \tag{9.2}$$

육종과 양적유전학의 주요 목적은 총 표현형분산에 있는 다른 성분들과 상가유전분산을 분리하려는 것이다. 이것은 혈연 사이의 유사성을 이용하여 완성시킬 수 있다.

9.1.1 혈연간 표현형공분산

혈연간의 유사성을 알면 형질의 상가유전 분산량을 추정할 수 있다. 그래서 혈연간의 유사성의 원인을 이해하는 것은 계량형질 연구와 수산생물과 농장용 가축의 유전적 향상 프로그램에 대한 적용에 중요하다.

개체간의 유사성은 분산성분을 이용하여 표현된다. 나중에 혈연간 표현형공분산 성분을 보이고 상가유전분산의 추정에 사용할 것이다.

2개체의 표현형 수치는 다음 모형에 의해 기술될 수 있다고 가정한다.

$$P_x = G_x + E_x \tag{9.3}$$

$$P_y = G_y + E_y \tag{9.4}$$

여기서 P_x와 P_y는 평균집단 μ의 편차로서 표현된다. 2개체간 예상된 공분산은

$$Cov[(Gx+Ex)(Gy+Ey)] = Cov(GyGx) + Cov(EyEx) + Cov(GxEy) + Cov(GyEx) \tag{9.5}$$

로 쓸 수 있다. 이것은

$$\sigma_{PxPy} = \sigma_{GxGy} + \sigma_{ExEy} + \sigma_{GxEy} + \sigma_{GyEx} \tag{9.6}$$

을 제공한다. 여기서

σ_{PxPy}는 개체 X와 Y간 표현형공분산이다.

σ_{GxGy}는 개체간 유전공분산이다.

σ_{ExEy}는 환경 공분산으로 σ^2c로도 나타낸다.

σ_{GxGy}와 σ_{GyEx}는 한 개체의 유전자형과 다른 개체의 환경간 공분산이다.

유전자형간의 공분산은 개체들이 서로 관련이 있을 때만 존재한다. 개체의 환경효과간 공분산은 개체들이 비슷한 환경효과에 의해 영향을 받아서 공통 환경변이를 보일 때인 0에서부터 달라진다. 공통 환경효과가 전형매에 의해 생긴다면, 모계효과 M은 $\sigma_M{}^2$만큼 환경공분산에 기여할 것이다. 개체 중 하나의 유전자형이 다른 개체의 환경에 영향을 준다면, 공분산 $\sigma_{GxEy} + \sigma_{GyEx}$는 존재할 것이다. 이것은 서로 성장하고 제한된 먹이자원을 위해 경쟁하는 전형매 집단에서 생긴다.

9.1.2 혈연간 유전공분산

개체간 공통의 상가유전분산과 우성분산의 비율, 즉 유전공분산은 상가유전 유연계수 a_{XY}와 우성유연계수 d_{XY}로 나타낸다. 이 관계는 관련된 개체들 간의 유전공분산 σ_{GxGy}를 기술하고 더 효율적인 유전분산 추정을 위해 필수적이다. 두 개체 X와 Y의 유전자형은

$$G_X = A_X + D_X + (AA)_X + (AD)_X + (AAD)_X + \cdots \tag{9.7}$$

$$G_Y = A_Y + D_Y + (AA)_Y + (AD)_Y + (AAD)_Y + \cdots \tag{9.8}$$

집단 평균으로부터 편차로 표현된다. 2집단 평균의 표준편차로서 나타낸다. 여기서 (AA), (AD)와 (AAD)등은 앞에서 I로 기술된 상가효과와 우성효과 사이와 상가효과와 우성효과 내의 상호작용으로부터의 우위효과이다(방정식 1). 일반적으로 개체 X와 Y 사이의 유전공분산은

$$\sigma_{GxGy} = a_{XY}\,\sigma_A{}^2 + d_{XY}\,\sigma_D{}^2 + a_{XY}^2\,\sigma_{(AA)}{}^2 + a_{XY}d_{XY}\sigma_{(AD)}^2 + \cdots \tag{9.9}$$

로 나타낼 수 있다. 표 9.1에서 보이는 것처럼 유연계수와 상가효과, 우성효과, 우위효과의 분산성분을 알면 유전공분산은 추정될 수 있다. 다음 절에서 보는 것처럼, 유전공분산에 대한 다양한 유전분산의 기여는 유연관계 유형에 따라 다르다. 그래서 유전공분산 성분의 차이는 유전분산 성분을 추정하는데 이용될 수 있다.

표 9.1 상가효과, 우성효과, 우위효과를 포함한 혈연간 유전공분산의 구성

	유전유연계수		유전공분산에 기여하는 각 분산성분의 비율							
유연관계	a_{XY}	d_{XY}	σ^2_A	$\sigma^2_{(AA)}$	$\sigma^2_{(AAA)}$	σ^2_D	$\sigma^2_{(DD)}$	$\sigma^2_{(AD)}$	$\sigma^2_{(AAD)}$	$\sigma^2_{(ADD)}$
친어-자식	1/2	0	1/2	1/4	1/8	0	0	0	0	0
전형매	1/2	1/4	1/2	1/4	1/4	1/4	1/16	1/8	1/16	1/32
반형매	1/4	0	1/4	1/16	1/32	0	0	0	0	0

9.1.2.1 친어와 자어 간 유전공분산

친어와 자어 간 상가유전 유연계수 a_{XY}는 1/2(표 9.1)인 반면, 우성 유연계수는 0이다. 친어와 자어 간 유전공분산은

$$\sigma_{OP} = 1/2\sigma_A{}^2 + 1/4\sigma_{(AA)}{}^2 + 1/8\sigma_{(AAA)}{}^2 + \cdots \tag{9.10}$$

이 될 것이다. 즉 상가유전분산과 상가유전효과 간 상호작용의 일부분만이 자식과 친어 간의 유전공분산에 기여할 것이다.

9.1.2.2 전형매간 유전공분산

전형매(FS)의 경우 a_{XY}는 1/2이지만 d_{XY}는 1/4이다(표 9.1). 유전공분산은 상가유전효과와 우성효과 간의 상호작용 뿐 아니라 이 2가지 효과를 모두 포함할 것이다.

$$\sigma_{FS} = 1/2\sigma_A{}^2 + 1/4\sigma_D{}^2 + 1/4\sigma_{(AA)}{}^2 + 1/16\sigma_{(DD)}{}^2 + 1/8\sigma_{(AAA)}{}^2 + /8\sigma_{(AAD)}{}^2 + 1/32\sigma_{(ADD)}{}^2 \tag{9.10}$$

9.2.2.3 반형매간 유전공분산

반형매(HS)의 경우 a_{XY}는 1/4이지만 d_{XY}는 0이다(표 9.1). 즉 유전공분산은 오직 상가효과와 상가효과 간의 상호작용만 포함할 것이다. 이것은

$$\sigma_{HS} = 1/4\sigma_A{}^2 + 1/16\sigma_{(AA)}{}^2 + 1/64\sigma_{(AAA)}{}^2 + \cdots \quad (9.11)$$

로 추정된다.

9.2 유전 매개변수 추정을 위한 개체간 표현형공분산 이용

대부분의 양적형질에서 유전분산은 주로 상가유전분산에 의해 일어난다. 결과적으로 실제 육종 프로그램에서 총 표현형분산과 상가유전분산을 구별하는 것이 가장 중요하다고 여겨진다. 그리고 선발 프로그램은 주로 상가유전효과에 영향을 미치는 것을 목표로 한다. 이 절에서 상가유전분산과 표현형분산을 추정하기 위한 혈연간 표현형공분산의 이용을 기술할 것이다.

형질의 완전한 유전자형은 직접적으로 측정할 수 없다. 이런 문제를 극복하기 위해 유전공분산을 추정하는 데 표현형간 관찰된 공분산을 이용한다. 이것은 통계적 분석에 근거하여 고려하고 있는 집단의 표현형에 대한 분산성분을 추정해서 완료된다. 수컷이나 암컷 같이 유전적 분류를 포함하는 통계적 모형에 근거한 ANOVA로 표현형에서 추정한 분산성분은 상가유전분산 같은 생물학적 분산성분을 얻는데 사용될 수 있다.

통계적 추정 절차에서 끌어낸 통계적(관측값) 분산성분과 유전 모형에 있는 효과와 관련 있는 생물학적 분산성분간 차이를 이해하는 것이 중요하다. 어떤 조건 하에서 서로 다른 혈연간 공분산이 유전공분산의 추정값으로 유효하는가가 문제이다.

방정식(9.6)에서 두 개체간 표현형공분산은

$$\sigma_{PxPy} = \sigma_{GxGy} + \sigma_{ExEy} + \sigma_{GxEy} + \sigma_{GyEx}$$

으로 나타내었다. 유전공분산의 표현으로써 표현형공분산을 사용하고자 하면, σ_{GxEy}, σ_{ExEy}, σ_{GyEx}는 0과 다르지 않다고 가정해야 한다. 이런 가정이 없다면, 유전공분산의 추정은 편중될 것이다.

9.2.1 친어와 자식 간 표현형공분산을 이용해서 상가유전분산 추정

혈연간 표현형공분산을 유전공분산 추정을 위해 사용할 때, 환경효과간 공분산과 유전효과와 환경효과 간 공분산은 앞에서 지적한 것처럼 중요하지 않다고 간주된다. 그러면 $\sigma_{PoPp} = \sigma_{GoGp}$이다. 자식(O)과 친어(P)간 표현형공분산 σ_{PsPo}에서의 σ_A^2 추정값은

$$\sigma_A^2 = 2\sigma_{PoPp} \tag{9.13}$$

이다. 앞에서 친어와 자식의 유전공분산 σ_{GoGp}는 $1/2\sigma_A{}^2 + /4\sigma_{(AA)}{}^2 + 1/8\sigma_{(AAA)}{}^2 + \cdots$ 으로 구성된다는 사실을 알았다. 그래서 σ_{PoPp}에 2를 곱해서 σ_A^2을 추정한다는 것은 위쪽으로 편중될 것이다. 우위분산성분(= $2 \times \left(1/4\sigma_{(AA)}{}^2 + 1/8\sigma_{(AAA)}{}^2 + \cdots\right)$)을 포함하지 않았기 때문이다.

편중되는 다른 원인도 추정값에 영향을 준다. 자식들은 친어가 살고 있는 $\sigma_{EoEp} \neq 0$을 일으키는 환경과 같은 환경에서 살고 있는데, 여기서 σ_{EoEp}는 흔히 $\sigma_C{}^2$으로 표현된다. 이것은 모친과 자식의 경우에 일어나기 쉽다. 유전적으로 높은 등급인 친어의 자식은 $\sigma_{GoGp} \neq 0$을 일으키는 추가적 보호를 받는다. 모친어와 자어 간 표현형분산은 공통 유전 모계효과를 포함할 것이다. 모친이 자식에게 주는 모계효과는 모친의 모친이 모친에게 주었던 모계효과(σ_M)의 반이기 때문이다. 이것으로 다음의 모친과 자식 간 표현형공분산이 된다.

$$\sigma_{PdPo} = \sigma_{GdGo} + 1/2\sigma_M{}^2 + \sigma_C{}^2 \tag{9.14}$$

자식과 모친 간 표현형공분산에서 σ_A^2을 $2\sigma_{PdPo}$로 추정하는 것은 자식과 부친 간 표현형공분산에서 σ_A^2을 $2\sigma_{PsPo}$로 추정하는 것보다 일반적으로 더 편중되었을 것이다. 많은 어류의 경우, 부화 후 모친으로부터 충분한 양육을 받지 못한다. 그래서 모계효과는 농장용 가축과 비교하여 중요성이 떨어질 수 있다. Gall(1974)은 무지개송어 자어의 성장률은 모친의 연령과 난자의 크기에 영향을 받는다는 사실을 알아냈다. Chevassus(1976)는 무지개송어의 초기 성장에서 모계효과를 발견했지만 2개월 후 모계효과는 사라졌다.

친어가 선발되었다면, 유전분산을 추정하기 위해 친어와 자식 간 공분산을 사용하는 것은 바람직하지 않다. 선발은 친어의 표현형간 분산을 감소시키기 때문이다. 자동적으로 친어와 자식간 공분산이 감소될 것이다. 유전분산을 유전공분산의 2배로 추정하는 것은 본래의 유전분산을 과소평가하는 결과를 초래할 것이다.

9.2.2 친어의 표현형가에 대한 자어의 표현형가의 회귀법으로 상가유전분산 추정

친어와 자식 간 관계는 선발에 의한 편중을 피하는 친어의 표현형에 대한 자어의 회귀법을 사용해서 유전분산을 추정하는 데 이용될 수 있다.

$$b_{O|P} = \frac{\sum(x_i - x)(y_i - y)}{\sum(x_i - x)^2} = \frac{\sigma_{PoPp}}{\sigma_P{}^2} \tag{9.15}$$

여기서 x_i와 y_i는 친어와 자식의 표현형가이고, x와 y는 친어집단과 자어집단의 평균이다. 통계적 모형은 $\text{Trait}_O = b_{OP} \times \text{Traip}_P + e$ 이다. 이 모형에 근거한 회귀분석은 회귀계수 b_{OP}의 추정값을 제공한다. $\sigma_C{}^2 = 0$ 과 $\sigma_{GxEy} = 0$ 이라 가정하면 친어가 부친일 때 이 회귀의 기대값은

$$E(b_{O|S}) = \frac{\sigma_{GsGo}}{\sigma_P{}^2} = \frac{1/2\sigma_A{}^2 + 1/4\sigma_{(AA)}{}^2 + \cdots}{\sigma_P{}^2} \tag{9.16}$$

이다. $\sigma_M{}^2 \neq 0$이고 $\sigma_C{}^2 \neq 0$일 때 친어가 모친이면 이 회귀법의 기대값은

$$E(b_{O|D}) = \frac{\sigma_{GdGo}}{\sigma_P{}^2} = \frac{1/2\sigma_A{}^2 + 1/4\sigma_{(AA)}{}^2 + \cdots + 1/2\sigma_M{}^2 + \sigma_C{}^2}{\sigma_P{}^2} \tag{9.17}$$

이다. σ_P^2은 집단의 표현형분산인데 쉽게 추정될 수 있다. σ_A^2은

$$\sigma_A^2 = \sigma_p^2 \times 2b_{O\,|\,S} \tag{9.18}$$

또는

$$\sigma_A^2 = \sigma_p^2 \times 2b_{O\,|\,D} \tag{9.19}$$

으로 추정될 수 있다. 이런 유전분산의 추정값은 친어들간 선발에 의해 영향 받지 않는다. 이 방법을 사용하기 위한 가정은 1) 자어가 선발되지 않은 상태여야 하고 2) 동류 교배가 없다는 것이다.

하지만 우위와 관련된 유전분산, 환경공분산, 유전효과와 환경효과간 공분산을 추정하는 데 자식과 친어간 표현형공분산을 이용함으로써 생긴 편중은 여전히 존재한다.

부친에 대한 자식의 회귀는 틸라피아 같은 몇몇 생물의 유전분산을 추정하는 데 더 선호된다. σM^2은 존재하지 않고 σC^2과 σ GxEy를 피하는 게 더 쉽기 때문이다. 추정값은 쌍으로 된 측정값의 수를 증가시키면 정확도가 증가할 것이다.

9.2.3 형매간 표현형공분산을 이용하여 상가유전분산 추정

형매간 공분산은 친어와 자식 간 공분산과 비교하여 유전분산을 추정하는 데 좀 더 융통성 있는 방법을 제공한다. 형매간 공분산은 같은 세대에 존재하여 자식이 없는 개체를 포함한다는 장점이 있다. 이것은 육질과 같은 형질에 중요하다.

9.2.3.1 반형매 분석

농장용 가축 사육뿐 아니라 어류양식에서도 수컷들이 암컷 한 마리 이상과 교배한다는 점은 일치한다. 각 암컷이 오직 한 마리의 자식을 받는다고 하면, 자식의 표현형은 통계적 모형에 의해

$$Y_{ij} = \mu + s_i + e_{ij} \tag{9.20}$$

으로 기술될 수 있다. 여기서 si는 수컷의 무작위 효과이고 eij는 자어 ij의 무작위 효과이다. si와 eij의 기대값은 E(si) = E(eij) = 0이다. si^2과 eij^2의 기대값은 $E(si^2) = E(eij^2) = \sigma e^2$이다. 두 반형매간 표현형공분산은

$$C_{OV}((Y_{i1} - \mu)(Y_{i2} - \mu)) = C_{OV}((s_i + e_{i1})(s_i + e_{i2})) = \sigma^2_{+\sigma_{Siei2} + \sigma_{Siei1} + \sigma_{e1ei2}Si} \tag{9.21}$$

이다. 2장의 유전 용어를 근거로 개체간 표현형공분산은

$$\sigma_{P1P2} = \sigma_{G1G2} + \sigma_{G1E2} + \sigma_{G2E1} + \sigma_{E1E2} = 1/4\sigma^2_A + 1/8\sigma_{AA}{}^2 + \cdot\cdot\cdot \tag{9.22}$$

이다. 반형매들이 다른 환경에 있고 환경적으로 서로의 유전자값에 의해 영향을 받지 않는다고 가정하면, 마지막 3개의 공분산은 0으로 한다. 앞에서 끌어낸 것처럼, 반형매간 유전공분산은

$$\sigma_{G1G2} = \sigma^2_{Si} = 1/4\sigma_A{}^2 + 1/8\sigma_{AA}{}^2 + \cdot\cdot\cdot \tag{9.23}$$

과 같다. 즉, 유전적 관점에서 이것은 반형매간 공분산이다. 반면, 통계적 관점에서 이것은 수컷간 분산이다. 이것은 또한 반형매 집단내 분산의 추정값을 제공한다. 반형매 집단내 분산은 총 표현형분산과 반형매 간 공분산의 차이다.

모형 $Y_{ij} = \mu + s_i + e_{ij}$에 근거한 평형된 정보에 대한 분산분석은 표 9.2에 나타냈다.

표 9.2 평형된 정보에 대한 반형매 분석을 위한 제곱의 합, 평균 제곱합, 기대된 평균 제곱합을 측정하는 식

분산원인	DF	제곱의 합	평균제곱 합	기대된 평균제곱 합
수컷 간	s-1	수컷 제곱 합	수컷 제곱 합/(s-1)	$\sigma^2_e + n\sigma^2_s$
수컷 내	s(n-1)	오차 제곱의 합	오차 제곱 합(s(n-1))	σ^2_e
총합계	sn-1	총 제곱 합	총 제곱 합/(sn-1)	

평균 제곱을 기대값과 등식화하면, 추정된 분산성분은

$$\sigma^2_s = (MS_S - MS_e)/n \tag{9.24}$$

$$\sigma^2_e = MS_e \tag{9.25}$$

이다. 분산 σsi^2은 표본에 있는 수컷이 집단에 있는 수컷의 임의 표본이고 암컷이 임의로 추출되어

수컷과 무작위로 교배되었다면, 집단에 있는 수컷에 의해 생긴 분산과 같다. 표본추출된 수컷이 선발되었다면, 반형매 분석은 σA^2을 과소평가할 것이다. σs^2의 추정값이 편중되었다면, σA^2의 추정값은 편중된 값의 4배가 될 것이다. 만약 특정 수컷에서 자어로 특별처리가 주어지지 않았고(σ siei1=0), 공통 부친을 가진 자어는 공통 환경을 가지고 있지 않다고 하면(σ ei1ei2=0) 남아있는 공분산은 0으로 한다.

9.2.3.1.1 사례

총 3,240마리의 틸라피아에서 생산량이 기록되었다. 분산성분은 수컷 모형에 근거한 ANOVA에서 추정되었다. ANOVA 다음으로 기대된 평균제곱의 추정값이 나온다.

일반선형모형 절차

종속변수 : 체중

원 인	DF	제곱의 합	평균제곱	F값	Pr>F
모 형	56	3,830,495.08	68401.70	34.39	0.0001
오 차	3183	6,330,271.09	1988.78		
보정된 총합계	3239	10,160,766.17			

R-제곱 편차계수 √오차의 평균제곱(MSE) 체중평균

원 인	DF	제곱의 합	평균제곱	F값	Pr>F
부 친	53	623,837.03	11,770.51	5.92	0.0001
연 못	1	1,285.37	1,285.37	0.65	0.42
성	1	1,980,876.05	1,980,876.05	996.03	0.0001
연 령	1	684,745.54	684,745.54	344.31	0.0001

원 인	유형 Ⅲ 기대된 평균제곱
부 친	var(오차) + 59.34var(수컷)

그러면 σs^2 = (수컷의 평균제곱-오차의 평균제곱)59.34 = 164.84

와 $\sigma A^2 = 4\sigma s^2$ = 659.37

9.2.3.2 계층구조의 전형매와 반형매 분석

농장용 가축과 마찬가지로, 수산생물 육종 프로그램에서 각 모친에는 자식이 여러 마리가 있고, 자식의 표현형은

$$Y_{ij} = \mu + s_i + d_{ij} + e_{ijk} \tag{9.26}$$

의 모형에 의해 더 잘 기술된다. 여기서 각 수컷은 암컷 1마리 이상과 교배하고, si, dij, eijk는 수컷효과, 수컷 내에 있는 암컷의 효과, 수컷과 암컷 안에 있는 자어의 효과이다. si, dij, eijk의 기대값은 E(si) = E(dij) = E(eijk) = 0이다. si^2, dij^2, $eijk^2$의 기대값은 $E(si^2)=\sigma s^2$, $E(dij^2)=\sigma d^2$, E(eijk) = σe^2이다. 전형매간 표현형공분산은 유전분산을 추정하는 데 이용된다. 적절한 교배 모형을 지닌 이 공분산은 상가유전효과 뿐 아니라 우성효과와 모계효과를 추정하는 데 사용될 수 있다. 전형매간 공분산은

$$\mathrm{Cov}((Y_{ij1}-\mu)(Y_{ij2}-\mu)) = \mathrm{Cov}((\mu+s_i+d_{ij}+e_{ij1})(\mu+s_i+d_{ij}+e_{ij2}))$$

$$\sigma_e^2=\sigma_s^2+\sigma_d^2+2\sigma_{sd}+2\sigma_{se}+2\sigma_{de}+2\sigma_{e1e2} \quad (9.27)$$

이다. 동류 교배가 없고 친어가 혈연관계를 가지고 있지 않다면 σ sd는 0으로 한다. 자식이 친어에 따라 유전적으로 유익한 처리를 받지 않았다면, σ se와 σ de는 0으로 한다. 같은 어미에 속한 사실로 인해 발생하는 효과를 제외한 환경효과간 공분산이 없다면 σ e1e2는 0으로 한다. 이것은 $\sigma\ d^2$ 에 이미 포함되어 있다.

평균 제곱을 기대값과 등식화한다면, 추정된 분산성분은

수컷간 분산 σs^2 = (MSs−MSd)/nd

암컷간 분산 σd^2 = (MSd−MSe)/n

오차분산 σe^2 = MSe

$$\sigma_s^2=1/4\sigma_A^2+1/8\sigma_{AA}^2+\cdot\cdot\cdot \quad (9.28)$$

$$\sigma_d^2=1/4\sigma_A^2+1/4\sigma_D^2+1/8\sigma_{AA}^2+\cdot\cdot\cdot+\sigma_M^2+\sigma_C^2 \quad (9.29)$$

표 9.3 계층 구조에서 전형매와 반형매가 결합된 분석을 위한 제곱의 합, 평균제곱의 합, 기대된 평균제곱의 합을 측정하는 식

분산원인	DF	제곱의 합(ss)	평균제곱 SS	기대된 평균제곱의 합
수컷간	s−1	수컷 SS	MSs=수컷 SS/(s−1)	$\sigma_e^2+n\sigma_d^2+nd\sigma_s^2$
수컷내 암컷간	s(d−1)	암컷 SS	MSd=암컷 SS/(s(d−a))	$\sigma_e^2+n\sigma_d^2$
암컷내	sd(n−1)	오차 SS	MSe=오차 SS/(sd(n−1))	
총 합계	sdn−1	총 SS	총 SS/(sdn−1)	σ_e^2

전형매간 공분산은

$$\sigma_s^2+\sigma_d{}^2=1/2\sigma_A^2+1/4\sigma_D^2+1/4\sigma_{AA}^2+\cdot\cdot\cdot+\sigma_M^2+\sigma_C^2 \quad (9.30)$$

표 9.3에 따라 분산성분은 추정된다. 상가유전분산은 $\sigma\ s^2$와 $\sigma\ d^2$의 3가지 방식으로 추정될 수 있다.

1) $\sigma A^2 = 4^*\sigma s^2$은 $\sigma A^2 = 1/aHS^*\sigma s^2$과 동일하다.

2) $\sigma A^2 = 4^*\sigma d^2$은 $\sigma A^2 = 1/(aFS-aHS)\times\sigma d^2$과 동일하다.

3) $\sigma A^2 = 2\times(\sigma s^2+\sigma d^2)$은 $\sigma A^2 = 1/aFS\times(\sigma s^2+\sigma d^2)$과 동일하다.

3가지 대안은 앞에서 기술한 것처럼 편중도와 연관된다. 상가유전효과가 전형매 집단 내에 우성효과, 모계효과, 공동의 연구적 환경효과를 포함하기 때문에, 상가유전효과를 추정하는데 모계 반형매를 사용하면 추정값은 가장 편중될 것이다. 하지만 이 2가지 효과의 중요성은 형질과 어류 종 사이에서 변한다. 대서양연어에 대한 기생성 요각류 공격의 예 9.2.2는 추정을 위해 암컷이나 수컷 성분을 이용하면 여러 가지 효과의 기여로 상가유전분산 추정값의 차가 보다 작게 된다는 사실을 보여준다. 암컷 성분을 사용하면 더 낮은 추정값은 중요한 모계 성분이나 우성성분이 없다는 것을 나타낸다.

9.2.3.2.1 사례

총 2,049마리의 대서양연어에서 요각류의 공격이 기록되었다. 분산성분은 둥우리 모형에 근거한 ANOVA에서 추정되었다. 연어의 경우 가끔 사용되는 계층 교배 모형에 따라 둥우리 모형에서 암컷은 수컷과 둥우리를 만든다. ANOVA표 다음에 기대된 평균제곱과 상가유전분산 성분의 추정값이 나온다.

GLM 절차

종속변수 : 총 요각류

원 인	DF	제곱의 합	평균제곱	F값	Pr>F
모 형	296	1,217.19	4.11	1.57	<.0001
오 차	1,749	4,575.28	2.62		
보정된 총합계	2,045	5,792.47			

R-제곱	편차계수	√오차의 평균제곱(MSE)	총 요각류 평균
0.21	80.22	1.62	2.02

원 인	DF	유형 III 제곱의 합	평균제곱	F값	Pr>F
수 컷	159	595.41	3.7447382	1.43	0.0006
암컷(수컷)	136	405.88	2.9844053	1.14	0.1352
체 중	1	89.69	89.6917045	34.29	<.0001

원 인	유형 III 기대된 평균제곱
수 컷	var(오차) + 6.6var(암컷(수컷)) + 12.1var(수컷)
암컷(수컷)	var(오차) + 6.5var(암컷(수컷))
체 중	var(오차) + Q(체중)

σe^2 = 오차의 평균제곱(MSE) = 2.62

σd^2 = (2.98−2.62)/6.5 = 0.055

σs^2 = (3.74−6.6×0.06−2.62)/12.1 = 0.062

상가유전분산의 추정값은

$\sigma A^2 = 2(\sigma d^2 + \sigma s^2) = 0.234$

$\sigma A^2 = 4\sigma d^2 = 0.22$

$\sigma A^2 = 4\sigma s^2 = 0.248$

9.3 분석의 복합 모형

균형 잡힌 자료의 분산성분 추정은 앞에서 본 것처럼 단순 연속 대입으로 방정식을 풀기 전에 평균제곱을 대응하는 기대 평균제곱으로 등식화함으로써 완료된다. 실험 자료는 가끔 평형이 잡혀 있지 않고, 무작위 효과 뿐 아니라 고정효과의 영향을 받는다. 유전 매개변수와 표현형 매개변수의 편중되지 않은 추정값을 제공하기 위해 고정효과는 보정되어야 한다. 혼합 모형 방정식(MME)하에서 균형 잡히지 않은 자료의 분석을 위한 이론적 형태를 Henderson(1953)이 기술하였다. 기본모형은

$$y = Xb+Za+e \tag{9.31}$$

이고 여기서

y = n×1 측정값의 벡터 ; n = 기록수

b = p×1 미지의 고정효과의 벡터 ; p = 고정효과 단계 수

a = q×1 미지의 임의 생물 효과의 벡터 ; q는 무작위 효과 단계의 수

e = y의 요소에 대응하는 미지의 임의 오차효과의 벡터의 n×1

X = y의 요소를 b의 요소에 연결시키는 알려진 차수 n×p의 행렬

Z = y의 요소를 a의 요소에 연결시키는 알려진 차수 n×q의 행렬 b와 a는 모두 상황에 따라 하나 이상의 인자로 분할되기도 한다.

변수들의 기대값(E)은 E(Y) = Xb, E(a) = 0, E(a) = 0, E(e) = 0이고 임의 환경효과와 비상가유전효과를 포함하는 잉여효과는 독립적으로 분산 σe^2으로 분배된다고 가정한다. 그래서 var(e) = $I\sigma e^2$ = R, var(a) = $A\sigma a^2$ = G, cov(a, e) = cov(e, a) = 0이다. A는 상가 유전관계 행렬이다. 그러면

$$\begin{aligned} Var(y) = V &= var(Za+e) \\ &= Z\,var(a)Z' + var(e) + cov(Za,e) + cov(e,Za) \\ &= ZGZ' + R + Zcov(a,e) + cov(e,a)Z' \\ &= ZGZ + R \end{aligned} \tag{9.32}$$

이 통계적 모형은 3장에서 본 대로 육종가의 추정과 유전 매개변수와 표현형 매개변수를 추정하기 위한 기본이다. 모든 계통정보는 유전 매개변수를 추정하는 데 사용될 수 있고, 불평형 모형에 대한 고정효과와 무작위 효과를 위한 해결책이 동시에 제공된다는 장점이 있다.

편중되지 않은 추정값을 얻기 위해서는 모든 인자를 계산에 넣은 완전한 관계 행렬이 필요하다. 인자간 비직각성으로 인한 불평형 자료 때문에, 독특한 통계적 성질의 집합을 가진 여러 방법들이 있다. 어떤 방법을 선발할 것인지는 모형, 자료 배치, 원하는 성질, 측정의 편리함에 따라 달라진다. Henderson이 MME를 소개한 후, 분산성분을 추정하는 방법은 많은 과학자들이 여러 방법들을 만들어 내는 노력을 통해 발전했다. 분산성분 추정에 자주 쓰인 방법은 REML(Restricted Maximum Likelihood), MIVQUE(Minimum Variance Quadratic Unbiased Estimators), MINQUE(Minimum Norm Quadratic Unbiased Estimators)가 있다. 이 방법들은 모두 최대 가능성 추정값에 근거하고 있다.

가장 많은 방법에서 사용된 공통 요소는 그들이 같은 모형에 있는 고정효과의 크기에 의존하지 않았다는 것이다. 방법 중 어떤 것은 비편중되었지만 어떤 방법들은 거의 비편중되지 않았다. 방법은 추정값의 표본추출 분산의 크기에서 다르다. 어떤 방법에는 추정하려는 매개변수에 대한 선행지식이나 예상이 필요하나, 어떤 방법은 자연적으로 반복되고 반복되지 않은 방법보다 더 많은 측정시간을 필요로 한다.

MME에서 분산성분을 추정하기 위해서 고정효과와 무작위 효과의 사양을 포함하는 모형은 특수화해야 한다. 특수화된 모형에서 자료와 계통 정보 그리고 행렬은 추정값을 제공하도록 설계된다. 컴퓨터 소프트웨어는 특수 모형용일 것이며, 선발된 추정 모형은 2차 방정식 형태를 정의한 후 미지성분의 추정값을 푼다. 그 후 2차 방정식 형태를 방법 규칙에 따라 기대값으로 등식화한다. 여기서 기대값은 선발된 방법에 의해 정의된 미지 분산성분의 함수이다. 마지막으로 미지성분의 추정값을 측정할 것이다. 마지막 단계는 행렬을 거꾸로 바꾸고 측정된 2차 방정식과 바뀐 행렬을 곱하거나 반복된 측정을 포함하는 되풀이 방식으로 완료된다.

9.4 유전율 추정

9.4.1 혈연간 회귀와 상관관계에서 유전율 추정

유전분산과 표현형분산을 집단에 대해 추정할 때, 유전율은 쉽게 추정될 수 있다. 앞에서 기술한 것처럼 혈연간 유사성은 형질에 있는 유전분산의 추정에 사용된다. 유전분산과 표현형분산은 유전율을 추정하는 데에 사용된다. 가장 자주 사용되는 것은 친어와 형매 상관관계에 대한 자손의 회귀이다(표 9.4).

표 9.4 유전율 추정 방법

회귀 자어 - 친어	$b_{OP} = \frac{Cov(OP)}{\sigma_p^2} = \frac{1/2\sigma_A^2}{\sigma_P^2} = 1/2h^2$
회귀 자어 - 중간어 - 친어	$b_{OP} = \frac{Cov(OP)}{1/2\sigma_p^2} = \frac{1/2\sigma_A^2}{1/2\sigma_P^2} = h^2$
반형매 상관관계	$r_{HS} = \frac{Cov(HS)}{\sigma_p^2} = \frac{1/4\sigma_A^2}{\sigma_P^2} = 1/4h^2$

친어에 대한 자어의 회귀의 경우, 자료는 친어(하나 또는 둘의 평균)의 크기와 자손의 평균의 형태로 구해진다. 쌍으로 된 값의 교차산물은 공분산의 추정값을 제공한다. 친어가 회귀로 측정되어 포함될 때 회귀는 유전율의 추정값이 될 것이다. 분산이 양성 사이에서 다르다면 중간어 - 친어 값이 사용될 수 없다. 그리고 유전율은 각 성에 대해 따로 측정되어야 한다. 추정값이 같은 단위로 되어 있다면 자식 - 친어 관계에 근거한 추정값은 공통 환경효과에 의한 영향을 받을 것이다. 또한 만약 모계효과가 존재한다면, 모계효과는 추정값에 영향을 줄 것이다. 두 상황으로 인해 위쪽으로 편중된 추정값이 될 것이다.

형매 상관관계에 근거한 유전율 추정은 앞에서 기술한 여러 가지 이유로 비선발된 집단을 가정한다. 또한 교배 구조가 필요하다. 교배 구조에서 각 수컷 또는 암컷은 임의적으로 선발되고, 무작위로 선발된 암컷이나 수컷 1마리 이상과 임의로 교배된다. 그래서 측정된 개체들은 전형매와 반형매 가계 집단을 형성한다.

일반적으로 반형매 상관관계와 부친에 대한 자식의 회귀는 유전율을 추정하는데 가장 신뢰할 수 있는 방법이다. 앞에서 지적한 것처럼, 전형매 상관관계는 유전율이 공통 환경효과와 우성분산에 의한 영향을 받으므로 가장 신뢰성이 떨어진다.

공통 환경효과의 존재는 생물마다 다양하다. 예 9.2.3.2.1에서 본 것처럼 실험실에 있던 대서양연어는 기생성 요각류 공격 형질에 대한 공통 환경의 중요한 효과가 보이지 않았다. 모친이 입 속에 알과 갓 부화된 치어를 가지고 있는 틸라피아는 공통 환경에 의해 더 많은 영향을 받을 수 있다.

9.4.1.1 사례

2002년 RIA 1(Research Institute in Aquaculture 1)에서 NORAD(Norwegian Agency for Development Cooperation) 프로젝트에서 틸라피아의 출하 무게에 대한 자료이다.

$$\sigma^2_{d(Y)} = 169.54 \qquad \sigma^2_{A(Y)} = 4\sigma^2_{s(Y)} = 424.84$$

$\sigma^2_{s(Y)} = 106.21 \qquad \sigma^2_{E(Y)} = \sigma^2_{e(Y)} - 2\sigma^2_{e(Y)} = 1536.9$

$\sigma^2_{e(Y)} = 1875.98 \qquad \sigma^2_{P(Y)} = \sigma^2_{d(Y)} + \sigma^2_{s(Y)} + \sigma^2_{e(Y)} = 2151.73$

수컷 - 성분에서 추정된 유전율은 h^2 = 4*(106.21/2151.72) = 0.197이다. 암컷 - 성분에서 추정된 유전율은 유전율을 과대평가할 것이다. h^2 = 4*(1169.45/2151.73) = 0.315이다. 전형매에 대한 공통 환경효과가 있다면, 자료에 영향을 주는 모계효과가 있다는 의미이다.

9.4.2 REML에 의한 조합 정보

유용한 계통 기록은 모든 종류의 혈연에서 유전율을 추정할 수 있다. 추정방법들은 유전율을 가장 잘 추정할 수 있도록 적당하게 가중치를 둔 여러 관계들에서 나온 추정값들을 조합하는 제한된 가능성(REML)에 근거를 두었다. REML에서의 추정은 복합모형에 근거한 반복으로 완료된다. 반복과정은 두 단계로 되어 있다. 1) λ 값, 즉 유전율의 편차는 유전분산과 표현형분산의 추정값에서 측정된다. 그리고 복합모형 방정식은 고정효과와 육종가를 추정한다. 2) 유전분산과 표현형분산의 갱신된 추정값은 예측된 육종가에서 결정된다. 단계 1)과 2)는 추정값이 수렴될 때까지 반복된다. REML은 선발을 설명하고, 모든 유용 가능한 계통기록 정보가 사용된다.

9.4.3 가계 평균과 가계내 편차의 유전율

수산생물과 연관된 육종 프로그램에서 가계 설계는 큰 가계 그룹으로 특성화된다. 개체 추적 장치를 사용하여 적절히 설계된 육종 프로그램에서 선발은 주로 가계선발, 가계내 선발이나 이 2가지의 조합에 근거한다. 그래서 가계간과 가계내 분산성분과 가계 평균과 가계내 편차를 어떻게 추정하는지에 중점을 두는 것에 큰 관련이 있다.

우리는 관측된 가계 평균의 분산 σ^2_B과 관측된 가계내 편차 σ^2_W으로 한다. 가계간 선발에서 가계 구성원의 평균 표현형가 Pf와 가계 평균의 표현형분산은

$$\sigma^2{}_{pf} = \frac{1+(n-1)t}{n} V_P \qquad (9.33)$$

으로 나타난다. 여기서 t는 σ^2_B/σ^2_T으로 나타낸 가계내 전형매 사이의 계급내 상관관계이다. 그리고 σ^2_T은 Vp와 동일한 총 분산이다.

가계 평균의 상가유전분산은

$$\sigma^2{}_{Af} = \frac{1+(n-1)r}{n} V_A \tag{9.34}$$

이다. 여기서 r은 가계내 육종가 사이의 상관관계(예. 전형매 $\frac{1}{2}$, 반형매는 $\frac{1}{4}$)이다. 하지만 가계간 분산의 측정 성분은

$$\sigma^2{}_f = \sigma^2_B + (1/n)\sigma^2_W \tag{9.35}$$

이다. 가계내 편차에 대한 표현형분산은

$$\sigma^2{}_{Pw} = \frac{(n-1)(1-t)}{n} V_P \tag{9.36}$$

으로 나타낸다. 여기서 t는 가계내 전형매 사이의 계급내 상관관계이다. 가계내 편차의 상가유전분산은

$$\sigma^2{}_{Aw} = \frac{(n-1)(1-r)}{n} V_A \tag{9.37}$$

이다. 하지만 가계내 분산의 측정 성분은

$$\sigma^2{}_w = \sigma^2_W + \ (1/n)\sigma^2_W \tag{9.38}$$

이다. 가계 평균의 h^2와 가계내 편차의 h^2를 추정하는 것은

$$\mathrm{h}^2{}_f = 1 + \frac{(n-1)r}{1+(n-1)t} h^2 \tag{9.39}$$

이고

$$\mathrm{h}^2{}_W = \ \frac{1-\mathrm{r}}{1-\mathrm{t}} \mathrm{h}^2 \tag{9.40}$$

이다.

9.5 반복성 추정

한 가지 이상의 형질 측정법이 각 개체를 맡는다면, 표현형분산은 개체간과 개체내 분산으로 분할될 수 있다. 개체간 분산은 유전분산 σG^2과 특수 환경분산 σEs^2으로 구성된다. 반면 개체내 분산은 일반 환경분산 σEg^2으로 나타낸다. 반복성은

$$r = \frac{\sigma_G^2 + \sigma_{Fs}^2}{\sigma_P^2} \tag{9.41}$$

$$\frac{\sigma_{Eg}^2}{\sigma_p^2} = 1 - r \tag{9.42}$$

로 표현된다. 반복성은 유전효과와 특수 환경효과에 의한 단일 측정의 분산 비율, 즉 반복된 측정에서 동일한 강도로 반복될 것으로 예상되는 효과이다. 반복성을 추정할 때 1) 다양한 측정에서 동일한 분산, 2) 다양한 측정은 유전적으로 같은 형질인 것을 반영한다고 가정한다. 반복성은 다중 측정에서의 정확도 획득을 나타낸다. 낮은 반복성으로 측정을 반복하면 정확도가 더 증가할 것이다. 단일 측정의 표현형분산은

$$\sigma_p^2 = \sigma_G^2 + \sigma_{Es}^2 + \sigma_{Eg}^2 \tag{9.43}$$

개체 내에서 평균 n번 반복된 측정에서의 표현형분산은

$$\begin{aligned} \sigma_{p(n)}^2 &= \sigma_G^2 + \sigma_{Es}^2 + 1/n\sigma_{Eg}^2 \\ &= r\sigma_p^2 + \frac{(1-r)}{n}\sigma_p^2 = [r + \frac{(1-r)}{n}]\sigma_p^2 \end{aligned} \tag{9.44}$$

이다. 측정수의 증가는 일반 환경분산에서 각 측정의 총 분산에 대한 기여를 감소시킨다. 하지만 반복성이 높다면 효과는 더 줄어든다. 반복 측정을 하는 이점은 σp^2 에 대한 $\sigma p(n)^2$ 의 비로 표현될 수 있다. 그리고 반복성이 1보다 적을 때 증가하는 측정수에 대하여 이 비율이 어떻게 감소하는지 표현될 수 있다.

육종 프로그램에서 반복 측정의 이점은 육종 평가에서의 정확성 증가에서 보인다. 표현형분산은 σEg^2 이 줄어들 때 감소된다. 그리고 상가유전분산은 표현형분산에 비례하여 증가한다.

표현형분산과 유전율은 가계집단에서의 평균에 근거하여 추정된다. 이것은 추적하기 전 어류 가계집단에서 형질들이 측정되는 방법이다. 개체 내에서 반복된 측정과 같은 방식으로 취급된다. 분산은 가계집단 내와 가계집단간으로 분할된다. 가계집단내 개체간 상가관계는 어떤 값 r이 주어질지를 결정한다. 반형매 집단의 경우 r = $\frac{1}{4}$이면, 평균에 대한 표현형분산은

$$\sigma^2_{P(n)} = [1/4 + \frac{(1-1/4)}{n}]\sigma^2_P \tag{9.45}$$

으로 추정된다.

9.6 형질간 표현형과 유전적 상관관계

9.6.1 혈연간 공분산에서 상관관계 추정

형질간 공분산은 두 형질 각각에 분산을 일으키는 공통인자의 정도의 측정이다. 특히 유전상관관계는 육종 프로그램에서 굉장히 중요하다. 유전상관관계는 각 형질의 유전적 배경 지식을 제공한다. 그리고 유전상관관계는 육종가의 예측을 더 정확하게 하는 데 중요하다. 더군다나 한 형질의 향상이 다른 형질에 동시적인 변화를 일으키는지, 일으킨다면 얼마만큼 변화가 생기는지를 파악하는 것은 중요하다. 1이나 -1에 가까운 상관관계 때문에, 오직 1개의 형질에 대한 선발은 다른 형질에 대하여 높은 상관 반응을 나타낸다고 예상할 수 있다. 2형질이 비우호적으로 상관되어 있다면, 1개의 형질의 향상으로 다른 형질은 비우호적 변화가 생길 것이다. 집단내 모든 형질에서 유전적 향상을 얻거나 심지어 상관된 형질을 바꾸지 않고 1개의 형질을 바꾸는 것은 도전적인 일이 될 것이다. 효율적인 현대 육종 프로그램의 결과로 성장이나 적응성 같은 생산 형질간 유전상관관계에 대한 지식은 적응성 감소를 차단하거나 최소화시키는 데 중요하다.

5장에서 본 것처럼, 형질간 상관관계는 형질간 공분산과 형질간 표준편차로 구성된다. 개별적 형질의 분산처럼, 표현형상관관계에는 유전요인과 환경요인이 모두 내포되어있다. 그리고 표현형상관관계는 환경 상관관계가 0일 때만 완전히 유전상관관계를 반영한다.

$$r_p = h_X h_Y h_G + (1-h^2_X)^{1/2}(1-h^2_Y)^{1/2} r_E \tag{9.46}$$

2개의 형질이 모두 유전율이 낮으면 표현형상관관계는 주로 환경공분산에 의해 결정된다. 반면 2형질이 모두 유전율이 높은 상황에서는, 유전공분산이 더 중요하다. 부정적 환경 상관관계가 0에 가까운 표현형상관관계가 되면서 긍정적 유전상관관계는 상쇄된다.

표 9.5 교차곱의 합과 기대평균 교차곱을 측정하는 식

공분산 원인	DF	교차곱의 합	평균 교차곱(CP)	기대평균 교차곱
수컷간	s-1	수컷 교차곱(CP)	수컷 SS/(s-1)	$\sigma_{e(XY)}+n\sigma_{d(XY)}+nd\sigma_{s(XY)}$
수컷내				
암컷간	s(d-1)	암컷 CP	암컷 SS/(s(d-1))	$\sigma_e^2+n\sigma_d^2$
암컷내	sd(n-1)	오차 CP	오차 SS/(sd(n-1))	σ_e^2
총합계	sdn-1	총 CP		

혈연간 유사성은 유전상관관계를 추정할 때 사용된다. 2형질간 표현형과 유전공분산은 2형질에 의한 각 개체에서 측정된다고 가정한 1개의 형질의 표현형분산과 유전분산의 추정과 비슷한 방식으로 추정될 수 있다. 제곱의 합과 평균 제곱합은 형질간 교차곱의 합과 평균 교차곱의 합으로 대체된다. 앞에서 기술한 것처럼 혈연간 다른 유형의 유사성을 이용할 수 있다. 반형매의 공분산 성분과 친어 - 자식 공분산이 가장 일반적으로 사용된다.

임의 인자 수컷과 수컷내 암컷, 오차항을 포함하는 예 9.2.3.1에서처럼 같은 모형을 사용하여, 같은 개체 내에서 측정된 2형질간 표현형공분산과 유전공분산은 표 9.5에 따라 기대평균 교차곱(CP)에서 추정될 수 있다.

수컷, 암컷, 오차, 공분산 성분은 상가유전공분산, σ A(XY), 환경공분산 σ E(XY), 표현형공분산 σ P(XY)을 등식화하면

$$\sigma A(XY) = 4\sigma S(XY)$$

$$\sigma P(XY) = \sigma e(XY) + \sigma d(XY) + \sigma S(XY)$$

이다.

유전분산과 공분산은 유전상관관계를 추정하기 위해 조합된다.

$$r_{a(XY)} = \frac{\sigma_{A(XY)}}{\sigma_{A(X)}\sigma_{A(Y)}} \tag{9.48}$$

유전상관관계의 추정값은 보통 다소 큰 표본추출 오차에 종속된다. 그것은 추정값에 연관된 오차를 각각 가지고 있는 3개의 추정 매개변수로 구성되기 때문이다. 유전상관관계 추정값은 유전자 빈도의 영향을 받는다. 그리고 추정값은 집단 사이에서 다르다.

가끔 2형질 모두 같은 개체에서 측정되지 않는다. 그러면 다중 형질 복합모형에 근거한 방법은 모든 개체간 관계에 대한 정보를 포함해서 사용되어야 한다(Mrode, 1996).

9.6.1.1 사례

틸라피아에 대한 선발실험에서, 생산량 체중(HWT)과 월동기 이후 체중(OWT)간 상관관계를 추정하였다. 분산의 다중변수 분석(MANOVA)은 각 형질에 대한 분산분석 뿐 아니라 형질간 수컷, 수컷내 암컷, 오차항과 연관된 교차곱의 합을 제공했다. 결과를 요약하면 다음과 같다.

종속변수 :		OWT	HWT
원인	DF	평균제곱	평균제곱
모형	103	50,320.82	28,402.46
오차	2,764	3,518.36	1,816.52
보정된 총합	2,867		
원인		평균제곱	평균제곱
수컷		22,345.79	12,345.36
암컷		15,475.16	6,788.77
수조		104,380.54	6,960.10
성		101,332.44	143,600.59
연못		12,020.33	6.53

원인	유형Ⅲ 기대 평균제곱
수컷	Var (오차) + 29.426 Var (암컷(수컷)) + 52.161 Var (수컷)
암컷(수컷)	Var (오차) + 29.328 Var (암컷(수컷))

E = 오차 SS&CP 행렬			H = 유형Ⅲ SS&CP 행렬 수컷			H = 유형Ⅲ SS&CP 행렬 암컷(수컷)		
	OWT	OWT		OWT	OWT		OWT	OWT
OWP	9,724,741.37	5,185,219.73	OWP	1,184,326.78	809,084.72	OWP	649,956.54	392,189.00
HWT	5,185,219.73	5,020,853.72	HWT	809,084.72	654,304.30	HWT	392,189.00	285,128.18

공분산 원인	DF	교차곱의 합	평균 CP	기대평균 교차곱
수컷간	53	809,084.72	15,265.75	$\sigma_e^2+29.43\sigma_d^2+52.16\sigma_s^2$
암컷(수컷)	42	392,189.00	9,337.83	$\sigma_e^2+29.33\sigma_d^2$
암컷내	2,764	5,185,219.73	1,875.98	σ_e^2
총합계	2,867			

기대평균 교차곱에서 수컷, 암컷, 오차 공분산을 측정할 수 있다. 그리고 유전공분산과 모계공분산, 환경공분산을 추정할 수 있다.

$\sigma_{d(XY)} = 254.43$ $\sigma_{A(XY)} = 4\sigma_{s(XY)} = 452.68$

$\sigma_{s(XY)} = 113.17$ $\sigma_{E(XY)} = \sigma_{e(XY)} - 2\sigma s(XY) = 1,649.64$

$\sigma_{e(XY)} = 1,875.98$ $\sigma_{P(XY)} = \sigma_{d(XY)} + \sigma_{s(XY)} + \sigma_{e(XY)} = 2,243.58$

OWT와 HWT의 분산성분 예측값은

OWT $\sigma^2_{d(X)} = 407.69$ $\sigma^2_{A(X)} = 4\ \sigma^2_{s(X)} = 1630.76$

$\sigma^2_{s(X)} = 130.95$ $\sigma^2_{E(X)} = 4\ \sigma^2_{e(X)} - 2\sigma^2_{s(X)} = 2,702.98$

$\sigma^2_{e(X)} = 130.95$ $\sigma^2_{P(X)} = 4\ \sigma^2_{d(X)} + 2\sigma^2_{s(X)} + \sigma^2_{e(X)} = 4,057.00$

HWT $\sigma^2_{e(Y)} = 169.54$ $\sigma^2_{A(Y)} = 4\ \sigma^2_{s(Y)} = 424.84$

$\sigma^2_{s(Y)} = 106.21$ $\sigma^2_{E(Y)} = 4\ \sigma^2_{e(Y)} - 2\sigma^2_{s(Y)} = 1,536.90$

$\sigma^2_{e(Y)} = 1,875.98$ $\sigma^2_{P\ (Y)} = 4\ \sigma^2_{d(Y)} + 2\sigma^2_{s(Y)} + \sigma^2_{e(Y)} = 2,151.73$

상관관계는 추정될 수 있다.

$$r_P = \frac{\sigma_{P(XY)}}{\sigma_{P(X)}\sigma_{P(Y)}} = 0.76$$

$$r_A = \frac{\sigma_{A(XY)}}{\sigma_{A(X)}\sigma_{A(Y)}} = 0.54$$

$$r_E = \frac{\sigma_{E(XY)}}{\sigma_{E(X)}\sigma_{E(Y)}} = 0.81$$

9.7 혼합선형 모형기술과 계통정보에 근거한 다중형질 모형에서 추정된 상관관계

계통정보가 포함된 혼합선형 모형기술에 근거한 다중형질 모형은 형질간 유전공분산을 추정하는데 유용하다. 혼합선형 모형기술에 근거한 다중형질 모형은 개체간 모든 종류의 관계를 사용한다. 이것은 각 형질이 다른 모형에 의해 기술되어야 하거나 형질들이 같은 개체에서 측정되지 않을 때, 형질간 공분산을 추정할 수 있는 가능성을 준다. 다중형질 모형에서 측정 벡터 y는 서브벡터로 분할된다. 즉,

$$y' = [y1'y2'y3'......yt'] \tag{9.49}$$

이다. 각 벡터는 같은 개체나 다른 개체에서 측정된 다른 형질을 나타낸다.

$$yi = Xibi + Ziai+ei, \quad I = 1, 2, \cdots, t \tag{9.50}$$

어류 생산에서 측정은 성장률 y_1과 죽었을 때 지방내용물 y_2에 대해 구해진다. 1개의 형질에 사용된 모형은 포함된 고정효과와 무작위 효과에 의해 다른 형질에 사용된 모형과 매우 다를 수 있다. 어떤 개체는 2개 형질 모두 측정되지만, 나머지 개체들은 형질 중 1개의 형질만 기록된다. 그래서 공분산성분을 추정하는 것이 분산성분을 추정하는 것보다 더 복잡하지만 근본적인 방법은 변하지 않는다. 다중형질 모형기술은 단일형질 모형에 대한 혼합선형 모형기술의 연장선상에 있기 때문이다. 결과적으로 다중형질 모형은 고정인자에 대한 BLUE(Best Linear Unbiased Estimator), 임의 인자와 공분산뿐 아니라 분산성분의 추정값에 대한 BLUP를 구하는 데 사용될 수 있다. 단일형질 모형의 원리와 기술은 모두 다중형질 모형에 적용한다. 방정식의 크기는 측정을 어렵게 하는 단일형질 모형보다 몇 배 더 크다.

다중형질 모형은 세 그룹으로 분류할 수 있다.

1. 모든 t 형질에 대한 같은 모형, 그리고 모든 개체는 모든 형질에 대해 측정된다.
2. 모든 t 형질에 대한 같은 모형, 그러나 어떤 개체는 모든 형질에 대해 측정되지 않는다.
3. 다른 형질에 대한 다른 모형, 그리고 어떤 개체들은 모든 형질에 대해 측정되지 않는다.

(공)분산성분 추정의 어려움은 상황 1)에서 3)으로 갈수록 커진다. 분석을 더 쉽게 하기 위해 단일형질 접근을 사용하거나 변환을 자료에 적용할 수 있다. 그룹 1)에 따른 상황의 경우, 단일형질 접근법을 사용할 수 있다. 분산성분은 단일형질 분석으로 추정될 수 있다. 형질간 공분산을 추정하기 위해 새로운 형질은 (yi+yi+1)로 정의한다. 2개의 형질 각 합의 분산은

$$Var(yi+yi+1) = Var(yi)+Var(yi+1)+2Cov(yi,yi+1) \tag{9.51}$$

이다. 여기서 2개의 형질간 공분산을 추정할 수 있다. 이 방법의 장점은 분석이 단일형질 분석보다 더 복잡한 측정을 필요로 하지 않는다는 것이다. 하지만 실행할 분석이 많이 있을 수 있다.

정규형 변환과 Cholesky 변환은 그룹 1)과 2)로 특정화된 자료에 적용될 수 있다. 자료 정규형 변환을 적용하면 많은 방정식을 가진 하나의 다중형질 분석 대신 단일형질 분석이 된다. Cholesky 변환에 의한 변환으로 변환된 자료의 오차(공)분산 행렬은 측정을 더 쉽게 만드는 항등행렬이 된다. 이 주제를 더 많이 다루고 싶다면 Lynch and Walsh(1998)를 참조하기 바란다.

9.8 경계형질

어류양식에는 경제적으로 중요한 형질이 많다. 이런 형질들은 불연속 방식이며 표현형적으로 다양하다. 이런 형질들 중 어떤 것은 단순 Mendel 방식으로 유전되지 않는다. 이런 형질들은 다중인수 배경을 가지고 있는 것으로 여겨진다. 다중인수 배경은 근본적인 연속변이를 일으키는 유전자와 환경효과의 영향을 받는 많은 생리적 함수를 포함한다. 하지만 유전분산과 환경분산은 몇 개의 뚜렷한 종류로 나타나는 표현형처럼 가시적 표현형분산으로 되지 않는다. 역치모형의 개념에 근거한 범주 내의 형질에 대한 분산성분을 추정하는 방법이 개발되었다.

9.8.1 범주와 역치

근본적인 형질가는 표현형의 범주화를 결정한다. 역치는 가시적 발현에 불연속성을 만든다. Heringstad et al.(2001)에서 기술된 것처럼 역치모형은 범주 내의 형질의 표현형 발현은 기초적인 정규분포, 즉 범주 λ에 의해 결정된다. 기본적 변수가 이 역치단계 아래에 있을 때 개체는 1가지 형태의 발현을 가진다. 변수가 역치기준 위에 있을 때 개체는 다른 표현형 발현을 가진다. 측정된 2원 반응(y)은 다음 관계식의 결과이다.

$$y_i = \begin{cases} 0 \text{ if } \lambda_i \le \tau \\ 1 \text{ if } \lambda_i > \tau \end{cases} \tag{9.52}$$

여기서 τ는 고정역치이고 yi = 0과 1은 표현형가에 대응한다. 가끔 범주는 평균 벡터 μ와 (공)분산 행렬 R = $I\sigma e^2$를 가지고 정규분포화되어 있다고 가정된다. 여기서 σe^2은 기본적 크기의 분산이고 I는 항등행렬이다(Searle, 1971). 이 매개변수들은 동일하지 않기 때문에, 출발점과 측정 크기를 나타내기 위해 임의값 (τ = 0이고 σe^2 = 1)으로 설정한다. 범주의 벡터 μ는 분포선을 가지고 있다고 가정된다. 즉 $\lambda \mid \mu$ $N(\mu, I)$이다. 그 확률은 측정값 i가 주어진 모형 매개변수 벡터 θ에서 1로 기록되고, 그 확률은 다음과 같이 정의된다.

$$\pi_i = Prob(Yi = 1 \mid \theta) = Prob(\lambda_i > 0 \mid \theta) = \phi(\mu_i) \tag{9.53}$$

이다. 여기서 $\phi(.)$은 표준 정규누적분포 함수이다.

기본적 분포도의 가정은 경제적으로 중요한 형질 같은 어미에서 태어난 자어의 수로 나타낼 수 있다. 젖소의 동복자어 수에는 오직 2개나 3개의 등급이 있다. 반대로 어류는 많은 동복자어를 가지고 있고 형질은 충분한 등급이 있기 때문에 연속 변수로 간주된다. 그러나 젖소가 쌍둥이를 낳는 생리적 이유가 어류의 동복자어의 수와 다르다고 생각할 이유는 없다. 가장 간단한 상황은 표현형 등급을 나누는 단일 역치를 가진 2개의 표현형 등급을 가질 때이며, 표 5.2에 나타냈다. 개체는 오직 2개의 표현형가가 0이나 1을 가질 수 있다. 가계집단처럼 집단기준으로 형질은 발생 비율이나 %로 표현될 수 있다. 발생률은 집단의 등급을 제공한다. 하지만 분산이 평균에 따라 다르기 때문에 비율 크기는 통계적 분석과 유전적 분석에 적절치 않다. 이런 이유로 발생률은 평균 범주로 전환되며, 이것은 정규분포화된 것으로 정의된다. 범주의 단위는 표준편차 σ이다. 범주의 표준편차 단위 x에 있는 평균에서 역치의 편차는 발생률 p에 평균 범주를 결부시킨다. 다양한 입사각에 대한 x값은 부록 A의 표로 나타냈다.

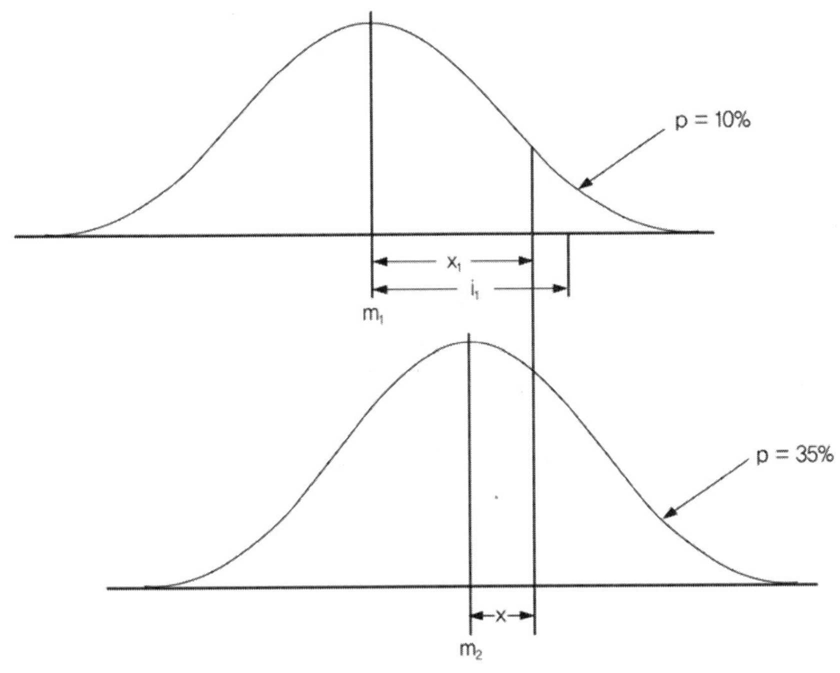

그림 9.1 역치형질의 서로 다른 발생률 p와 결과적으로 서로 다른 범주를 가진 2집단 범주의 분산은 2집단에서 같다. x는 평균에서 역치의 표준편차이다. i는 다른 집단평균에서 영향 받은 개체의 평균편차이다.

그림 9.1에서 서로 다른 발생률을 지닌 개체의 2집단을 보여준다. 역치는 기본적 변수가 하나의 발현을 다른 표현형 발현으로 바꾸는 단계를 강요한다. 역치가 고정된 것으로 정의되면 역치는 모든 집단에서 범주가 같은 단계에 있으며 단계는 비교될 수 있다.

집단평균은 역치에서 σ단위의 편차로 표현된다. 그림 9.1에 있는 집단 1의 경우, 집단의 90%가 표현형가가 '0'으로 나타나고 10%가 표현형가 '1'로 나타난다. 발생률은 P_1 = 0.10이다. 역치는 x_1 = $1.282\sigma_1$이다. 평균 범주는 m_1 = $-1.282\sigma_1$이다. 그림 9.1의 집단 2의 경우, 집단의 65%가 표현형가가 '0'으로 나타난다. 발생률은 P_1 = 0.35, 역치 x_1 = $0.385\sigma_1$, 평균 범주는 m_2 = $-0.385\sigma_1$이다.

표준편차가 2개의 집단에서 같다고 가정하면, 평균 범주는 비교될 수 있다. $m_2-m_1 = -0.385\sigma - (-1.282\sigma) = 0.897\sigma$. 즉, 집단은 범주의 표준편차 0.897만큼 다르다.

이원형질의 경우, Robertsen and Lerner(1949)는 가계간과 가계내, 2개의 분산 원인을 가진 한방향 분류 모형에서 유전율을 추정하기 위한 방법을 제시했다. 1과 0인 표현형 발현의 측정 크기에 대한 유전율은

$$h_{01}^2 = \frac{SSF/p(1-p)-(s-1)}{r(k-s+1)} \tag{9.54}$$

로 추정될 수 있다. 여기서 P는 역치 위의 비율, SSF는 가계로 인한 보정된 제곱의 합이다. S는 가계수이고 r은 가계 구성원간 상가관계이다.

$$k = \sum n_i - \sum n_i^2 / \sum n_i \tag{9.55}$$

ni는 i번째 가계에 있는 개체수이다. 유전율은 기본적 비율에서 추정될 수 있다.

$$h_L^2 = h^2 z^2 / p(1-p) \tag{9.56}$$

여기서 Z는 '0'과 '1' 사이의 역치에 대응하는 표준 정규밀도 함수의 세로 좌표이다.

9.8.1.1 사례

틸라피아 1,794마리의 집단에서, 98 전형매 가계의 어류(s = 98, r = 0.5)는 저온노출실험을 거쳐서 약 10%가 살아남았다. 범주 내의 형질에 있는 분산분석에서의 SSF는 9.24였다. 반면 k=1,783였다. (xx)에 따라 범주 내의 형질에 대한 추정 유전율은 h_{01}^2 = [9.24/(0.1×0.9) −98+1]/0.5(1783−98+1) = 0.0067이다. I는 1.76이고 z = i*p = 0.176일 때 범주의 추정 유전율은 h_L^2 = h_{01}^2*0.176^2/(0.1×0.9) = 0.043이다.

Falconer(1965)는 혈연개체에 대해 우세한 질병에 대한 범주의 유전율을 추정하기 위한 또 다른 방법을 제시했다. 이 방법은 1) 영향 받은 개체가 있는 집단 범주의 기본적 연속 정규분포도가 어떤

고정된 역치보다 더 높다는 것과 2) 영향 받은 개체의 혈연의 범주 분포는 일반 집단에 있는 분산과 동일한 분산으로 정규분포화되어 있다고 가정한다.

집단 1이 친어 세대이고 집단 2는 자식을 나타낸다면, 유전율은 반응(R) 대 선발 차이(S)의 비로 표현된 중간-친어값에 있는 개체의 회귀로 추정될 수 있다. 영향 받은 개체의 평균('1')은 $i\sigma$이다. 이 값은 선발 차이와 동일하다. 반면 선발반응은 $m_R - m_P$인데 P와 R은 집단과 혈연을 나타낸다. 친어집단에서 발생률 P = 10, S = $i\sigma$ = 1.755σ이면, 반응 R은 0.897σ이고 h^2 = R/S = 0.897/1.755 = 0.51이다. 이것은 어떤 관계에도 적용될 수 있다.

첫째, 혈연간 범주의 상관관계는

$$t = \frac{m_R - m_P}{I} = \frac{X_P - X_R}{I} \tag{9.57}$$

로 주어진다. 여기서 P는 전체 집단, R은 영향 받은 개체의 혈연, m은 역치의 편차로서의 평균이다. 유전율은

$$h^2 = t/r \tag{9.58}$$

로 추정된다. 여기서 r은 영향 받은 개체와 혈연간 유연계수이다. 집단 1이 전체 집단을 나타내고, 집단 2가 영향 받은 개체의 반형매를 나타내면 유전율은 t/(1/4)과 같다.

9.9 결론

유전 매개변수와 표현형 매개변수의 추정값은 집단과 시간 특성이라는 사실을 명심해야 한다. 특히 유전적 구조는 선발, 돌연변이, 환경효과로 인해 집단마다 다르다. 이것은 추정하는 방법이 연구마다 다양하다는 사실을 입증한다. 양식집단내 유전 매개변수와 표현형 매개변수를 재추정할 필요가 있다.

10. 육종 전략

KJERSTI TURID FJALESTAD

10.1 서론

육종 프로그램의 주요 목적은 원하는 등급의 빈도를 증가시키기 위해 정규분포화된 형질이나, 생존율같이 2개(또는 그 이상)로 분리된 등급을 가진 형질을, 원하는 방향으로 형질의 평균치를 옮기는 것이다. 한 세대에서 그 다음 세대로 집단 평균이나 등급 빈도가 변하는 것은 기간 선발반응이다. 정규분포화된 형질의 선발반응은 그림 7.4에 나타냈다.

다양한 양식 전략을 적용해서 선발반응이나 유전적 증대를 얻을 수 있다. 장기간의 양식 목적의 경우, 육종핵에 적합한 유일한 전략은 상가유전 향상에 대한 순수-육종 접근법의 종류일 것이다. 시판용 치어를 생산하는데 적용된 육종 전략은 핵 집단 안에서의 육종보다 더 많은 제약이 있을 수 있다. 시판용 치어의 생산성을 더욱 향상시키려면 잡종교배, 배수체 조작, 성 억제를 적용할 수 있을 것이다. 핵에서 상가유전적 활동 향상을 제한하는 시판용 치어의 육종 전략을 피해야 한다(예를 들면 잡종교배 프로그램에서 근친교배된 계통을 사용하는 것. 아래를 참조).

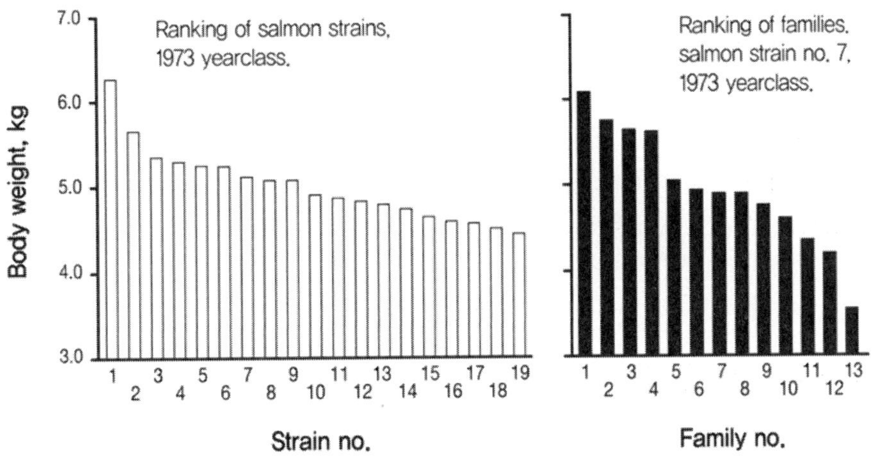

그림 10.1 체중에 따른 연어 계통과 연어 집단의 변이.

모든 육종 프로그램은 사용 가능한 최고의 유전물질을 수집, 비교, 선발하는 것으로 시작해야 한다(16장 참조). 계통을 검사하고 양식에 가장 좋은 것을 선발하는 것의 중요성은 Bentses et al.(1998)이 틸라피아의 경우에서 나타냈던 것처럼 계통 내의 여러 세대를 선발하는 것과 같다. 기초집단 선발의 중요성에 대한 또 다른 예는 그림 10.1에 나타나 있다. 그림 10.1은 대서양연어 계통간과 계통내 전형매 집단으로 나누었을 때 나타난 체중의 차이이다(Gjedrem, 1979b). 계통간과 계통내 전형매 집단간에서 발견한 큰 차이는 최고로 사용 가능한 유전물질을 가진 육종 프로그램을 시작하는 것이 중요하다는 점을 보여준다. 계통내 전형매 집단간의 차이는 또한 선발을 통한 더 진전된 향상의 가능성을 나타낸다.

10.2 근친교배

무한하게 큰 집단에서의 근친교배는 집단 내에서 임의로 교배하는 개체보다 서로 더 가까운 혈연관계에 있는 개체의 교배로 정의된다. 대부분의 수산생물 육종 프로그램에서 실제로 사용된 집단은 유한한 집단이다. 집단은 제한된 구성원을 소유하고 있기 때문이다. 모든 유한한 집단은 자어를 각각 계승하는 세대에 기여하는 개체의 수에 근거한 근친교배를 어느 정도 경험한다. 집단의 근친교배는 6장에서 정의하고 기술된 것처럼 근교계수(F)에 의해 측정된다. 근교계수는 집단의 선조의 특정시점에서 시작되어 축적된 근친교배의 양을 나타낸다. 선조를 고려하지 않는 것 외에 모든 대립유전자가 독립적으로 간주되는 시기를 과거의 특정 시기로 선발한다면 근교계수는 의미가 있는 것이다.

양식 구조의 유효집단 크기(Ne)를 알면, 세대당 근친교배율(△F)은

$$\triangle F = 1/2Ne \qquad (10.1)$$

로 구할 수 있다. 여기서 Ne는 각 새로운 세대의 친어로서 사용된 수컷과 암컷 수의 함수이다(유효집단 크기에 영향을 주는 다른 상황들은 6장 참조).

$$N_e = 4N_mN_f/(N_m+N_f) \qquad (10.2)$$

N_m과 N_f는 수컷과 암컷의 수이다.

수컷과 암컷 간 유전적 관계가 없다고 가정하고 50마리의 수컷과 50마리의 암컷을 사용했을 때, N_e = 100이고 △F = 0.005 또는 세대당 0.5%이다. 이것은 대부분의 형질에 적합한 수용 가능한 근친교배율이다.

근친교배율은 훨씬 더 적은 성의 개체수에 따라서 크게 달라진다. 수컷의 수가 30으로 감소하면, N_e=100을 유지하기 위해 암컷의 수가 150으로 증가해야 한다. 그리고 수컷의 수가 20이면, 사용된 암컷의 수를 불문하고 N_e는 80을 초과할 수 없다.

근친교배의 일반적 결과는 유전분산의 재분포이다. 계통의 평균치 사이에 나타나는 분산성분은 증가한다. 반면 계통 내에 나타나는 성분은 감소한다. 다시 말해, 근친교배가 계통간 분화와 계통내 유전적 동일성을 일으킨다.

선발 중인 폐쇄된 집단 내에서 근친교배 기준이 세대가 거듭날수록 증가하는 것을 막는 것은 불가능하다. 대서양연어와 무지개송어의 노르웨이 육종 프로그램(지금은 AquaGen이 운영하는 육종 프로그램)에서 선발 중인 세대당 근친교배의 증가는 처음 3세대가 1.4%(Rye and Mao, 1998), 무지개송어의 경우엔 처음 6세대가 1.3%(Pante et al., 2001b)로 추정되었다. 두 추정값 모두 계통정보에 근거한 것이다. Pante et al.(2001b)은 계통정보가 근친교배율과 근친교배 기준을 정확히 추정하는 데 필요한데 그것은 유효집단 크기(Ne)가 근친교배율과 근친교배 수준을 추정하는데 빈약하기 때문이라고 결론을 내렸다. 근친교배 수준이 수용할 수 없이 높게 되면 혈연관계가 없는 집단의 생물이 근친교배 문제를 감소시키기 위해 친어로 사용되어야 한다. 더 많은 정보는 6장에서 찾을 수 있다.

10.2.1 근친교배의 응용

- **동일생물**

근친교배는 연구 목적으로 계통을 발전시키는 강력한 기술이다. 높게 근친교배된 계통은 유전적으로 안정되어 있다. 이것은 실험적 목적, 특히 생물학적 정량과 다른 실험에서 사용될 실험용 생물의 경우 “표준” 근친교배 계통의 사용과 연관하여 중요하다(Komen, 1990).

- **잡종교배와 결합된 근친교배된 계통**

실제 육종 작업에서 의도적 근친교배는 비상가 유전분산을 이용하기 위해 근친교배된 계통이 잡종교배에 대해 생산될 때에만 관심이 있다. 자체에 있는 근친교배는 거의 보편적으로 유해하여 양식업자나 실험자는 가능한 한 그런 경우를 피하려고 노력한다.

10.2.2 근교약세

근교약세는 영향 받은 형질의 실행 감소로 측정된 근친교배의 영향이다. 근교약세로 번식능력(번식력, 알의 크기, 부화율)이나 생리적 능력(치어 기형, 성장률, 생존)과 연관된 형질에 의해 나타난 평균 표현형가가 감소된다.

근교약세는 근친교배된 집단과 기초집단 간 평균 활동차로 측정된다. 번식이나 생리적 능력과 연관된 형질은 자주 근교약세를 보이기 때문에, 육종 프로그램에서 근친교배율을 낮은 기준으로 유지하는 것은 중요하다.

10.2.3 근친교배 실험의 결과

Gjerde et al.(1983)은 무지개송어의 생존과 성장률에 대한 3가지 근친교배 기준(F = 0.25, 0.375, 0.5)의 영향을 연구하였으며 그 결과는 표 10.1에 나타냈다(전체 근친교배 기준에 대한). 평균 근교약세는 발안란의 경우 10%, 연어 자어의 경우 5.3%, 치어의 경우 11.1%였다. 근친교배와 근교약세 간 선형 관계는 발견되지 않았다. 자어의 성장은 현저한 근교약세를 보이지 않았지만, 성어의 성장은 근친교배가 증가하면서 성장퇴화도 증가하는 것을 보였다. 근교계수의 10% 증가당 근교약세는 0.25, 0.375, 0.5의 근친교배 기준에서 4.5%, 5.3%, 6.1%가 된다는 사실을 알았다.

표 10.1 무지개송어의 경우 발안란, 연어치어, 치어의 생존과 치어와 성어의 체중에 대한 3가지 근친교배 기준의 영향

	생존%						체중			
근교계수[1]	Eyed egg 통제	ID[2]	Alevin 통제	ID[2]	치어 통제	ID[2]	자어 통제	ID[3]	성체 통제	ID[3]
F=0.25	95.1	8.9	99.0	2.8	81.4	9.1	12.0	9.8	2.50	11.3
F=0.3755	94.6	15.3	98.4	8.3	72.7	5.6	47.8	22.5	3.15	19.9
F=0.50	96.8	5.8	96.3	4.8	72.6	18.6	12.2	-4.0	2.96	30.5

1 전형매 교배의 첫 번째 (F = 0.25), 두 번째 (F = 0.375), 세 번째 (F = 0.50)의 연속적 세대에서 구했다.
2 근교약세 (ID = 통제 - 근친교배)
3 근교약세 ID = (통제 - 근친교배)100%/통제

Su et al.(1996)도 무지개송어의 경우 암컷의 산란 연령은 근교계수 10% 증가당 0.53%만큼 연기되고 알의 수는 6.1%만큼 감소한다는 사실을 발견했다. 근친교배는 수컷의 알 크기나 산란 연령에 영향을 주지 않았다. 근친교배 10% 증가당 체중의 근교약세는 체중이 증가하면 근교약세가 증가되는 경향을 나타내며 2.26%에서 5.77%까지 다양하다.

찬넬메기의 실험에서 Bondari and Dunham(1987)은 근친교배(25%)가 수정란이 부화하는 데 소요되는 시간이 증가되었지만 산란 체중이나 부화율에는 크게 영향을 주지 않았다고 보고했다.

근교약세의 전형적인 기준이 표 10.2에 나타나 있다. 이것과 관련하여 1회의 전형매 교배는 근교계수가 0.25이고 1회의 반형매 교배는 근교계수가 0.125라는 사실을 강조하는 것이 중요하다(표 6.1에 나타냄).

앞에서 언급했던 것처럼, 근친교배는 근친교배된 계통이 비상가유전분산을 사용하기 위해 잡종교배로 생산될 때 육종 작업에 관심이 있다. 일반적으로 근친교배된 계통을 생산, 유지, 대체하는 데 필요한 자원과 시간은 순종핵의 상가유전 성과를 향상시키기 위한 노력을 증가시킴으로써 더 유리하게 사용될 것이다(Gjedrem et al., 1985; Gjerde, 1988).

표 10.2 어류와 패류의 여러 형질에 대한 전형적 근교약세 기준(표 10.1 참조)

종과 형질	제어 체중	근교계수	F 10%당 근교약세	저자
무지개송어 :				
수조	14	0.25	6.0	Kincaid(1976b)
수조	14	0.375	5.4	"
수조	203	0.25	9.3	"
수조	196	0.375	8.9	"
수조	12	0.25	3.9	Gjerde et al.(1983)
수조	48	0.375	6.0	"
수조	12	0.50	-	"
양식장	2,500	0.25	4.5	"
양식장	3,200	0.375	5.3	"
양식장	3,000	0.50	6.1	"
부화된 알, %	59	0.25	1.4	Kincaid(1976b)
부화된 알, %	49	0.375	1.3	"
비정상 치어, %	8	0.25	15	"
비정상 치어, %	13	0.37	21.7	"
생존 147일 %	71	0.25	6.7	"
생존 147일 %	74	0.375	6.5	"
부화된 알, %	78	0.25	4.2	Aulstad and Kit.(1971)
비정상 치어, %	-	0.25	4.2	"
치어 생존, %	1	0.25	0.9	"
대서양연어 :				
회귀율			17.4	Ryman(1970)
담수 송어 :				
7개월령 체중		0.25	11.1	Cooper(1961)
19개월령 체중		0.25	13.8	"
Coho Salmon:				
수조	4	0.125	3.4	Solazzi(1977)
수조	4	0.25	3.0	"
잉어 :				
성장	500	0.25	6.0	Moav and Wohl.(1963)
굴 :				
유동 접시	13	0.25	0.9	Longwell(1973)
유동 접시	9	0.25	2.9	Mallet and Haley(1983)
자루, 체중	94	0.20	8.8	Evans et al.(2004)
자루, 생존 %	94	0.20	4.2	"

근친교배를 피하는 육종 접근법은 3개의 일반 범주로 나뉜다.

- 무작위 교배하는 큰 집단 이용
- 근친교배를 차단하기 위한 체계적 계통 이종교배 계획 이용
- 잡종을 생산하기 위한 계통 이종교배

큰 무리의 무작위 교배집단을 사용하는 것은 가장 간단한 접근법이며, 단지 양식업자가 그 많은 수의 어류가 다음 친어 세대가 될 자손들에게 기여하는 것을 안전하게 지켜주는 것만을 요구할 뿐이다.

10.3 이종교배

이종교배는 수산양식에서 응용할 수 있는 잘 알려진 유전적 향상방법이다. 이종교배는 종, 어미 집단, 계통 또는 근친교배된 계통간 교배이다. 이종교배 프로그램의 주요 목적은 비상가유전분산을 이용하는 것이다(heterosis 즉 잡종강세). 계통이 선발없이 근친교배 되었을 때, 그 모든 이종교배의 평균은 계통들에서 나온 이종교배된 집단의 평균과 같을 것으로 예상된다. 그래서 이종교배 후에 되는 근친교배는 어떠한 향상도 만들 수 없다. 그래서 어떠한 향상이 이루어지려면 어떤 단계에서 선발이 있어야 한다. 이종교배는 상가유전 향상의 프로그램에 대한 보충물로 본다.

10.3.1 잡종강세

잡종강세는 자어가 1개 또는 그 이상의 형질에 대해 친어보다 뛰어난 현상이라고 정의된다. 이것은 혈연관계가 있는 생물을 교배해서 얻어지는 근교약세와 반대이다. 2현상은 식물과 동물에 거의 보편적으로 분포되어 있으며 특히 번식 적응성과 관련이 있다. 잡종강세를 추정하는 데 일반적으로 사용되는 방법이 2가지 있다. 첫 번째는 자어들을 친어 계통/계통의 평균과 비교하는 것이다. 두 번째는 월등한 친어 계통/계통의 평균과 자어들을 비교하는 것이다. 만약 친어가 다른 유전자 pool에서 나온다면, 이종교배는 이형접합체를 증가시켜서 잡종강세 획득이 예상된다. 주어진 형질의 잡종강세 증가의 정도는 친어 집단간 유전적 거리에 따라 달라진다.

이종교배와 선발에서 만들어진 상대적 증대는 문제가 되는 형질이나 형질들의 상가분산과 비상가분산의 크기에 달려있다. 만약 비상가분산이 크다면 이종교배에 의해 상당한 획득이 일어날 것이다(10.3.4절 참조).

10.3.2 결합력

한 계통이 이종교배에서 다른 계통(집단이나 계통)과 결합된다면, 일반 결합력은 계통의 평균 효과로 나타난다. 특정 교배는 기대값을 가지고 있는데 이러한 기대값은 두 친어 계통의 일반적 결합력의 합이다. 이종교배는 기대값에서 벗어난다. 이 편차를 결합에서 2계통의 특수 결합력이라고 부른다.

GCA = 유전가

SCA = 상위와 우성 편차, 또는 "nicking"이라 부른다(이 용어는 자어의 장점이 두 친어의 평균에서 많이 벗어났을 때 가끔 사용됨).

일반 결합력의 차이는 기초집단의 상가분산(A)과 A×A 상호작용 때문이다. 특수 결합력의 차이는 비상가유전분산과 우위 때문이다. 표 10.3은 4개의 집단을 이종교배할 때 GCA와 SCA를 추정하는 방법을 보여준다.

표 10.3 4개 집단 A, B, C, D의 일반 결합력과 특수 결합력

		♂				
		A	B	C	D	
♀	A	–	AxB	AxC	AxD	$S_{1.}$
	B	BxA	–	BxC	BxD	$S_{2.}$
	C	CxA	CxB	–	CxD	$S_{3.}$
	D	DxA	DxB	DxC	–	$S_{4.}$
		$S_{.1}$	$S_{.2}$	$S_{.3}$	$S_{.4}$	S

s.i = 수컷 잡종

si. = 암컷 잡종

S = 모든 잡종의 총 결과

S/12 = S/n = 모든 잡종에 대한 평균

10.3.2.1 사례

집단 A와 B의 일반 결합력(GCA)은

$$GCA(A) = 1/6(S_{1.} + S_{.1}) - S/12$$
$$GCA(B) = 1/6(S_{2.} + S_{.2}) - S/12$$

로 추정된다. 그리고 A×B와 B×A의 특수 결합력(SCA)은

$$SCA(A\times B) = (A\times B) - GCA(A) - GCA(B) - S/12$$
$$SCA(B\times A) = (B\times A) - GCA(A) - GCA(B) - S/12$$

이다. 특수 결합력의 차이를 측정하는 것은 일반적으로 더 어렵다. 그리고 육종 프로그램에서 이 효과를 이용하는 것도 더 어렵다. 비록 약간의 사용이 이종교배를 이용하여 SCA를 만들 수 있다 하더라도 SCA를 상업적으로 이용하기 위한 유일한 방법은 근친교배된 계통을 만들고 유지하는 것이다. 잡종의 특수 결합력은 특별한 잡종을 만들어 검사하지 않으면 측정할 수 없다.

10.3.3 상호순환 선발법

상호순환 선발법(RRS)은 일반 결합력과 특수 결합력 모두를 사용하기 위해 설계된 이종교배 계획이다. RRS의 이론적 근거는 Comstock et al.(1949)과 Dickerson(1952)이 제시했다. RRS는 2집단, 즉 계통 A와 B로 시작한다. B♂와 교배되는 A♀의 수와 A♂와 교배되는 B♀의 수가 상호적으로 이종교배된다. 이종교배된 자어는 형질이 향상되었는지 측정하고, 친어는 그들 자어의 성과로 판단된다. 모든 이종교배된 자어와 함께 가장 좋은 친어는 선발되고 나머지 친어는 폐기된다. 이것은 친어의 결합력을 검사하기 위해 사용된 것이다. 선발된 개체들은 검사할 친어의 다음 세대를 만들기 위해 같은 계통의 구성원과 다시 교배되어야 한다. 이것은 앞에서처럼 다시 이종교배되는 주기가 반복된다.

Falconer and Mackay(1996)에 따르면 RRS 프로그램은 가금류의 상업적 사육자에 의해 사용되어졌고 옥수수에는 유망한 결과를 보였지만, 다른 선발방법들과의 직접적인 비교는 장려되지 않고 있다. RRS의 단점은 이 방법은 다중산란 친어들에게서만 유일하게 사용될 수 있고, 그 방법은 아주 복잡하고 광범위한 검증체계를 요구하고 있으며, 그 세대 간격은 일반적으로 상당히 긴 시간일 것이다.

10.3.4 초우성

이형접합체가 두 동형접합체 모두보다 우위에 있을 때, 이런 현상은 그림 10.2에서처럼 초우성이라고 알려져 있다(Falconer and Mackay, 1996). 서로 다른 대립유전자가 고정된 2계통의 이종교배는 개체가 모두 이형접합체인 F_1으로 나타난다. 이것이 모두 이형접합체인 개체 집단을 만들어내는 유일한 방법이다. 비근친 교배된 집단에서 개체의 50%만 특정 대립유전자 1쌍의 이형접합체일 수 있다. 결과적으로 특정 대립유전자 1쌍의 이형접합체가 동형접합체보다 장점이 많은 면에서 우위에 있다면, 근친교배와 이종교배는 근친교배가 없는 선발보다 더 나은 수단이 될 것이다.

원하는 형질이나 형질조합에 관해서 초우성이 있을 때, 근친교배와 이종교배는 근친교배 없는 선발이 할 수 없는 것을 달성할 수 있다. 초우성의 존재와 중요성은 많이 논의되었다. 하지만 실험결과는 초우성 현상이 연구된 형질의 대부분에 중요하지 않다는 사실을 제시한다(Falconer and Mackay, 1996).

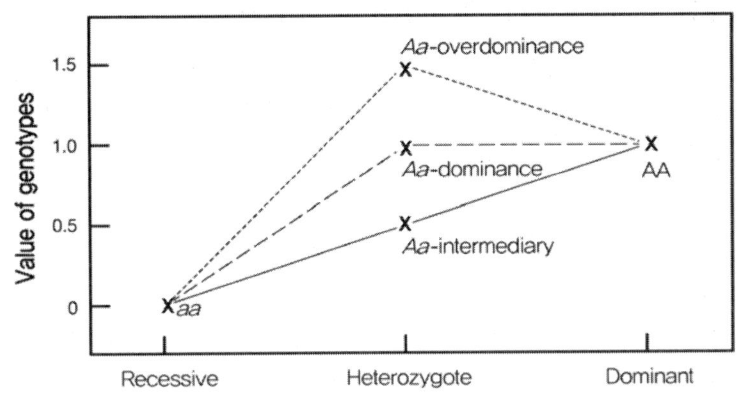

그림 10.2 다른 효과를 가진 동형접합체가와 이형접합체가의 그림.

10.3.5 대조교배

대조교배는 근친교배된 계통이나 서로 다른 계통, 집단을 이종교배하기 위한 실험적 설계이다. 여기서 각 계통/계통/집단은 모든 다른 계통과 이종교배된다. P계통이면 이런 진행으로 P^2 조합의 최대가 된다. 대조교배는 육종 프로그램을 시작하기 전에 기초집단을 만드는 데 가끔 사용된다. 이종교배는 다른 집단에서 지역 계통으로 새로운 유전자를 이입하는 데 자주 사용된다. 이것은 원래의 종을 개선하는 간단하고 매우 경제적인 방법이다. 하지만 새로운 품종을 들여오기 전에 존재하는 지역 조건 하에서 계통과 집단을 검사해야 한다.

GIFT-프로젝트(양식된 틸라피아의 유전적 개선)의 기초집단은 대조교배였다. 4개의 아시아 양식 계통과 4개의 아프리카 야생 계통은 성장활동과 생존에서 잡종강세의 크기를 연구하기 위해 완전한 대조교배(8×8=64 잡종들)로 이종교배되었으며, 그 결과는 표 10.4에 나타냈다(Bentsen et al., 1998).

표 10.4 나일틸라피아의 56개 계통 잡종에서 실험환경을 교차해서 생산 했을때 체중에 대한 평균 잡종강세 %

수컷계통	암컷계통							
	E2	Gh	Ke	Se	Is	Si	Th	Tw
E2	-	3.8	9.9	11.6	9.3	3.1	9.5	5.7
Gh	4.0	-	-1.5	10.4	2.6	3.9	14.0	3.7
Ke	10.6	-1.5	-	-0.8	4.8	1.9	5.6	1.6
Se	12.3	10.3	-0.8	-	6.3	0.3	2.8	0.0
Is	10.4	2.8	4.9	6.7	-	0.6	7.0	0.4
Si	2.8	3.5	1.7	0.2	0.4	-	5.8	2.5
Th	10.0	13.7	5.4	2.7	6.5	6.0	-	-5.2
Tw	6.0	3.8	1.7	0.1	0.3	2.8	5.8	-

10.3.6 3-way와 4-way 교배, 역교배(backcross)

3-way 교배에서 사례를 들면 높은 생산성이 요구되는 2계통의 F_1이 세 번째 계통과 이종교배된다. 4-way 교배에서 서로 다른 계통 쌍의 두 F_1이 교배된다. 역교배를 사용하면 2계통만 관련된다. F_1은 첫 번째 교배에서 사용된 계통 중 하나와 교배된다. 이종교배는 동물 생산에 널리 사용된다. 식용으로 생산된 동물들은 3-way나 역교배의 자어이다. 수산생물의 경우 이런 방법은 드물게 사용된다.

10.3.7 합성집단

잠재적 집단을 검사하는 대조 검사는 대서양연어, 무지개송어, 틸라피아에서 했던 것처럼 합성집단을 만드는 시작점이다(Gunnes and Gjedrem, 1978; Gjedrem et al., 1987; Refstie, 1990; Bentsen et al., 1998).

합성집단은 다양한 친어집단, 품종, 생물, 계통으로 만들어진다. 합성집단을 만들 때 친어는 친어집단의 장점을 결합시킨 새로운 어떤 것을 만들려고 노력한다. 선발된 많은 수의 근친교배된 계통이나 서로 다른 집단들을 이종교배하는 것과 F_1과 그 후 세대가 무작위교배나 계획 교배하여 새로운 집단을 만든다.

합성집단은 친어 계통보다 더 많은 이형접합체를 숨기고 있고 잡종강세 획득을 보여준다. 합성집단 크기 감소에 이은 근친교배로 잡종강세는 감소될 것이다. 또한 재조합으로 인한 손실이 중요하면 합성집단의 다음 세대에서 분명해질 것이다.

10.3.8 어류와 패류의 이종교배 적용

특정 생물을 위한 육종 계획에 이종교배가 있는지 결정하는 첫 번째 단계는 문제가 되는 경제적 형질에 대해 서로 다른 계통이나 종들 간에 가능한 모든 잡종을 평가하는 것이다. 유효한 계통의 수가 크다면 가장 가치있는 결과를 줄 것 같은 잡종을 선발해야 한다. 다른 유래를 가진 계통을 사용하거나 조합에서 우호적인 형질을 가지는 계통을 사용하는 것이 유리하다. 이스라엘에서는 이종교배 프로그램이 현재 운용 중에 있다. 이 프로그램은 잉어의 잡종계통을 사용한다(Wohlfarth et al., 1983).

두 번째 근친교배된 계통들이 개발되어야 한다. 그리고 양식용으로 가장 가치있는 잡종을 발견하기 위한 자연조건 하에서 잡종들이 검사되어야 한다. 이 육종 체계는 특히 비상가유전분산을 이용하는 것에 목적을 둔다. 높은 사망률 때문에 근친교배된 계통이 계속 이어지기는 어렵다(근교약세) Bakos(1979, 1987)는 근친교배된 계통의 잉어를 이종교배 프로그램에 사용한 결과를 보고하였다.

세 번째와 마지막 단계는 가능하다면 상호순환선발법(RRS) 프로그램은 일반 결합력과 특수 결합력의 상대적 중요성을 결정하기 위해 평가되어야 한다. RRS는 다수 산란 생물에게만 사용될 수 있어서 태평양연어 같은 경우에 적용될 수 없으며 대서양연어의 경우에도 적용되기 어렵다. 수컷의 대부분이 많은 암컷과 함께 첫 번째 산란 후 죽기 때문이다. 틸라피아나 무지개송어 같은 다른 생물들은 RRS 계획 적용에 더 적합하다.

육종 프로그램에서 선발된 계통간 이종교배를 이용하는 것은 친어가 유전적으로 향상된 물질을 보호하게 할 수 있다. 이종교배된 생물들만 출하하고 순종의 선별된 보호동물은 방출되지 않고 보호된다.

10.3.9 이종교배 실험의 사례와 결과

Chevassus(1979)는 연어과 어류간 교잡의 상태를 재검토하였다. 그는 어미집단이 친어들보다 더 좋은 측면에서 성장이 비슷하거나 좀 더 좋거나 아니면 동일한 것으로 나타났기에 대부분의 경우 잡종이 동일한 환경에서 양식되는 것으로 결론을 내렸다. 이것은 4개의 연어과 어류 대서양연어, Brown trout, 바다송어, 북극 담수송어를 잡종교배한 Refstie(1983a)의 결과와 일치한다. 잡종은 성장이나 생존에서 대서양연어의 결과보다 높지 않았다. 어떤 실험에서는 생존율의 경우 더 나은 결과가 나왔다. 잡종은 잡종조합의 가장 건강한 종들과 유사하거나 오히려 더 건강하였다(Chevassus, 1979).

표 10.5 대서양연어의 5가지 노르웨이 계통간 잡종이 바다에서 성장한 기간 동안 평균 체중(kg)과 생존율(%)

계통	체중			생존율		
	상호잡종의 평균	순종교배된 계통의 평균	Heterosis[1]	상호잡종의 평균	순종교배된 계통의 평균	Heterosis[2]
Rana x Nidelva	3.90	4.17	−6.5	50.9	44.6	6.3
Rana x Surna	3.64	3.73	−2.4	51.3	57.6	−6.3
Rana x Driva	3.85	4.23	−9.0	52.1	55.0	−2.9
Rana x Eidfjord	4.34	4.10	5.9	63.7	46.3	17.4
Nidelva x Surna	3.45	3.42	0.9	47.0	44.9	2.1
Nidelva x Driva	4.10	3.92	4.6	40.5	42.3	−1.8
Nidelva x Eidfjord	1.01	3.92	2.3	38.3	33.7	4.6
Surna x Driva	3.33	3.48	−4.3	36.7	55.3	−18.6
Surna x Eidfjord	3.56	3.47	2.6	53.0	46.7	6.3
Driva x Eidfjord	3.66	3.98	−8.0	49.1	44.1	5.0
Average	3.78	3.84	−1.6	48.3	47.1	1.2

순종교배된 계통의 체중과 생존 : Rana 4.48, 57.2 ; Nidelva 3.86, 31.9 ;
Surna 2.97, 57.9 ; Driva 3.98, 52.7, Eidfjord 3.97, 35.4

[1](잡종−순종)×100/순종

[2]잡종−순종

Benzie et al.(1995)는 tiger shrimp의 2종 *Penaeus monodon*과 *P. esculentus*를 이종교배했을 때 성장률에 있어서 잡종강세 현상을 발견하지 못했다. 잡종의 성장률은 순종 *P. monodon*의 성장률과 비슷하거나 더 낮았다.

Gjerde and Refstie(1984)는 대서양연어의 5가지 노르웨이 계통의 잡종간 잡종강세 효과를 조사하였다. 그들은 성장률이나 생존율에서 주목할 만한 잡종강세 효과를 발견하지 못했다(표 10.5). 마찬가지로 Friars et al.(1979)은 대서양연어 치어의 성장률에 대한 잡종강세 효과를 발견하지 못했다. 하지만, 무지개송어의 경우 Gall(1975), Ayles and Baker(1983)는 무지개송어 계통의 잡종 중에서 체중에 대해 현저한 잡종강세를 보고하였다.

체계적 이종교배는 잉어 중에서 실행되었다. 야생잡종과 순치된 유럽, 러시아, 중국, 일본 계통의 잡종에서 성장률, 생존률, 저온내성에 대한 잡종강세의 중요성이 반복적으로 보고되었다(표 10.6). Hulata(1995)가 재검토한 Wohlfarth(1993)의 잉어에 대해 이스라엘의 20년 이상 연구된 자료에서 수집한 실험 자료를 요약하고 "성장에 대한 잡종강세는 잉어에게 흔하지만 보편적 현상은 아니다"라고 결론지었다. 대체로, 친어 계통 중 하나가 더 빠른 성장에 대한 장기간 대량 선발실험에서 발생한 계통인 Dor-70일 때 잡종강세는 발견되지 않았다. Gjerde et al.(1999)는 rohu 잉어(Labeo rohita)의 체중과 생존에 대한 잡종강세를 추정하고 인도의 rohu 잉어의 이종교배는 별로 의미가 없다고 결론내렸다.

표 10.6 잉어의 여러 종들 간 이종교배, 성장률 g.

잡종	잡종의 평균	순종교배의 평균	잡종-순종의 차	잡종-가장 우수한 친어의 차
Big-Belly(336) x Nas(439)	491	388	103	52
x Gold(443)	470	390	80	27
x Dor(556)	500	446	54	-56
Nas x Gold	559	441	118	116
x Dor	558	498	61	2
Gold x Dor	516	500	17	-40
평균	516	444	72	17

앞에서 언급된 것처럼 틸라피아의 GIFT 이종교배 실험(Bentsen et al.)은 현저한 잡종강세를 나타낸 22개 잡종에서 오직 7개만이 가장 나은 순수 계통보다 더 나았고, 가장 큰 증가는 약 11%라는 사실을 보여주었다. 일반적으로 체중에 대한 비상가유전효과는 상가+상호 효과와 비교하여 크지 않았다.

Wohlfarth(1993)와 Bentsen et al.(1998)는 비상가유전효과의 발현이 상가효과보다 환경분산에 더 민감하다는 사실을 나타내는 결과를 보고했다. 비상가유전효과에 영향을 주는 환경 상호작용으로 인한 유전형 때문에 어떤 양식환경에서 잡종강세는 약하게 나타난다. 이 경우에 분화된 잡종은 같은 양식 환경에 대해 생산되어야 한다.

Knibb et al.(1997)은 돔 계통간 이종교배가 잡종강세를 거의 만들지 않는다는 사실을 발견했다. 이것은 근친교배와 유전 분화가 부족한 것으로 설명할 수 있다. 여러 이종교배 실험 결과를 재검토하여 Knibb(2000)는 모든 생물에 대해 잡종은 친어의 평균을 닮는다고 결론지었다. 새로운 어류 잡종을 만들기 위해 여러 번 시도를 했지만 불과 몇 종(분명히 1% 이하)만 성공했다.

먹이를 생식선으로 전환하지 않아서 우수한 생산형질을 가지고 있지만 번식력이 없는 잡종에 대한 연구는 매우 중요해진다. 단성 자어는 틸라피아의 여러 종 사이에서 생긴 잡종들로부터 구해지기 때문에 그런 단성(수컷)양식은 거의 모든 연못 조건 하에서 틸라피아의 번식력이 높기 때문에 생기는 과집단에 대한 최선의 해결책으로 간주된다. 더군다나 수컷은 암컷보다 더 빨리 성장한다. Pruginin et al.(1975)은 100% 수컷 종묘가 나온 여러 잡종들을 표로 만든 반면 Hulata et al.(1983)은 틸라피아의 100% 수컷 종묘를 얻는 것을 보장하는 검사의 이용을 제안한다. 이스라엘의 *Oreochromis niloticus*와 *O.aureus* 틸라피아간 이종교배는 거의 모두 수컷 종묘들을 만든다고 한다(Hulata, 1995).

10.4 순종교배

집단 내에서 상가유전 향상을 위한 육종방법이나 전략은 순종교배로 알려져 있으며, 오랜 시간에 걸친 끊임없는 유전 향상을 선발하는 방법으로 알려져 있다. 근친교배는 피해야 하고 이상적인 유전자 대부분을 가지고 있는 개체들은 다음 세대의 친어로 선발된다. 긍정적 대립유전자 대부분을 가지고 있는 개체는 생산결과가 좋다. 이 "좋은 유전자"와 성질은 자어에게 옮겨진다. 이상적인 유전자 대부분을 가진 개체는 높은 육종가를 가지고 있다고 한다.

개체의 육종가는 직접적으로 측정될 수 없다. 100% 정확하게 측정할 수도 없다. 실제의 육종가는 알지 못하고 어느 정도 체계적, 확률적 환경효과에 의해 묻히거나 유전자간 상호작용에 의해 생기는 효과에 의해 묻힌다. 유전자형과 환경간 상호작용에 대한 논의는 14장을 보라.

육종가는 유전자의 산물, 즉 형질의 표현형가(s) 기록(또는 19장에 기술된 것처럼 QTL에 연계된 유전자 표지의 사용)으로 추정될 수 있다. 표현형 기록은 개체 그 자체나 전형매와 반형매, 자어나 친어 같은 혈연관계에서 얻을 수 있다. 혈연관계에 대한 기록은 개체와 혈연이 공통 유전자를 공유하기 때문에 사용될 수 있다. 근친의 정보는 먼 혈연관계의 정보보다 일반적으로 더 중요하다. 전형매에 대한 기록은 반형매에 대한 기록보다 더 중요한데 그 이유는 개체가 공통 유전자의 부분을 반형매와 공유하는 것보다 전형매와 공유하는 것이 더 크기 때문이다. 자어에 대한 기록은 개체의 육종가가 자어의 평균치에 의해 판단된 개체의 가치로 엄격히 정의되기 때문에 특히 흥미롭다.

11. 선발방법

KJERSTI TURID FJALESTAO

11.1 서론

선발의 목적은 후대에 문제가 되는 형질에 대해 상가유전자 이점이 가장 높은 개체를 확인하고, 다음 세대의 친어로서 선발하는 것이다. 이것은 자신의 상가유전자 이점이 가장 높은 개체를 친어로서 선발하는 것과 거의 같다. 선발의 기본 효과는 유전자 빈도를 바꾸는 것이다. 그리고 관찰될 수 있는 효과는 집단평균의 변화이다. 선발된 친어 개체간 번식력이나 그들 자식들 간 생존력에 차이가 없다면, 유전자 빈도는 선발된 친어와 자식의 세대에서 같다.

어류 친어에 대해 사용할 수 있는 선발방법은 개체선발, 계통선발, 가계선발, 가계내 선발, 결합된 가계와 가계내 선발, 후대 검정을 포함한다. 각 방법의 효율성은 주어진 매개변수에 대한 기대 유전반응을 측정해서 예측할 수 있다. 선발의 효율성은 부분적으로 개체의 육종가가 얼마나 정확히 평가되느냐에 달려 있다(11.8절 참조).

이 장에서 우리는 육종생물 선발의 6가지 다른 방법을 제시한다. 각 방법의 경우, 선발될 만한 생물의 육종가의 추정을 위한 정보를 얻는 개체나 혈연관계에 대해서 기술한다. 모든 방법의 목적은(상가유전자 이점에 대해) 잠재적 육종생물을 정확하게 평가할 확률을 최대화하는 것이다. 이것은 실제 육종가와 추정된 육종가 간의 상관관계를 최대화하는 것과 같다. 이 상관관계(rTI)는 육종가의 정확성이라 하고 기대 선발반응에 바로 비례하기 때문에 중요한 매개변수이다.

무슨 선발방법을 선택하느냐는 형질의 유전성(s), 형질의 성질, 기록 방법, 생물의 번식능력을 포함하는 여러 인자에 달려 있다. 각 방법에 대한 기술은 다음과 같다.

11.2 개체선발

개체 자신의 성과나 표현형에 근거한 선발은 개체 또는 집단선발이라 한다. 이것은 생물육종에서 잘 알려져 있고 널리 사용된 선발방법이다. 대부분의 수산생물에 적용할 수 있는 유일한 방법이다. 개체선발은 실행하기가 가장 간편한 방법이고, 많은 상황에서 가장 빠른 반응을 보인다. 하지만 제어되지 않은 큰 체계적 환경변화(예를 들면 연령차)가 있다면 집단선발은 사용할 수 없다. 집단선발로 근친교배를 제어할 수 없어서 어류육종 프로그램에서 몇 가지 문제가 있었다(Moav and Wohlfarth, 1973; 1976; Hulata et al., 1996; Teichert-Coddington and Smitherman, 1988).

개체선발을 이용하는데 불가피한 것은 살아 있는 동안 형질이 육종 개체 자체에 대해 측정할 수 있어야 한다는 것이다. 그 방법은 육질, 질병내성, 성숙 어류의 빈도가(〈10~15%) 낮은 경우 실행하기 어렵고, 또한 그것은 유전율이 낮은 형질에 효과적이지 못하다. 선발방법의 정확성은 형질의 유전율의 √값과 같다(h^2 = 0.25일 때 정확도 r_{TI} = 0.50).

어류의 경우 개체선발은 대부분의 생물에서 성장률의 유전율이 매우 높기 때문에(h^2 = 0.20-0.40) 특히 성장률에 관심이 있다. 개체선발에 장점이 많기 때문에 선발방법은 지방 범위를 평가하기 위한 살아 있는 어류의 초음파처럼 성장률보다 다른 형질을 기록하는 것에 대해서도 개발되어야 한다.

개체선발을 적용할 때 환경 영향이 생활사의 어느 단계에서 비교되어야 하는 모든 개체에 대해 동일하게 유지하는 것은 매우 중요하다. 이 방식에서 개체에 대한 정확한 평가를 내릴 확률이 최대화된다. 수온과 염분, 다양한 수조, 연못이나 양식장, 밀도, 빛 조건, 먹이의 급식 체계의 유형 같은 환경인자에 대한 개체나 개체군간의 차이는 선발의 정확도를 상당량 감소시키고, 따라서 유전 향상의 가능성도 감소시킨다. 가능하면 동일한 환경조건을 얻으려면, 비교될 개체들은 같은 날이나 며칠 내에 부화되어야 하고 그 후 동일한 환경조건에서 사육되어야 한다.

예를 들어 우리가 같은 양식장이나 다른 양식장에 있는 서로 다른 환경에서 성장한 개체들을 선발하고자 할 때는 특히 유의해야 한다. 형질가는 환경 차이로 인하여 절대 직접 비교할 수 없다. 반면에 각 환경별로 집단의 평균값을 계산하고 개체들을 평가하고 그들 집단 평균의 표준편차에 근거하여 선발한다.

각 환경의 집단이 평균값에서 매우 다르다면 편차에 근거한 선발로 더 많은 개체들은 가장 높은 평균값을 가진 집단에서 선발될 것이다. 이런 편중은 다양한 형질의 평균과 분산 간 종속의 결과이며 체중의 경우 자주 나타난다. 비교할 수 있는 편차는 기준으로 선발된 집단의 평균값과 실제 집단의 평균값 간의 비율과 똑같은 상수의 각 환경의 집단에 있는 모든 측정값을 곱해서 얻을 수 있다(5장 참조).

개체선발이 유일한 선발방법일 때, 개체에 전자 표지장치를 부착해서 그런 방법으로 개체간 유전관계를 추적하는 것은 흔하지 않다. 많은 전형매 집단과 반형매 집단을 선발 할 때까지 계속 분리해 두는 것도 실질적으로는 불가능하다. 그래서 근친교배와 빠른 근친교배 축적을 막기 위해 육종생물의 수는 아주 많게 유지되어야 한다(Bentsen and Olesen, 2002). 적어도 세대 당 50쌍 이상이 되도록 보다 큰 유효집단 크기를 확보해야 한다.

11.3 계통선발

이 선발방법으로 육종생물은 친어, 친어의 친어 또는 더 먼 선조의 성과나 육종가에 근거하여 선발된다. 하지만 개체는 각 친어로부터 염색체나 유전자의 반을 무작위로 받는다. 이것은 자어들의 새로운 염색체나 유전자 조합이 매우 많을 가능성을 열어둔다. 각각의 새로운 세대에 대한 유전자 분리로 자어의 육종가에 상당한 편차가 생긴다.

조상의 성적에 근거한 선발은 다른 정보를 사용하여 선발할 수 있다면 일반적으로 아주 제한적인 값을 나타낸다. 정보가 일반적으로 오직 몇몇 조상들에 대해 유용하고 유전자 분리의 효과가 1~2세대 후 더 커진다는 사실 때문에 선발의 정확도를 향상시키기 위한 계통정보는 빈약하다.

그래서 이 선발방법의 정확도는 높지 않기 때문에 계통선발은 현대 생물육종의 선발방법으로 별로 사용되지 않는다.

양 친어의 표현형에 근거한 육종가의 정확성은 $r_{TI} = \sqrt{1/2h^2}$과 일치하고, 결과적으로 $h^2 = 0.25$이므로 $r_{TI} = 0.35$이다. 여기서 h^2는 대상이 되는 형질의 유전율이다.

11.4 가계선발

가계선발은 가계집단의 각 가계의 평균 성과에 따라 정렬되고 전체 가계는 남겨지거나 버려지는 선발방법에 속한다(Lush, 1947). 다음 세대의 친어로 남겨진 개체는 선발된 가계의 모든 개체이거나 모든 선발된 가계에서 똑같이 무작위로 선발된 개체들이다. 선발이 전체 가계 중에 있기 때문에 선발 차이는 가계간 차이의 함수이며, 개체간 차이의 함수가 아니다.

개체값은 그 값들이 가계 평균을 결정하는 것을 제외하고 사용되지 않는다. 가계는 전형매나 반형매일 수 있다. 더 거리가 있는 혈연관계의 가계는 별로 중요하지 않다.

가계선발의 효율성은 개체의 환경 편차가 가계의 평균값에서 서로 상쇄하려는 사실에 기초하고 있다. 가계의 표현형 평균은 어느 정도 유전형 평균에 가까워진다. 다른 선발 유형에 대한 가계선발의 장점은 환경편차가 표현형분산의 많은 부분을 구성할 때 더 크다. 가계선발이 선호되는 주요 상황은 선발된 형질의 유전율이 낮을 때이다. 낮은 유전율 때문에 육종가를 선발할 때 가계 평균의 이용으로 정확도가 커진다. 반면, 가계 구성원에 공통적인 환경분산은 가계선발의 효율성을 약화시킨다. 환경분산 성분이 크다면 가계간 유전적 차이를 압도하기 쉬워 가계선발은 비효과적일 것이다.

공통 환경성분을 최소화시키려면, 가계들이 다른 환경에 있는 동안 가계환경은 가능하면 표준화되어야 한다. 또한 모든 가계의 개체들은 가능하면 빨리 표지방류되어 같은 수조, 연못이나 양식장, 공동 양식장에서 함께 사육해야 한다. Refstie and Steine(1978)은 6개월 동안 동일조건의 분리된 수조에서 사육한 대서양연어의 공통 환경성분을 추정했다. 이들은 성장률에서 공통 환경성분이 전체 분산에 약 10% 기여한다는 사실을 발견했다. 공통 환경성분이 크다면, 2~3개의 수조에 가계를 나누는 것을 고려해야 한다.

가계선발의 효율성에 영향을 주는 또 다른 중요인자는 가계의 개체 수이다. 즉 가계 크기이다. 가계가 크면 클수록 평균 표현형가와 평균 유전형가 간의 유사성이 더 가까워진다. 수산생물의 높은 번식능력으로 가계선발이 중요해진다.

요약하면, 개체선발과 비교하여 가계선발에 우호적인 조건은 낮은 유전율, 공통 환경으로 인한 적은 분산, 큰 가계이다.

표 11.1 한 세대 후 다양한 평균 생존율에서 생존에 대한 가계선발의 기대 반응. 기초적인 범주 규모의 유전율이 0.1, 가계크기가 전형매 10과 반형매 20이라고 가정한다.

생존율(%)	반응(%)	상대적 반응
50	5.04	100
60	4.84	96
70	4.24	84
80	3.22	64
90	1.77	35

가계선발이 가지는 또 다른 장점은 전형매 혹은 반형매의 표현형 측정값에 근거한 육종가는 친어로 사용되는 개체에서 측정될 수 없는 형질에 대해 추정될 수 있다는 점이다. 육질 형질과 질병내성은 가계선발이 적용되어 육종 목적에 포함될 수 있다. 가계선발은 성성숙, 특히 낮은 빈도에 있는 연

령이나 형질의 발생률 같은 역치 형질에 대한 개체선발보다 더 효과적이다. 50% 발생률은 표 11.1에 있는 생존의 예로 보인 것처럼 가계간 구별이 가장 좋다.

근친교배율을 낮게 유지하고 선발강도를 높게 유지하려면 가계집단의 수는 50~100보다 더 작아서는 안 되며, 표식하기 전의 기간에 가계집단은 분리되어 있어야 하는데 공간적인 면에서 가계선발은 비용이 많이 든다. 육종 공간이 이 기간에 한정되어 있다면 가계선발 하에서 얻을 수 있는 선발의 강도는 매우 작을 것이다.

가계선발의 정확성은 여러 매개변수, 즉 형질의 유전율(h^2), 가계 크기(n), 가계유형(전형매 혹은 반형매), 공통 환경에 의한 분산(c^2)에 달려 있다. 몇몇 매개변수 조합에 대한 정확도(rTI)는 표 11.2에 주어져 있다.

표 11.2 n의 전형매와 n(m–1)의 반형매에 기록된 정규분포화된 형질에 대한 실제 육종가와 추정 육종가간의 상관관계. 그리고 이때 전형매에 공통적인 환경분산(c^2)은 전체 분산의 0%와 10%이다
(괄호 안의 수는 형질이 육종될 만한 생물 자체에 기록되어 있을 때의 상관관계임).

h^2	전형매 집단의 수(m)	전형매 집단당 개체 수(n)			
		c^2 = 0.00		c^2 = 0.10	
0.10	1	0.42(0.48)	0.60(0.64)	0.33(0.42)	0.39(0.47)
	2	0.44(0.50)	0.61(0.64)	0.35(0.44)	0.41(0.49)
	3	0.45(0.51)	0.61(0.64)	0.37(0.45)	0.43(0.50)
	4	0.47(0.52)	0.62(0.65)	0.39(0.46)	0.44(0.51)
	5	0.48(0.53)	0.62(0.65)	0.40(0.47)	0.45(0.52)
	10	0.50(0.55)	0.62(0.65)	0.44(0.50)	0.48(0.53)
0.25	1	0.54(0.65)	0.66(0.73)	0.45(0.60)	0.51(0.64)
	2	0.56(0.66)	0.66(0.73)	0.47(0.61)	0.52(0.64)
	3	0.56(0.66)	0.67(0.73)	0.49(0.62)	0.54(0.64)
	4	0.57(0.66)	0.67(0.73)	0.50(0.62)	0.54(0.65)
	5	0.57(0.67)	0.67(0.73)	0.51(0.63)	0.55(0.66)
	10	0.58(0.67)	0.67(0.73)	0.53(0.64)	0.56(0.66)

전형매로만 되어 있는 가계 구조에서 정확도의 상한선은 r_{TI} = 0.71이다. 전형매에 공통적인 환경분산이 0이라 가정하면 r_{TI}은 전형매간 상가유전 관계의 √값이다. 반형매의 경우 정확도의 상한선은 r_{TI} = 0.50이다.

가계선발에는 2가지 주요 한계가 있다. 집중적 가계선발로 근친교배의 축적이 빨라지는데 그 이유

는 전체 가계가 선발되었기 때문이다. 상가유전분산의 50%만 가계간에서 발현되므로, 분산의 50%만 사용될 수 있다는 약점이 있다. 상가유전분산의 나머지 50%는 가계 내에서 발현된다.

11.5 가계내 선발

가계내 선발의 기준은 개체가 속한 가계의 평균값에서 각 개체의 편차이다. 이 선발은 가계선발과 반대이다. 가계는 선발 결정에서 체중이 0으로 주어지는 것을 의미한다. 이 방법이 다른 선발보다 유리할 중요한 조건은 가계 구성원에 공통적인 환경분산 성분이 클 때이다(그림 11.1). 가계내 선발은 선발에 의해 실행된 분산에서 비유전 성분을 제거할 것이다(Uraiwan and Doyle, 1986).

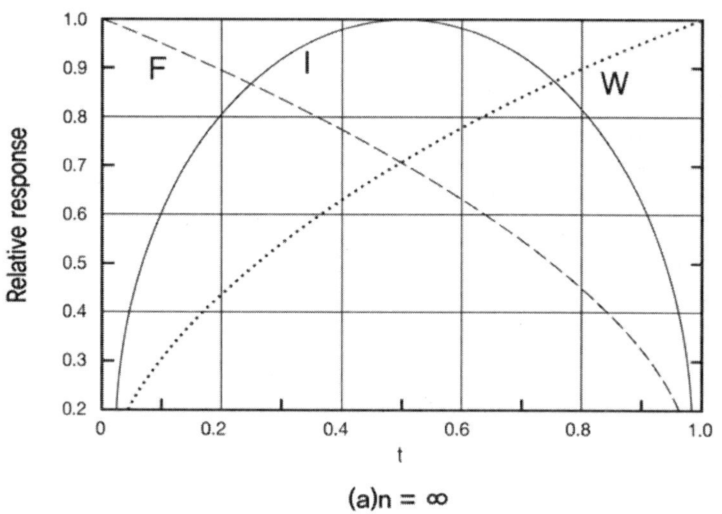

그림 11.1 다양한 선발방법의 상대적 이점. 표현형 상관관계 t를 고려하여 작성한 조합 선발방법에 비례하는 반응.
I = 개체선발, F = 가계선발, W = 가계내 선발이다.

특히 실험실 실험에서 가계내 선발의 중요한 실질적 장점은 가계선발과 달리 육종 공간을 경제적으로 활용한다는 점이다. 전형매 가계내 선발의 경우 $h^2 = 0.25$이면 정확도는 $r_{TI} = \sqrt{1/2h^2}$이고 $r_{TI} = 0.35$이다. 이 정확도는 양 친어의 표현형에 근거한 육종가와 동일하다(11.3절 참조). 가계내 선발은 대부분의 다른 선발과 비교하여 효율이 낮다(Gall and Huang, 1988 a, b).

11.6 후대 검정

후대 검정은 가장 직접적인 개체의 육종가를 제공한다. 개체들은 후손들의 성적을 근거로 선발되기 때문이다. 이 선발방법은 젖소와 식육용 소, 양, 염소 같이 새끼를 낳는 수가 적은 종들의 육종 프로그램에 널리 적용된다. 어류 같이 새끼를 많이 낳는 종들의 경우 가계선발이 적용될 수 있기 때문에 후대 검정은 유리하지만은 않다.

용어에 나타나는 것처럼, 선발기준은 개체의 후대의 평균값이다. 후대 가계들은 보통 반형매이다. 후대의 평균을 근거로 친어들 중에서 선발이 이루어진다. 자어들을 측정할 때까지 친어의 선발이 실행되지 못하기 때문에 후대 검정을 위해서는 세대간격이 많이 길어진다는 약점이 있다. 세대간격이 2배가 될 수 있을 것이다. 이런 한계로 인해 일생 한 번 산란하거나 또는 산란 중이나 산란 후에 사망률이 높은 종들의 경우에 후대 검정이 불가능해지거나 어려워진다. 이것은 어류가 산란 후 죽는 태평양연어와 산란 후 어류의 상당한 비율이 죽는 대서양연어의 경우는 불가능하다. 정액의 냉동보존은 연어과 어류에서는 가능하나(Stoss and Refstie, 1983), 실제로 사용하는데 추천하기에는 신뢰성이 충분히 검증되어 있지 않다.

흥미롭게도 후대 검정은 큰 후대 집단에 대하여 정확성이 100%이고(Gjerde, 1991) 유전율의 크기를 무시할 수 있는 유일한 선발방법이다.

11.7 조합선발

조합선발이란 용어는 한 가지 이상의 선발방법이 육종계획에 이용된 것을 나타내는데 사용된다. 이 방법은 생물의 육종가, 생물 자체에 기록된 정보, 전형매 혹은 반형매, 후대에 대한 정보, 계통 정보에 대한 우리의 지식에 상가할 수 있는 모든 유용한 정보원을 최적의 방식으로 결합한다. 이것은 유전적 증가의 최대 비율을 얻기 위한 일반적 해결방법이다. 더 간단한 다른 방법들은 이 방법의 특별한 경우이다. 그래서 조합선발은 원칙적으로 항상 최선의 방법이다.

조합된 더 간단한 방법은 가계와 개체선발이며, 가계편차는 개체의 평균 표현형가에 대하여 첨부하는 것으로 간주된다. 몇몇 매개변수 조합에 대한 정확성(r_{TI})은 표 11.2에 주어져 있다. 선발지수는 여러 형질의 정보뿐 아니라 개체와 혈연의 정보를 조합하는데 가장 효과적인 방법이다. 모든 정보는 상대적 경제 가치에 따라 형질이 중요시되는 강점지수로 결합된다. 이것은 13장에 자세히 기술되어 있다.

11.8 예측/예상된 반응

매년 측정된 선발반응은 육종 계획의 효율성에서 가장 중요하다. 한 세대를 완성하는데 요구되는 시간 길이, 즉 세대간격은 어떤 선발방법의 경우에는 매우 길어질 수 있다. 이런 경우가 생기면, 반응을 얻기 위해 요구되는 기간 때문에 세대당 좋은 반응은 실제적이지 않을 수 있다. 또한 관련된 절차가 선발강도에 중요한 영향을 미치기 때문에 선발방법을 논의하는 것은 어렵다. 이런 어려움을 극복하기 위하여 다양한 선발방법의 선발반응은 공통분모로서 개체선발 반응을 비율로 측정해서 표준화하게 된다. 근친교배율에 대한 여러 선발방법의 영향도 실제 고려해야 한다.

유전 증가는

- 생물들이 얼마나 평가되었는가, 즉 예측의 정확도
- 선발의 양 또는 선발강도
- 생물간 유전적 차이의 크기나 상가유전자의 표준편차와
- 얼마나 빨리 더 좋은 자어가 친어를 대신하는지, 즉 세대간격에 달려 있다.

매년 예상된 유전적 증가(△G) 또는 선발반응은 4개의 매개변수에 따라 달라지며, 내용은 다음 방정식(7.4)에서 주어졌다.

$$\Delta G = \frac{i \times h^2 \times \sigma_p}{L}$$

여기서

i = 표준화된 선발차, 또는 선발강도라고 한다. 대부분의 수산생물들은 번식력이 높기 때문에 매우 높은 선발강도가 적용될 수 있다.

h^2 = 형질의 유전율(몇 가지 예/추정값이 표 5.7에 주어져 있다.)

σ_p = 표현형 표준편차, 즉 표현형분산(σ_p^2)의 √값

L = 세대 간격은 선발된 자어들이 태어났을 때 친어의 평균연령으로서 정의된다. 이 매개변수는 한 종류에서 다른 종류까지 다양하고 관리 실행에 따라 다르다. 2년생 대서양연어가 낳은 자어의 경우, 같은 어미의 자어군이 바다에서 두 번 겨울을 보낸 후 선발되었을 때 세대간격은 4년일 것이다. 무지개송어의 경우 2년 정도로 짧지만 가끔 3년이 걸린다. 선발 진행을 촉진시키기 위해 세대 간격을 간단히 유지하는 것은 중요하다. 세대 간격 길이에 대한 정보는 표 8.1에 주어져 있다.

선발의 모든 방법에 적용할 수 있는 좀 더 일반적인 식은

$$\Delta G = \frac{i \times r_{T1} \times \sigma_G}{L} \tag{11.1}$$

이다. 여기서 i와 L은 앞에서 기술한 것이고,

r_{TI} = 선발의 정확도, 즉 실제 육종가와 추정 육종가 간의 상관관계
σ_G = 유전 표준편차, 즉 상가유전분산(V_G)의 $\sqrt{}$값

예상된 선발반응은 선발의 정확도 크기에 정비례한다. 모든 방법에 대해 i, σ_G ,L이 같다고 가정하면 다른 선발방법의 효율성은 선발 정확도간 비율로써 측정될 수 있다.

11.9 상관 반응

생물이 야생 상태이든지 양식 조건 하에 있든지 생물은 자연선택으로 환경조건에 적응할 수 있다. 그래서 자연선택은 순치에 중요하다. 성장률과 생존율처럼 경제적으로 중요한 형질에 대한 인위적인 선발은 순치율을 촉진할 것이다(Doyle, 1983). 그 결과로 생물들은 스트레스를 받으며 갇혀 있는 상태에 더 잘 적응할 것이다. 노르웨이의 양식 대서양연어는 증가된 성장률에 대해 선발 7세대를 통해 생산된다. 나중 세대의 어류는 유전적으로 야생어류보다 환경 스트레스에 민감하지 않은 것으로 보인다. 이런 변화들은 측정되기 어렵지만 쉽게 발견된다.

인위선발에 대한 상관된 반응은 형질, 유전율, 선발차이, 직접적으로 선발되지 않은 형질의 표현형 분산간 유전상관 관계에 따라 다르다. 선발이 형질 P_1에 대한 것일 때 형질 P_2의 상관된 반응(CR_2)은 다음 방정식(7.6)으로 예측될 수 있다.

$$CR_{P2} = i.h_{P1}.h_{P2}.r_G.\sigma_{P2}$$

여기서 i는 선발강도, h^2_x은 형질 X의 유전율, r_G는 유전 상관관계, σ_{P2}은 상관된 형질의 표현형 표준편차이다.

형질간 유전적 상관관계의 두 가지 원인, 즉 연관과 다면발현은 양식 이론에서 기술하였다. 연관은 감수분열 때 독립적으로 분리되는 유전자들이 상동염색체 위에 다른 유전자좌가 서로 근접하게 위치해 있는 상황이다. 다면발현은 단순히 단일 유전자값 2개 이상의 형질에 영향을 주는 상황이다. 2개 형질간 실제 유전 상관관계는 다면발현과 연관의 순영향이다(Falconer and Mackay, 1996).

가축의 경우, 높은 생산 효율성에 적합한 선발의 부정적 부작용은 생태적, 생리적, 면역적 문제의 위험이 더 커지는 것이다(Rawu et al., 1998). Beilharz et al.(1993)은 자원배당 이론으로 부작용을 설명하였다. 자원배당 이론의 적용성은 많은 주요 적용성 성분의 생산물이라는 사실을 나타낸다. 결과적으로 수산생물의 선발육종을 계획하고 실행할 때 선발의 부정적 부작용을 피하기 위해 주의해야 한다. 상관된 형질을 주의 깊게 측정해야 하고 복지나 생태적 욕구에 대한 기본 지식이 더 많아야 한다.

11.10 간접선발

선발 프로그램에서 형질을 직접선발하는 것보다 형질과 연관된 반응을 통해 형질을 향상시키기 위해 경제적 가치가 없는 상관된 형질을 포함하는 것이 바람직하다(Gjedrem, 1967). 우리가 형질 A를 향상시키고 싶다면, 또 다른 형질 B를 선발해서 형질 A의 연관된 반응을 통해 성과를 얻을 수 있다. 이것이 간접선발, 즉 향상시키고자 하는 형질보다는 다른 형질에 적용하는 선발이다. 연관된 형질의 유전성이 더 높고 유전적 상관관계가 높다면 직접선발보다 간접선발이 더 효과적이라고 생각된다(Falconer and Mackay, 1996).

간접선발을 선호하게 만드는 실질적 고려사항에는 3가지가 있다.

- 원하는 형질이 정확하게 측정되기 어려우면, 측정 오차는 유전율을 감소시켜 간접선발이 유리하게 된다. 이것은 가끔 질병내성에 대하여 사실을 나타낸다.
- 원하는 형질이 한쪽 성에서만 측정할 수 있고, 두 번째 형질은 양쪽 성에서 측정할 수 있다면 간접선발로 인해 선발강도가 더 높아질 것이다.
- 원하는 형질이 먹이 전환율처럼 측정하는데 비용이 많이 들 수 있다. 그러면 쉽게 측정할 수 있는 성장률과 연관된 형질을 선발하는 것이 경제적으로 더 유용하다.

어류의 경우, 질병내성은 간접선발될 만한 형질이다. 그것은 질병내성이 개체에 대해 측정하기 어렵기 때문이다. 오늘날 이런 측정은 육종 목표에 있는 challenge test 후의 생존결과나 성장하는 동안의 생존결과를 포함해서 행해질 수 있다. 2가지 방법의 가장 큰 단점은 오직 가계를 기초로 행해진다는 점이다. 질병내성에 연관된 간접측정을 사용해서 측정이 개체를 기초로 하여 행해질 수 있다. 라이소자임(RØed et al., 1992; 1993), 용혈활성(RØed et al., 1990; 1992; 1993) 특정 항원에 대한 항체반응(Eide et al., 1995; Fjalestad et al., 1996), α_2 makroglobulin, antiplasmin(Salte et al., 1993), 코티솔(Refstie, 1982; Fevolden et al., 1994) 같은 면역 매개변수와 생리적 매개변수는 유전분산을 보였고, 대서양연어의 증가된 질병내성에 적합한 선발에 대한 형질들의 사례이다. 이 형질들은 양식대상 생물과 전형매, 반형매에 대해 모두 기록될 수 있다. 혈액 견본은 같은 어미 자어로 선발에 앞서 취해지기 때문에 세대간격은 증가되지 않을 것이다.

표 11.3 한 세대 후 총 생존율 50%와 90%에서 생존에 대한 예상된 상대적 직접 선발반응. 가계 크기는 전형매 10, 반형매 20이고 환경 상관관계는 0이라고 가정되었다.

	h^2 *	rG	50% 생존		90% 생존	
			가계선발	개체 + 가계선발	가계선발	개체 + 가계선발
직접선발 :						
생존	.1	–	100	–	100	–
간접선발 :						
연관된 형질 Ⅰ	.3	.3	44	52	55	66
연관된 형질 Ⅱ	.3	.5	73	87	92	110
연관된 형질 Ⅲ	.3	.7	103	122	129	154
연관된 형질 Ⅳ	.6	.7	113	145	142	183
보정과 간접선발 조합 :						
생존 + 연관된 형질Ⅰ	.3	.3	105	108	109	115
생존 + 연관된 형질 Ⅱ	.3	.7	125	140	146	167

※ 가정된 근원적인 범주 규모에 대한 추정값

경제적 가치가 없는 연관된 형질에 근거하여 생존율에 대한 간접선발로 직접선발과 비교하여 생존율의 반응이 훨씬 낮아지게 된다(표 11.3). 이것은 연관된 형질의 정보가 선발지수에 포함되어 있고 생존율이 육종 목표에 포함된 유일한 형질일 때 성장에서 예상된 연관반응이다. 간접선발이 직접선발과 경쟁한다면 생존율과 연관된 형질간의 유전적 연관관계는 커야 한다. 총 생존율이 높을 때 특히 육종 대상 생물 자체에 대한 간접적 기록이 포함된다면 연관된 형질에 대한 정보를 포함해서 더 많은 반응을 얻을 수 있다는 사실을 표 11.3이 보여준다. 낮은 생존율에도 똑같이 적용된다.

(총 생존율 50%에서) 생존에 대한 직접선발과 간접선발을 결합하면 연관된 형질의 유전율이 0.3이고 생존에 대한 유전적 상관관계가 0.3일 때 예상된 반응은 5%(가계선발)나 8%(조합된 가계와 개체선발) 정도 증가한다(표 11.3). 이런 유전적 매개변수는 예를 들어 성장률에 대해 얻은 추정값에 가깝다. 형질간 유전적 상관관계가 크다면(0.7) 반응은 상당히 증가할 것이다. 연관된 형질로 할 수 있는 가장 효과적인 사용은 개체의 육종가에 대한 부가 정보원으로서 원하는 형질과 결합하는 것이다.

표 11.4 평가된 개체의 상가유전적 이점과 다양한 유전율 기준에서 선발(rTI)의 근거로써 표현형 측정값간의 상관관계 값

정 보	유전율 h^2				
	0.1	0.2	0.3	0.4	0.5
계통 :					
수컷 + 암컷	.22	.32	.39	.45	.50
수컷 + 암컷 + 모든 조친어	.27	.37	.43	.49	.53
모든 혈연	.29	.39	.45	.50	.54
개체	.32	.45	.55	.63	.71
전형매 :					
5	.32	.42	.48	.53	.56
10	.41	.51	.56	.60	.62
20	.51	.58	.62	.65	.66
50	.60	.65	.67	.68	.69
100	.65	.68	.79	.69	.70
반형매 :					
5	.17	.23	.27	.30	.32
10	.23	.29	.33	.36	.38
20	.29	.36	.39	.41	.43
50	.37	.43	.45	.46	.47
100	.42	.44	.47	.48	.48
후대 검정 :					
5	.34	.46	.56	.60	.65
10	.45	.59	.70	.73	.77
20	.58	.72	.79	.83	.86
50	.75	.85	.90	.92	.94
100	.85	.92	.94	.96	.97

※ 생물 당 하나의 기록. 환경 상관관계는 0으로 가정한다.

11.11 각 방법에 대한 상대적 이점

몇 가지 방법의 상대적 이점은 그림 11.1에 나타내었고 표 11.4에 요약했다. 가계와 개체선발은 유전율이 약 0.5일 때 효과가 같다(그림 11.1). 유전율이 더 낮으면 가계선발이 더 효과적이다. 유전율이 0.5보다 더 높으면 개체선발이 가계선발보다 더 효과적이다. 유전율이 0.4 이하이면 언제든지 가계수가 증가하기 때문에 개체선발과 비교한 가계선발의 효율성은 현저하게 증가한다. Gall and

Huang(1988a, 1988b)에 따르면 다른 모든 방법과 비교하여 가계내 선발은 효율성이 낮다.

유전집단 내에서 표현형간 상관관계는 급내 상관관계(t)라 하고

$$t = rh^2 + c^2 \tag{11.2}$$

로 쓸 수 있다. r은 육종가간 관계, h^2은 형질의 유전율, c^2은 공통 환경요인으로 인한 전체 비율이다. 만약 형질의 유전율이 단순히 알비노처럼 부모로부터 타고난 형질 대 일반 채색의 경우처럼 단일성을 띠고 있다면, c^2가 0이고 t = r이다. h^2가 1보다 작으면 $t = rh^2$이다. 즉, 공통 환경효과가 없을 때 양적형질을 예상한 경우이다.

12. 육종 프로그램의 설계

BJARNE GJERDE

12.1 서론

상당한 유전적 향상에 대한 가능성은 여러 어류에서 잘 입증되었다 (Gjedrem, 1997b). 이런 잠재성은 향상된 성과와 자원의 효율적 관리와 고품질의 수산생물을 계통화할 수 있는데, 이를 위해서는 효과적이고 지속적인 유전 향상 프로그램이 수립되어야 한다. 또한 잘 설계된 프로그램은 생산과 시장 조건에서 미래의 변화에 대한 보호수단으로써 유전자원을 지속적으로 사용할 필요가 있다 (Hammond, 1994).

설계란 용어는 교배와 적용된 선발전략뿐 아니라 전형매 가계 수와 선발의 세대당 검증된 육종 대상 생물의 수에 관하여 육종핵의 크기와 구조를 특성화하는 데 사용된다. 최적 설계 프로그램은 미리 정한 제약조건의 경우에 주어진 시간에 걸쳐 주어진 형질의 유전적 증가(또는 육종목표)를 최대화하는 프로그램으로 정의된다. 중요한 제약조건은 가계 수(수조)와 검증될 수 있는 육종 대상 생물의 수에 의하여 유효한 검증 능력과 허용할 만한 근친교배율이다. 육종가의 편중되지 않은 추정값과 유전적 획득을 얻기 위해 기초집단, 계통을 밝혀내는 방법(예, 물리적 추적 장치 대 DNA 추적 장치), 고정된 효과 기준에 따라 요구되는 관계성의 정도(예, 집단(Cohort), 검정환경, 세대)를 설립하는 것이 또한 중요하다. 증식 시설의 설계도 중요하지만 이제까지 이런 점에 대한 연구는 발표된 것이 없었다.

양식어류에 대한 가장 큰 규모의 선발육종 프로그램은 1970년대에 대서양연어를 대상으로 시작되었다(Gjedrem, 1992; Gj∅en and Bentsen, 1997). 이 프로그램의 설계는 양적유전학, 가축 프로그램에서의 경험, 유효한 기술들에 대한 기초지식에 근거했다. 표지장치와 가계의 동일성을 급속냉동표식과 지느러미절단으로 표시할 때까지 전형매 가계는 따로 사육되었다(Gunnes and Refstie, 1980). 몇 가지 개선된(즉, 육종 목적인 더 많은 형질, 검증된 더 많은 가계, 수동적 통합 자동인식기(passive integrated transponder)(PIT) 표지장치를 사용해서 추적한 개체의 경우를 제외하고 그 이후 다소 적은 변화가 생겼다. 이것은 1980년대 말과 1990년대에 개발된 연어와 다른 어류들의 육종 프로그램들을 토대로 다른 가계의 육종 계획들도 동일한 방법으로 설계되었다.

어류육종 프로그램의 설계에 대한 가능성과 제약은 일반적으로 논의되었지만(Gall, 1990; Bentsen and Gjerde, 1994; Gjerde and Rye, 1997; Gjerde et al., 2002) 최적 설계에 대한 연구는 거의 없

다. 이런 연구는 절단선발이 개체(집단)(Gjerde et al., 1996; Villanueva et al., 1996; Bentsen and Olesen, 2002) 하에서 단일 정규분포화된 형질에 대하여 적용되었던 프로그램과 지수선발(Villanueva and Woolliams, 1997; Trong, 2004)로 한정된다.

육종 프로그램의 설계는 다른 2개의 각도에서 다뤄진다(Villanueva et al., 1996). 경험적 방식, 즉 이 문제는 육종 프로그램을 실행하는 과정에서 근친교배를 감소하기 위한 선발과 평가의 방법에 대해 언급한다. 이런 방법들은 최근에 상당한 관심을 받았고(예, Toro and Perez-Enciso, 1990; Villanueva et al., 1994; Caballero et al., 1996; Meuwissen, 1997), 유전적 증가에서 최소한의 소실로 근친교배율을 감소시키는 데 효과적이었다. 하지만 이 방법들이 선발된 특정 세대 수 후에 반드시 최대 획득을 가져오는 것은 아니다. 경험적 방식, 즉 이 문제는 기본 설계 변수, 즉 사용할 수 있는 자원, 형질, 시간 척도 목표, 위험에 대한 태도(근친교배)가 주어진 반응을 최대화하는 것이다. 이것은 부가적인 자원의 가치, 다른 측정법이나 증가된 위험도의 기대된 수익과 손실을 결정할 것이다(Villanueva et al., 1996). 제안된 방법들 중 어떤 것(예, 다양한 교배 설계, 비무작위 교배, 최적 기여 선발)은 양쪽 문제에 적용할 수 있을 것으로 생각된다.

이 장에서는 경험적 방법과 어류육종 프로그램의 설계에 영향을 주는 최근의 기술적 발전과 미래에 가능한 기술적 발전 외에 어류의 번식 형질을 고려하는 어류육종 프로그램 설계에 대한 기회에 중점을 둘 것이다(8장 참조).

12.2 기초집단

육종 프로그램을 시작하는 첫 번째 단계는 기초집단을 형성하는 유전자원을 모으는 것이다. 노르웨이에서 대서양연어의 유전자원은 40개 강의 계통에서 표본추출되었다(Gjedrem et al., 1991). 그리고 제 1세대 동안 계통의 기여에 제약은 없었다. 이것으로 인해 계통간 최초의 선발이 이루어졌다. 대안법은 선발을 시작하기 전에 1차적으로 다른 계통의 생물을 교배하고 선발 후 제 1세대 동안 낮은 선발강도를 적용하는 것이다. 이런 전략은 필리핀의 나일틸라피아에 대한 육종 프로그램의 기초집단에 사용되었다(Bentsen et al., 1997). 이것은 장기간 선발반응과 육종목표에 있는 새로운 형질의 점진적 함유를 허용하는 넓은 유전적 변이성(대립유전자의 다양성)의 지속을 보장한다. 어류육종에서 지금까지 크기에 대한 기초집단 설계의 효과(즉 하나 또는 여러 창시자 계통에서 표본추출된 개체의 수, 개체의 혼합, 최초 세대 동안 적용된 선발강도), 장기간 선발반응(위험성)과 근친교배의 변이성에 중점을 둔 연구는 없었다. 유전자 표지를 사용한 유전적 다양성의 분자 측정법은 집단에서 경제적으로 중요한 형질에 대한 양적 유전분산의 크기에 대하여 정보를 제공하지 않는다는 사실을 주목한다 (Reed and Frankham, 2001). 그래서 양식어류에 적용할 수 있는 경제적으로 중요한 형질에 대한 유전분산의 크기의 평가는 상업적 양식환경에서 성장한 어류에 대하여 기록된 형질들에서 구할 수 있어야 한다.

12.3 상가유전분산의 유지

육종 프로그램은 많은 세대 특히 짧은 세대간격을 가진 종에 적합하다고 생각된다. 세대에 걸친 근친교배의 축적은 집단의 적응성을 감소시키고(예, 감소된 번식, 생존능력, 생존) 직접적으로나 간접적으로(상관된 반응) 선발된 형질의 활동을 감소시키며(근교약세) 유전분산의 크기를 감소시켜 더 나은 유전 향상을 위험하게 한다. 결과적으로 단기간 증가의 최대화가 반드시 최대 장기간 획득을 포함하는 것은 아니다. 근친교배는 집단의 미래 유전평균의 예측을 결정하는 반응의 변이성에 영향을 준다. 그래서 근친교배율은 중요한 매개변수이고 나중에 보이는 것처럼 육종 프로그램 설계에 중요한 영향을 미친다.

(t+1) 세대의 상가유전분산($\sigma^2_{A_{t+1}}$)과 근교계수, 선발의 강도, 선발의 정확성의 계수간 관계는

$$\sigma^2_{A_{t+1}} = \sigma^2_{S_{t+1}} + \sigma^2_{d_{t+1}} + \sigma^2_{W_{t+1}}$$

으로 쓸 수 있다(Bulmer, 1985).

여기서

$\sigma^2_{S_{t+1}} = \sigma^2_{S_1}(1-k_s r^2_{s_1}) = 0.25\sigma^2_{A_{t+1}}$은 수컷간 유전분산이다.

$\sigma^2_{d_{t+1}} = \sigma^2_{d_1}(1-k_d r^2_{d_1}) = 0.25\sigma^2_{A_{t+1}}$은(수컷 내에 있는) 모친간 유전분산이다.

$\sigma^2_{W_{t+1}} = \sigma^2_{W_0}(1-F_t) = 0.50\sigma^2_{A_{t+1}}$은 전형매 가계내 유전분산이다.

$K_s = i_s(i_s-x)$와 $K_d = i_d(i_d-x)$이다. 여기서 i_s와 i_d는 부친어와 모친어의 선발강도이다. x는 집단 평균에서 절단점의 표준화된 편차이다(Cochran, 1951). r_{s_t}와 r_{d_t}는 이전 세대의 부친과 모친어에 대한 실제 육종가와 예측 육종가 사이의 상관관계(선발의 정확성)이다. $\sigma^2_{W_0}$는 선발되지 않은 기초집단의 상가유전분산의 절반이다. F_t는 이전 세대의 근교계수이다.

그래서 부친생물간 상가유전분산과 (부친 생물 내에 있는) 모친생물간 상가유전분산은 $k_s r^2_{s_t}$과 $k_d r^2_{d_t}$의 비율만큼 각 선발순환을 감소시킨다. 친어의 선발에 의해 발생한 이런 감소는 같은 배우자에

있는 다른 유전자좌에서 유전자간 부정적 공분산으로 인한 것이다. 즉, 공동배우자 위상불평형이다(Bulmer, 1971). 현재 세대에서 기초집단의 전형매 가계내 상가유전분산($\sigma^2_{W_0}$)은 이전 세대의 근교계수와 같은 비율만큼 감소된다(Bulmer, 1971).

(연관되지 않는 유전자좌를 가진) 불평형 유전분산은 각각 그 이후 세대에 있는 자어의 배우자 재조합으로 인하여 반으로 감소된다. 하지만 이런 감소는 무한정으로 계속되지 않는다. 선발에 의한 불평형 분산의 감소가 재조합에 의해 만들어진 새로운 분산에 의해 평형을 잡았을 때 평형에 곧 도달한다(Mendel의 표본추출 분산). 연관이 없을 때 선발된 후 3세대나 4세대는 집단을 이런 평형에 가까이 하는 데 충분하다. 연관이 존재하면 불평형 분산은 각 세대에서 절반보다 적은 비율만큼 감소된다. 그래서 평형에 도달하는 데 시간이 더 걸린다. 최초 세대의 선발에 의한 유전분산의 감소를 Bulmer 효과라 한다.

평형에 도달했을 때 유지되는 기초집단의 상가유전분산의 비율(이용 가능한 상가유전분산의 안정된 값)은 선발강도와 선발의 정확성이 증가하면 감소한다. Fimland(1979)는 육종집단에서 아주 미묘한 유전적 모델과 개체수가 많은 것으로 추정될 때 선발강도와 정확성이 서로 다른 값을 보인다. 유한집단과 세대당 △F = 0.5%나 △F = 1%의 근친교배율을 가정하면 그림 12.1은 4개의 선발강도와 정확성 조합에 대하여 선발 후 10세대에 걸친 이용 가능한 상가유전분산을 보여준다. 이 결과들은 중간 선발강도와 근친교배율을 적용하여 기초집단의 상가유전분산을 유지하는 것이 중요하다는 것을 나타낸다. 선발의 정확도가 50% 증가하면 선발강도가 50% 증가한 것보다 유전분산의 감소가 훨씬 더 커진다는 사실이 중요하다.

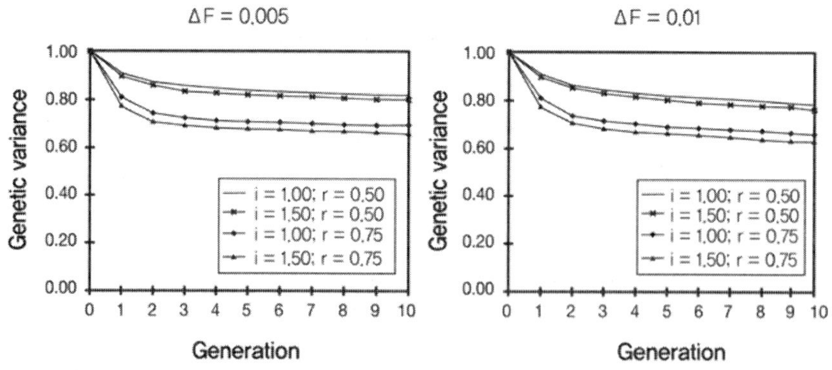

그림 12.1 2개의 근친교배율(△F=0.005와 0.01)에서 4개의 선발강도와 정확성의 조합에 대하여 선발한 후 10세대에 걸친 상가유전분산의 감소.

12.4 근친교배와 위험성

선발과 돌연변이가 없고 무작위 교배라고 가정하면 폐쇄집단의 세대 당 근친교배율은 $\triangle F = 1/2N_e = 1/8Ns+1/8Nd$이다. 여기서 N_e는 유효집단 크기이고 Ns와 8Nd는 부친어와 모친어의 수이다(Wright, 1931). 선발이 실행된다면 위의 식은 전체적으로 근친교배율을 과소 평가할 수 있다(아래 참조).

Meuwissen and Woolliams(1994a)는 적응성 감소를 피하기 위해 동물집단에 필요한 유효집단 크기를 조사하였다. 인위선발 하에서 적응성과 생산형질 간 상관관계가 0이라고 가정하면 선발 10세대 후에 적응성 감소를 피하기 위해 필요한 최소 유효집단 크기가 세대당 N_e = 31($\triangle F$ = 1.6%)에서 N_e = 250($\triangle F$=0.2%) 사이의 범위가 되는데 적응성의 상가유전분산의 크기에 따라 달라진다($N_e = D/2\sigma^2_{wa}$, 여기서 D는 완전한 근친교배를 가진 적응성의 근교약세이고 σ^2_{wa}는 적응성의 상가유전분산이다). 적응성의 유전율이 높은 값일 때보다 낮은 값일 때 더 높은 유효집단 크기가 요구된다. 인위선발에 대한 상관된 부정적 반응처럼 적응성이 감소한다면 임계 유효집단 크기가 크게 증가되어야 한다(Meuwissen and Woolliams, 1994a).

어류의 특색 있는 번식형질은 육종가의 정확한 추정과 높은 선발강도, 높은 단기간 선발반응을 고려한다. 하지만 높은 선발강도와 정확성으로 인해 빠른 근친교배 축적의 결과를 초래할 수도 있다. 그리고 이것은 더 향상된 유전적 증가를 위험하게 하고 적응성과 활동을 감소시키며 매우 가변적인 반응을 만든다(Meuwissen and Woolliams, 1994b). 근친교배를 제한하는 조치의 이행은 어류육종 프로그램에 필수적이다.

근친교배율을 제어하는 전략들은 육종집단 크기의 증가, 선발된 친어의 수 증가, 각 친어 이용 제한, 각 가계에서 선발된 개체 수 제한, 교배모형 선발(예, 배치 모형 대 둥우리 모형 Woolliams, 1989)을 포함한다. 하지만 실제 상황에서 이런 과정들은 주어진 시설에 대해 발생해야 한다. 예를 들어 전형매 집단이 표지방류와 주어진 교배지침에 적합한 크기까지 별도로 성장하게 되는 상황에서 선발된 친어의 수는 더 많은 수조를 사용할 수 없다면 증가될 수 없다.

일련의 방법론들은 개체선발 하에서 분리된 세대(Gjerde et al., 1996; Villanueva et al., 1996, 2000), 지수(Villanueva and Woolliams, 1997), BLUP(Meuwissen, 1997; Grundy et al., 1998)을 가진 계획이나 BLUP선발에서 중복되는 세대를 가진 몇 가지(Meuwissen and Sonesson, 1998; Grundy et al., 2000)에서 근친교배에 대한 제약을 가진 유전적 획득을 가져오는 육종 프로그램의 최적 모형을 발견하기 위해 발전되었다. 이런 방법들 중 몇 가지(Meuwissen, 1997; Grundy et al., 1998; Meuwissen and Sonesson, 1998; Grundy et al., 2000)는 현재 선발될 만한 생물에 적합하다

는 점에서(즉, 최적 기여 선발) 역동적이어서 세대에 걸친 가계에 대한 기여의 비대칭도를 보정할 수 있다. 가계에 의한 기여의 비대칭도로 인해 근친교배율이 더 높아지게 된다.

최적화 수단은 일반적으로 살아 있는 육종 대상 생물에 대해 측정될 수 있는 정규분포화된 형질을 취급한다. 어류의 경제적으로 중요한 많은 형질들은 이런 필요 조건들(예, 생존 사체의 질, 질병내성 형질)을 충족시키지 않는다. 그래서 어류와 관련된 계획안에 대한 선발수단을 제공하기 위해 현재 이론을 개발하고 확대할 필요가 있다.

현재의 대부분의 육종 프로그램은 폐쇄된 육종핵을 가지고 있다. 낮은 이입 기준(즉, 개방된 육종핵 전략)은 근친교배를 중단하고 유전분산을 재도입하는 데 효과적이다(Falconer and Mackay, 1996). 이입 어류들은 비슷한 유전 활동을 하는 선발된 집단에서 올 수 있다. 하지만 열성(야생) 집단에서의 도입은 가끔 새로운 유전분산 도입에 대한 유일한 선발이다(Osman and Robertson, 1968). 이런 경우에 향상된 집단의 향상된 활동을 유지하는 것은 어렵다. 새로운 유전변화는 돌연변이에 의해서도 생긴다. 돌연변이에 의한 새로운 유전분산과 근친교배로 인한 유전분산 손실간 평형은 돌연변이와 근친교배의 상대적 비율에 따라 달라질 것이다(2장 참조).

유전적 획득은 가끔 위험요소를 내포하기도 한다. 근친교배와 반응 변이 간에는 강력한 단계가 있으며, 이것은 이 2가지 위험성분을 언급하는 것은 일반적으로 충분하며, 결과들은 반응분산과 근친교배율의 큰 감소는 유전적 증가의 작은 감소와 결합될 수 있다는 것을 나타낸다(Meuwissen and Woolliams, 1994a). Nicholas(1989)는 예상된 반응이 실제로 얻을 수 있다고 확신하기 위해서 세대당 허용할 수 있는 유전적 획득의 변이계수는 선발 10년 후에 10% 이상이면 안 된다는 사실을 시사했다.

12.5 교배조합

지속적인 유전 향상 프로그램의 선결 조건은 상당히 많은 전형매와 반형매 집단이 제어되고 신뢰할 수 있는 방식으로 생산될 수 있어야 한다. 어류종의 난자와 정액을 별도로 얻을 수 있기 때문에 다양한 교배조합이 있다. 어떤 종(예, 연어과 어류)의 경우 많은 전형매 집단과 모계 쪽 혹은 부계 쪽 반형매 집단은 동시에 인공적으로 제거된 친어에서 만들어질 수 있고 산란은 동시에 진행되거나 유도될 수 있다.

어떤 종의 경우 인공적으로 분리하는 자체가 어렵거나 또는 분리와 교배가 동시에 가능한 친어들을 충분히 확보하는 것이 어려울 수 있다. 이런 종들의 경우 전형매나 반형매 집단의 생산은 분리된 수조에 어류를 수용함으로써 자연적 산란을 통해 얻어야 한다. 이것은 대서양대구에서 성공적으로 증명되었다(Terjesen et al., 2004). 새롭게 수정된 수정란은 각 수조의 배수구를 통해 모인다. 친어 한 쌍을 최초로 교배하면 부계 쪽이나 모계 쪽 반형매 집단이 생긴다. 그 후 수조에 있는 친어 중 한 쪽을 바꾼다.

가장 적합한 교배조합의 선발은 여러 가지 인자에 달려 있다. 인위교배나 자연적 교배가 실행될 수 있는지의 여부는 성적으로 성숙한 각 성별의 친어의 능력이 편중되지 않고 정확한 매개변수 추정값이나 육종가의 예측을 얻을 수 있는 유전효과의 유형(즉, 상가유전효과와 비상가유전효과)이 가장 중요하다. 예를 들어, 생산 체중에 대하여 중요한 비상가유전분산은 어류집단 내에서 감지되었다(Rye and Mao, 1998; Pante et al., 2002). 그리고 이런 경우에 배치나 혼합된 둥우리/배치는 순수 둥우리 모형일 때 얻을 수 있는 것보다 상가유전효과와 비상가유전효과의 추정값을 더 많이 제공한다.

12.5.1 집단 산란

성적으로 성숙한 수컷과 암컷들이 같은 수조 안에 있는 경우 자연적 집단 산란은 생물을 생산할 때 특히 인공적으로 암컷들을 제어하기 어려운 종에 대해 이용된다. 하지만 육종집단에 있는 전체 자어에 대한 각 친어의 상대적 기여는 알 수 없다. 개체선발이 적용된다면 선발된 친어는 다소 제한된 친어의 자어일 수 있다. 그래서 단 하루의 산란에서 표본추출된 자어의 수에서 측정된 유효집단 크기가 집단 산란에서 이용된 실제 친어 수의 1/3보다 적은 gilthead 돔(*Sparus aurata*)의 경우에서 설명한 것처럼 유효집단 크기는 낮아지고 근친교배율이 높아지게 된다(Brown et al., 2004). 하지만 친어 구분에 대한 DNA 마커의 이용은 이런 문제들을 극복할 수 있다(12.9절 참조). 집단 산란 모형에서 친어의 식별에 대한 DNA 마커의 이용은 선발 결정에서 형매 기록의 활용을 촉진한다. 하지만 각 친어의 자어 수가 알려지지 않고 가장 가변적이기 때문에 유전자형의 결정이 필요한 육종 대상 생물의 수는 높아지게 된다(12.9절 참조). 결론적으로 자연적 집단 산란은 육종 핵 안에서 추진되지 않는다.

12.5.2 단일 교배

각 수컷의 정자와 오직 암컷 한 마리에서 나온 알을 수정시키는 것은 가장 간단한 교배 모형이다(표 12.1). 오직 전형매만 생기고 그 수는 수컷이나 암컷의 수와 같다. 이 모형에서 상가유전효과와 전형매에 공통적인 다른 효과(비상가유전효과와 모계 효과, 공통 환경효과)는 혼합되어 독자적으로 평가될 수 없다. 이것 때문에 정확성이 낮은 육종가는 편중되어 유전적 획득이 낮아진다. 결론적으로 상가유전효과 외에 비상가유전효과와 전형매에 공통적인 효과가 낮지 않으면 단일 교배조합은 활용할 수 없다.

표 12.1 단일 교배조합, 1♂ : 1♀

수 컷	암 컷		
	1	2	3
1	X		
2		X	
3			X

전형매 조합: $y_{fik} = fixed_f + fs_i + e_{fik}$

$$\sigma^2_{fs} = 0.5\sigma^2_A + 0.25\sigma^2_D + \sigma^2_M + \sigma^2_C$$

동물 모델(A 행렬 있음) : $y_{fijk} = fixed_f + a_i + fs_j + e_{fijk}$

$$\sigma^2_a = \sigma^2_A \ ; \ \sigma^2_{fs} = 0.25\sigma^2_D + \sigma^2_M + \sigma^2_C$$

12.5.3 둥지형

오늘날 육종 프로그램에서 가장 일반적으로 사용된 교배조합은 둥지 모형이다. 1마리의 수컷의 정자는 암컷 여러 마리의 알을 수정시키는 데 사용된다(수컷 내에서 암컷이 둥지를 만듦. 표 12.2a). 그래서 전형매와 부계측 반형매가 생산된다. 전형매 집단의 수는 암컷의 수와 같고 반형매 집단의 수는 수컷의 수와 같다. 이 조합에서 분산의 부친어 분산성분과 모친어 분산성분은 각각 상가유전분산의 1/4이다. 그러나 모친어 성분은 비상가유전(우성), 어미와(예, 모친어들 중에서 서로 다른 난의 크기나 세포질 유전효과의 가능성에 의해 기인됨) 표지방류될 때까지 전형매 집단을 별도로 사육해서 발생한 공통 환경효과에 의해 늘어날 수 있다.

표 12.2a 암컷이 수컷 내에서 둥지를 만든 교배조합 ; 1♂ : 2♀와 1♂ : 3♀

수 컷	암 컷				
	1	2	3	4	5
1	X	X			
2			X	X	X

부친어와 모친어 조합 : $y_{fijk} = fixed_f + s_i + d_{ij} + e_{fijk}$

$\sigma^2_s = 0.25\sigma^2_A \ ; \ \sigma^2_d = 0.25\sigma^2_D + \sigma^2_M + \sigma^2_C$

표 12.2b 수컷이 암컷내에서 둥지를 만든 교배조합 ; 1♀ : 2♂와 1♀ : 3♂

암 컷	수 컷				
	1	2	3	4	5
1	X	X			
2			X	X	X

모친어와 부친어의 조합 : $y_{fijk} = fixed_f + d_i + d_{ij} + e_{fijk}$

$\sigma_d^2 = 0.25\sigma_A^2 + \sigma_M^2$; $\sigma_s^2 = 0.25\sigma_A^2 + 0.25\sigma_D^2 + \sigma_C^2$

암컷 1마리의 알은 부분적으로 나뉘고 각 부분은 여러 수컷의 정자로 수정될 수 있다(암컷 내에서 수컷이 둥우리를 만듦 표 12.2b). 그래서 전형매와 모계측 반형매가 생긴다. 이 조합은 좋은 대안법이다. 전형매 집단의 수는 수컷의 수와 같고 반형매 집단의 수는 암컷의 수와 같다. 이 조합에서 분산의 모친어 성분은 상가유전분산의 1/4이지만 모계효과에 의해 증가될 수 있다. 결론적으로 이 모형은 일반적으로 표 12.2a의 조합에서 유도한 부친어 성분의 추정값보다 집단의 상가유전분산의 정확성이 떨어지는 추정값을 제공한다.

12.5.4 완전 인자

각 수컷의 정자는 여러 암컷의 알을 수정시키는 데 사용된다. 동시에 각 암컷의 알은 부분적으로 나뉘어 다른 수컷의 정자와 수정된다(표 12.3). 그래서 부계측과 모계측 반형매 외에도 전형매가 생산된다. 각각의 경우 생산된 전형매 집단의 수는 수컷의 수 X 암컷의 수와 같다. 부계측 반형매 집단의 수는 수컷의 수와 같고 모계측 반형매 집단의 수는 암컷의 수와 같다. 이것은 집단의 상가유전분산과 비상가유전분산의 신뢰할 수 있는 추정값을 얻기에 좋은 조합이다. 하지만 단점은 적은 수의 수컷과 암컷이 사용한 사육 수조에 한해서만 검증된다는 것이다(표 12.5).

표 12.3 배치 교배 모형 ; 2 : 2와 3 : 3

수 컷	암 컷				
	1	2	3	4	5
1	X	X			
2	X	X			
3			X	X	X
4			X	X	X
5			X	X	X

동물 모델(A행렬 있음) : $y_{fijk} = fixed_f + a_i + fs_j + e_{fijk}$

$\sigma_a^2 = \sigma_A^2$; $\sigma_{fs}^2 = 0.25\sigma_D^2 + \sigma_M^2 + \sigma_C^2$

동물 모델(A와 D행렬 있음) : $y_{fijk} = fixed_f + a_i + d_j + fs_j + e_{fijk}$

$\sigma_a^2 = \sigma_A^2$; $\sigma_d^2 = 0.25\sigma_D^2$; $\sigma_{fs}^2 = \sigma_M^2 + \sigma_C^2$

12.5.5 부분 인자

이 조합(표 12.4)은 둥지조합이나 인자조합에 대한 좋은 대안법이다. 주어진 사용한 수조에 한해서 배치 조합에서보다 더 높은 수컷과 암컷이 검증될 것이다. 동시에 둥지조합보다 전형매와 반형매 집단 간 더 나은 관련성을 얻을 것이다. 수조 효과가 존재하면 더 정확한 유전 매개변수 추정값(즉, 유전율)이 둥지조합보다 부분인자조합에서 구해졌다(Berg and Henryon,1998). 비상가유전효과의 추정의 경우에도 같은 것이다.

표 12.4 부분 인자 교배조합

수 컷	암 컷				
	1	2	3	4	5
1	X	X			
2		X	X		
3			X	X	
4				X	X
5					X

표 12.3과 같은 조합

12.5.6 미래의 교배조합

최적 기여선발의 이용(예, Meuwissen, 1997)은 특정한 교배조합이 사용되지 않을 것이라는 사실을 내포한다. 이 선발 알고리즘의 결과는 유전적 획득을 최대화하면서 수용된 기준에서 근친교배율을 같게 유지하기 위하여 주어진 생물이 몇 마리의 자어(아니면 교배 당 똑같은 수의 자어를 가정할 때의 배우자)를 얻어야 하는지에 대한 정보를 줄 것이다. 그래서 새로운 선발 수단의 발전은 위의 엄밀한 교배조합을 더 혼합된 조합으로 바꿀 수 있다(12.7절 참조).

12.5.7 교배조합과 근친교배

주어진 검증용량(즉, 표지 방류될 때까지 별도로 성장한 전형매 집단의 수)에서 여러 가지 교배조합은 검증되는 여러 부친어와 모친어를 고려한다(표 12.5). 주어진 수의 선발 가능성 있는 생물과 절단선발을 가정하면 다양한 교배조합으로 인해 다양한 유효집단 크기와 근친교배율이 생기게 된다. 선발과 무작위 교배가 없는 집단이라고 가정하면 그 결과는 표 12.5에 나타낸다. 가장 낮은 근친교배율은 쌍을 이룬 교배조합으로 얻어진다. 둥지 교배조합에서 근친교배율은 성 비율이 비대칭이면 증가한다. 혼합된 둥지/인자조합과 순수 2 × 2 인자조합에서는 동일한 근친교배율이 생긴다. 2마리 이상의 모친어(부친어)와 교배한 각 부친어(모친어)의 인자조합으로 인해 검증된 부친어와 모친어가 더 감소하여 근친교배율이 더 높아진다. 선발이 MOET(Multiple Ovulation and Embryo Transfer) 젖소 계획에 적용되었을 때 인자조합으로 인해 유전적 증가의 감소가 없는 둥지조합보다 근친교배율이 더 낮아지게 된다(Woolliams, 1989; Villanueva et al., 1994). 어류육종 프로그램의 적절한 교배조합에 대한 연구가 필요하다.

12.6 선발

12.6.1 개체선발

Gjerde et al.(1996)은 확률 모의실험을 통해 제한된 근친교배 하에서 어류육종의 개체선발 프로그램에 대한 최적 조합을 조사하였다. 주어진 선발 대상생물의 수(N=300-9600 생물)와 교배율(d= 부친어 당 2, 6, 10의 모친어)의 경우 유전적 증가율과 근친교배율은 다양한 부친어의 수에 대해 별도로 구해졌다. 특정값에 가까운 근친교배율(Ne = 25,50,100,200에 대응하는 △F = 2%, 1%, 0.5%, 0.25%)이 주어진 조합의 최적으로 정의되었다.

표 12.5 부친어와 모친어의 수, 유효집단 크기(N_e), 세대당 근친교배율(△F), 선발, 무작위 교배가 없고 검증용량이 세대당 100개의 전형매 집단이라고 가정한다.

교배모형 [1]	부친어나 모친어	모친어나 부친어	N_e [2]	△F, % [3]
쌍				
1:1	100	100	200	0.25
둥우리				
1:2	50	100	133	0.38
1:3	33	100	100	0.50
1:4	25	100	80	0.63
배치				
2 × 2	50	50	100	0.50
3 × 3	33	33	66	0.75
4 × 4	25	25	50	1.00
둥우리/배치				
2:2	50	50	100	0.50

[1] 수컷 대 암컷 아니면 암컷 대 수컷 비율

[2] $N_e = \frac{1}{2\triangle F} = \frac{4N_m N_f}{N_m + N_f}$; [3] $\triangle F = \frac{1}{2N_e}$

예상한 것처럼 집단 크기가 증가하면 유전적 증대가 증가한다. 특히 작은 집단과 높은 유전율의 경우에 그렇다(그림 12.2a). 근친교배에 제약을 가하면 유전적 획득이 더 감소하는데 특히 유전율이 높은 경우에 그렇다(그림 12.2a).

이상적인 근친교배율은 특히 유전율이 높을 때 조합에 큰 영향을 미친다(그림 12.2b). 조사된 가장 큰 집단 크기(N = 9,600)와 h^2 = 0.2, d = 2인 경우 최적 모형은 ΔF = 1%일 때 약 35마리의 수컷(그리고 70마리 암컷과 전형매 집단당 274마리 생물)를 이용한다. 반면 ΔF = 0.5일 때 90마리 수컷(그리고 180마리 암컷과 전형매 집단당 53마리 생물)이 이용되었다.

교배율은 유전적 증가에 영향을 적게 미치지만(그림 12.2c) 특히 유전율이 높은 조합에 대해 영향을 크게 미친다(그림 12.2d). 그래서 N = 9,600, h^2 = 0.2, ΔF = 1%인 경우 d = 2일 때 최적 조합은 약 45마리 수컷(그리고 90마리 암컷과 전형매 집단당 107마리 생물)이었으며, d = 10일 때 25마리 수컷(그리고 250마리 암컷과 전형매 집단당 38마리 생물)이었다. 더 낮은 근친교배율과 더 높은 교배율의 효과는 더 작은 전형매 집단을 제외하여 더 많은 집단이 만들어져야 한다는 것이다. 위에서 언급한 연구에서(Gjerde et al., 1996) 주어진 N, ΔF, d, h^2 값에 대해 여러 가지 모의실험은 최적해 결방안을 찾기 위해 실행되어야 한다. 선발된 생물의 수는 바람직한 근친교배 기준이 될 때까지 다양한 모의실험에서 변하게 된다. 이 과정은 특히 큰 집단 크기에 대하여 매우 계산적인 부분을 요구한다(매우 측정적인 부분을 요구한다).

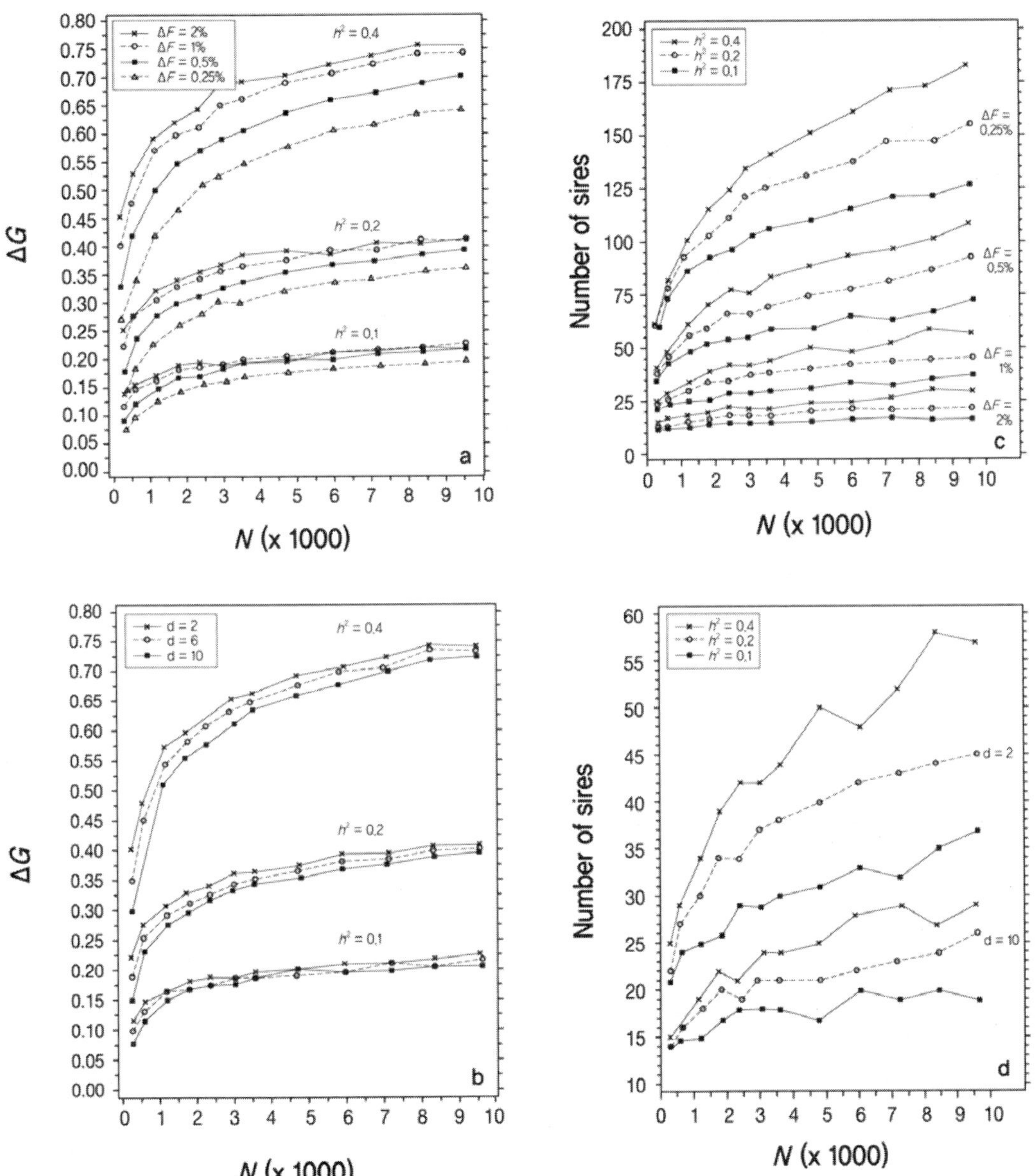

그림 12.2 세대당 예측된 유전적 증가(△G)(그림 12.2a와 12.2c, d = 2), △F = 1%일 때 최적 수컷의 수(그림 12.2b와 12.2d). 이 때 다양한 집단 크기(N), 유전율(h^2), 근친교배율(△F), 교배율에 대한 개체선발을 적용하였다 (d = 각 부친어와 교배한 모친어의 수).

12.6.2 가계내 선발

선발이 살아 있는 육종대상 생물에서 기록될 수 있는 형질에 대해 실행될 때 가계내 선발방법('발자취' 선발이라고 불린다. Doyle and Herbinger, 1994)이 제안되었다. 이 방법에서 DNA 마커는 잠재적 친어의 계통을 확인하기 위해 사용된다. 최초의 모든 육종대상종은 선발된 형질에 대해 등급이 정해진다. 그러면 가장 우위에 있는(예, 가장 큰) 생물은 DNA의 이력을 알아내고 다음 세대의 친어가 되도록 선발된다. 그러고 나서 두 번째로 큰 생물이 가장 큰 생물 외의 다른 가계 태생이라면 유전자형이 첨가된다. 세 번째로 큰 개체가 앞에 있는 둘의 전형매가 아니라면 이력을 알아내고 수용된다. 다양한 전형매 집단에서 각각 선발된 친어의 충분한 수가 얻어질 때까지 이 과정은 반복된다. 이 방법은 유효집단 크기를 최대화하지만 유전적 증가에 관해서 최적이 아니기 쉽다. 유전율이 증가하면 혈연관계가 있는 생물을 선발할 확률이 증가하기 때문에 유전자형화되는 생물의 수는 낮은 유전율을 가진 형질보다 높은 유전율을 가진 형질에 대해 선발이 실행될 때 더 높아진다.

최근에 '발자취' 선발 과정은 개체선발에도 적용할 수 있도록 발전되었다(Trong, 2004). 선발 대상 생물들(즉, 다음 세대의 근친교배 기준)간 평균 공통선조(상가유전 관계)가 높은 빈도로 발견된다면 부차적인 어류가 선발되어 유전적 관계가 확인된다. 친어간 원하는 수준의 관계에 도달할 때까지 이 과정은 반복된다. 이것은 형매 정보를 이용하기 위해 더욱더 개발될 것이다.

12.6.3 개체선발 대 BLUP 선발

GjØen and Gjerde(1998)는 BLUP가(BTS)나 표현형가(PTS)에 절단선발을 적용하였을 때 육종 프로그램의 최적 모형을 찾기 위해 확률 모의실험을 이용했다. 근친교배에 대한 제한이 세대당 ΔF = 1%와 같았을 때 h^2 = 0.10이면 BTS와 PTS의 유전적 증가는 유사하였다. 하지만 h^2 = 0.20과 h^2 = 0.40일 경우 PTS는 BTS보다 유전적 획득이 더 높았다(그림 12.3). 그 이유는 더 높은 PTS의 선발강도가 더 높은 BTS의 선발 정확도를 보충하기 때문이다(표 12.6). 육종조합은 매우 큰 전형매 집단을 가지고 있는 BTS에 의한 2가지 선발방법에 대해 완전히 다르다. 하지만 이 집단들의 각각의 크기는 더 작다(표 12.6). 결과적으로 BTS와 PTS 구도의 비용은 매우 달라질 수 있다. 특히 BTS 구도의 전형매 집단이 표지방류에 알맞은 크기가 될 때까지 별도로 사육해야 하는 경우에 그렇다.

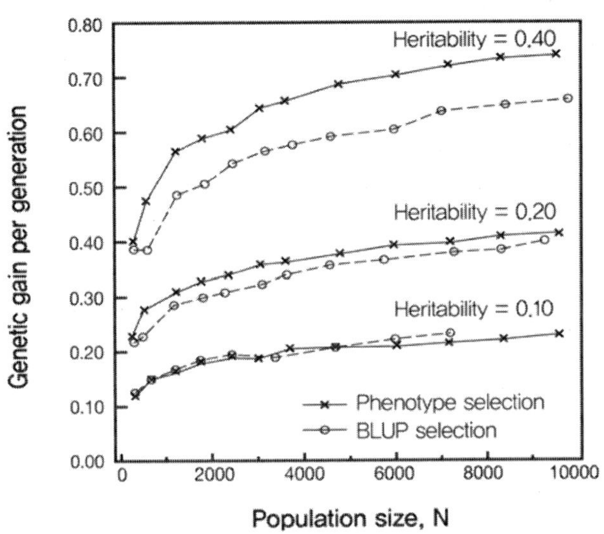

그림 12.3 표현형 선발(개체)과 BLUP 절단선발(△F = 1%, d = 부친어당 2마리의 모친어)의 다양한 집단 크기(N), 유전율(h^2)에 대해 예측된 유전적 증가.

표지방류될 때까지 어류를 사육하는 비용이 PTS 구도와 같은 특별 BTS 구도는 대상생물이 수정 때나 바로 그 직후에 합쳐지고 DNA 마커는 친어가 자어들에게 배분하기 위해 사용될 때 일어난다 (Sonesson et al., 2004). 표지방류 후 같은 수의 어류가 표지 방류되었다면 어류를 사육하는 비용은 BTS와 PTS가 같을 것이다.

표 12.6 표현형가(PTS)와 BLUP가(BTS)에 대해 절단선발을 적용하였을 때 최적 교배조합과 유전적 증가. N = 600마리 수컷 + 600마리 암컷, h^2 = 40, 교배율 1♂:2♀, △F = 1%

	PTS[1]	BTS[2]
수컷 어미의 수	34	103
암컷 어미의 수	68	206
전형매 집단당 자어 수	18	6
선발강도(i)	1.90	1.15
선발 정확도(r)	0.56	0.76
상가유전분산	0.54	0.56
세대당 유전적 증가	0.57	0.49

[1] 그 자체의 표현형 정보

[2] 그 자체의 전형매와 반형매 정보

그래서 Sonesson et al.(2004)에 의한 것처럼 구도의 비교는 전형매 집단을 사육하기 위한 수조의 수에 대한 제한을 두고 행해져야 할 것이다. 이 저자들은 같은 수의 선발된 수컷 친어와 암컷 친어의 경우에 근친교배율이 PTS 구도보다 BTS 구도에 대해 훨씬 더 높은 반면, 유전적 획득이 매우 유사하다는 사실을 발견했다(그림 12.4). 똑같은 근친교배 기준에서 BTS와 PTS 구도의 조합은 상당히 큰 전형매와 반형매 집단을 가지고 있는 BTS에 대해 완전히 달랐다. 이 결과들은 표 12.5에 나타낸 결과들과 일치한다.

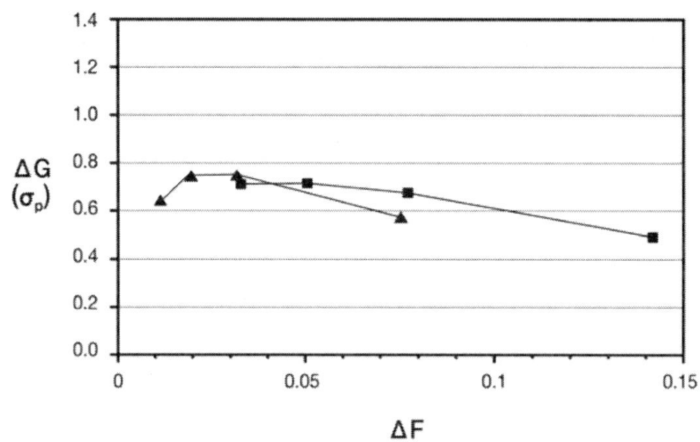

그림 12.4 h^2 = 0.4인 형질의 PTS(▲)선발과 BTS(■)선발에 대한 근친교배율(△F)과 유전적 획득(△G). 100개의 수조, 6,400마리의 선발 대상생물, 그래프의 왼쪽에서 오른쪽으로 100,50,20,5 마리의 선발된 수컷 친어와 암컷 친어를 가진 계획이 이용되었다.

Wright의 단순공식을 사용하는 위험성(1931)은 표 12.5의 결과로 나타낼 수 있다. 여기서 계통을 사용하여 측정되었을 때 근친교배율은 세대당 1%로 제한되었다. Wright(1931)의 단순공식이 근친교배율을 측정하는 데 사용된다면 예측된 근친교배율은 PTS에 대해 0.55%, BTS에 대해 0.18%였다. 그래서 근친교배율을 상당히 과소평가하게 되고 BTS와 PTS의 경우에 더 과소평가하게 된다.

12.6.4 형매선발

형질이 살아 있는 육종 대상종에 대해 측정할 수 없을 때(예, 사체의 품질과 질병내성 형질) 가계내 선발은 적용될 수 없다. 결과적으로 전형매와 반형매 집단 간에 선발강도가 얻어진다(형매선발). 이런 형질을 측정하는 적당한 기술의 부족이 어류육종 프로그램에 대한 도전을 나타내고 프로그램 조합에 대해 일정부분 영향을 미친다. 이런 기술들을 사용할 수 있게 되면 같은 유전적 증가는 더 낮은 선발 대상종과 집단의 수로 얻을 수 있거나 같은 개체와 집단 수로 더 높은 획득을 얻을 수 있을 것이다. 형매 선발을 적용했을 때 어류육종 프로그램의 최적 조합에 대한 연구는 착수되지 않았다. 이런 형질들을 측정할 기술의 개발은 계속되어야 한다.

12.6.5 후대 검정

연어과 어류와 반대로, 대부분의 어류는 가능한 한 수컷 친어와 암컷 친어 모두를 후대 검정하는 다중산란 어류이다. 수컷 친어의 경우, 정자의 냉동보존에 대해 신뢰할 수 있는 절차가 이용될 수 있다면 같은 친어를 얻을 수 있다. 그래서 선발은 그 자신과 형매 기록 외에도 후대에 근거하여 친어 사이에서 행해질 수 있다. 가장 높은 서열은 핵의 이용이나 완전 성장한 생물의 생산을 위한 두 번째 후대 집단을 만드는 데 이용될 수 있다. 후대 검정 기록을 이용하는 최적 교배조합은 그 자신 혹은 형매 기록을 이용할 때보다 각 수컷(암컷)이 더 많은 암컷(수컷)과 교배될 필요가 있다(그림 13.2 참조).

12.7 선발과 교배

선발된 친어가 무작위로 교배한다고 가정하고 주어진 교배조합을 이용하면, 최적화 수단은 선발 결정을 주로 다룬다. 어류의 번식형질은 현재까지 조사되지 않았던 비무작위 교배전략에 대한 높은 잠재성을 내포하고 있다. 그리고 동시에 선발과 교배 결정을 최적화하는 시도가 거의 이루어지지 않았다. 하지만 많은 비무작위 교배체계는 근친교배를 제어하기 위해 제안되었다. 이것은 비무작위 교배체계를 적용하면 근친교배의 증가 없이 유전적 획득이 더 높아지게 된다는 사실을 의미한다. 이것은 중복되는 세대(Meuwissen and Sonesson, 1998) 외에도 구별되는 세대(Meuwissen, 1997; Kerr et al., 1998; Sonesson and Meuwissen, 2000)에 적용할 수 있는 보상교배(Caballero et al., 1996), 최소 공통선조 교배(Toro et al., 1988), 평균 공통선조 교배를 포함한다.

최적 기여선발의 이용(예, Meuwissen, 1997; Grundy et al., 1998; Meuwissen and Sonesson, 1998; Grundy et al., 2000)은 특정 교배조합이 사용되지 않는다는 것을 나타낸다. 낮은 선발 대상종의 수(즉, 매년 ≤512마리 새로 태어난 대상종들)의 경우 최적 기여 선발은 BLUP 선발보다 같거나 더 높은 유전적 획득을 나타내고 선발된 친어의 수도 더 적다(Meuwissen, 1997; Meuwissen and Sonesson, 1998). 전통적인 농장용 가축의 경우에서 최적의 자어 수는 특히 암컷의 경우 번식의 한계 때문에 얻기가 힘들 수 있다. 하지만 어류의 경우 이런 번식의 한계가 일반적으로 더 낮다. 그래서 최적 기여선발은 특히 어류에 적합하다. 어류에 대한 이런 새로운 선발 수단의 적용은 특히 여태까지 행해진 것보다 더 큰 집단 크기에 대해서 연구되어야 한다. 유전적 매개변수의 정확성과 비편중성에 대한 영향도 조사되어야 한다.

12.8 연결성

육종 프로그램에서는 유전적 획득을 최대화하기 위해 육종가의 정확하고 비편중된 추정값을 구하고 유전변화의 비편중된 추정값을 구하기 위한 효율적 과정이 필요하다. 고정효과 기준을 따라 환경차이와 유전적 차이가 설명된다면 비편중된 추정값을 얻을 수 있다(Sorensen and Kennedy, 1984a; Hanocq et al., 1996). BLUP 계통적 분류법은 데이터 안에서 충분한 연관성이 있다는 조건이면 이런 확률들을 제공한다. 육종가의 비편중된 추정값에 대한 어류육종 프로그램에서 필요한 연결성 기준에 대한 연구는 아직 착수되지 않았다.

어류육종 프로그램에서 다음과 같은 경우 연결성의 기준에 대한 문제가 발생한다. (a) 비용을 절약하기 위해 모든 검사 시설에서 모든 가계가 성장한 것이 아닐 경우, (b) 육종집단이 그 해의 여러 시기에 생산된 여러 가계집단으로 구성되어 있을 경우, (c) 근친교배를 감소시키고 선발강도를 증가시키기 위해 다른 육종 핵 사이에서 유전물질이 교환되는 경우, (d) 수컷 친어 혹은 암컷 친어가 세대에 걸쳐 다시 이용될 경우(예, 유전변화를 측정하기 위함)이다.

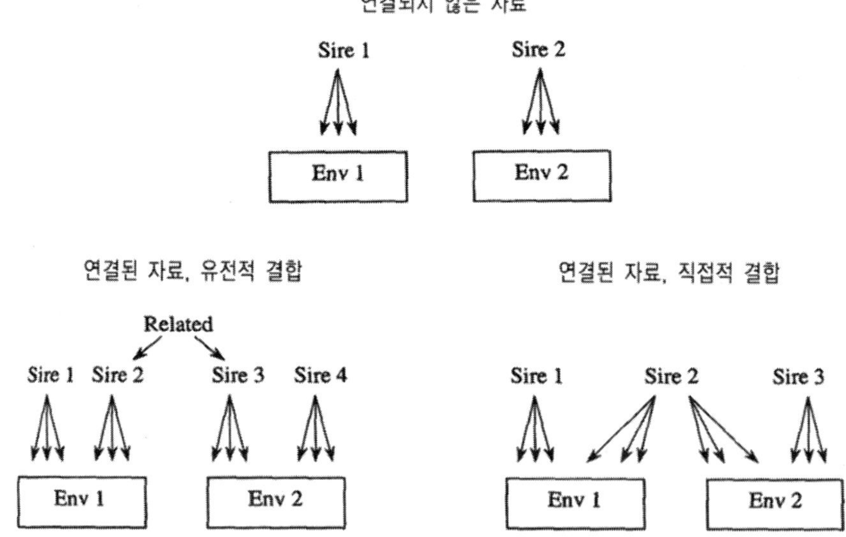

그림 12.5 연결되지 않은 자료와 유전적 결합이나 직접적 결합을 통해 연결된 자료의 설명.

연결된 자료는 친어-자어 관계(유전적 결합)나 다양한 고정효과의 기준(예. 세대 내와 세대를 초월하여)에 따른 기록(직접적 결합)을 가진 자어의 친어로부터 얻을 수 있다(그림 12.5에 설명).

어떤 생물의 경우 무작위로 교배된 대조구 집단을 유지하거나 과거에 사용된 친어의 쌍을 반복적으로 교배하면 충분한 직접적 결합의 수를 만들 수 있다. 안정된 대조구 집단을 유지하는 것은 검정용량의 측면에서 상당한 자원을 필요로 한다(Gow and Fairfull, 1990; 15장). 반복된 교배는 세대에 걸쳐 부친어와 모친어가 모두 살아 있는 상태이거나 냉동 보관된 배아가 사용될 수 있어야 한다.

12.9 친자감별을 위한 물리적 tag 대 DNA 마커

어류육종 프로그램에서 친자감별를 위한 DNA 마커를 사용하면, 수정 때나 그 직후에 가계를 합치는 것이 가능할 수 있다. 이것은 비싼 여러 가지 수조 시설의 필요성이나 유전효과와 공통 환경효과가 결합된 문제를 제거할 수 있다(Doyle and Herbinger, 1994). 하지만 가계를 합치는 시간부터 친어가 선발되는 시간까지 각 가계의 낮고 가변적인 생존율의 결과로서 유전자 마커 이용은 잠정적 위험성을 가지고 있다. 결론적으로, 유전자형화될 필요가 있는 어류의 수는 개체선발을 적용한 프로그램에서 수용할 수 있는 기준으로 근친교배율을 유지하고, 선발 결정에서 형매 정보를 이용하는 프로그램에 있는 모든 가계의 생물에 대한 기록을 얻기 위해 더욱 많아질 수 있다.

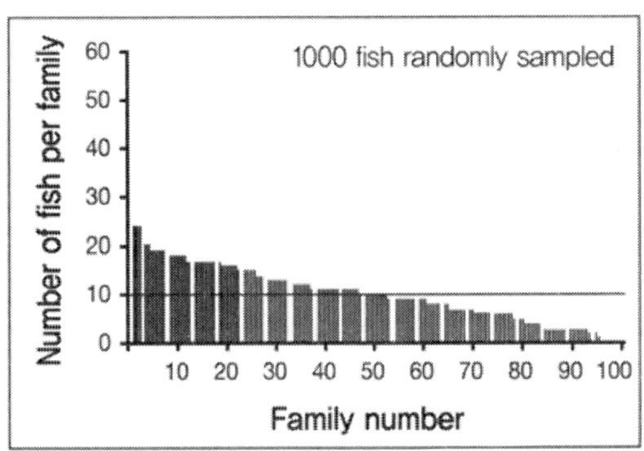

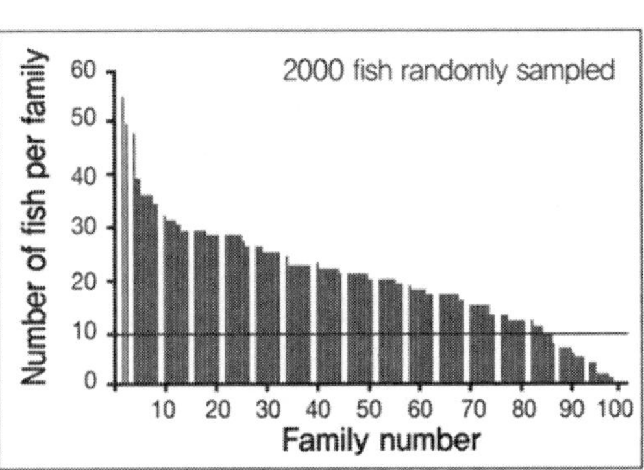

그림 12.6 10,000마리가 생존한 어류집단(100개의 전형매 집단 각각에서 모은 500마리, 평균 생존율 20%, 가계 평균 생존율 SD = 10%)에서 무작위로 1,000마리와 2,000마리를 표본 추출했을 때 전형매 집단당 유전자형화된 어류의 수.

무작위 표본 추출된 1,000마리와 2,000마리의 개체를 유전자형으로 할 때 100개의 가계 중 오직 52개와 85개가 가계당 10마리 이상의 어류를 가졌다는 사실을 그림 12.6에 나타내었다. 몇몇 가계는 유전자형으로 나타난 개체가 없는 반면, 다른 가계들은 높은 정확도를 가진 육종가를 구하기 위해 필요한 것보다 훨씬 더 많은 개체수로 나타났다. 그래서 핵 육종집단이 불평형으로 되기 때문에 선발강도와 정확도가 감소하여 유전적 획득이 더 낮아지게 된다.

상업적 생물에 대해 특성화된 DNA 마커 수는 친자감별을 정확하게 하는데 충분하다(예, Norris et al., 2000; Villanueva et al., 2002). 그러나 그 기술은 여전히 많은 비용이 들어가며, 이것은 특히 대상 어류가 매번 가계 할당이 될 때마다 유전자형을 재확인해야 한다는 사실을 필요로 한다(즉 만약 형질 기록들이 서로 다른 시기에 획득된 것이라면), 조합된 DNA 마커와 물리적 표지의 이용은 어느 정도 이런 문제를 극복할 수 있다. 또한 육종 대상 생물들은 물리적으로 표지할 필요가 있다. 그래서 선발된 생물들은 교배시기에 쉽게 추적할 수 있다.

그럼에도 불구하고 육종 프로그램에서 유전자 마커를 사용하는 회사가 소수에 불과하다. 또한 유전자형 분석 기술의 향상은 비용을 크게 감소시킬 수 있다. 그래서 어류육종 프로그램에서 친자감별에 대한 유전자 마커의 이용을 평가하는 데 관심이 크다. DNA 마커 이용은 프로그램의 비용을 감소시킬 뿐 아니라 유전적 획득도 증가시킨다.

또한 분리해서 사육해야 될 필요성을 없애기 위해 DNA 마커 이용은 다음과 같은 기회를 제공한다. (1) 분리해서 사육하기 위한 설비에 추가적인 투자를 하지 않고 개체와 가계 수의 증가(그래서 유전적 향상의 기회를 증가시킨다), (2) 형매간 정확한 유전관계 측정(Norris et al., 2000; McDonald et al., 2004), (3) 개체선발을 적용한 프로그램에서 근친교배율 제어(Dolye and Herbinger, 1994; Trong, 2004). 친자감별에 사용된 마커처럼 경제적으로 중요한 형질에 영향을 주는 유전자좌와 연관된 표지를 포함할 수도 있다.

12.10 소규모의 육종 프로그램

경제적으로 크게 중요하지 않은 생물의 경우 성장에 대해 일차적으로 개체선발만 이용하는 단순 프로그램이 시작되어야 한다. 이 프로그램들은 생산과 경제적으로 중요한 생물이 증가하면 선발 결정에서 형매 정보도 이용하는 더 향상된 프로그램으로 확대될 수 있다. 개체선발을 적용했을 때 개체들이 표지되지 않았기 때문에 상당한 근친교배율을 나타내는 교배와 육종조합 구조의 선발은 이런 프로그램들의 경우 특히 중요하다. 이런 프로그램에 대한 중요한 조건은 충분한 친어를 사용하고 가계당 검증된 형매의 수를 제한하는 것이다(Gjerde et al., 1996; Bentsen and Olesen, 2002; 그림 12.2).

다른 집단이나 계통의 친어가 완전 성장한 생물을 생산하기 위해 교배된다면, 완전 성장한 생물의 근친교배 기준은 매우 낮게 유지될 수 있다. 성장 단계에서 계통의 개체들은 같은 사육시설에 있을 수 있지만 예를 들어 지느러미절단 등에 의해 확인되어야 한다. 그래서 부차적인 계통은 여분의 투자나 자원을 많이 필요로 하지 않을 것이다.

환경 상호작용에 의한 유전자형을 설명하기 위해, 육종 대상종의 견본은 다양한 상업적 사육환경을 나타내는 여러 장소에서 사육되어야 한다. 몇몇 친어는 이런 각각의 검증 환경에서 선발되어야 한다 (16장 참조).

12.11 대규모의 육종 프로그램

경제적으로 중요한 생물의 육종 프로그램은 친어의 선발에서 개체정보와 가계정보를 이용해야 한다. 어류육종 프로그램을 근거로 한 전형적인 대규모 가계의 모형을 그림 12.7에 나타냈다.

12.11.1 육종 핵

교배 구조에 따라 육종 핵은 전형적으로 많은 전형매 집단과 부계측이나 모계측 반형매 가계집단으로 구성된다. 이것은 교배 구조에 따라 달라진다. 세대들은 구별되지만, 몇몇 생물의 경우 빛을 이용해서 일 년 동안 규칙적인 간격으로 가계집단을 만들어 세대가 중복되게 된다. 전형매 집단은 물리적인 방법으로 표지 방류에 알맞은 크기가 될 때까지 분리된 수조에 수용되게 된다. 각 전형매 가계의 개체 견본은 상업적 사육 환경에서 유리한 육종 대상종으로써 표지되고 길러진다.

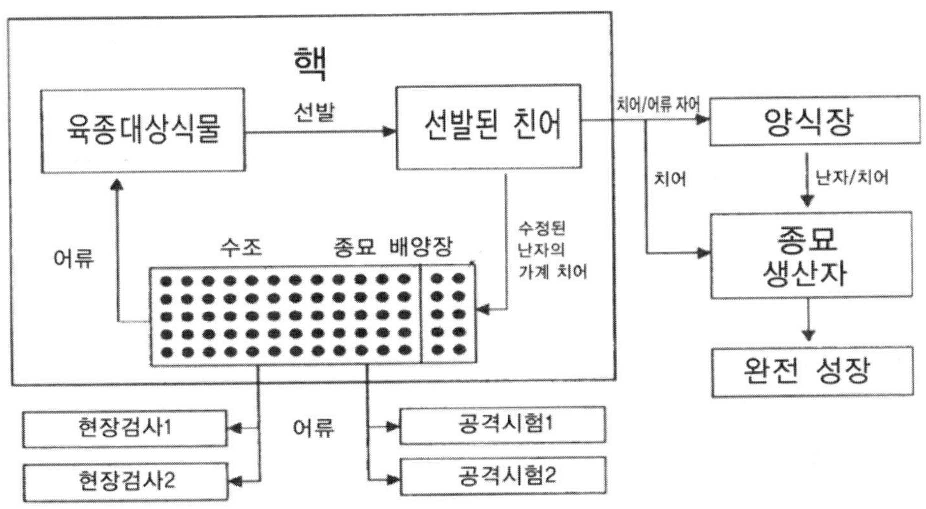

그림 12.7 어류육종 프로그램의 주요 요소를 나타내는 조직.

어류의 높은 번식력으로 인해 육종 핵 집단 밖에 있는 시설에서 번식한 전형매 집단의 자료를 유전평가에 이용할 수 있다. 핵 집단은 오직 생산, 표지방류, 큰 집단의 시험용 어류 자어의 분포에만 초점을 둘 수 있다. 이것은 사고, 질병발생에 대비하여 핵 집단을 보호하는 것을 돕고, 효과적인 선발을 실행할 수 있도록 필요한 개체 수를 보장한다(Bentsen and Gjerde,1994). 이 경우에, 육종 대상종은 고품질 배우자를 만드는 환경에서 성장할 수 있다. 이런 전략은 살아 있는 육종 대상종에 이론적으로 기록될 수 있는 형질을 포함하여 선발된 모든 형질에 대한 형매 선발을 의미할 것이다. 하지만 여전히 성장이 가능한 동물들에 대하여 측정되기 쉽다.

12.11.2 시험 동물

각 가계에서 표지된 개체의 다른 시료들은 해로운 사체 품질 형질이 측정될 수 있는 시설이나 질병 공격시험이 가능한 시설에 있는 상업적 양식환경의 시험용 생물로 길러진다. 환경 상호작용에 의한 유전자형의 크기가 최저이고 다른 환경에 있는 가계의 심각한 재서열화를 초래하지 않는다면, 다양한 상업적 양식환경의 활동 자료는 환경조건의 변화에도 건강한 어류를 선발하는 데 유용하다. 충분히 연결된 자료(위를 참조)는 각 시험 환경에서 성장한 가계들 중 여러 가계를 얻을 수 있어서 비용을 절약한다.

특정 유형의 양식장 환경에 맞는 생물을 생산하는 위험성을 제거하기 위해 필요한 최소한의 양식환경의 개수를 결정하는 연구가 필요하다. 이것은 물론 환경 상호작용에 의한 유전자형의 크기에 따라 달라진다.

12.11.3 선발

시험용 생물과 육종 대상생물에 대해 기록된 자료에 근거하여, 높은 육종가를 가진 생물은 다음 세대의 친어가 되기 위해 육종 대상생물들 중에서 선발된다. 교배 후 발생하는 전형매 집단은 표지방류할 수 있는 크기가 될 때가지 종묘배양장의 분리 시설과 성장용 분리 수조로 옮겨진다.

12.11.4 양식장

향상된 유전물질(선발된 친어나 높은 육종가를 가진 다른 동물의 잉여 정자와 알)은 어류의 자어를 생산하기 위해 생물이 성적으로 성숙해지도록 사육되는 하나 또는 여러 개의 사육장에 수정란으로써 옮겨진다. 그 대신에 자어를 생산하기 위해 선발된 핵심 친어집단으로부터 어류 자어가 생산되고 직접 공급된다. 그 치어는 성어 생산자들이 적당한 크기로 생물을 키운다.

완전히 성장한 생물을 생산할 때 어류의 높은 번식력은 충분히 이용되어질 수 있는데, 그것은 완전 성장한 생물들은 토막날 것이며, 육종 핵에 있기 때문에 문제가 되지 않는다. 이것은 동복자 어군을 유지하는 비용을 낮게 만들어 주고 1개 또는 몇 개의 양식장으로 자원의 집중을 촉진시킨다. 이런 식으로 핵에서 얻은 유전적 획득은 최소한의 시간으로 산업 전체에 효과적으로 보급된다. 가장 효과적으로 행해지는 방법은 종마다 다르고 더 많은 연구가 필요하다.

중요한 비상가유전분산은 어류집단 내에서 감지되었다(Rye and Mao, 1998; Pante et al., 2002). 완전 성장한 생물이 비상가효과에서 최대의 수익을 얻기 위해서, 비상가유전분산의 체계적 이용은 후대 검정된 동복자어 쌍의 반복된 교배나 상호순환 선발법을 통하여 분화된 친어 계통의 발생으로 인해 가능해진다(예, Toro, 1998).

최근 양식업자들에게 유사한 유전물질을 가진 평균 수준의 세포핵을 가진 품종을 제공했다. 이런 식의 품종개량을 통해 특수한 양식장 환경에 적합하고, 아울러 특정시장에 적합한 유전물질을 생산할 수 있게 되었다. 좀 더 구체적으로 말하면, 우월한 세포핵을 가지고 있는 친어로부터 필요할 때 언제든지 양질의 품종을 생산할 수 있게 된 것이다. 물론 전체 유전자를 얻기 위한 세포핵 이식과는 다른 개념이다. 전반적으로 높은 육종가를 가진 품종을 통해 개량한다. 그러나 이러한 유전적 자질을 가지고 있는 품종은 그 수가 적고 결과적으로 볼 때 태어나는 동물의 유전적 우수성을 확보하는데도 한계가 있다. 하지만 다산하는 어종의 초기 생존률을 향상시킨다면 소수를 확보하는 것만으로도 큰 소비시장을 지속적으로 유지할 수 있다.

다른 대안으로 세포핵과 별개로 각각의 혈통을 원하는 유전적 자질을 얻기 위해 정확한 육종가를 보유한 수컷 친어에 따라 설계한다. 암컷은 개별적인 교배를 통한 혈통에 근거한다. 같은 혈통에 있는 수컷과 암컷의 교배는 가능하지만, 후보 친어가 보유하고 있는 유전적 자질로는 교배하지 않는다.

같은 혈통은 별도의 표시가 필요없기 때문에 몇몇 혈통의 경우 상대적으로 낮은 가격의 등급이 매겨질 것이다. 예를 들어 같은 수조 내에서도 육종정보가 담긴 클립을 붙여 놓음으로써 우열 유전자를 보유하고 있는 품종 여부를 구별하게 된다. 여러번 교배과정을 거치면서 최상의 시장 잠재력을 가지고 있는 혈통을 집중적으로 활용할 수 있다.

증식 단계에서 상가유전 효과와 발생 가능한 비상가유전 효과를 이용한 것 외에 분자유전학, 성 제어와 염색체 조작(Hulata, 2002) 같은 보충적 기술들은 가장 좋은 활동을 하는 완전 성장한 생물을 생산하는 데 기여할 수 있다. 이런 기술들은 현재의 고전적 선발 프로그램의 틀에 맞춰질 필요가 있다.

12.12 결론

상가유전 활동의 현저한 향상이 몇 종의 어류에서 얻어졌더라도, 양식어류에 가축의 선발이론을 적용하는 것은 여전히 초기 단계에 있다. 하지만 유전적 획득과 비용에 대해서 최적인 유전 향상 프로그램이 개발되기 위해서 더 많은 연구가 필요하다.

최근의 분자유전학의 미래 발전은 활동 형질의 유전자형 선발을 이용할 가능성을 나타낸다(마커 유전자를 이용한 선발이나 양적형질 유전자좌나 QTL에 대한 직접적 선발을 통해 이 정보를 사용할 수 있다면). 이 정보의 최적 사용은 현재의 교배와 육종 모형의 변형을 필요로 한다. 성 제어와 염색체 조작 같은 현재 기술에도 똑같이 적용된다(Hulata, 2002). 이런 기술들을 고전적 육종 프로그램에 효과적으로 통합하는 방법론은 더 진전된 연구 개발을 위해 필요하다.

13. 육종가 예측

BJARNE GJERDE

13.1 서론

선발육종 프로그램의 주요 목적은 원하는 방향으로 경제적으로 중요한 형질의 평균값을 이동시키는 것이다. 선발에 의한 집단 평균의 변화를 유전적 획득이라고 한다(12장 참조). 우호적인 가치나 유전자를 자어로 옮기기 위해 집단에 있는 다른 개체들보다 더 높은 확률을 가진 차세대 개체들의 친어로 선발되면 유전적 획득을 추정할 수 있다. 이 장은 차세대의 친어로 가장 좋은 육종 개체를 탐색하는 과정들을 다룬다.

친어는 자어에게 유전자를 전하는 것이지 유전자형을 전하는 것이 아니다. 친어로부터 받은 유전자의 새로운 조합들이 발생한 결과로써 새로운 유전자형이 각 세대에서 생기게 된다. 그래서 다음 세대의 친어는 유전자형가에 의해 선발되어서는 안 된다. 유전자형이 아니라 유전자에 대하여 언급할 새로운 가치 기준이 필요하다. 이것으로 우리는 개체에 "육종가"를 할당할 수 있게 된다. 여기서 가치는 개체에 의해 옮겨져 자어에게 전달되는 유전자와 관련이 있다.

이런 새로운 척도는 '유전자의 평균효과'로, 집단에서 무작위로 전해진 한쪽 친어의 유전자와 다른쪽 친어의 유전자를 받은 개체의 집단 평균에서의 편차이다. 주어진 형질에 대한 개체의 육종가는 유전자의 평균효과의 합과 같다. 합계는 형질에 영향을 주는 각 유전자좌에 있는 대립유전자에 대해 이루어졌다. 그러므로 친어의 유전자의 평균효과는 후대의 평균 유전자형가를 결정하며, 한 개체의 육종가는 후대의 평균값에 의해 추정된 개체의 가치로 정의될 수 있다(Falconer and Mckay, 1996). 유전자의 평균 효과와 달리, 개체의 육종가는 후대에 기록된 표현형가를 근거로 예측할 수 있다. 개체가 집단에서 무작위로 수많은 개체와 교배한다면, 이 개체의 육종가는 집단 평균에서 후대의 평균 편차의 2배이다. 그것은 문제가 되는 한쪽 친어는 후대에 유전자의 절반만 제공하고, 나머지 절반은 집단에서 무작위로 선발된 배우자에게서 유래하기 때문이다.

평균 효과가 유전자와 집단의 성질인 것처럼 육종가(Value)도 배우자들이 이끌어낸 개체와 집단의 성질이다. 그래서 개체의 육종가에 대해 언급할 때 교배했거나 교배할 집단도 특정화되어야 한다. 체계적이고 확률적인 환경효과와 비상가유전효과는 크거나 작은 정도로 실제 육종가를 구분해야 한다. 결론적으로 실제 육종가는 사실상 100% 정확하게 측정될 수는 없다.

생물육종 프로그램에서 경제적으로 중요한 모든 형질은 동시에 선발되어야 한다. 이것은 형질이 원하는 기준으로 향상될 때까지 1회에 하나의 형질(i)을 선발하는 것이나(연쇄선발) 다른 형질에 대해 우월하거나 열등한 것에 상관없이 아래의 모든 개체를 버리는 각 형질의 역치값을 정하는(ii) 선발(독립적 선발)보다 더 효과적이다. n개의 똑같이 중요하고 독립적인 형질에 대한 전체 육종가에 근거한 선발은 같은 형질들에 대해 1회에 하나의 선발보다 $\sqrt{n}$ 배만큼 효율적이다(Hazel and Lush, 1942). 하지만 n개의 똑같이 중요하고 독립적인(상관되지 않은) 형질들에 대하여 전체 육종가(지수)에 근거한 선발에 의한 어떤 형질의 유전적 증가는 선발이 그 형질에만 행해졌을 때 얻어진 증가의 $1/\sqrt{n}$ 배이다.

유전적 증가는 실제 육종가와 예측 육종가가 상관관계(r_A)에 정비례한다(12장 참조). 즉, 예측된 육종가의 정확도이다. 그래서 육종가의 정확한 예측은 유전 향상 프로그램에 중요한 역할을 한다. 이것은 높은 번식률을 통해 상대적으로 적은 개체가 집단의 유전적 이점에 중요한 영향을 미치는 생물의 경우이다. 다음 세대의 친어로 이용되는 개체를 결정하는 것에 여러 유형의 방법들이 사용될 수 있다(16장 참조). 이 방법들은 선발 결정에 사용된 정보를 제공하는 혈연의 유형에 따라 달라진다. 즉, 육종 대상생물 그 자체나 전형매, 반형매, 후대, 친어 등에 따라 달라진다. 이러한 선발방법들의 목표는 육종가에 관하여 생물을 올바르게 순위를 정할 확률을 최대화하는 것이다. 하지만 (r_A)의 크기는 다양한 선발방법에 따라 좌우된다(11장 참조).

각 선발방법의 경우 다양한 유전평가 절차가 예측된 육종가를 얻기 위해 적용될 수 있다. 가장 일반적으로 사용되는 것은 Smith(1936)에 의해 식물선발 프로그램에 처음 적용되었던 선발지수방법(Selection Index Procedure, SIP)이고, 나중에 Hazel(1943)에 의해 농장용 가축에 대해 전개되었다. 1970년대 초까지 생물육종의 육종가 예측에 대한 표준 방법이었다.

SIP는 많은 생물육종 교재에 자세히 서술되어 있기 때문에 여기서는 간단히 언급하겠다(예, Falconer and Mckay, 1996; Cameron, 1997). 선발이 하나의 형질에 대해서만 실행되고 사용할 수 있는 정보가 육종 대상생물 혹은 제한된 수의 혈연들에 대해 기록되어 있을 때 SIP는 매우 간단한 방식으로 나타낼 수 있다. 13.3절에서 다양한 선발방법과 방법의 조합에 대해 자세히 설명할 것이다.

대안적이고 더 강력한 절차는 BLUP(Best Linear Unbiased Prediction, Henderson,1984)이다. 동물육종에서 이 방법은 1970년대 초에 사용되었고, 지금은 모든 동물과 식물의 유전적 평가에 대한 최고의 방법으로 간주되고 있다. SIP와 반대로 BLUP은 고정효과(예, 환경효과)와 무작위 생물효과(예, 육종가)를 동시에 추정할 수 있다. 더군다나 집단에 있는 모든 생물들 간의 상가유전 관계는 SIP보다 더 쉽게 합쳐져서 이용될 수 있다. BLUP의 편차와 성질은 13.5절에서 개요를 말하고 어류에 대한 적용은 13.7절에서 사례를 들어 기술될 것이다.

13.2 예측인자의 편차

이제 개체의 육종가 예측에 대한 가장 간단한 경우를 생각해 보자. 이용할 수 있는 유일한 정보가 단일 형질에 대한 집단에 있는 개체의 표현형 값일 때의 경우이다. 유전효과와 환경효과 간 공분산이 없다고 가정하면 표현형값은 여러 원인에 기인한 성분으로 분할될 수 있다.

$$P_i = G_i + E_i = A_i + D_i + I_i + E_i \tag{13.1}$$

여기서

P_i = 개체의 표현형값

G_i = 개체의 유전자형값

A_i = 개체의 실제 육종가

D_i = 유전자좌내 유전자 상호작용으로 인한 효과(우성)

I_i = 유전자좌간 유전자 상호작용으로 인한 효과(상위)

E_i = 표현형가에 영향을 주는 비유전효과

가장 간단한 경우에 문제는 P_i를 알고 있을 때 A_i의 최고 추정값을 구하는 방법이다. 이것은 육종가는 집단에서 이루어지지 않은 임의 변수이기 때문에 예측의 문제이다.

13.2.1 최고 예측인자

최고 예측인자(BP)를 구하기 위해(가장 작은 평균 제곱 오차와 비편중) 모든 모멘트(평균, 분산, 비대칭도 등등) 외에 측정값(Pi)의 분포형태를 알고 있어야 한다. BP는 Pi가 주어진 Ai의 조건 평균이다.

$$E(A_i \mid P_i) = \mu_A + A_i' = A_i \tag{13.2}$$

여기서 μ_A는 실제 총 평균 육종가이고 A_i'는 μ_A에서의 편차로서 i번째 개체의 실제 육종가이다. BP의 평균 제곱오차는 예측인자와 편중의 분산의 합이다.

$$MSE = E[(A_i - \ _i)^2] = V(A_i) + V(A_i - \ _i) = V(A_i) \tag{13.3}$$

예측인자가 비편중되어 있으므로 편중은 0이다. 그래서 A_i의 예측인자는 A_i의 모든 예측인자의 가장 작은 평균 제곱오차를 가진다(Cochran, 1951). 이 예측인자의 형태는 P_i의 분포에 따라 달라진다. 이 형태는 P_i의 선형함수나 비선형함수일 수 있다.

13.2.2 최량선형 예측인자

예측인자를 선형으로 제한하면 오직 첫째(평균)와 둘째(분산) 적률만 알려져야 한다. 그래서 우리는 측정값(Pi)의 분포 형태에 대한 어떠한 것도 무시하거나 가정하지 않는다. A_i의 최량선형 예측인자(BLP)도 조건 평균이지만 측정값(P_i)의 선형함수이다.

$$E(A_i / P_i) = \widehat{A}_i = \mu_A + \frac{\sigma_{AP}}{\sigma_P^2}(P_i - \mu_P) \qquad (13.4)$$

첫째와 둘째 적률를 알고 있다고 가정하면$(\mu_A,\ \mu_P,\ \sigma_{AP},\ \sigma_P^2)$ BLP는 다음의 성질을 가지고 있다. (a) 평균 제곱오차를 최소화한다, (b) 실제 육종가와 예측된 육종가 간 상관관계 (r_A)를 최대화한다, (c) $_i$에 대한 절단선발에 의해 유전적 증가$(\Delta G = i r_{A\widehat{A}} \sigma_{\widehat{A}})$를 최대화한다.

알려진 첫째 적률과 둘째 적률를 가진 P_i와 A_i가 정규분포화되어 있고, 예측인자가 선형이라고 가정하면 BLP는(d) 비편중되어 있어서 최적선형비편향 예측인자이다(BLUP). BLP는(e) $_i$에 관하여 개체의 올바른 순위를 정하는 확률을 최대화시킨다.

이 예측인자(BLP)는 아래에서 간단히 설명된 선발지수방법(SIP)에 의해 얻은 예측인자와 같다. 측정값의 분포의 경우 BP와 BLP는 정규분포에 대해서 같을 수 있다.

13.2.3 최량선형비편향 예측인자

BLP를 구할 때 필요했던 것처럼 모든 평균과 분산을 알고 있다고 가정하는 것은 실제 생물육종에서 현실적이지 않다. 임의 변수들을 예측하기 위해 집단 매개변수의 분산은 알고 있어야 한다. 그래서 BLUP은 알려진 분산을 가정한다. 하지만 BLUP으로 인해 고정효과(평균)의 추정값은 미지상태가 된다. 그렇게 하려면 고정효과의 해결책은 비편중되어야 한다. 이것은 도출된 예측인자에 LaGrange Multiplier를 적용해서 구한다. 적당한 평균은 고정효과에 대한 일반화 최소 자승법(GLS)의 추정값으로 구해진다. 그래서 BLUP은

$$E(A_i | P_i) = \widehat{A}_i = \widehat{\mu}_A + \frac{\sigma_{AP}}{\sigma_P^2}(P_i - \widehat{\mu}_P) \qquad (13.5)$$

로 구해진다. 이 방정식은 평균 $(\widehat{\mu}_A,\ \widehat{\mu}_P)$의 매개변수 추정값이 실제값을 대신해서 사용된다는 점을

제외하고 BLP의 방정식과 같다. (공)분산(σ_A, $\sigma^2{}_P$)을 알면, 예측된 육종가는 오직 BLUP이다. 실제로 분산(그리고 GLS해로 얻은 평균)은 동시에 추정되고 근사 BLUP, 즉 경험적 BLUP(EBLUP)을 나타내면서 실제 육종가인 것처럼 이용된다. 하지만 BLUP이 반드시 모든 유형의 예측인자 중에서 최고의 예측인자는 아니다. 이것은 임의 변수들의 분포에 따라 달라진다.

이 절에서는 육종가 예측에 대한 가장 간단한 경우만을 다루었다. 즉, 오직 사용할 수 있는 정보가 단일 형질에 대한 집단의 개체의 표현형가일 때이다. 그래서 모든 유형의 정보가 선발 결정에서 사용될 수 있는 좀 더 일반적인 과정들에 대한 요구가 있다.

13.3 선발지수 방법

SIP는 다소 제한된 상황, 즉 선발된 생물이나 형질이 똑같은 평균을 가지고 있거나 측정값의 분포도의 첫 번째 평균과 두 번째 분산이 알려졌을 경우 생물의 유전적 평가의 문제에 대해 합리적인 해결법을 제공한다. 실제 생물육종에서 이것은 드문 경우이다. 그래서 SIP를 적용할 때 측정된 기록은 실제 고정효과(예, 연령, 양식장, 성 등)에 맞춰지고 추정한 평균은 실제 평균이라고 가정한다.

13.3.1 여러 가지 형질에 대한 선발

SIP는 육종 대상생물 혹은 혈연들에 대해 기록된 여러 형질들 외에 하나의 형질에 대한 모든 유효한 정보를 조합한다. 즉 전체 육종(선발) 목표에 대한 선발기준(P_i')이나 유전적 이점(H)을 조합한다. n개의 형질이 육종목표, 실제 육종가 A_i'를 가진 각 값과 경제적 가치 a_i에 포함되어 있을 때,

$$H = a_1A_1' + a_2A_2' + \cdots\cdots + a_nA_n' \tag{13.6}$$

이다. 여기서 A_i'는 실제 집단평균에서의 편차로 표현되고, $A_i' = A_i - \mu_{A_i}$이다. 형질의 경제적 가치는 그 형질의 향상 단위에 대해 증가할 수익량으로 정의된다(Hazel, 1943).

m개의 선발기준이 기록된다면 I로 나타낸 H의 추정값은 기준의 선형조합으로 얻을 수 있다.

$$\widehat{H} = I = b_1P_1' + b_2P_2' + \cdots\cdots + b_mP_m' \tag{13.7}$$

여기서 P_i'는 조정된 집단평균에서의 편차로 표현된 조정 기록이고 $P_i' = P_i - \mu_{P_i}$이다. 그리고 b_i는 실제 육종목표(H)와 추정 육종목표(I) 사이의 상관관계가 최대화된 방정식들을 풀어서 얻은 가중치

이다. 선발기준의 수(m)는 육종목표에 있는 형질의 수(n)보다(같거나, 크거나, 작거나) 달라질 수 있다.

그래서 육종가 추정에 대한 SIP의 이용은 단계적 과정을 포함한다.

1. 체계적 환경효과에 대해 기록된 선발기준의 적당한 조정
2. 실제 육종가와 추정 육종가 간의 상관관계(r_{HI})를 최대화하는 가중치 b_i를 찾는다. 행렬 기수법에서 $Pb = Aa$와 $b = P^{-1}Aa$로 쓰일 수 있는 수직 방정식을 풀어서 모든 b_i를 동시에 구한다. 여기서 P는 조정된 선발기준 사이의 표현형분산 공분산 행렬이고, P의 역원은 P^{-1}이다. A는 상가유전분산이고 선발목적의 형질들 사이에서 공분산 행렬이다. a는 경제적 가치의 벡터이고 b는 미지의 부분 회귀계수 즉 추정된 가중치의 벡터이다.
3. 각 생물에 대한 추정 육종가(I)는 단계 1에서 구한 조정 측정값(P_i')과 단계 2에서 구한 b_i를 방정식에 대입하면 알 수 있다.

평가된 추정 육종가는 총 육종목표의 집단 평균(μ_H)에서의 편차로 표현된다. 모든 기록이 똑같은 평균을 가지거나(총 평균은 오직 고정효과이다), 고정효과의 평균이 알려져 있거나 평균의 고정효과가 일반화 최소자승법(GLS)의 추정값이라면 평가한 예측 육종가는 오직 BLUP이다.

일반 방정식 $Pb = Aa$에서 b에 대해 계산할 때, 예측 육종가에 대한 실제 육종가의 회귀는 1 ($\frac{\sigma_{HI}}{\sigma_I^2} = 1$)이라는 제약을 가한다. 그래서 예측 육종가의 분산(σ_I^2)은 실제 육종가를 가진 공분산(σ_{HI})과 같다. 이것은 회귀계수(b_i)가 예측 육종가 한 단위가 실제 육종가 한 단위와 같다는 방식으로 정해진다는 사실을 의미한다.

13.3.2 하나의 형질에 대한 선발

선발이 오직 1개의 형질에 대해서 실행되고 사용할 수 있는 정보가 육종 대상생물이나 주어진 수의 혈연(예. 전형매, 반형매 혹은 후대)에 대해 기록될 때, SIP의 이용은 전형매 집단 크기(n)와 같은 급내 상관관계의 함수로 나타낸 필요분산과 공분산으로 설명될 수 있다. $t = rh^2 + c^2$인데, 여기서 r은 전형매간 상가유전 관계(r = 0.5)나 반형매 간 상가유전 관계(r = 0.25)이고, h^2은 유전율, c^2은 상가유전효과를 제외한 전형매에 공통적인 효과들이다(Falconer and Mckay, 1996; Cameron, 1997).

더욱이 부친어, 모친어가 혈연관계에 있지 않고 부친어 내에 동우리를 만든 모친어를 가진 교배모형(m = 부친어 당 모친어의 수)이 적용된다고 가정한다. 그러면 다음의 매개변수는

$\sigma_P^2 = \sigma_s^2 + \sigma_d^2 + \sigma_w^2 + \sigma_c^2 + \sigma_e^2$: 표현형분산

$\sigma_A^2 = h^2\sigma_P^2$: 상가유전분산 = $\sigma_s^2 + \sigma_d^2 + \sigma_w^2$

h^2 = 형질의 유전율

$\sigma_s^2 = 0.25\sigma_A^2$: 부친어간 상가유전분산

$\sigma_d^2 = 0.25\sigma_A^2$: 부친어 내에 있는 모친어간 상가유전분산

$\sigma_w^2 = 0.50\sigma_A^2$: 전형매내 상가유전분산

$\sigma_e^2 = C^2\sigma_P^2$: 상가유전효과를 제외한 전형매에 공통적인 분산

C^2 = 상가유전효과를 제외한 전형매에 공통적인 분산의 비율

$\sigma_e^2 = \sigma_P^2 - \sigma_A^2 - \sigma_c^2$; 임의 환경분산으로 정의될 수 있다. 다음의 수량은

$\sigma_{\overline{P}_f}^2 = \sigma_s^2 + \sigma_d^2 + \sigma_e^2 + \left(\sigma_w^2 + \sigma_e^2\right)/n$: 즉, 전형매 가계 평균의 표현형분산

$\sigma_{P_{w1}}^2 = \sigma_w^2 + \sigma_e^2 - \left(\sigma_w^2 + \sigma_e^2\right)/n$: 즉, 개체가 전형매 평균에 포함되어 있을 때, 전형매 가계내 편차 $P_{w1} = P_i - \overline{P}_f$ 의 표현형분산

$\sigma_{P_{w2}}^2 = \sigma_w^2 + \sigma_e^2 + \left(\sigma_w^2 + \sigma_e^2\right)/n$: 즉, 개체가 전형매 평균에 포함되어 있지 않을 때, 전형매 가계내 편차 $P_{w2} = P_i - \overline{P}_f$ 의 표현형분산으로 도출될 수 있다.

13.3.3 개체선발

오직 하나의 형질이 선발목표에 포함되어 있고($H = a_1A_1 = A_1$), 오직 선발기준만이 육종 대상 생물에 대해 기록된 형질의 측정값(표현형가)이라고 할 때, 개체의 육종가는

$$\widehat{A}_i = \widehat{\mu}_A + \frac{\sigma_{AP}}{\sigma_P^2}\left(P_i - \widehat{\mu}_P\right) = \widehat{\mu}_A + h^2\left(P_i - \widehat{\mu}_P\right) \tag{13.8}$$

로 측정될 수 있다. 가중치는 표현형가에 대한 추정 육종가의 회귀이다. 정의에 의하면 형질의 유전율과 같다. 이것은 비상가유전효과와 환경효과를 지닌 상가유전효과의 공분산이 0이라는 것을 가정한다.

13.3.4 전형매 가계내 선발

전형매 가계내 선발의 선발기준은 전형매 가계의 표현형 평균값에서의 각 개체의 편차이다. 예측 방정식은

$$\widehat{A}_i = \widehat{\mu}_A + \frac{\sigma_{AP_w}}{\sigma^2_{P_w}} P_w = \widehat{\mu}_A + \frac{\sigma_{AP_w}}{\sigma^2_{P_w}} \left(P_i - \overline{P}_f\right) \tag{13.9}$$

로 쓰일 수 있다. 가중치는 전형매 가계 평균의 편차 $P_w = P_i - \overline{P}_f$ 에 대한 육종 대상생물의 실제 육종가의 회귀이다. 개체의 표현형가가 전형매 평균에 포함될 때, 즉 $\sigma^2_{P_{w1}} = \sigma^2_w + \sigma^2_e - (\sigma^2_w + \sigma^2_e)/n$일 때 가중치는 $\frac{\sigma^2_w - \sigma^2_w/n}{\sigma^2_w + \sigma_{e2}}$이다. n이 증가하면(큰 가계) 가중치는 h^2_w, 즉 전형매 가계내 유전율에 근접한다. 개체의 표현형가가 전형매 평균에 포함되어 있지 않다면, 즉 $\sigma^2_{P_{w2}} = \sigma^2_w + \sigma^2_e + (\sigma^2_w + \sigma^2_e)/n$일 때, 가중치는 $\sigma^2_w/(\sigma^2_w + \sigma^2_e) = h^2_w$, 즉 전형매 가계내 유전율이다.

13.3.5 형매선발

선발된 형질이 육종 가능 생물이 아니라 전형매에 대해서만 기록되어 있을 때 육종 대상생물의 추정 육종가는

$$\widehat{A}_i = \widehat{\mu}_A + \frac{\sigma_{A\overline{P}_f}}{\sigma^2_{\overline{P}_f}} \left(\overline{P}_f - \widehat{\mu}_P\right) \tag{13.10}$$

으로 측정될 수 있다. $\overline{P}_f$는 측정된 전형매의 표현형 평균이고 가중치는 측정된 평균 표현형가에서 육종 대상생물의 육종가의 회귀이다. 가중치는

$$\frac{\sigma_{A\overline{P_f}}}{\sigma^2_{\overline{P_f}}} = \frac{\sigma^2_s + \sigma^2_d}{\sigma^2_s + \sigma^2_d + \sigma^2_c + \left(\sigma^2_w + \sigma^2_e\right)/n} \tag{13.11}$$

로 쓸 수 있다. 전형매 가계의 크기(n)가 증가하면 전형매내 상가유전분산과 임의 환경분산은 0에 근접하고 가중치의 분모는 $\sigma^2_s + \sigma^2_d + \sigma^2_e$에 근접한다. $\widehat{\sigma_c}^2 = 0$일 때, 후자의 수량은 전형매 가계 평균의 상가유전분산과 같다. 즉 $\sigma^2_s + \sigma^2_d = 0.5\sigma^2_a$이다. 그리고 가중치는 동일하다. 큰 n과 $\sigma^2_c = 0$인 조건 하에서 전형매 가계의 표현형 평균은 상가유전 평균과 같아서 집단 평균 쪽으로 회귀하지 않는다.

13.3.6 가계선발

육종 대상생물이 측정되어 전형매 가계 평균에 포함되지만 가계 평균을 결정하는 데에만 사용될 때 가계선발이 이용된다. 그래서 가계선발 하에서 가계내 편차는 0으로 주어진다. 이런 조건 하에서 가중치의 분자는 $\sigma_{A\overline{P_f}} = \sigma^2_s + \sigma^2_d + \sigma^2_w/n$이고, n이 증가하면 $\sigma^2_s + \sigma^2_d = 0.5\sigma^2_a$에 근접한다. 분모

는 형매선발과 같다. 그래서 큰 전형매 가계의 경우 형매와 가계선발은 같다.

13.3.7 자체선발, 전형매선발, 반형매선발

선발된 형질이 육종 대상생물과 전형매, 반형매에 대해 기록되었을 때, 예측 방정식은 1개 이상의 항을 포함할 것이다. 둥우리 교배 모형이 2마리 이상의 암컷과 교배하는 1마리의 수컷이나 2마리 이상의 수컷과 교배하는 1마리의 암컷에 이용되는 어류의 경우(12장 참조), 3가지 다른 선발 기준 즉 정보원이 있다. 개체, 전형매, 반형매인 3개의 항으로 예측 방정식이 만들어진다. 하지만 반형매 집단은 2개(부친어 당 모친어 두 마리) 또는 그 이상(부친어 당 셋 이상의 모친어)의 전형매 집단으로 구성된다. 이 경우에는, 육종 대상생물의 항 외에 각 전형매 집단의 항을 예측 방정식에 포함하는 것이 편리하다.

$$\widehat{A_i} = \widehat{\mu_A} + b_i(P_i - \mu_P) + b_f\left(\overline{P_f} - \mu_P\right) + b_{h_1}\left(\overline{P_{h_1}} - \mu_P\right) + \cdots\cdots + b_{m-1}\left(\overline{P_{n_{m-1}}} - \mu_P\right) \tag{13.12}$$

여기서 $\overline{P}f$는 육종 대상생물을 포함하는 측정된 전형매의 평균 표현형가이다. $\overline{P}_{h_1}$, $\overline{P}_{h_2}$, …, $\overline{P}_{h_{m-1}}$은 부차적인 전형매 집단의(즉, 육종 대상생물의 반형매) 각 평균 표현형가이다. b_f, b_{h_1}, b_{h_2}, …, $b_{h_{m-1}}$은 부분 회귀계수, 혹은 추정될 수 있는 가중치이고, m은 각 수컷과 교배한 암컷의 수이다.

수컷 한 마리와 암컷 3마리(m = 3)가 교배한 모형을 가정하면, 수직 방정식 Pb = Aa의 행렬 P와 A는(육종 목표에 있는 형질이 하나일 경우, 즉 a = 1)

$$p = \begin{bmatrix} \sigma_p^2 & \sigma_s^2 + \sigma_d^2 + \sigma_c^2 + (\sigma_w^2 + \sigma_e^2)/n_i & \sigma_s^2 & \sigma_s^2 \\ sym & \sigma_s^2 + \sigma_d^2 + \sigma_c^2 + (\sigma_w^2 + \sigma_e^2)/n_i & \sigma_s^2 & \sigma_s^2 \\ sym & sym & \sigma_s^2 + \sigma_d^2 + \sigma_c^2 + (\sigma_w^2 \sigma_e^2)/n_2 \sigma_s^2 & \\ sym & sym & sym & \sigma_s^2 + \sigma_d^2 + \sigma_c^2 + (\sigma_x^2 + \sigma_e^2)/n_3 \end{bmatrix} \tag{13.13}$$

이다. 여기서 n_1, n_2, n_3는 3개의 전형매 가계집단 각각에 대해 기록된 개체 수이다.

$$A = \begin{bmatrix} \sigma_a^2 \\ \sigma_s^2 + \sigma_d^2 + \sigma_w^2/n_1 \\ \sigma_s^2 \\ \sigma_s^2 \end{bmatrix} \tag{13.14}$$

각각 부차적인 전형매 가계의 경우 1개의 부차적 행과 열이 행렬 P에 추가되어야 하고, 1개의 부차적 행이 행렬 A에 추가되어야 한다. 쌍으로 된 교배(각 수컷이 오직 1마리의 암컷과 교배)의 경우 P는 P와 A의 첫째 행과 열의 2개를 포함하고 A의 첫째 행의 2개를 포함한다. 육종 대상생물의 표현형가를 이용할 수 없다면 P의 첫째 행과 열, A의 첫째 행은 삭제되어야 한다.

육종 대상생물에 대한 측정값이 전형매의 표현형 평균에 포함되지 않을 때 개체와 전형매 평균 간 표현형공분산은 $\sigma_s^2 + \sigma_d^2 + \sigma_c^2 + (\sigma_w^2 + \sigma_e^2)/n$ 대신에 $\sigma_s^2 + \sigma_d^2 + \sigma_c^2$이고, 유전공분산은 $\sigma_s^2 + \sigma_d^2 + \sigma_w^2/n$ 이다. 이것은 분리된 전형매 평균이 각 개체에 대해 측정되는 것을 필요로 한다. 반면, 개체가 전형매 평균에 포함될 때 각 전형매 집단에 대한 하나의 평균이 필요하다.

2가지의 경우, 가중치는 $b = P^{-1}Aa$로 구한다. 그래서 분리된 P^{-1} 은 n_1, n_2, n_3의 각각 이용할 수 있는 조합에 필요하다. 행렬을 바꾸는 컴퓨터 소프트웨어의 사용으로 이것은 문제가 되지 않는다.

그럼에도 불구하고 측정을 용이하게 하기 위해 위의 예측 방정식은 P가 대각선이 되도록 독립된 기록의 선형함수를 사용해서 세워질 수 있다(Wray and Hill, 1989). 이 경우에 예측 육종가는

$$\widehat{A}_i = \widehat{\mu}_A + b_i(P_i - \overline{P}_f) + b_f(\overline{P}_f - \overline{P}_h) + b_h(\overline{P}_h - \mu_P) \tag{13.15}$$

으로 구할 수 있다. 여기서 부친어는 2마리 이상의 모친어와 교배하고, 쌍으로 된 교배가 실행되면 식의 마지막 부분이 없다. 즉, 모친어 1마리 당 1마리의 부친어이다. $\overline{P}_h$는 반형매의 표현형(최소자승) 평균이고 $\overline{P}_f$는 $\overline{P}_h$에 포함되어 있다.

그래서 부친어 1마리당 2마리의 모친어를 가진 교배 모형의 경우,

$$P = \begin{bmatrix} \sigma_w^2 + \sigma_e^2 & 0 & 0 \\ 0 & \sigma_d^2 + \sigma_e^2 + (\sigma_w^2 + \sigma_e^2)/n_1 & 0 \\ 0 & 0 & \sigma_s^2 + (\sigma_d^2 + \sigma_e^2)/m + (\sigma_w^2 + \sigma_e^2)/(n_1 + n_2) \end{bmatrix} \tag{13.16}$$

$$A = \begin{bmatrix} \sigma_w^2 \\ \sigma_d^2 + \sigma_w^2/n_1 \\ \sigma_s^2 + \sigma_d^2/m + \sigma_w^2/(n_1 + n_2) \end{bmatrix} \tag{13.17}$$

이다. P가 대각선이기 때문에 역행렬은 대각선에 있는 요소 각 역수로 구할 수 있다. 가중치는

$$b_i = \frac{\sigma_w^2}{\sigma_w^2 + \sigma_e^2} \tag{13.18}$$

$$b_f = \frac{\sigma_d^2 + \sigma_w^2/n_i}{\sigma_d^2 + \sigma_c^2 + (\sigma_w^2 + \sigma_e^2)/n_i} \tag{13.19}$$

$$b_h = \frac{\sigma_s^2 + \sigma_d^2/m + \sigma_w^2/(n_i + n_2)}{\sigma_s^2 + (\sigma_d^2 + \sigma_c^2)/m + (\sigma_w^2 + \sigma_e^2)/(n_i + n_2)} \tag{13.20}$$

으로 서로에 대해 독립적으로 측정될 수 있다. 개체(집단) 선발이 $b_i = b_f = b_h = 1$인 이 지수의 특별한 경우를 주목한다(Villenueva and Woolliams, 1997).

평형 교배모형, 즉 똑같은 전형매 가계 크기($n_1 + n_2 + \ldots n_m = mn$)와 부친어당 똑같은 수의 암컷의 경우 총 평균이 모형의 고정효과라면 위의 예측은 BLUP 육종가를 나타낸다. 불평형 모형의 경우 BLUP의 차이는 큰 전형매 가계 크기($n \geq 5$)에 대해 최저가 될 것이다.

13.3.8 후대 검정

후대 검정의 선발기준은 개체의 후대의 평균값이고 육종가의 조작적 정의이다. 다른 모친어 3마리와 교배한 부친어 1마리의 육종가를 예측하는 예를 생각해 보자. 선발기준은 모친어 3마리의 자어(전형매 가계)에 대해 기록된 형질이다. 친어들 중 어느 쪽도 측정되지 않았다고 가정하면 예측 방정식은

$$\widehat{A_i} = \hat{\mu}_A + b_{fi}(\overline{P}_{fi} - \mu_p) + b_{f2}(\overline{P}_{f2} - \mu_p + b_{f3}(\overline{P}_{f3} - \mu_p) \tag{13.21}$$

이다. 여기서 $\overline{P}_{f_1}$, $\overline{P}_{f_2}$, $\overline{P}_{f_3}$는 3개의 전형매 가계 각 평균 표현형가이다.

가중치 b_{f_1}, b_{f_2}, b_{f_3}는 $b = p^{-1}Aa$로 구한다.

$$P = \begin{bmatrix} \sigma_s^2 + \sigma_d^2 + \sigma_c^2 + (\sigma_w^2 + \sigma_e^2)/n_1 & \sigma_s^2 & \sigma_s^2 \\ \sigma_s^2 & \sigma_s^2 + \sigma_d^2 + \sigma_c^2 + (\sigma_w^2 + \sigma_e^2)/n_2 & \sigma_s^2 \\ \sigma_s^2 & \sigma_s^2 & \sigma_s^2 + \sigma_d^2 + \sigma_c^2 + (\sigma_w^2 + \sigma_e^2)/n_3 \end{bmatrix} \tag{13.22}$$

$$A = \begin{bmatrix} \sigma_s^2 + \sigma_d^2 \\ \sigma_s^2 + \sigma_d^2 \\ \sigma_s^2 + \sigma_d^2 \end{bmatrix} \tag{13.23}$$

이다. 목표가 모친어 중 하나의 육종가를 측정하는 것이라면, 예측 방정식은

$$\widehat{A}_i = \widehat{\mu}_A + \frac{\sigma_{A\overline{P}_f}}{\sigma^2_{\overline{P}_f}}\left(\overline{P}_f - \widehat{\mu}_P\right) \tag{13.24}$$

이다. 여기서 가중치는 모친어의 전형매 자어의 평균 표현형 활동에 대한 모친어의 실제 육종가의 회귀이다. 그래서 다른 2모친어와 관계된 위의 행렬 P와 A의 행과 열은 삭제되어야 한다. 따라서 P와 A는 각각 하나의 요소만 포함하고 가중치는

$$\frac{\widehat{\sigma}_{A\overline{P}_f}}{\widehat{\sigma}_{\overline{P}_f^2}} = \frac{\widehat{\sigma}_s^2 + \widehat{t}\sigma_d^2}{\widehat{\sigma}_s^2 + \widehat{\sigma}_d^2 + \widehat{\sigma}_c^2 + (\widehat{\sigma}_w^2 + \widehat{\sigma}_e^2)/n} \tag{13.25}$$

이다. 이것은 형매선발의 가중치와 같다. 그래서 단일교배로 된 교배모형과 친어에 대한 기록이 없을 때, 모친어(또는 부친어)의 예측 육종가는 임의 선발된 자어의 예측 육종가와 같다.

13.4 예측 육종가의 정확도

예측 육종가의 정확도(즉, 선발의 정확도)는 실제 육종가와 예측 육종가 간 상관관계$\left(r_{A\widehat{A}}\right)$로 정의되고, 실제 육종가에 관해서 육종 대상생물이 얼마나 적절하게 교체 순위가 정해지는지에 대한 척도이다. 제곱된 정확도 $\left(r^2_{A\widehat{A}}\right)$는 예측 육종가에 의해 생기는 형질이나 형질의 조합(육종 목표)에 대한 실제 상가유전분산의 비율을 나타낸다. 반대로 $1-r^2_{A\widehat{A}}$은 일어나지 않는 비율이다(다음 절 참조).

정의에 의해 $\sigma_{A\widehat{A}} = \sigma^2_{\widehat{A}}$ 이다 (9장 참조). 실제 육종가(A)와 예측된 육종가$(\widehat{A})$간 상관관계는 예측 육종가의 표준편차와 실제 육종가의 표준편차 간 비율과 같다.

$$r_{A\widehat{A}} = \frac{\sigma_{A\widehat{A}}}{\sigma_A \sigma_{\widehat{A}}} = \frac{\sigma^2_{\widehat{A}}}{\sigma_A \sigma_{\widehat{A}}} = \frac{\sigma_{\widehat{A}}}{\sigma_A} \tag{13.26}$$

먼저 예측 육종가의 분산($\sigma^2_{\hat{A}}$)을 도출하고 이 분산에 $\sqrt{\ }$를 취하여 $\sqrt{\sigma^2_{\hat{A}}} = \sigma_{\hat{A}}$, 정확성을 구한다.

예측 육종가의 정확도 편차는 다음 선발방법, 즉 개체선발, 가계내선발, 형매선발, 가계선발에 대해 보여주고 독립된 정보원을 가진 조합(자체, 전형매, 반형매) 선발에 대해 보여줄 것이다.

13.4.1 개체선발

예측 육종가의 분산은

$$\sigma^2_{\hat{A}} = [\frac{\sigma_{AP}}{\sigma^2_P}]^2 \sigma^2_P = (h^2)^2 \sigma^2_P \tag{13.27}$$

이고, 정확도는

$$r_{A\hat{A}} = \frac{\sqrt{(h^2)^2 \sigma^2_p}}{\sigma_A} = h^2 \frac{\sigma_P}{\sigma_A} = h \tag{13.28}$$

이다. 표현형 선발에 대한 예측 육종가의 정확도는 유전율의 $\sqrt{\ }$값이다.

13.4.2 가계내선발

개체가 전형매 가계 평균에 포함될 때 예측 육종가의 분산은

$$\sigma^2_{\hat{A}} = [\frac{\sigma_{AP_w}}{\sigma^2_{P_w}}]^2 \sigma^2_{P_{w1}} = [\frac{\sigma^2_w - \sigma^2_w/n}{\sigma^2_w + \sigma^2_e}]^2 (\sigma^2_w + \sigma^2_e)(1-1/n) \tag{13.29}$$

이고, 정확도는

$$r_{A\hat{A}} = \frac{\sigma_{\hat{A}}}{\sigma_w} = \frac{(\sigma^2_w - \sigma^2_w/n)\sqrt{1-1/n}}{\sigma_w} \tag{13.30}$$

이다. 개체가 전형매 가계 평균에 포함되지 않을 때 예측 육종가의 분산은

$$\sigma^2_{\hat{A}} = [\frac{\sigma_{AP_w}}{\sigma^2_{P_w}}]^2 \sigma^2_{P_{w2}} = [\frac{\sigma^2_w}{\sigma^2_w + \sigma^2_e}]^2 (\sigma^2_w + \sigma^2_e)(1+1/n) \tag{13.31}$$

이고, 정확도는

$$r_{A\hat{A}} = \frac{\sigma_{\hat{A}}}{\sigma_w} = \frac{\sigma_w^2\sqrt{1+1/n}}{\sigma_w} \qquad (13.32)$$

이다.

13.4.3 형매선발

예측 육종가의 분산은

$$\sigma_{\hat{A}}^2 = [\frac{\sigma_{A\overline{P_f}}^2}{\sigma_{\overline{P_f}}^2}]^2\sigma_{\overline{P_f}}^2 = \frac{(\sigma_{A\overline{P_f}}^2)^2}{\sigma_{P_f}^2} = \frac{(\sigma_s^2+\sigma_d^2)^2}{\sigma_s^2+\sigma_d^2+\sigma_c^2+(\sigma_w^2+\sigma_e^2)/n} \qquad (13.33)$$

이다. 분자가$(0.5\sigma_A^2)^2$이므로 제곱된 정확도는

$$r_{A\hat{A}}^2 = \frac{\sigma_{\hat{A}}^2}{\sigma_A^2} = \frac{0.5\sigma_w^2}{\sigma_s^2+\sigma_d^2+\sigma_c^2+(\sigma_w^2+\sigma_e^2)/n} \qquad (13.34)$$

이다. n이 크고, $\sigma_C^2 = 0$ 일 때 정확도는 $r_{A\hat{A}} = \sqrt{0.5} = 0.7071$ 인 최대값이 되고, 전형매간 상가유전 관계의 $\sqrt{\ }$ 값과 같다.

13.4.4 가계선발

예측 육종가의 분산은

$$\sigma_{\hat{A}}^2 = [\frac{\sigma_{A\overline{P_f}}}{\sigma_{\overline{P_f}}^2}]^2\sigma_{\overline{P_f}}^2 = \frac{(\sigma_{A\overline{P_f}}^2)^2}{\sigma_{P_f}^2} = \frac{(\sigma_s^2+\sigma_d^2+\sigma_w^2/n)^2}{\sigma_s^2+\sigma_d^2+\sigma_c^2+(\sigma_w^2+\sigma_e^2)/n} \qquad (13.35)$$

이고, 제곱된 정확도는

$$r_{A\hat{A}}^2 = \frac{\sigma_{\hat{A}}^2}{\sigma_A^2} = \frac{(\sigma_s^2+\sigma_d^2+\sigma_w^2/n)^2}{\sigma_A^2(\sigma_s^2+\sigma_d^2+\sigma_c^2+(\sigma_w^2+\sigma_e^2)/n)} \qquad (13.36)$$

이다. n이 클 때 정확도는 형매선발의 정확도와 같다.

13.4.5 조합된 자체, 전형매, 반형매선발

예측 육종가가 독립된 선형함수를 이용하여 추정될 때(13.3.5절), 다른 정보원간 모든 공분산은 0이다. 결과적으로 예측 육종가의 분산은 각 요소의 분산의 합과 같고, Wray et al.(1994)에 따르면

$$\sigma^2_{\hat{A}} = b_i^2 K_i + b_i^2 K_f + b_h^2 k_h \qquad (13.37)$$

이다. 여기서 b_i, b_f, b_h는 앞에서 정의되었고(13.3.5절),

$$k_i = (\sigma^2_w + \sigma^2_e)(1 - 1/n) \qquad (13.38)$$

$$k_f = \lfloor \sigma^2_d + \sigma^2_c + (1/n)(\sigma^2_w + \sigma^2_e) \rfloor [1 - 1/m] \qquad (13.39)$$

$$k_h = \sigma^2_s + \lfloor \sigma^2_d + \sigma^2_c + (1/n)(\sigma^2_w + \sigma^2_e) \rfloor [1 - 1/m] \qquad (13.40)$$

이고, 정확도는

$$r_{A\hat{A}} = \frac{\sigma_{\hat{A}}}{\sigma_A} \qquad (13.41)$$

이다.

13.4.6 다양한 선발방법의 정확도

선발이 다양한 유전율(h^2), 상가유전분산을 제외한 전형매에 공통적인 분산의 비율(c^2), 전형매 가계의 크기(n)를 지닌 단일 형질에 대해 실행될 때, 그림 13.1(a-d)은 4개의 서로 다른 선발방법에 대한 예측 육종가의 정확도를 나타낸다. 예상대로 h^2이 증가하면 정확도가 증가하고, c^2이 증가하면 정확도가 감소한다. 정확도에 관해서는 하나의 부차적 형매 기록값은 큰 가계 크기보다 작은 가계 크기에 대해 더 크고, 형매선발보다 조합된 선발에 대해 더 크다.

후대 검정의 정확도는 그림 13.2에 나타나 있다. 배우자의 수가 1일 때(단일 교배), 정확도는 형매선발의 정확도와 같다. 배우자의 수와 전형매 가계의 크기가 증가하면 정확도는 증가한다. 배우자 수가 크고(n>6) 전형매 가계가 클 때(>50) h^2 = 0.10과 h^2 = 0.30인 경우 정확도는 매우 크고 (> 0.90) 매우 유사하다.

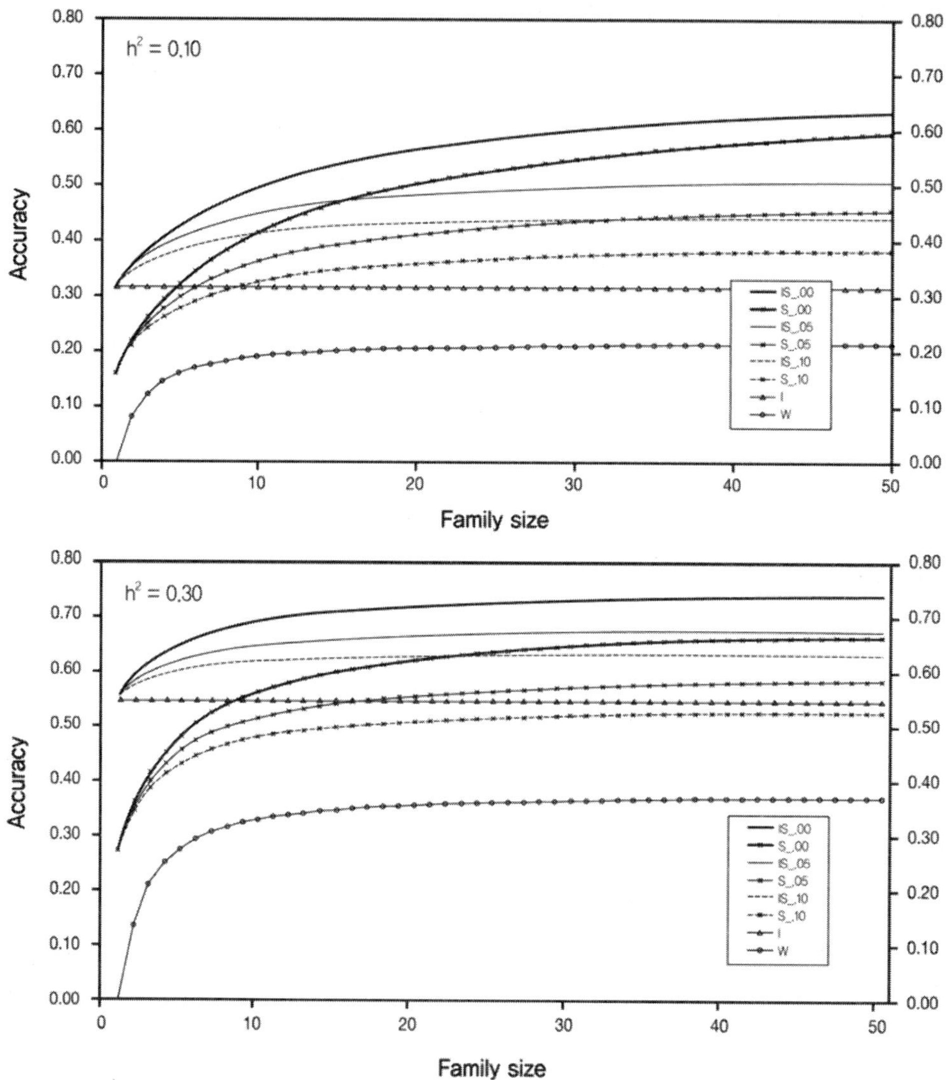

그림 13.1 2개의 서로 다른 유전율(h^2)과 상가유전효과를 제외한 전형매에 공통적인 3가지 다른 크기의 효과(c^2)에 대한 전형매 가계 크기의 함수로서 서로 다른 선발방법의 정확도.
I = 개체선발, W = 가계내선발, S_.00 = 형매선발 c^2 = 0.00, IS_.05 = 조합된(자체와 형매 정보)선발 c^2 = 0.05.

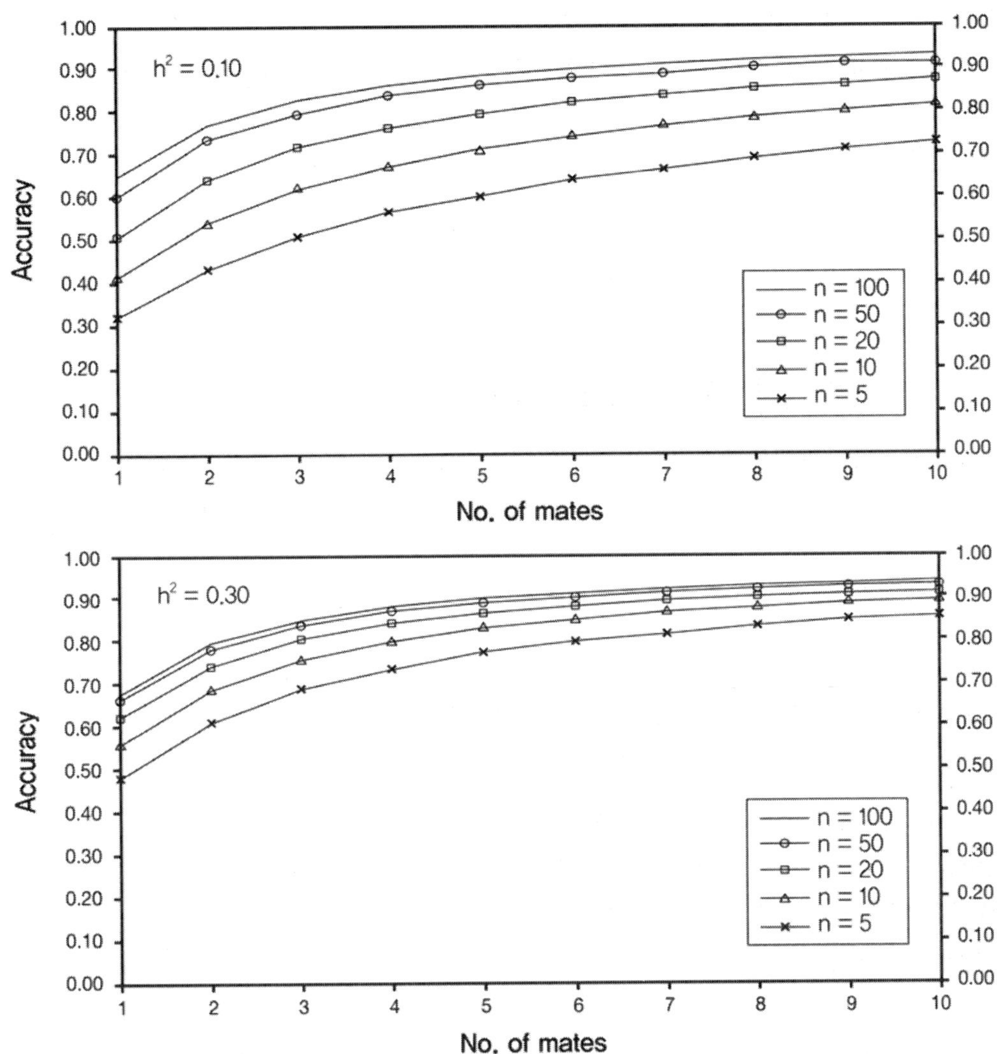

그림 13.2 2개의 서로 다른 유전율에 대한 배우자의 수와 전형매 가계의 크기(n)의 함수로서 후대 검정 선발의 정확도.

13.4.7 예측 오차분산

제곱된 선발의 정확도$\left(r^2_{A\hat{A}}\right)$는 예측 육종가에 의해 생기는 실제 상가유전분산의 비율을 나타낸다. 이 예측 오차분산(PEV)은 일어나지 않은 실제 상가유전분산의 비율이다.

$$PEV = (1 - r^2_{A\hat{A}})\sigma^2_a = \sigma^2_a - r^2_{A\hat{A}}\sigma^2_A = \sigma^2_A - \sigma^2_{\hat{A}} = \sigma^2_{(A-\hat{A})} \tag{13.42}$$

그래서 예측 육종가에 대한 정보량이 증가하면, $r^2_{A\hat{A}}$와 $\sigma^2_{\hat{A}}$는 증가하고, 예측 오차분산은 감소한다. 실제 상가유전분산은 예측 육종가의 분산과 예측 오차분산의 합이다.

예를 들면 개체선발의 경우 예측 오차분산은

$$PEV = (1-h^2)\sigma A^2 \tag{13.43}$$

이다.

13.5 최량선형비편향 예측인자(BLUP)

Henderson(1949)은 고정효과의 추정값(BLUE=Best Linear Unbiased Estimates)과 육종가의 예측(BLUP)을 동시에 구하는 최적선형비편향 예측(BLUP)이라 불리는 방법을 만들었다. 하지만 1970년대 초가 되어서야 BLUP이 생물의 유전적 평가에 적용되었다. BLUP은 바람직한 성질로 순치된 동물과 경작된 작물의 유전적 평가에서 널리 사용되었고 측정능력이 점점 증가하였다. BLUP의 성질은 다음 이름으로 합쳐진다.

- 최적(Best) – 실제 육종가(A)와 예측 육종가($\hat{A}$)간 상관관계를 최대화시키거나 예측 오차분산 $PEV = \sigma^2_A - \sigma^2_{\hat{A}} = \sigma^2_{(A-\hat{A})}$를 최소화시킨다.
- 선형(Linear) – 예측인자는 측정값의 선형함수이다.
- 비편향(Unbiased) – 생물의 육종가 같은 임의 변수의 실제 값의 추정과 고정효과를 평가할 수 있는 함수의 추정은 비편향되어 있다. 즉 $E(A|\hat{A}) = \hat{A}$ 이다.
- 예측(Prediction) – 실제 육종가의 예측을 포함한다.

BLUP에 대한 이론적 배경지식은 다음에서 간단히 나타낼 것이다. 13.4절에서 어류의 유전적 평가에 대한 BLUP의 적용을 나타낼 것이다. 혼합선형 생물모형에 대한 다음의 방정식을 생각해 보자.

$$y = Xb + Zu + e \tag{13.44}$$

여기서

y = n x 1 측정값의 벡터, n = 기록의 수

b = p x 1 미지의 고정효과 벡터, p = 고정효과에 대한 단계의 수

u = q x 1 미지의 임의 생물 상가유전효과의 벡터, q = 임의 효과에 대한 단계의 수

e = n x 1 y의 요소에 대응하는 미지의 임의 오차효과의 벡터

X = 차수 n x p 의 알려진 설계행렬, y 요소를 b 요소에 관련시킨다.

Z = 차수 n x p의 알려진 설계행렬, y 요소를 u 요소에 관련시킨다.

고정효과 b는 상황에 따라 더 많은 인자들로 분할될 수 있다.

기대값은 E(y) = Xb, E(u) = 0, E(e) = 0이다. 상가유전효과를 제외한 임의효과(예, 환경효과와 비상가유전효과)를 포함하는 오차효과는 분산 σ_e^2을 가지고 독립적으로 분포되어 있다. 그래서 var(e) = $I\sigma_e^2$ = R, var(u) = $A\sigma_a^2$ = G, cov(u,e) = cov(e,u) = 0이다. 여기서 A는 상가유전 관계 행렬이다. 그러면

$$
\begin{aligned}
var(y) = V &= var(Zu+e) \\
&= Z\,var(u)Z' + var(e) + cov(Zu,e) + cov(e, Zu) \\
&= ZGZ' + R + Zcov(u,e) + cov(e,u)Z' \\
&= ZGZ' + R \qquad (13.45)
\end{aligned}
$$

문제는 y(예측인자)의 함수에 의해 K'b + M'u(predictand)를 예측하는 것이다. 여기서 K와 M은 고정효과와 임의효과 기준 간 중요성의 차이를 명시하는 행렬이다. K'b + M'u의 최대 예측인자는 BP = E(K'b+M'u|y) = K'b+M'u이다.

1. y의 선형함수, L'y(즉, 첫째 적률과 둘째 적률만 알고 있어야 한다),
2. 평가가능, 즉 L'Xb = K'b, 다시 말하면 모든 b의 값에 대해 L'X = K' = 0,
3. 최소 분산, 즉 PEV = var(L'y-K'b- M'u)
4. 비편향, 즉 E(L'y) = E(K'b+M'u) = K'b = L'Xb

되기 위해 예측인자를 제한하면(상세한 편차에 대해서는 Henderson, 1973; 1984 참조), K'b+M'u의 BLUP은

$$L'y = K'\hat{b} + M'GZ'V^{-1}(y - X\hat{b}) \qquad (13.46)$$

이다. 여기서

$$\hat{b} = (X'V^{-1}X)^{-}X'V^{-1}y \qquad (13.47)$$

은 b의 일반화 최소자승의 해(GLS)이고, K'b의 최량선형비편향 추정법(BLUE)이다. K'b는 평가될 수 있다고 주어진다. BLUE는 의미와 성질 면에서 BLUP과 유사하다. 하지만 BLUE는 고정효과의 선형함수의 추정값과 관계가 있다. 최소 표본추출 분산을 가진 고정효과의 추정가능함수의 추정법은 비편향되어 있고 자료의 선형함수에 근거하고 있다(Henderson, 1984).

예측인자인 L'y는 b가 $\hat{b}$로 대체되는 것만 제외하고 BLP와 같다. 그래서 y의 두 번째 적률 var(y) = V= Z'GZ+R 은 BLUP을 측정하기 위해 알고 있다고 가정된다. K'b+M'u의 예측인자는 $K'\hat{b}+M'\hat{u}$ 이다. G와 R을 알고 있고, 모형이 정확하다면 이 값은 오직 BLUP이다(Henderson, 1973). u의 예측인자는 K' = 0과 M' = 1로 두면 구할 수 있다.

$$L'y = \hat{u} = BLUP(u) = GZ'V^{-1}(y - X\hat{b}) \quad (13.48)$$

G와 R의 실제 값은 실제 생물육종에서 결코 알 수 없다. 하지만 G와 R이 분산성분 추정방법들 중 하나에 의해 구한 추정값으로 바뀐다면(9장 참조) 추정값의 이용은 y가 정규분포화되어 있는 조건에서 b의 비편중 추정값과 u의 비편중 예측인자를 만든다(Kackar and Harville, 1981).

K'b + M'u의 BLUP을 측정하기 위한 방정식에는 V^{-1} 이 필요하다. V^{-1} 은 y에 있는 요소의 수인 차수 n에 대한 것이다. 생물육종의 대부분의 상황에서 n은 매우 크고 V의 역행렬은 사실상 불가능하다. 하지만 Henderson(1950)은 u의 BLUP과 b의 GLS에 대한 대안적 측정식으로서 혼합 모형 방정식(MME)을 발견하였다. MME가 b의 GLS를 가져온다는 증거는 S.R.Searle의 도움으로 1961년에 나타났고, 선발지수와 MME의 u의 해와 같다는 증거는 그 직후에 확립되었다(Henderson, 1963).

y = Xb + Zu + e에 대한 MME는

$$\begin{bmatrix} X'R^{-1}X & X'R^{-1}Z \\ Z'R^{-1}X & Z'R^{-1}Z+G^{-1} \end{bmatrix} \begin{bmatrix} \hat{b} \\ \hat{u} \end{bmatrix} = \begin{bmatrix} X'R^{-1}y \\ Z'R^{-1}y \end{bmatrix} \quad (13.49)$$

이다. R과 G가 정칙(유일한 역행렬이 존재한다)이고 R의 역행렬을 필요로 한다고 가정하면, V와 같은 차수 n이다. R은 대각선이고 방정식의 양쪽 끝에서 인수분해 될 수 있다.

$$\begin{bmatrix} X'X & X'Z \\ Z'X & Z'Z+G^{-1}a \end{bmatrix} \begin{bmatrix} \hat{b} \\ \hat{u} \end{bmatrix} = \begin{bmatrix} X'y \\ Z'y \end{bmatrix} \quad (13.50)$$

$a = \sigma e^2/\sigma a^2 = (1-h^2)/h^2$이다.

G의 역행렬은 u에 있는 요소의 수와 같은 차수의 행렬이다. G^{-1}을 측정하기 위한 능력은 모형과 u의 정의에 달려 있다. 생물육종에서 자료 u는 생물의 상가유전효과의 벡터를 나타낼 수 있다. 혈연관계가 없는 생물은 $G^{-1} = I\frac{1}{\sigma_a^2}$ 인 반면에 혈연관계가 있는 생물은 $G^{-1} = A^{-1}\frac{1}{\sigma_a^2}$ 이다. 여기서 A^{-1}은 상가유전 관계 행렬의 역이다(A와 A^{-1}을 구성하는 방법에 대해서는 13.7절 참조).

MME의 차수는 b에 있는 요소의 수(p) + u에 있는 요소의 수(q)와 같다. p + q는 n보다 상당히 작지만 MME의 왼편에 있는 역행렬의 측정을 막기에는 충분히 크다. 이것은 직접 b와 u를 구하는 데 필요하다. 하지만 MME는 반복(예, Gauss-Seidel)이나 Markov chain Monte Caro(MCMC) 방법들(예, Gibbs sampler; Casella and George, 1992; Sorensen et al., 1994)에 의해 구할 수 있다. 후자에서 예측 오차분산은 MME의 좌측을 바꾸지 않고 구할 수 있다.

추정된 고정효과의 분산은

$$V\hat{b} = C_{11} \tag{13.51}$$

으로 구한다. 예측된 임의효과의 분산은

$$V(\hat{u}) = Cov(\hat{u}, u') = G - C_{22} \tag{13.52}$$

으로 구한다. 임의효과의 예측 오차분산은

$$PEV = V(\hat{u} - u) = V(\hat{u}) + V(u) - Cov(\hat{u}, u') - Cov(u, \hat{u}') = V(u) - V(\hat{u}) = C_{22} \tag{13.53}$$

으로 구한다. 여기서 C_{11}과 C_{22}는 고정효과와 임의효과와 관계된 역계수행렬 요소이다.

$PEV = \left(1 - r^2_{A\hat{A}}\right)V(u)$을 주목하라(13.4.7절 참조).

13.6 SIP와 BLUP 간 차이

선발지수 방법은 기록들이 같은 평균을 갖거나 평균들이 알려져 있고 분산도 알려져 있다고 가정한다. BLUP에서 고정효과에 대한 평균(BLUE)은 임의효과(BLUP)와 동시에 구해진다. 그래서 분산만 알려진다고 가정된다. BLUP은 고정효과에 대한 GLS(일반화 최소자승법) 추정값과 바뀐 고정효과의 평균을 가진 선발지수이다.

선발지수와 BLUP 간 차이를 설명하기 위해, 먼저 선발지수에 대한 정규방정식을 생각해 보자(최량 선형 예측인자).

$$E(A_i/P_i) = \hat{A}_i = \hat{\mu}_A + \frac{\sigma_{AP}}{\sigma_P^2} P_i^{\otimes} \tag{13.54}$$

여기서 $P_i^{\otimes}$는 고정효과에 대해 조정된 생물 i의 측정기록이고, 다른 매개변수들은 앞에서 정의되었다. BLUP의 경우 유사방정식은

$$E(A_i \mid P_i) = \hat{A}_i = \hat{\mu}_A + \hat{g}_i + \frac{\sigma_{AP}}{\sigma_P^2}(P_i - f(\hat{a}, \hat{b}, .., \hat{\mu}_i, ..) \tag{13.55}$$

이다. 여기서 $\hat{\mu}_A + \hat{g}_i$은 집단에 있는 모든 생물의 유전적 기준의 BLUE이다. $f\left(\hat{a}, \hat{b}, \cdots, \hat{\mu}_i, \cdots\right)$는

측정된 표현형과 관계된 고정효과(a, b, ...)에 대한 BLUE이고, 문제가 된 생물과 관련된 생물에 대한 BLUP이다.

BLUP의 이용은 A가 완전하다면 축적된 관계, 즉 근친교배로 인한 유전분산의 변화를 설명한다. 생물 모형 하에서 배우자의 유전적 이점에 대한 조정은 BLUP으로 이루어지기 때문에 동류(또는 비동류)교배의 유전분산 변화도 설명된다. 더욱이 완전한 계통이 포함된다면 선발이 설명된다.

13.7 BLUP을 이용한 육종가의 예측

BLUP의 이용을 설명하기 위해 2개의 양식장에서 성장한 10마리 어류(즉, 같은 연령의 수컷 6마리와 암컷 4마리)에 대해 체중 기록이 사용된 표 13.1에 있는 자료를 생각해 보자. 어류들은 2마리의 부친어와 4마리의 모친어의 자어들이다. 부친어와 모친어의 친어들은 모두 알려져 있는 반면, 조친어의 친어는 알려져 있지 않다. 그래서 예시에 있는 자료에 대한 계통 목록은 표 13.2에 나타냈다.

표 13.1 예시 자료

어류 이력	양식장	성별	부친어 이력	모친어 이력	체중, kg
21	1	M	11	13	6.1
22	1	M	11	14	5.4
23	1	M	12	15	3.6
24	1	F	11	13	5.5
25	1	F	12	15	5.7
26	1	F	12	16	4.9
27	2	M	11	13	7.8
28	2	M	12	15	9.3
29	2	M	12	16	6.6
30	2	F	11	13	6.9

행렬 기수법에서 부친어와 모친어 모형은

$$y = Xb + Z_s u_s + Z_d u_d + e \tag{13.56}$$

으로 쓸 수 있다. 여기서

y = 10×1 측정된 체중의 벡터

b = 5×1 고정효과의 벡터 ; 1단계를 가진 총 평균과 2단계를 가진 양식장과 성별
u_s = 2×1 부친어 상가유전가의 1/2인 벡터
u_d = 4×1 모친어 상가유전가의 1/2인 벡터
e = 10×1 오차의 벡터; 즉, 임의 환경효과와 Mendel 표본추출가 X, Z_s, Z_d는 차수 10×5, 10×2, 10×4에 대응하는 설계행렬이다.

위의 2개의 고정효과인 양식장과 성별의 부호화는 성 효과의 크기가 2양식장에 대해 동일하다고 가정한다. 이것이 반드시 사실인 것은 아니다. 특히 양식장간 평균 형질가의 차이가 클 때 사실이 아니다. 어류가 다른 2양식장에서 성장했거나 2양식장에서의 기록이 그 해의 다른 시기에 기록되었을때 이런 경우가 발생한다. 이런 경우, 4개의 단계를 가지고 있는 조합된 양식장 효과와 성 효과의 결합이 이용되어야 한다.

표 13.2 표 13.1에 있는 예시 자료의 계통

어류 이력	부친어 이력	모친어 이력	세대
1	0	0	0
2	0	0	0
3	0	0	0
4	0	0	0
5	0	0	0
6	0	0	0
7	0	0	0
8	0	0	0
11	1	4	1
12	2	5	1
13	2	5	1
14	3	6	1
15	1	7	1
16	3	8	1
21	11	13	2
22	11	14	2
23	12	15	2
24	11	13	2
25	12	15	2
26	12	16	2
27	11	13	2
28	12	15	2
29	12	16	2
30	11	13	2

측정값 벡터의 기대값은 E(y) = Xb이다. 기대값과 임의효과의 분산과 공분산 행렬은

$$E\begin{bmatrix}u_s\\u_d\\e\end{bmatrix}=\begin{bmatrix}0\\0\\0\end{bmatrix} \text{and} E\begin{bmatrix}u_s\\u_d\\e\end{bmatrix}=\begin{bmatrix}A_{ss}\sigma_a^2 & A_{sd}\sigma_a^2 & 0\\A_{ds}\sigma_a^2 & A_{dd}\sigma_a^2 & 0\\0 & 0 & 0\end{bmatrix} \tag{13.57}$$

이다. 여기서 $\sigma a^2 = 0.25\sigma A^2$, 즉 상가유전분산의 1/4이고, A는 부친어들 간(A_{ss}), 모친어들 간(A_{dd}), 부친어와 모친어 간(A_{sd}와 A_{ds}) 상가유전 관계 행렬이다. 측정된 형질이 상가유전효과 이외의 다른 효과(예, 비상가유전효과, 전형매에 공통적인 환경효과, 모계효과)에 의한 영향을 받는다면, 이 효과들은 모친어의 상가유전가와 혼동될 것이다.

설계행렬은

$$X=\begin{bmatrix}11010\\11010\\11010\\11001\\11001\\10101\\10110\\10110\\10110\\10101\end{bmatrix}\qquad Z_s=\begin{bmatrix}10\\10\\01\\10\\01\\01\\10\\01\\01\\10\end{bmatrix}\qquad Z_d=\begin{bmatrix}1000\\0100\\0010\\1000\\0010\\0001\\1000\\0010\\0001\\1000\end{bmatrix}$$

으로 쉽게 구성된다. X에서 첫 번째 열은 총 평균과 관련되어 있고, 두 번째와 세 번째 열은 2단계의 양식장 효과와 관련되어 있다. 그리고 네 번째와 다섯 번째 열은 2단계의 성 효과와 관련되어 있다. Z_s의 2개 열은 2단계의 부친어 효과와 관련되어 있는 반면, Z_d의 4개 열은 4단계의 모친어 효과와 관련되어 있다.

정규 방정식은

$$\begin{bmatrix}X'X & X'Z_s & X'Z_d\\Z'_sX & Z'_sZ_s & Z'_sZ_d\\Z'_dX & Z'_dZ_s & Z'_dZ_d\end{bmatrix}\begin{bmatrix}\hat{b}\\\hat{u}_s\\\hat{u}_d\end{bmatrix}=\begin{bmatrix}X'y\\Z'_sy\\Z'_dy\end{bmatrix} \tag{13.58}$$

이다. 예시 자료로 인해 정규방정식은

$$\begin{bmatrix} 6 & 0 & 3 & 3 & 3 & 3 & 2 & 1 & 2 & 1 \\ & 4 & 3 & 1 & 2 & 2 & 2 & 0 & 1 & 1 \\ & & 6 & 0 & 3 & 3 & 2 & 1 & 2 & 1 \\ & & & 4 & 2 & 2 & 2 & 0 & 1 & 1 \\ & & & & 5 & 0 & 4 & 1 & 0 & 0 \\ & & & & & 5 & 0 & 0 & 3 & 2 \\ & & sym & & & & 4 & 0 & 0 & 0 \\ & & & & & & & 1 & 0 & 0 \\ & & & & & & & & 3 & 0 \\ & & & & & & & & & 2 \end{bmatrix} \begin{bmatrix} \hat{c}_1 \\ \hat{c}_2 \\ \hat{s}_1 \\ \hat{s}_2 \\ \hat{u}_{11} \\ \hat{u}_{12} \\ \hat{u}_{13} \\ \hat{u}_{14} \\ \hat{u}_{15} \\ \hat{u}_{16} \end{bmatrix} = \begin{bmatrix} 31.2 \\ 30.6 \\ 38.8 \\ 23.0 \\ 31.7 \\ 30.1 \\ 26.3 \\ 5.4 \\ 18.6 \\ 11.5 \end{bmatrix}$$

이 된다. 여기서 총 평균에 대한 행과 열은 생략되고, 고정효과에 대한 벡터(b)는 양식장 (C_1과 C_2)과 성 (S_1과 S_2)의 성분으로 분할된다.

부친어와 모친어의 BLUP을 구하기 위해서, 모든 효과가 고정된 방정식은 혼합모형 방정식으로 변환되어야 한다(Henderson의 혼합모형 방정식,MME). 이것은 G^{-1}, 즉 상가유전분산 - 공분산 행렬의 역을 위 방정식의 임의효과 부분에 더하면 얻어진다. 즉,

$$[Z'Z] = \begin{bmatrix} Z'_s Z_s & Z'_s Z_d \\ Z'_d Z_s & Z'_{d} Z_d \end{bmatrix} \tag{13.59}$$

이다. 모든 부친어와 모친어에 혈연관계가 없다면, 우리는 Z'Z에 다음 행렬을 더한다.

$$G^{-1} = \begin{bmatrix} Ik & 0 \\ 0 & Ik \end{bmatrix} \text{ 여기서 } k = \frac{\sigma_e^2}{\sigma_s^2} = \frac{\sigma_e^2}{\sigma_d^2} = \frac{1-1/2h^2}{1/4h^2} .$$

이때 분산의 부친어 성분과 모친어 성분이 상가유전분산의 1/4과 같다고 가정한다. 분산의 부친어 성분과 모친어 성분의 크기는 다를 수 있다.

하지만 부친어와 모친어에 혈연관계가 있으므로

$$G^{-1} = k\,A^{-1} = k \begin{bmatrix} A^{s,s} & A^{s,d} & A^{s,ss} & A^{s,dd} \\ A^{d,s} & A^{d,d} & A^{d,ss} & A^{d,dd} \\ A^{ss,s} & A^{ss,d} & A^{ss,ss} & A^{ss,dd} \\ A^{dd,s} & A^{dd,d} & A^{dd,ss} & A^{dd,dd} \end{bmatrix} \tag{13.60}$$

이다. 여기서 $A^{s,s}$, $A^{s,d}$ 등은 상가유전 관계 행렬 $A_{s,s}$, $A_{s,d}$ 등의 역행렬이다. 위 첨자와 아래 첨자의 s와 d는 부친어와 모친어를 나타내고, ss와 dd는 수컷 조친어와 암컷 조친어를 나타낸다. 생물의 이력이 11, 12, 13, 14, 15, 16, 1, 2, 3, 4, 5, 6, 7, 8의 순서가 된다면, A와 A^{-1}의 요소는

$$
A = \begin{bmatrix}
1 & & & & 1/4 & & 1/2 & & & 1/2 & & & & \\
& 1 & 1/2 & & & & & 1/2 & & & 1/2 & & & \\
& & 1 & & & & & 1/2 & & & 1/2 & & & \\
& & & 1 & & & & & 1/2 & & & 1/2 & & \\
& & & & 1 & 1/4 & & & & & & & 1/2 & \\
& & & & & 1 & 1/2 & & 1/2 & & & & & 1/2 \\
& & & & & & 1 & & & & & & & \\
& & & & & & & 1 & & & & & & \\
& & & & & & & & 1 & & & & & \\
& & & sym & & & & & & 1 & & & & \\
& & & & & & & & & & 1 & & & \\
& & & & & & & & & & & 1 & & \\
& & & & & & & & & & & & 1 & \\
& & & & & & & & & & & & & 1
\end{bmatrix}
$$

$$
A^{-1} = \begin{bmatrix}
2 & & & & & & -1 & & & -1 & & & & \\
& 2 & & & & & & -1 & & & -1 & & & \\
& & 2 & & & & & -1 & & & -1 & & & \\
& & & 2 & & & & & -1 & & & -1 & & \\
& & & & 2 & & -1 & & & & & & -1 & \\
& & & & & 2 & & & -1 & & & & & -1 \\
& & & & & & 2 & & & 1/2 & & & 1/2 & \\
& & & & & & & 2 & & & 1 & & & \\
& & & & & & & & 2 & & & 1/2 & & 1/2 \\
& & & sym & & & & & & 1.5 & & & & \\
& & & & & & & & & & 1.5 & & & \\
& & & & & & & & & & & 1.5 & & \\
& & & & & & & & & & & & 1.5 & \\
& & & & & & & & & & & & & 1.5
\end{bmatrix}
$$

이다. A^{-1}의 요소는 적어도 3가지 방식으로 구할 수 있다. (1) 먼저 작표방법(Henderson,1976)을 이용해 A를 구성하고 역행렬로 바꾼다. 이 방법은 많은 생물의 경우 어려울 수 있다. 이 A에서, 각 생물의 근교계수는 대각선 요소 −1로 구할 수 있다. (2) Henderson의 빠른 방법(rapid method)을 이용해서(Henderson,1976) 근친교배를 고려하지 않고 직접 A^{-1}을 구성한다. (3) 근친교배를 고려하면서 A^{-1}을 직접 구성한다(Quaas,1976; Meuwissen and Lou, 1992). 그래서 G^{-1}을 구하는 것은 문제가 되지 않는다. G^{-1}을 더한 후 MME는

$$
\begin{bmatrix}
'X'X & X'Z_s & X'Z_s & 0 & 0 \\
Z'_sX & Z'_sZ_s + kA^{ss} & Z'_sZ_d + kA^{sd} & k^{s,ss} & kA^{s,dd} \\
Z'_dX & Z'_d\ Z_s + kA^{ds} & Z'_dZ_d + kA^{dd} & kA^{d,ss} & kA^{d,dd} \\
0 & kA^{ss,s} & kA^{ss,d} & kA^{ss,ss} & kA^{ss,dd} \\
0 & kA^{dd,s} & kA^{dd,d} & kA^{dd,ss} & k^{dd,dd}
\end{bmatrix}
\begin{bmatrix} \hat{b} \\ \hat{u}_s \\ \hat{u}_d \\ \hat{u}_{ss} \end{bmatrix}
=
\begin{bmatrix} X'_y \\ Z'_sy \\ Z'_dy \\ 0 \\ 0 \end{bmatrix}
\qquad (13.61)
$$

이 된다. k = 14, 즉 h^2 = 0.25의 경우, $G^{-1} = kA^{-1}$을 더한 후, Z'Z의 대각선 요소와 Z'y의 요소는

$Z'Z$	$Z'y$
5+2(14)=33	31.7
5+2(14)=33	30.1
4+2(14)=32	26.3
1+2(14)=29	5.4
3+2(14)=31	18.6
2+2(14)=30	11.5
0+2(14)=28	0
0+2(14)=20	0
0+2(14)=28	0
0+1.5(14)=21	0
0+2(14)=28	0
0+1.5(14)=21	0
0+1.5(14)=21	0
0+1.5(14)=21	0

가 된다. Z'Z + kA^{-1}의 비대각 요소는 −1(14) = −14, 1/2(14) = 7 또는 0의 값이 된다.

고정효과의 추정값(BLUE)과 임의효과의 추정값(BLUP)은 표 13.3의 두 번째 열에 주어져 있다. 세 번째 열은 두 번째 열에 있는 h^2 = 0.25와 비교하여 h^2 = 0.50을 가정하는 BLUE와 BLUP을 나타낸다. 부친어와 모친어에 혈연관계가 없다고 가정하면 네 번째 열에 있는 추정값은 h^2 = 0.25에 대해 구해진 것이다. 다음은 표 13.3에 나타난 결과들에서 주목할 만한 가치가 있다.

13.7.1 h^2 = 0.25일 때 A^{-1}을 가진 BLUP

다음은 항상 적용된다 ; $1'A^{-1}\hat{\mu} = 0$. 이 예에서, $1'A^{-1}$ = (0 0 0 0 0 0 1 1 1 1 1 1 1 1)은 기초 집단 생물(즉, 이 예에서 조친어)의 추정값의 합이 0이라는 것을 나타낸 $k = \frac{\sigma_e^2}{\sigma_s^2} = \frac{1-1/2h^2}{1/4h^2}$를 0에 가깝게 정하면 구해진다.

표 13.3 정규방정식에 더한 $G^{-1} = kA^{-1}$을 가지고 있거나 없을 때, 2개의 다른 h^2값에 대한 고정효과의 추정값(양식장과 성의 BLUE)과 임의효과의 예측(부친어, 모친어, 조친어, 전형매 집단의 BLUP)

효과	G^{-1} 있음	G^{-1} 있음	G^{-1} 없음	최소자승 추정값
양식장				
$\hat{c}_1$	5.2334	5.2130	5.2400	5.1354
$\hat{c}_2$	7.6642	7.6540	7.6704	7.6771
성				
$\hat{s}_1$	0.0000	0.0000	0.0000	0.0000
$\hat{s}_2$	−0.1025	−0.0923	−0.1030	−0.0083
부친어				
$\hat{u}_{11}$	0.0509	0.0913	0.0378	0.1792
$\hat{u}_{12}$	−0.0254	−0.0455	−0.0378	−0.1408
모친어				
$\hat{u}_{13}$	0.0119	0.0170	0.0297	−0.0008
$\hat{u}_{14}$	−0.0105	−0.0183	0.0081	0.0992
$\hat{u}_{15}$	0.0467	0.0952	0.0392	0.3692
$\hat{u}_{16}$	−0.0758	−0.1444	−0.0770	−0.5058
조친어				
$\hat{u}_1$	0.0390	0.0746	−	−
$\hat{u}_2$	−0.0045	−0.0095	−	−
$\hat{u}_3$	−0.0345	−0.0651	−	−
$\hat{u}_4$	0.0209	0.0360	−	−
$\hat{u}_5$	−0.0045	−0.0095	−	−
$\hat{u}_6$	0.0045	0.0095	−	−
$\hat{u}_7$	0.0181	0.0386	−	−
$\hat{u}_8$	−0.0390	−0.0746	−	−
오차 $\widehat{\sigma_e^2}$	1.1471	1.1229	1.1457	1.7725
전형매 집단				
$\hat{u}_{11}+\hat{u}_{13}$	0.0628	0.1083	0.0675	0.1782
$\hat{u}_{11}+\hat{u}_{14}$	0.0404	0.0730	0.0460	0.2782
$\hat{u}_{12}+\hat{u}_{15}$	0.0213	0.0497	0.0014	0.2282
$\hat{u}_{12}+\hat{u}_{16}$	−0.1012	−0.1899	−0.1148	−0.6468

13.7.2 h^2 = 0.50일 때 A^{-1}을 가진 BLUP

절대값에서 모든 생물의 해는 h^2 = 0.25의 해보다 더 크다. 그래서 유전율이 증가하면, 추정값은 집단 평균을 향해 약간 회귀하게 된다. 결과적으로 h^2 = 0.50일 때 오차 분산은 h^2 = 0.25일 때보다 더 작다.

13.7.3 h^2 = 0.25일 때 A^{-1}이 없는 BLUP

여기서 부친어와 모친어는 기초집단 생물을 나타낸다. $'A^{-1}\hat{\mu}$은 항상 적용되므로, $1'A^{-1} = (1\ 1\ 1\ 1\ 1\ 1)$이고 $\sum_{i=1}^{6}\hat{\mu}_i = 0$ 이다.

또한 $\hat{\mu}_{11} = \hat{\mu}_{13} + \hat{\mu}_{14}$ 과 $\hat{\mu}_{12} = \hat{\mu}_{15} + \hat{\mu}_{16}$ 이 된다는 사실을 주목한다. 따라서 부친어내 모친어의 추정값은 부친어의 추정값의 합계가 된다.

13.7.4 최소자승 추정값

절대값에서 부친어와 모친어의 최소자승 추정값은 혼합모형에서 구한 값 보다 훨씬 더 크다(회귀하지 않는다). 고정모형의 오차분산은 혼합모형보다 훨씬 더 크다. 이 고정모형에서 자유도의 오차는 10^{-6} = 4인 반면, 혼합모형의 경우 10^{-3} = 7이 된다는 것은 주목할 만하다.

13.7.5 후대의 육종가

위의 부친어와 모친어의 모형에서, 후대의 육종가는 구해지지 않았다. 부친어와 모친어 모형의 추정값은 후대 추정값을 구하기 위해 다음 모형으로 이용될 수 있다.

$$y = Xb + Z_s u_s + Z_d u_d + Z_m u_m + e \tag{13.62}$$

여기서 u_m는 10 × 1 분산 σ_w^2 = $0.50\sigma_A^2$을 가진 개체 Mendel 표본추출값, 즉 상가유전분산의 절반의 벡터이고, Z_m = I, 즉 단위행렬이다. 생물당 측정값이 하나이기 때문이다. 남아 있는 기호는 앞에서 정의하였다.

u_m의 예측인자는

$$\hat{u}_m = (Z'_m Z_m + Im)^{-1}(y - X\hat{b} - Z_s\hat{u}_s - Z_d\hat{u}_d)^{-1} \tag{13.63}$$

이다. 여기서 $m = \frac{(1-h^2)}{1/2h^2}$ 이고 $Z_m'Z_m$ = I 이다(h^2 = 0.25일 때 m = 6).

예에서 어류 이력 = 21인 경우 Mendel 표본추출값의 예측은(h^2 = 0.25이고 A^{-1}이 포함되어 있다)

$$\widehat{m}_{21} = \frac{1}{1+m}(y-(\hat{c}_1+\hat{c}_2)-(\hat{u}_{11}+\hat{u}_{13})) = \frac{1}{1+6}6.1-(5.2334+0)-(0.0509+0.0119) = 0.1148$$

$\widehat{m}_{21}$값은(1) 측정된 표현형가를 고정효과에 대해 조정하고(2) 전형매의 평균 육종가에서의 편차로 이 값을 나타내는 것으로 구성된다. 그래서 어류 이력 = 21의 예측 육종가는 $EBV_{21} = (\widehat{\mu_{11}} + \widehat{\mu_{13}}) + \widehat{m}_{21}$ $= 0.0628+0.1148=0.1776$이다. 예에 있는 다른 어류의 예측 육종가는 표 13.2에 나타나 있다.

13.7.6 A^{-1}의 효과

예측 육종가에 대한 상가유전 관계 행렬의 효과를 설명하기 위해서는, 먼저 kA^{-1}을 더한 후 부친어 이력 = 11인 정규방정식을 생각해 보자.

$$3\hat{c}_1+2\hat{c}_2+3\hat{s}_1+2\hat{s}_2+(5+2k)\hat{u}_{11}+4\hat{u}_{13}+1\hat{u}_{14}-k\hat{u}_1-k\hat{u}_4 = 31.7$$

$$\hat{u}_{11} = \frac{31.7}{5} - \frac{3\hat{c}_1+2\hat{c}_2}{5} - \frac{3\hat{s}_1+2\hat{s}_2}{5} - \frac{4\hat{u}_{13}+1\hat{u}_{14}}{5} - \frac{2k}{5}[\hat{u}_{11}-1/2(\hat{u}_1+\hat{u}_4)]$$

그래서 부친어의 예측 육종가 $\hat{u}_{11}$의 1/2은 (2) 두 개의 고정효과의 추정값(ci와 si)의 가중평균과 (3) 배우자의 추정값의 가중평균, (4) 친어에, 근거한 '계통지수'에서의 $\hat{u}_{11}$의 편차에 대해 조정된 (1) 후대기록의 평균으로 구성된다. '계통지수'는 유전율이 증가하고 측정값의 수가 증가하면 감소하는 인자에 의해 회귀하게 된다. 그래서 육종 대상생물에 대한 후대 정보가 증가하면 '계통지수'의 영향은 감소한다.

마찬가지로, kA^{-1}을 더한 후 모친어 이력 = 13인 정규방정식은

$$2\hat{c}_1+2\hat{c}_2+2\hat{s}_1+2\hat{s}_2+4\hat{u}_{11}+(4+2k)\hat{u}_{13}-k\hat{u}_2-k\hat{u}_5 = 26.3$$

$$\hat{u}_{13} = \frac{26.3}{4} - \frac{2\hat{c}_1+2\hat{c}_2}{4} - \frac{2\hat{s}_1+2\hat{s}_2}{4} - \hat{u}_{11} - \frac{2k}{4}[\hat{u}_{13}-1/2(\hat{u}_2+\hat{u}_5)]$$

이다.

13.7.7 예측값 척도법

개체의 예측 육종가는 임의효과로 간주되어서 예상된 평균값 0을 가진다. 기록 목적을 위한 서로 다른 평균은 그 형질의 총 평균을 더함으로서 선발될 수 있다.

육종 목표가 1개 이상의 형질을 포함할 때, 총 예측 육종가는 주어진 평균(예, 100)과 분산(예, 10)으로 표준화된다. 이것은 각 육종가에서 총 평균 육종가를 빼고, 육종가의 표준편차로 나눈 다음 새로운 표준편차를 곱하면 구할 수 있다. 얻어진 값은 새 평균에 더한다. 그래서

$$\mathrm{EBV_i} = 100 + \frac{(\mathrm{EBV_i} - \overline{\mathrm{EBV}})}{\hat{\sigma}_{\mathrm{EBV}}}\sigma_{\mathrm{EBV}^{\otimes}} \quad (13.64)$$

이다. 여기서 $\mathrm{EBV_i}^{\oplus}$는 표준화된 육종가이고, σ EBV는 새로운 척도에 있는 육종가의 표준편차이다. 다시 측정된 육종가는 경제가와 육종목표에 포함된 형질의 집단평균의 이동에 의한 변화에 독립적이 된다. 이것은 한 번의 선발순환에서 그 다음 순환으로 일어날 수 있다.

예에 있는 어류 이력 21의 경우, 표준화된 육종가는

$$\mathrm{EBV}_{21} = 100 + \frac{0.1776 - 0.0153}{0.1649}10 = 109.9$$

이다. 예에 있는 다른 어류의 표준화된 육종가는 표 13.4에 나타나 있다.

표 13.4 표 13.1에 있는 부친어(부친어 이력), 모친어(모친어 이력), 10마리의 자어(어류 이력)의 예측 육종가 (h^2 = 0.25이고 A^{-1} 포함)

어류 이력	부친어 이력	모친어 이력	육종가				
			부친어(u_s)	모친어(u_d)	m_i	$\mathrm{EBV_i}$	$\mathrm{EBV_i}^{\oplus}$
21	11	13	0.0509	0..0119	0.115	0.178	109.9
22	11	14	0.0509	−0.0105	0.018	0.058	102.6
23	12	15	−0.0254	0.0467	−0.236	−0.215	86.0
24	11	13	0.0509	0.0119	0.044	0.107	105.6
25	12	15	−0.0254	0.0467	0.078	0.100	105.1
26	12	16	−0.0254	−0.0758	−0.019	−0.120	91.8
27	11	13	0.0509	0.0119	0.010	0.073	103.5
28	12	15	−0.0254	0.0467	0.231	0.252	114.4
29	12	16	−0.0254	−0.0758	−0.138	−0.239	84.6
30	11	13	0.0509	0.0119	−0.103	−0.041	96.9

13.7.8 상가유전효과를 제외한 다른 전형매에 공통적인 효과

물리적 표지(예, PIT 표지)가 계통 확인에 사용될 때, 형매가 표지방류에 알맞은 크기가 될 때까지 전형매 집단은 분리된 시설(예, 수조)에서 키워진다. 이것은 전형매에 공통적인 환경효과(수조효과)를 초래한다. 이 수조효과와 전형매가 비슷한 수조에서 성장하지 않을 때 수조효과와 혼동되는 상가유전효과 외의 다른 효과(비상가유전효과와 모계 효과)에 대해 설명하기 위해, 다음 모형이 적용될 수 있다.

$$y = Xb + Z_s u_s + Z_d u_d + Z_d t_d + e \tag{13.65}$$

여기서 t_d = 4×1 수조효과의 벡터(상가유전효과 외의 다른 전형매에 공통적인 효과)이고 각 전형매 집단에 대응하는 요소를 가지며 수조(모친어)의 수와 같은 차수이며, 모친어의 수와 같은 설계 행렬이다.

예시 자료를 이용하면 정규방정식은

$$\begin{bmatrix}
6 & 0 & 3 & 3 & 3 & 3 & 2 & 1 & 2 & 1 & 0 & 0 & 2 & 1 & 2 & 1 \\
 & 4 & 3 & 1 & 2 & 2 & 2 & 0 & 1 & 1 & 0 & 0 & 2 & 0 & 1 & 1 \\
 & & 6 & 0 & 3 & 3 & 2 & 1 & 2 & 1 & 0 & 0 & 2 & 1 & 2 & 1 \\
 & & & 4 & 2 & 2 & 2 & 0 & 1 & 1 & 0 & 0 & 2 & 0 & 1 & 1 \\
 & & & & 5 & & 4 & 1 & 0 & 0 & 0 & 0 & 4 & 1 & 0 & 0 \\
 & & & & & 5 & 0 & 0 & 3 & 2 & 0 & 0 & 0 & 0 & 3 & 2 \\
 & & & & & & 4 & 0 & 0 & 0 & 0 & 0 & 4 & 0 & 0 & 0 \\
 & & & & & & & 1 & 0 & 0 & 0 & 0 & 0 & 1 & 0 & 0 \\
 & & & & & & & & 3 & 0 & 0 & 0 & 0 & 0 & 3 & 0 \\
 & & & & & & & & & 2 & 0 & 0 & 0 & 0 & 0 & 2 \\
 & & & & & & & & & & 0 & 0 & 0 & 0 & 0 & 0 \\
 & & & & & & & & & & & 0 & 0 & 0 & 0 & 0 \\
 & & & & & & & & & & & & 4 & 0 & 0 & 0 \\
 & & & & & & & & & & & & & 1 & 0 & 0 \\
 & & & & & & & & & & & & & & 3 & 0 \\
 & & & & & & & & & & & & & & & 2
\end{bmatrix}
\begin{bmatrix} \hat{c}_1 \\ \hat{c}_2 \\ \hat{s}_1 \\ \hat{s}_2 \\ \hat{u}_{11} \\ \hat{u}_{12} \\ \hat{u}_{13} \\ \hat{u}_{14} \\ \hat{u}_{15} \\ \hat{u}_{16} \\ \hat{\mathbf{u}}_{gs} \\ \hat{\mathbf{u}}_{gd} \\ \hat{t}_{13} \\ \hat{t}_{14} \\ \hat{t}_{15} \\ \hat{t}_{16} \end{bmatrix}
=
\begin{bmatrix} 31.2 \\ 30.6 \\ 38.8 \\ 23.0 \\ 31.7 \\ 30.1 \\ 26.3 \\ 5.4 \\ 18.6 \\ 11.5 \\ 0 \\ 0 \\ 26.3 \\ 5.4 \\ 18.6 \\ 11.5 \end{bmatrix}$$

이 된다. 위의 방정식은 임의생물 부분(친어와 조친어)에 $G^{-1} = kA^{-1}$을 더하고 임의수조효과 부분에 $k_2 = \dfrac{\sigma_e^2}{\sigma_t^2} = \dfrac{1-1/2h^2-t^2}{t^2}$ 을 더하기 전의 것이다. 여기서 σ_t^2은 수조효과의 분산성분이고 $t^2 = \dfrac{\sigma_t^2}{\sigma_s^2+\sigma_d^2+\sigma_t^2+\sigma_e^2}$ 이다.

부친어, 모친어, 수조효과의 추정값에 속하는 다른 요소들을 설명하기 위해, 임의 생물부분(친어와 조친어)에 $G^{-1} = kA^{-1}$을 더한 후 부친어 이력 = 11인 정규방정식을 생각해 보자.

$$3\hat{c}_1 + 2\hat{c}_2 + 3\hat{s}_1 + 2\hat{s}_s + (5+2k)\hat{u}_{11} + 4\hat{u}_{13} - 1\hat{u}_{14} - k\hat{u}_1 - k\hat{u}_4 + 4t_{13} + 1t_{14} = 31.7$$

$$\hat{u}_{11} = \frac{31.7}{5} - \frac{3\hat{c}_1 + 2\hat{c}_2}{5} - \frac{3\hat{s}_1 + 2\hat{s}_2}{5} - \frac{4\hat{u}_{13} + 1\hat{u}_{14}}{5} - \frac{2k}{5}[\hat{u}_{11} - 1/2(\hat{u}_1 + \hat{u}_4] - \frac{4\hat{t}_{13} + 1\hat{t}_{14}}{5}$$

마찬가지로, 모친어 이력 = 13인 정규방정식은

$$2\hat{c}_1 + 2\hat{c}_2 + 2\hat{s}_1 + 2\hat{s}_2 + 4\hat{u}_{11} + (4+2k)\hat{u}_{13} - k\hat{u}_2 - k\hat{u}_5 + 4t_{13} = 26.3$$

$$\hat{u}_{13} = \frac{26.3}{4} - \frac{2\hat{c}_1 + 2\hat{c}_2}{4} - \frac{2\hat{s}_1 + 2\hat{s}_2}{4} - \hat{u}_{11} - \frac{2k}{4}[\hat{u}_{13} - 1/2(\hat{u}_2 + \hat{u}_5] - \hat{t}_{13}$$

이다. 그래서 부친어($\hat{u}_{11}$)와 모친어($\hat{u}_{13}$)의 예측 육종가의 1/2은 모형에서 수조효과가 없는 요소와 같은 요소들로 구성된다. 하지만 수조효과가 포함되면 부친어의 예측 육종가의 1/2은 자어가 성장한 수조의 가중 평균과 같은 양만큼 감소된다. 반면, 모친어의 예측 육종가의 1/2은 자어가 성장한 수조효과와 같은 양만큼 감소된다.

Z_t의 대각선 요소에 k_2를 더한 후 수조효과 t_{13}, 즉 부친어 이력 = 11이고 모친어 이력 = 13의 자어(전형매)에 대응하는 효과에 대한 정규방정식은

$$2\hat{c}_1 + 2\hat{c}_2 + 2\hat{s}_1 + 2\hat{s}_2 + 4\hat{u}_{11} + 4\hat{u}_{13} + (4+k_2)\hat{t}_{13} = 26.3$$

$$\hat{t}_{13} = \frac{1}{1+\frac{k_2}{4}}[\frac{26.3}{4} - \frac{2\hat{c}_1 + 2\hat{c}_2}{4} - \frac{2\hat{s}_1 + 2\hat{s}_2}{4} - (\hat{u}_{11} + \hat{u}_{13})]$$

이다. 수조효과의 추정값 $\hat{t}_{13}$는 (2) 두 개의 고정효과(ci와 si)의 추정값의 가중 평균에 대해 조정되고 (3) 수조에서 성장한 전형매의 부친어와 모친어에 대한 추정값의 합에 대해 조정된 (1) 측정값의 평균으로 구성된다. 그래서 수조효과가 큰 경우(즉, k_2가 작으면), 고정효과와 부친어, 모친어의 추정값에 대해 조정된 측정 수조 평균간 차이는 수조효과가 더 낮은 경우(즉, k_2가 클 때)와 비교하여 0을 향해 크게 회귀될 것이다.

수조효과가 없는 경우(σ_t^2 = 0), 수조효과에 대한 회귀인자는 1이 되고, 고정효과에 대해 조정된 측정 수조 평균은 부친어와 모친어의 추정값의 합과 같아져 결국 $\hat{t}_i = 0$ 이다.

예시 자료에서, 수조효과가 모형에 포함되어 있을 때 고정효과의 추정값(BLUE)과 임의효과의 추정값(BLUP)은 표 13.5에 나타나 있다.

표 13.5 정규방정식에 더한 G^{-1} = kA^{-1}을 가지고 있거나 없을 때, h^2 = 0.25이고 t^2 = 0.10인 경우 고정효과의 추정값(양식장과 성의 BLUE)과 임의효과의 예측(부친어, 모친어, 조친어, 전형매 집단, 수조효과의 BLUP)

효과	G^{-1} 있음 t^2 = 0.00	G^{-1} 있음 t^2 = 0.10	G^{-1} 없음 t^2 = 0.10
양식장			
$\hat{c}_1$	5.2334	5.2139	5.2192
$\hat{c}_2$	7.6642	7.6570	7.6624
sex			
$\hat{s}_1$	0.0000	0.0000	0.0000
$\hat{s}_2$	−0.1025	−0.0903	−0.0901
조친어			
$\hat{u}_1$	0.0390	0.0352	−
$\hat{u}_2$	−0.0045	−0.0052	−
$\hat{u}_3$	−0.0345	−0.0299	−
$\hat{u}_4$	0.0209	0.0191	−
$\hat{u}_5$	−0.0045	−0.0052	−
$\hat{u}_6$	0.0045	0.0052	−
$\hat{u}_7$	0.0181	0.0161	−
$\hat{u}_8$	−0.0390	−0.0352	−
부친어			
$\hat{u}_{11}$	0.0509	0.0462	0.0350
$\hat{u}_{12}$	−0.0254	−0.0243	−0.0350

효과	G^{-1} 있음 $t^2 = 0.00$	G^{-1} 있음 $t^2 = 0.10$	G^{-1} 없음 $t^2 = 0.10$
모친어			
$\hat{u}_{13}$	0.0119	0.0086	0.0253
$\hat{u}_{14}$	−0.0105	−0.0071	0.0097
$\hat{u}_{15}$	0.0467	0.0417	0.0344
$\hat{u}_{16}$	−0.0758	−0.0677	−0.0694
수조효과			
$\hat{t}_{13}$	−	0.0442	0.0405
$\hat{t}_{14}$	−	0.0168	0.0155
$\hat{t}_{15}$	−	0.0515	0.0550
$\hat{t}_{16}$	−	−0.1125	−0.1110
전형매 집단			
$\hat{u}_{11}+\hat{u}_{13}$	0.0628	0.0548	0.0603
$\hat{u}_{11}+\hat{u}_{14}$	0.0404	0.0391	0.0447
$\hat{u}_{12}+\hat{u}_{15}$	0.0213	0.0174	−0.0006
$\hat{u}_{12}+\hat{u}_{16}$	−0.1012	−0.0920	−0.1044
오차 $\widehat{\sigma_e^2}$	1.1471	1.200	1.1186

14. 유전자형-환경 상호작용

TRYGVE GJEDREM

14.1 서론

수산양식은 매우 다른 환경조건에서 일어난다. 예를 들면 수온, 염분농도, 기술, 먹이에서 차이가 있을 수 있다. 모든 환경에 적응하는 어류나 패류는 없다. 적응된 환경 밖에서, 특정한 생물들은 잘 성장하거나 또는 전혀 생존할 수 없을지도 모른다. 예를 들면, 연어는 수온이 높으면 틸라피아와 경쟁할 수 없다. 그래서 우리는 온대성 생물, 냉수성 생물, 열대성 기후에 알맞은 생물들에 대해 이야기한다. 또한 어떤 생물들은 담수, 기수, 해수에 적응된다.

유전자형-환경 상호작용은 부분적으로 환경조건의 변화에 대한 생물의 감수성 때문일 수 있다. 생물들이 적응된 환경적 조건보다 변화된 환경에서 더 많은 스트레스를 받을 수 있다. 생물들의 스트레스를 일으키는 주요 요인들은 수온, 염분, 유수와 지수의 수질들이다. 먹이의 유형과 이용도도 상호작용을 일으킬 수 있다. 우리는 환경조건의 변동을 감수할 수 있는 건강한 생물을 원한다. 성장하는 계통들이 다른 환경조건에 민감하지 않기 위해, 육종가는 다양한 양식조건 상태에서 검증된 생물의 자료로 추정되어야 한다.

표현형이 유전자형과 환경을 더한 것과 같은 간단한 모형(P = G + E)은 개략적인 수치일 것이다. 이 모형은 유전자형-환경 상호작용을 포함하여 확대될 수 있다($P = G + E + COV_{.GE}$). 유전자형-환경 상호작용 성분의 추정방법은 9장에 나타냈다.

14.2 상호작용의 원인

유전자형과 환경 간 상호작용의 생물학적 원인은 많다. 간단히 말하면, 어떤 유전자형은 어떤 환경에서는 대단히 잘 적응하는 반면 다른 환경에는 잘 적응하지 못한다(그림 14.1). 중국 계통은 성장률이 낮은 환경에서 다른 계통보다 더 활발하게 활동을 한다. 반면에 성장률이 높은 환경에서 유럽 계통과 이종교배된 계통과 경쟁할 수 없다. 통계적인 면에서 상호작용은 유전자형의 서열이 서로 다른 환경에서 달라질 때 발생한다.

어떤 자료에서는 서로 다른 환경에서 규모의 차이로 인해 주목할 만한 유전자형과 환경 간 상호작용이 나타날 수도 있다. 유전자형 차이는 어떤 환경에서 더 크게 나타날 수 있다. 이런 유형의 상호작용은 정보를 적당하게 변환시키면 제거될 수 있다.

어떤 환경에서 가장 좋은 유전자형이 다른 환경에서는 가장 좋은 것이 아닐 때가 더욱 심각한 상호작용 형태이다. 이것은 육종가 추정에 대한 문제를 만들고, 선발의 효율성을 감소시킬 것이다. 먹이와 관리가 양호한 상태에서 이뤄진 유전적 향상이 사육환경과 환경조건이 다른 곳에서도 같은 효과를 얻을 수 있을 것이다.

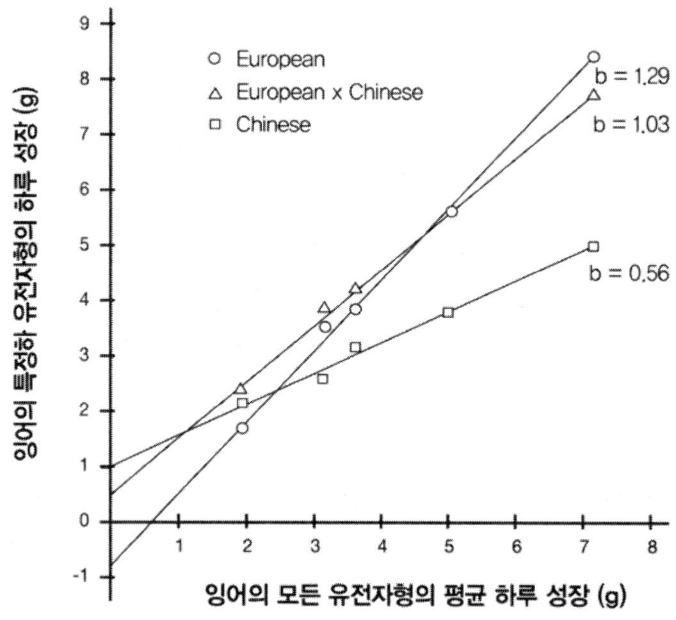

그림 14.1 서로 다른 환경에서 잉어의 3가지 다른 유전자형(유럽, 중국×유럽, 중국)이 성장하면서 얻은 성장곡선.

Pirchner(1985)에 따르면, 분포 구역 조건에서 식물생산이나 동물생산처럼 환경이 제어되지 않을 수 있는 상황에서 유전자형-환경 상호작용은 중요하다. 반대로, 양식조건에서 환경인자는 부분적으로 표준화될 수 있다. 그러면 유전자형-환경 상호작용은 별로 중요하지 않게 된다.

14.3 상호작용 추정

여러 가지 유전자형이 서로 다른 환경에서 성장했다면, 유전자형과 환경의 2가지 방식의 분류에 있는 분산분석은 유전자형간 분산, 환경간 분산, 유전자형-환경의 상호작용에 의한 분산의 추정값을 구할 수 있을 것이다(5장 참조). 현저한 상호작용의 필요성은 상호작용의 중요성 평가에 좋지 않을 것이다. 상호작용의 중요성은 표 14.1에서 보이는 것처럼 전체 표현형분산의 비율로부터 평가될 수 있다. 유전자형-환경 상호작용으로 인한 분산은 오직 전체 표현형분산의 작은 부분을 차지한다면, 육종가 추정에 작은 문제들을 초래할 것이다.

Falconer and Mackay(1996)에 따르면 유전자형-환경 상호작용의 논리적 측정법은 2환경에서 유전자형의 활동간 유전상관관계이다. 높은 유전상관관계는 즉 같은 유전자는 양쪽 환경에 있는 형질에 영향을 주며 상호작용을 나타낸다. 유전효과가 특정한 환경에서 존재하고 다른 환경에서 오직 부분적으로 반복되면 유전상관관계는 낮을 것이다.

14.4 상호작용 문제 해결

육종 프로그램의 효율성은 어느 정도 유전자형-환경 상호작용의 규모에 달려 있다. 그래서 상호작용을 최소화하기 위해 전략이 필요하다. 유전자형과 환경 간의 상호작용은 특히 환경뿐 아니라 유전자형 분산이 클 때 일어난다. 가계나 유전자 집단을 검증할 때 환경분산이 큰 경우를 피해야 한다. 반면에 가계나 유전자 집단의 검증을 위해 환경조건을 결정해야 한다. 이것은 산업을 대표하는 것이다. 1946/47년에 이미 Haldane and Hammond는 유전자형이 관리기준이 높은 조건 하에서만 완전히 발현될 것이라고 주장했다. 그들은 선발에 적합한 생물의 검증은 그런 환경에서 수정해야 한다고 권고한다.

상호작용이 표현형분산의 큰 부분을 차지하거나 서로 다른 환경에서 추정된 육종가간의 상관관계가 낮다면, 유전적 향상은 작거나 무시할 수 있다. 이런 상황에 대한 해결책은 일정한 환경에 생물들이 적응하도록 각 환경조건을 위한 계통을 만드는 것이다.

14.5 수산생물의 유전자형-환경 상호작용의 추정값

14.5.1 잉어

잉어의 12가지 유전 집단, 즉 4가지 계통과 잡종들은 1960년에서 1970년 동안 이스라엘에 있는 5개의 매우 다른 연못 환경에서 성장했다. Moav et al.(1975)은 이들 환경에서 성장률에 대한 유전자형-환경분산을 연구했다. 가장 좋은 환경의 성장률은 가장 열악한 환경보다 2배 이상 높았다. 유전자형 -환경 상호작용의 존재는 다양한 환경에서 검증된 집단의 서열의 차이에서 분명하였다. 특히 극단적 환경 중에서 극단적 유전자형의 서열 차이가 주목할 만하였다.

또 다른 연구에서 Wohlfarth et al.(1983)은 잉어의 3가지 유전자형의 성장률을 비교하였다. 3가지 유전자형은 중국산, 유럽산, 다른 종류간 중국×유럽 잡종으로 구성된다. 5가지 다른 환경에서 성장한 각 유전자형의 반응곡선의 기울기와 절편의 차이는 유전자형-환경 상호작용을 보이며 그림 14.1에 나타냈다. 성장형질의 경우, 환경효과는 2유전자형의 관계에 크게 영향을 끼친다는 사실을 보여준다. 열악한 환경조건에서 중국산은 유럽산에 대해 우성이며, 호전된 환경조건에서 유럽산은 중국산에 대해 우성을 보였다. 반면, 중간적 환경에서는 다른 종류간 잡종이 초우성을 보였다.

Moav(1976)는 유전자형-환경 상호작용의 여러 가지 원인을 논의했다. 그는 유전자형-계절 상호작용은 잉어의 경우 상당한 크기인 것으로 보인다는 사실을 발견했고, 하나의 계절에 근거한 유전변이성의 측정은 신뢰할 수 없다고 결론 내렸다. 더 나아가 유전자형-양식 체계 상호작용은 유수식보다는 지수식의 경우가 더 중요하다고 결론을 내렸다. 그는 복합양식에 유전자형-경쟁 상호작용이 상당할 것이라는 사실도 지적하였다.

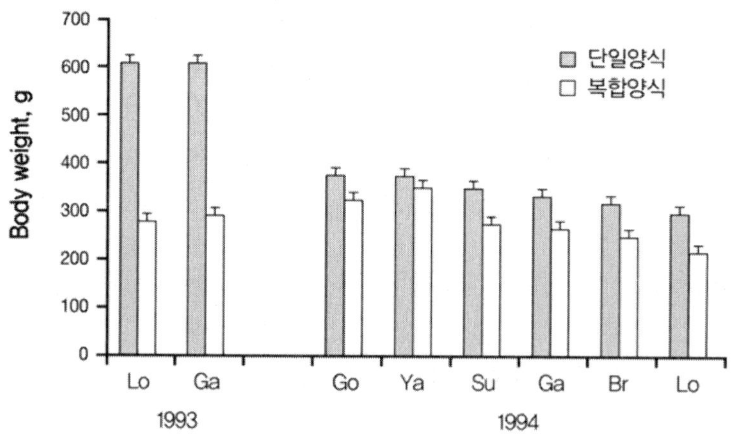

그림 14.2 단일양식과 복합양식에서 생산된 생물의 체중.
각 연도별 등급 내에서 단일양식의 체중에 따른 순위.

유전자형-생산 체계 상호작용은 Reddy et al.(2001)가 인도 CIFA(Central Institute of Freshwater Aquaculture)에서 rohu 잉어가 연구되었다. 1993년 실험에서 단일양식과 복합양식에서 rohu 잉어의

2계통간 체중에서의 상호작용은 매우 중요했지만 전체 분산의 0.1%만 차지했으며 그림 14.2에 나타냈다. 체중에 대한 6개의 rohu 계통 단일양식과 복합양식의 사이에서 체중의 상호작용은 1994년 실험에서 매우 중요했다. 그러나 전체 분산의 작은 부분을 차지했다(그림 14.2). 유사한 결과를 표지방류와 생산 사이의 생존에 대해 얻었다.

1994년 실험의 경우 57개의 rohu 전형매 집단은 단일양식과 복합양식 모두에서 검정되었다. 이 2가지 환경에서 전형매 집단의 순위는 매우 유사하였으며, 2환경의 육종가 간 유전 상관관계는 높았다(r_G=0.87)(Gjerde and Reddy, 1996). 그림 14.3에서 이것은 중요한 유전자형-환경 상호작용이 없다는 사실을 나타낸다. 이 결과는 Moav(1976)와 반대이다. 이런 결과들은 rohu의 성장형질은 유전율이 높기 때문에(h^2 =0.52) 선발을 통해 유전적으로 향상되고, 단일양식이나 복합양식, 아니면 이 2가지에서 얻은 검정 결과에 근거를 둔다는 사실을 강력하게 나타낸다. 또한 유전적으로 향상된 종묘는 어느 한쪽의 생산체계에서 방류되었을 때 향상된 성장 잠재성을 보여줄 것이라는 사실을 나타낸다.

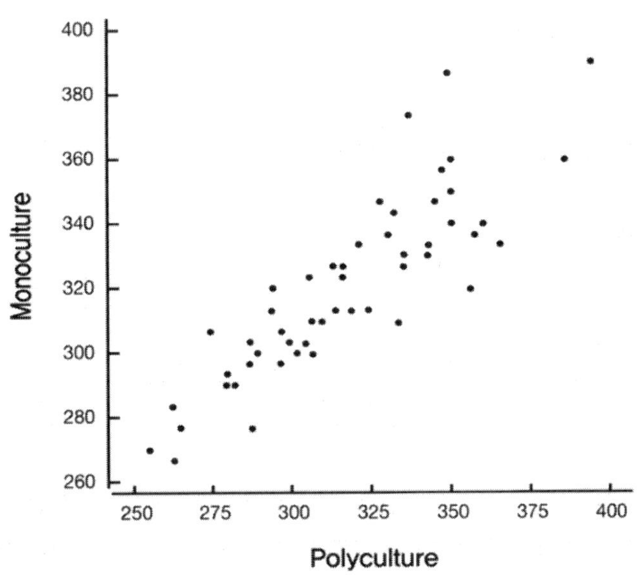

그림 14.3 단일양식과 복합양식에서 최종 체중(g)에 대한 전형매의 평균 육종가의 그림.

14.5.2 연어과

Gunnes and Gjedrem(1978)은 대서양연어의 유전자형과 환경 간의 상호작용을 연구하였다. 3년 연속 37개의 강/계통에서 동복자어군을 표본추출하였다. 각 계통에서 표지를 부착한 2세어 연어 시료는 2년 후 해상 양식장에서 성장하게 되는 5.45kg의 출하 크기가 될 때까지 노르웨이 해안에 있는 5개의 연어 양식장에 분배되었다. 총 자료는 36,187마리의 표지를 부착한 어류였다. 양식장간의 환경조건은 매우 달랐다. 남쪽 양식장은 위도 61에 가깝게 위치해 있었고, 북쪽 양식장은 낮 길이뿐만 아니라 수온도 차이가 있는 위도 67에 가깝게 위치해 있었다. 3세어 실험을 통해 각각에서, 가장 낮은 성장을 만드는 양식장에서의 성장률은 가장 높은 성장을 만드는 양식장의 절반이었다. 체중과 체장의 분산분석은 각 연도별 실험에서 계통-양식장간 상호작용을 산출했다. 전체 분산의 비율로써 상호작용의 분산성분은 아래의 실례에서 보이는 것처럼 1.3%과 3.1% 사이에서 전체 분산의 작은 부분만을 차지했다. 다른 양식장의 계통 순위는 매우 유사했다. 유전자형과 환경 간 상호작용은 대서양연어의 육종 프로그램에서 무시될 수 있으며 오직 1개의 육종집단이 만들어져야 한다고 결론을 내렸다.

14.5.2.1 사례

Gunnes and Gjedrem(1978)의 연구자료를 표 14.1에 나타냈다. 양식장, 계통, 양식장과 계통 간 상호작용은 3개의 연도별 등급 각각에서 모두 매우 중요하였다. 그러나 양식장과 계통 간 상호작용은 전체 분산의 작은 부분, 즉 1972, 1973, 1974년에 3.1%, 2.1%, 1.3%를 차지했다. 유전자형과 환경 간 상호작용은 너무 작아서 대서양연어의 육종 프로그램을 계획할 때 무시될 수 있다는 사실로 결론을 내릴 수 있다.

표 14.1 5개의 양식장에서 성장한 대서양연어의 다양한 계통의 체중 ANOVA. 자유도, 각 분산 원인의 제곱의 합 %와 제곱의 평균(MS)

1972				1973			1974		
원인	DF	%	MS						
양 식 장	4	0.2	9.1**	4	0.1	9.1*	4	1.1	162.8**
계 통	16	6.7	101.6**	22	6.3	75.1**	8	5.2	380.3**
양식장과-계통간	36	3.1	25.4**	88	2.1	6.3**	21	1.3	37.4**
잉 여	6842	89.3	3.1	10449	89.4	2.3	23023	92.0	2.4

Wild et al.(1994)은 연어의 성 성숙에 있는 연령에 대한 유전자형과 환경 간 상호작용의 정도를 조사하였다. 자료는 노르웨이의 여러 장소에 있는 6개의 다양한 순수 양식장에서 성장한 수컷 24, 암컷 119의 후대 집단으로 구성되었다. 수컷과 양식장 간, 암컷과 양식장 간 상호작용은 총 분산의 많은 부분을 차지하였다. 유전자형과 환경 간의 상호작용은 초기 성성숙 형질에 대해 중요한 역할을 한다고 결론지어졌다.

4개의 연도별 등급에서 무지개송어의 자료를 Gunnes and Gjedrem(1981)가 연구하였다. 동복자어군은 원래 노르웨이 어류 양식장에서 유래했고 한 집단처럼 취급되었다. 수컷/후대 집단의 수는 18에서 36개의 유전집단까지 해마다 변해서 94개였다. 각 전형매 집단에서 1세 된 송어 자어는 표지를 부착하고 연근해에 있는 5개의 다른 양식장에 분산수용 되었다. 총 23,086마리의 무지개송어는 18개월 동안 해상 양식장에서 성장한 후 2.6kg이 되었다. 양식장 간의 차이는 체중이 가장 가벼운 무지개송어가 있는 양식장과 체중이 가장 무거운 무지개송어가 있는 양식장 간에 약 1kg 차이가 났다. 수컷과 양식장 간 상호작용은 매우 중요했지만 체중에 대한 총 표현형분산의 1.1%와 5.5% 사이와 체장에 대한 총 표현형분산의 0.7%와 4.5% 사이만을 차지했다. 무지개송어의 경우 유전자형과 환경 간 상호작용은 무시될 수 있다.

양식 무지개송어의 유전자형과 환경 간 상호작용을 조사하기 위해 노르웨이와 스웨덴에서 실험이 실행되었다. 실험에서 35마리 수컷과 131마리 암컷이 계층적으로 교배되었다(Sylven et al., 1991). 각 부분적인 체중은 담수에서 1년 보낸 후 약 $1\frac{1}{2}$년 동안 노르웨이와 스웨덴의 8개의 대표적인 양식장에서 성장한 26,663마리의 자어들에 대해 기록되었다. 부분적인 체중은 다른 형질로 취급되었는데 즉, 1. 스웨덴의 담수에서; 2. 스웨덴의 염분이 있는 물에서; 3. 노르웨이의 해수에서 취급되었다. 수컷, 수컷내 암컷, 무작위 오차의 분산과 공분산성분이 추정되었다. 유전상관관계의 추정값은 형질 2와 3의 경우 0.86, 형질 1과 3의 경우 0.72, 형질 1과 2의 경우 0.58이었다. 적어도 후자의 경우, 유전자형과 환경 간 상호작용은 가정되어야만 한다.

Ayles and Baker(1983)는 무지개송어의 생산 체중에서 계통과 환경 간(다른 대초원 호수)에 중요한 차이를 발견하였다. 이것은 규모 효과로 부분적으로 설명될 수 있었다. 이 사실은 유전자형과 환경 간 상호작용이 무지개송어의 경우에 중요하며, 규모효과는 존재하지 않는다고 결론을 내린 Klupp et al.(1978)과 반대의 가설이 된다.

14.5.3 틸라피아

8가지 계통을 가지는 나일틸라피아는 11개의 다른 환경에서 성장한 2세대에 대해 검정되었다. 단순한 연못에서부터 좀 더 집중된 체계, rice-fish 체계와 양식장까지 넓은 범위의 필리핀 틸라피아 양식체계를 다루도록 검증된 환경에서 선발되었다. 첫 번째 세대의 실험기간 동안, 표지가 개별적으로 부착된 어류의 자어(총 7,652마리)들은 약 90일 동안 모든 검증환경에서 같이 사육했다. 두 번째 세대 실험에서 순수 계통의 어류 자어 총 3,420마리는 8개의 검증환경에서 같이 사육했다(Eknath et al., 1993). 계통과 환경 간 상호작용은 중요하지만 양쪽 세대의 전체 표현형분산의 0.3%만을 차지하였다. 첫 번째 세대의 결과는 그림 14.4에 나타나 있다. 성장률이 매우 낮은 환경 중 어떤 환경에서는 어떤 계통에 대한 순위-순서의 차이가 있었다. 그림 14.4에서 성장률로 측정된 환경조건이 증가하면 유전자형 사이의 유전적 차이는 증가한다는 사실은 분명하다.

그러나 유전자형과 환경 간 상호작용은 나일틸라피아의 성장률에 대한 가계내 선발 실험에서 중요하지 않았다(Bolivar, 1999).

14.5.4 메기

메기의 경우, Dunham et al.(1990)은 blue 메기와 찬넬메기 사이의 잡종은 연못 양식의 첫 해 동안 밀도가 낮은 찬넬메기보다 성장률이 낮지만, 두 번째 해에는 잡종이 더 빨리 성장한다고 주장하였다. 밀도가 증가되었을 때나 양식 장소가 가두리로 바뀌면 유전자형과 환경 간 상호관계가 나타났다. 마찬가지로, 몇 종의 메기와 잡종은 연못보다 수조에서 다르게 활동했다. Blue 메기는 연못, 호수, 강에서 찬넬메기와 경쟁하나 수조에서는 활동이 약하다는 것은 주목할 만한 예시가 된다(Sneed, 1971).

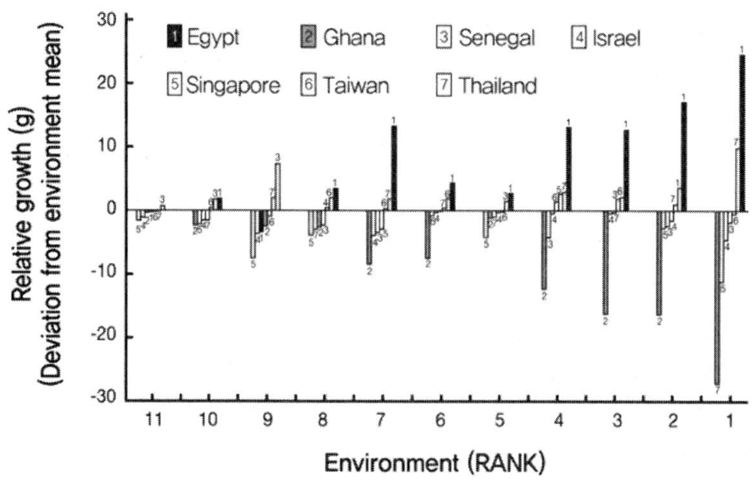

그림 14.4 여러 검정 환경에서 7개의 나일틸라피아 계통의 상대적 성장 활동. 상대적 성장 활동은 각 환경 평균에서 각 계통의 최종 체중의 LSM 편차로 측정되었다.

14.5.5 새우

하와이의 해양기관과 AKVAFORK는 흰다리새우(*P. vannamei*)로 육종 실험하였다. 총 294마리의 전형매 집단과 18,000마리에 가까운 표지가 부착된 자손들로 이루어진 5개 집단은 성장률에 대해 3~4개의 다른 양식장에서 검증되었다. 가계와 양식장 간 상호작용은 5개 집단 모두의 경우에 매우 중요했지만, 5개 집단의 총 표현형분산의 0.5%, 8%, 0.1%, 0.1%, 0.2%만 차지했다. 유전자형과 환경 간 상호작용은 낮기 때문에, 어느 환경의 결과에 근거한 선발로 다른 환경에서 성장이 증가하게 된다고 한다.

흰다리새우의 또 다른 실험에서 유전자형과 환경 간 상호작용은 콜롬비아에 있는 CENAIM(Centro Nacional de Acuiculturae Investigaciones)와 AKVAFORSK에 의해 연구되었다. 52마리 전형매 가계는 2개의 다른 양식장에서 성장률과 연못에서의 생존율에 대해 검사되었다(Suarez et al., 1999).

2양식장에서 기록된 가계 성장 활동간의 강한 긍정적 상관관계(rG=0.87)는 그림 14.5처럼 성장에 대한 유전자형과 환경 간 상호작용의 기준은 낮다는 사실을 보여준다. 연못에서의 생존율의 경우, 2개의 다른 환경에서 자랐을 때 가계 평균 사이의 유전 상관관계는 0.6이었다. 이것은 유전자형과 환경 간 상호작용이 존재한다는 사실을 나타낸다.

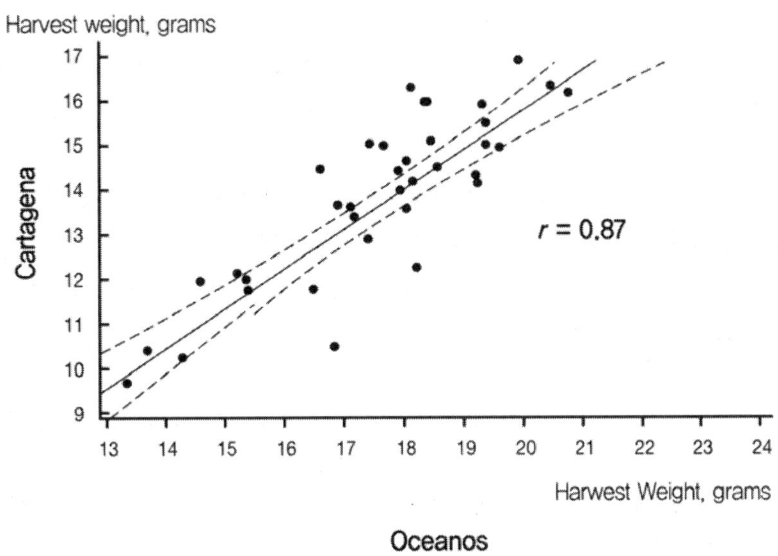

그림 14.5 Cartagena와 Oceanos에서 수확한 흰다리새우의 평균 가계 체중.

14.5.6 연체동물

태평양 굴의 경우 Langdon et al.(2000)은 넓은 양식 환경에 걸쳐 굴이 활동을 잘하더라도 체중에서의 강한 유전자형과 환경 간 상호작용을 보고했다. Newkirk(1978)은 서로 다른 염분농도에서 Crassostrea와 이들의 잡종인 4개 집단의 성장률을 비교하여 중요한 유전자형과 환경 간 상호작용을 발견하였다.

가리비의 경우 Ibarra et al.(1999)은 유전자형과 패각 위치 사이에서 성장률의 중요한 상호작용을 발견하지 못했다.

Jonasson et al.(1999)은 전복의 유전자형-환경분산을 연구하였다. 100개의 자손은 14개월 동안 2개의 다른 양식장에서 성장했다. 유전자형과 환경 간 상호작용은 생존율과 체장에 대해 무시할 수 있었다.

14.6 결론

유전자형과 환경 간 상호작용의 예들은 연구마다, 생물마다, 환경 차이의 정도에 따라 상호작용의 크기가 매우 다르다는 것을 보여주었다. 그래서 유전자형과 환경 간 상호작용의 중요성에 대하여 일반적 결론을 이끌어 내는 것은 불가능하다. 각 생물의 경우, 육종 프로그램을 만들기 전에 경제적으로 중요한 형질과 생물을 양식할 환경에 대한 유전자형과 환경 간 상호작용의 추정을 해야 한다. 유전적 거리가 증가하고 환경분산이 증가하면 보통 유전자형과 환경 간 상호작용은 증가한다. 산업은 생산성을 증가시키고 환경은 양식 전반에 걸쳐 더 표준화되기 때문에 상호작용의 크기는 간과되기 쉽다.

일반적으로 친어는 산업에서 나타나는 환경조건 하에서 검사되어야 한다. 그러나 그림 14.4처럼 낮은 환경기준과 비교하여 유전분산이 더 크기 때문에 우호적인 환경조건 하에서 육종가가 검증되어야 한다는 사실을 몇몇 결과들이 나타내고 있다는 것을 고려해야 한다. 이것은 Haldane(1946)과 Hammond(1947)의 주장과 일치한다.

생물의 순위를 다르게 만드는 중요한 상호작용은 육종 계획을 설계할 때 비중을 두어야 한다. 유전자형과 환경 간 상호작용이 크면, 육종집단은 각 환경유형에 대하여 만들어져야 한다. 상호작용으로 규모효과가 생기면, 육종 프로그램에 작은 문제들을 초래한다. 그것은 자료가 바뀌어서 생물들의 순위가 변하지 않을 것이기 때문이다.

연어, 무지개송어, 틸라피아, rohu 잉어, 흰다리새우와 같은 생물의 성장률과 생존율에 대해서 매우 다양한 환경조건 하에서 유전적 거리가 큰 계통이 검사되었더라도 유전자형과 환경 간 상호작용은 일반적으로 총 표현형분산의 작은 부분만 차지한다는 사실이 입증되었다.

15. 유전변화 측정

MORTEN RYE AND TRYGVE GJEDREM

15.1 서론

육종 프로그램에서 유전변화를 측정하고 변화의 양을 추정하는 과정은 선발반응을 얻기 위해 필요한 것은 아니나, 여러 가지 다른 이유들의 필수 조건이 된다. 먼저, 선발이 진행되어 발생하는 유전변화를 효과적으로 측정하는 것은 육종작업의 효율성 평가에 대한 귀중한 수단이 되고, 실제 얻어진 값들이 현재의 계획에서 추론된 이론적 예상값들을 충족시키지 못한다면 육종학자들은 이 프로그램을 적절히 조정 할 수 있게 한다. 경제적으로 중요한 주요 형질들에 대한 유전적 진보에 유효한 증거들은 수정란, 치어 또는 자어의 공급업자들이 양식산업의 주요 시장에서 강력한 경쟁에 직면하기 때문에 출하 목적으로도 매우 중요하다.

육종 프로그램에서 유전변화를 측정하기 위한 효과적인 방법은 눈으로 보는 것만큼 간단하지 않다. 오랜 시간에 걸쳐 측정된 표현형의 변화는 선발 기간 동안 일어나는 모든 유전변화와 환경변화의 합이고, 유전자형과 환경 간 상호작용 효과에 의해 영향을 받는다는 사실 때문에 복잡해진다. 이와 관련해서 환경변화는 비유전적 성질 변화를 포함한다. 그래서 적용된 육종 프로그램에서 심지어 가장 잘 제어된 선발실험에서 환경변화는 불가피하다. 선발과정으로 인해 유일하게 발생하는 표현형 발현의 정도를 알아내는 일은 매우 복잡하다. 유효 반응 추정값이 준비되어 있더라도, 가변적인 환경효과뿐 아니라 임의의 유전적 부동, 표본추출 오차, 가변적인 선발 차이 때문에 소집단의 최초 반응이 상당히 변동하는 사실로 인하여 단기간 반응의 해석은 더 복잡해진다(Falconer and Mackay, 1996). 결론적으로, 정확하고 신뢰할 만한 선발반응 추정값은 선발을 여러 번 반복한 후에 이끌어 낼 수 있다.

그래서 선발육종 프로그램에서 유전적 개량의 추정에는 유효한 결과를 제공하기 위해 신중히 설계된 전략이 필요하다. Gall et al.(1993)은 수산생물에 대한 응용을 강조하여 대안접근법에 대한 설명을 제시하였다. 앞으로 4개의 대안법이 논의된다. 즉, 선발되지 않은 대조구 계통 이용, 분기 선발 이용, 반복적인 교배, 유전적 경향 분석이다. 표현형 선발 상태에서 수컷과 암컷으로부터 발생하는 상대적 선발반응을 양으로 나타내는 방법도 간단히 기술된다.

15.2 대조구 집단

선발되지 않고 임의로 번식하는 대조구 계통을 유지하는 것은 선발육종 프로그램에서 유전변화를 측정하는데 전통적으로 널리 사용된 방법이었다. 이 접근에 대한 이론적 해석은 환경조건의 변화가 대조구 계통과 선발된 계통에 똑같이 영향을 줄 것이라는 것이다. 선발반응은 2계통간 평균 활동의 차이로 추정된다. 유전자형-환경 상호작용 효과로 인한 유전자형의 잠재적 편중성을 최소화하려면, 대조구 계통은 선발된 계통과 같은 유전적 근거에서 나와야 한다. 하지만 선발이 진행되면서 선발반응으로 2계통에 있는 유전자 기준의 차이가 커지기 때문에 유전자형-환경 상호작용은 여전히 중요하다.

대조구 계통과 선발된 계통은 동일한 조건 하에서 성장하고, 선발된 계통의 기초집단과 비교하여 대조구 계통이 유전적으로 안정되고 불변적이며 유전자형-환경 상호작용이 없다고 가정하면, 선발된 계통과 대조구 계통의 표현형 평균값들 간 차이는 선발된 계통에서 편중되지 않은 유전변화 추정값을 제공한다.

$$\Delta G = P_{selected} - P_{control} = (G_{selected} + E_{selected}) - (G_{control} + E_{control})$$
$$= (G_{selected} - G_{control}) \qquad (15.1)$$

$E_{control}$은 $E_{selected}$와 동일하다고 가정된다. P, G, E는 각각 표현형가, 유전자형가, 환경가를 나타낸다.

적절한 관리가 2계통의 사육 조건에 대한 가정을 만족시키는 반면, 선발되지 않은 대조구 계통의 유전적 안정은 가끔 문제가 된다. 대부분 이러한 조건들에서 선발된 계통 뿐 아니라 대조구 계통의 유효집단 크기들은 작기 때문에 유전자 빈도의 무작위 변화에 의해 생기는 무작위 유전적 부동을 겪게 된다. Gall et al.(1993)이 논의한 것처럼, 유전적 부동은 대조구 계통과 선발된 계통 모두에 영향을 주어 몇몇 세대에 대한 비교 타당성을 제한한다.

더군다나, 양식종의 육종 프로그램에서 선발되지 않은 대조구 적용의 적합성은 순치의 역사가 짧은 대부분의 어류나 패류에서는 문제가 될 수 있다. 또한 오랜 시간 동안 갇혀 있는 상태에서 번식해온 생물들은 야생생물과 매우 유사하다. 야생의 동복자어군은 규칙적으로 양식에서 사용된 "새로 보급된" 집단으로 사용되기 때문이다. 수산양식에 사용된 생물은 대부분의 경우에 생물들의 환경과 매우 다른 양식환경에 천천히 적응하기 때문에 여전히 강력한 자연선택의 영향을 받을 수 있다. 순치의 초기 단계에서 작용하는 강력한 자연선택 때문에 임의적으로 교배하고 유전적으로 안정한 대조구 계통을 유지하는 것은 가축보다 수산양식생물이 훨씬 더 어려울 것 같다.

이론적인 관점에서 보면, 선발되지 않은 대조구 계통의 이용이 선발에 의한 유전적 변화의 추정에 항상 좋은 수단을 제공하는 것은 아니다. 선발되지 않은 대조구 계통을 만들고 유지하는 것은 조작 비용이 소요되며 선발된 계통의 감소된 유효집단 크기를 필요로 한다. 육종 프로그램에 사용할 수 있는 총 자원이 고정되어 있기 때문이다. 유효집단 크기가 감소하기 때문에 주어진 선발강도에서 근친교배율이 증가하게 되거나 선발된 계통에서 미리 정의된 근친교배율로 인해 선발반응이 감소하게 된다.

15.3 발산선발

발산 대조구 계통이 사용되면, 즉 선발된 계통과 비교하였을 때 대조구 계통이 반대방향에서 선발된다면 대조구 계통의 사용으로 측정된 선발반응 추정값의 상대적 정확도는 향상될 수 있다(Falconer and Mackay, 1996). 이런 이유 때문에, 발산선발은 실험실에서 선발반응 그 자체를 측정하는데 보편적으로 사용되었다. 2계통의 생물이 유사한 환경조건 하에 있고 선발반응이 양 방향에서 동일하다면, 유전변화는 두 계통 사이의 결과에서 측정된 차이의 반이라고 추정될 수 있다.

하지만 대부분의 경우, 쌍방 선발이 실행되면 측정된 반응은 위쪽으로 선발된 계통과 아래쪽으로 선발된 계통에서 비슷하지 않다. 반응의 비대칭성은 비유전인자뿐 아니라 유전인자의 수에 의해 일어날 수 있기 때문에 이 결과는 놀랄 일도 아니다. 비록 발산선발이 선발반응 그 자체를 나타내는 데 사용된다 하더라도, 선발되지 않은 대조구 계통을 포함하는 전통적 접근법과 비교했을 때 발산선발에 의한 유전변화를 양으로 정확히 나타내는 것은 더 어려울 수 있다.

발산선발이 대조구 계통에서 부정적이나 비우호적인 방향의 선발을 포함하기 때문에, 이 방법은 필연적으로 선발반응이 추정되어야 하는 주요 형질(예, 성장률)에 대해 약하게 수행하는 대조생물을 만든다. 비용을 고려하면, 발산선발은 선발되지 않은 대조구 계통의 이용과 비교했을 때 상당한 단점을 가지고 있다. 그래서 선발되지 않은 대조구 계통 이용이 적용된 프로그램에 선호된다. 계통들이 유전적으로 분화될 때 선발 상태에 있는 형질이 환경 상호작용에 의하여 유전자형 영향을 받으면 발산선발 계획에서 얻은 유전적 증가의 추정값은 심하게 편중될 수 있다.

15.4 반복된 교배

다른 세대에 속하는 동시대 동물의 비교는 여러 세대에 걸쳐 유지된 전통적 대조구 집단을 사용하지 않고 유전변화를 추정하는 수단을 제공한다. 다회산란 생물을 대표하는 어류와 패류의 경우 연속하는 세대에서 반복되는 교배를 쉽게 얻을 수 있다. 한번만 산란하는 생물의 경우에 반복된 교배는 냉동보관과 냉동시킨 정자의 보관으로 촉진될 수 있다.

간단한 접근법은 암컷과 임의로 교배된 다른 세대에 속해있는 수컷의 자어를 비교하는 것이다. 2수컷 집단 모두에서 자어가 같은 환경조건에서 성장하고 수컷 쪽이 유전자 급원의 절반을 기여한다고 가정하면, 비교된 2세대 간의 유전변화는 '새로운' 수컷과 '오래된' 수컷이 함께 만든 자어들의 평균 표현형 결과간의 차이로 직접 측정될 수 있다.

$$P_{new} = \frac{1}{2}(G_{newSIRE} + G_{newDAM}) + E_{new}$$

$$P_{new} - P_{old} = [\frac{1}{2}(G_{new} - G_{newDAM}) + E_{new}] - [\frac{1}{2}(G_{oldSIRE} - G_{newDAM}) + E_{old}] = \frac{1}{2}(G_{newSIRE} - G_{oldSIRE}),$$

$E_{old} = E_{new}$라 가정하면 $= \frac{1}{2}\Delta G$

따라서

$$\Delta G = 2(P_{new} - P_{old}) \qquad (15.2)$$

이다.

15.5 평균 친어의 이용

오직 한번 산란하는 생물의 경우와 신뢰할 만한 냉동보관 방법이 없는 경우 또는 앞에서 기술한 것처럼 냉동보관과 관련된 비용으로 반복교배를 하지 못하는 경우, 평균 친어를 이용하는 대조를 고려할 수 있다(Gjedrem et al. 1997). 수많은 평균 친어(즉, 평균 추정 육종가를 지닌 육종될 만한 생물)는 자어집단을 생산하는 데 이용된다. 이 자어집단은 다음 세대에서 대조가 된다. 이 방법의 이론적 해석은 평균 친어가 생산한 자어들은 친어 세대의 평균 유전자 기준을 나타낸다고 가정된다는 것이다. 선발반응은 선발된 생물의 자어의 평균 성과와 평균 친어의 자어의 평균 성과간의 차이에 근거하여 추정될 수 있다.

그림 15.1은 이 방법이 개체선발에 근거한 성장률에 대해 유전적 증가의 추정에 어떻게 적용될 수 있는지 나타낸다. 동시에 가장 큰 어류가 향상된 자어의 생산에 선발되기 때문에 평균 크기의 많은 친어들은 대조가 되는 생물들을 생산하는 데 사용된다. 각 집단의 임의 표본이 표지되고 방류되어 같은 생산 환경에서 성장할 때까지 선발된 생물의 자어 집단과 평균 친어의 자어 집단은 별도로 성장한다. 어류가 목표 크기로 성장하면, 성장에 대한 유전적 증가는 2집단 간 평균 체중의 차이로 추정될 수 있다.

실제 상황에서, 평균 친어를 이용하는 대조구 집단의 이용은 많은 이점을 가지고 있다. 이 방법은 합리적인 비용에서 대부분의 생물들을 쉽게 촉진시킬 수 있다. 그리고 대조구 집단에 속하는 생물은 특히 선발이 여러 세대에 걸쳐 행해질 때 대조구 계통 방법에 의해 생산된 대조생물보다 더 나은 활동을 한다고 예상된다. 선발이 여러 형질에 동시적으로 행해질 때 이 방법의 이용이 제한된다. 특히 육종 목표가 대립하는 유전관계를 보이는 형질을 포함할 때 이용이 제한된다. 이 경우에, 총 육종가(즉, 순 이점)에 근거한 평균 친어의 선발은 비우호적으로 유전적 상관된 형질 각각에 대해 집단 평균에서 많이 벗어난 육종가를 지닌 친어를 선발하며, 따라서 선발 상태에서 개개의 형질에 대한 대표적인 평균 친어로서의 자격을 박탈하려는 경향이 있다. 그런 상황하에서는 육종 목표에 있는 개개의 형질에 대해서 선발하고 있는 형질의 수가 높다면 관심이 있는 형질에 대해 분리된 대조구 집단을 만드는 것이 더 유용하다고 생각된다. 그러나 여러 평균 친어 대조구 집단의 생산과 유지비용은 상당히 증가한다. 더군다나 각 대조그룹 생산에 사용되는 평균 친어 쌍의 수는 충분히 많아야 하고, 혼합된 대조구 집단에 있는 생물들의 상대적 기여는 이 방법에 의해 얻은 선발반응 추정값을 편중되게 하는 표본추출 분산을 피하기 위해 평형을 이루어야 한다.

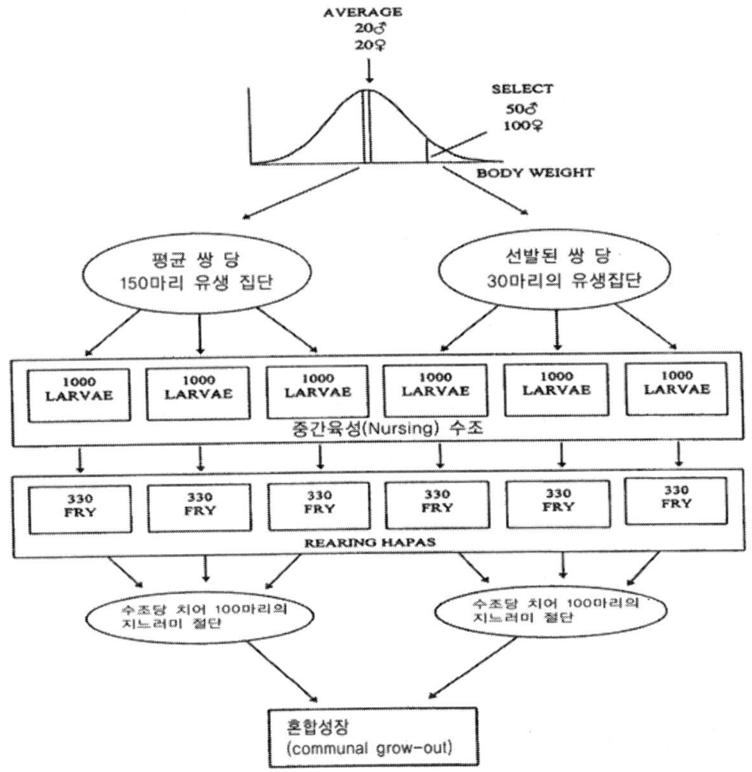

그림 15.1 유전적 증가의 대조. 선발된 친어의 자어와 평균 친어의 자어 비교.

잉어와 틸라피아의 성장률에 대한 유전적 증가 추정에 평균 친어를 이용한 예는 Mahapatra et al.(2004)과 Bentsen et al.(2004)에 의해 주어진다.

15.6 유전적 경향 분석

선발반응 추정값은 통계적 방법으로도 얻을 수 있다. 가축의 향상 계획에서 유전적 매개변수의 추정(9장)과 육종가 예측(13장)은 Henderson(1975)이 시작한 복합모형 방법론에 의해 좌우된다. 이 방법들은 수산생물들의 실험 프로그램과 적용된 향상 프로그램에서 빠르게 확산되고 있다. 표현형분산과 유전분산을 알고 있다고 가정하면, BLUP(최고선형비편중 예측(best linear unbiased prediction)) 과정으로 고정효과와 육종가를 동시에 추정할 수 있다. 분산을 알고 있다는 가정은 거의 생각할 수 없지만 제한된 최대가능성(restricted maximum likelihood)(REML)으로 유전분산과 표현형분산을 추정할 수 있다는 사실을 보여준다.

복합모형 방법론은 유전적 경향 분석을 통해 선발반응의 정확한 평가 수단을 제공한다. 여기서 특히 관심있는 것은 동물방법이다. 이 방법은 가장 일반적이지만 가장 진전된 BLUP 모형을 나타낸다. 이 동물방법은 분석에 포함된 모든 동물의 추정 육종가를 제공하고 동물들 간의 모든 관계를 이용한다. 한 세대 이상의 자료를 분석한다면, 자료에 있는 환경적 추세에 적응한 선발반응을 반영하는 유전적 경향은 세대 수에 대해서 세대내 평균 육종가를 회귀함으로써 추정될 수 있다. 그러나 동물 모형에 의한 비편중된 선발반응의 추정은 BLUP이 선발되지 않고 근친교배되지 않은 기초집단으로 거슬러 올라가 조사한 모든 성과와 계통정보를 설명하는 사실을 필요로 한다. 마찬가지로, 유전효과와 환경효과의 정확한 분리는 세대간뿐 아니라 연 등급 내에 있는 고정효과 등급간의 충분한 유전적 결속을 필요로 한다(Sorensen and Kennedy, 1984a).

유전적 경향 분석은 순전히 통계적 성질이고 외부 참고점을 포함하지 않기 때문에 반응의 추정값은 분석에서 사용된 유전적 매개변수에 의해 결정된다는 점을 강조한다. 편중되지 않은 유전적 매개변수 추정값은 이 방법에 함께 사용될 수 있다.

어류의 유전적 증가 추정에 대한 혼합모형기술의 응용에 대한 자세한 설명은 Gall and Baker (2002)를 참조하라.

15.7 선발 경로에 의한 반응 예측

많은 상황에서(예, 선발 계획의 최적화를 위해) 수컷 쪽과 암컷 쪽에서 나오는 총 선발반응에 상대적 기여를 양으로 나타내는 것은 유용하다. 개체선발에 대해 VanVleck(1987)이 논의한 것처럼, 매년 유전적 증가는 수컷과 암컷의 유전적 우위를 세대간격으로 나누어서 예측할 수 있다. 수컷의 평균 육종가를 S라 하고 암컷의 경우 D라 하면 개체선발 하에서 수컷의 유전적 우위는

$$\Delta S = i_S \ h^2 \sigma_p \tag{15.3}$$

이다. 여기서 i_s는 수컷의 평균 선발강도이고, h^2과 σ_p는 문제가 되는 형질의 유전율과 표현형 표준편차이다. 마찬가지로, 암컷의 유전적 우위는

$$\Delta D = i_D \ h^2 \sigma_p \tag{15.4}$$

로 예측된다. 여기서 i_D는 암컷의 평균 선발강도이다. 자어의 경우 매년 예상된 유전적 증가는

$$\Delta G = (\Delta S + \Delta D)/(L_S + L_D) \tag{15.5}$$

이다. 여기서 LS와 LD는 수컷과 암컷의 세대간격이다. LS = LD = L일 때 유전적 증가의 추정값은

$$\Delta G = (\Delta S + \Delta D)/2L \tag{15.6}$$

으로 표현된다. ΔS값과 ΔD값은 2개의 경로가 각각 집단의 총 유전적 증가에 어느 정도 기여했는지를 말해준다.

마찬가지로 친어와 자어 간 선발 경로는 조친어로 확장시킬 수 있다. 부친의 부친(SS), 부친의 모친(DS), 모친의 부친(SD), 모친의 모친(DD)으로 간주한다. 이 4개의 경로는 각각 다른 세대간격을 가지고 있다(LSS , LDS , LSD , LDD).

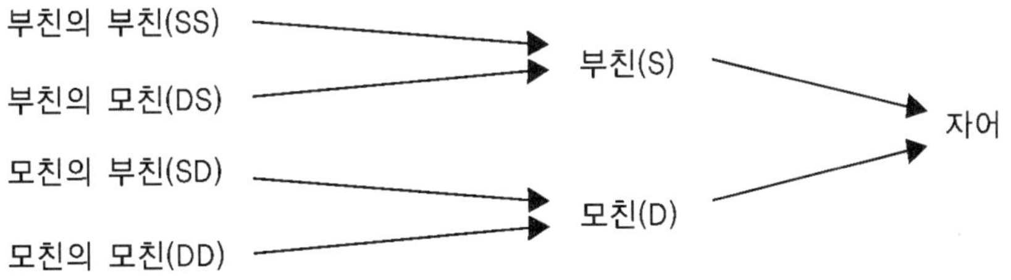

그림 15.2 조친어에서 친어를 통과해 자어로 가는 4개의 경로가 있다.

부친에 대한 부친의 유전적 우위는

$$\Delta SS = i_{SS}\ h^2\sigma_p \qquad (15.7)$$

이다. 여기서 iSS는 부친에 대한 부친의 선발강도이고 다른 경로의 경우 유사하다. 예상된 유전적 증가는

$$\Delta G = (\Delta SS + \Delta DS + \Delta SD + \Delta DD)/(L_{SS} + L_{DS} + L_{SD} + L_{SS}) \qquad (15.8)$$

로 쓸 수 있다. △SS, △DS, △SD, △DD값은 이 경로가 각각 집단의 총 유전적 증가에 어느 정도 기여하는지를 말해준다.

이 방법은 가계선발이나 조합된 가계와 가계내 선발을 포함하는 더 일반적인 육종계획을 다루기 위해 확장될 수 있다.

16. 육종 계획

TRYGVE GJEDREM

16.1 서론

수산양식에서 유전적으로 향상된 어류의 순치와 성장으로부터 생산성이 증가되는 경우가 많다. 하지만 가장 간단한 육종 프로그램도 성공하기 위해 투자가 필요하고 양적유전학을 교육받은 인력의 투입을 필요로 한다. 따라서 작은 양식장이 수익을 내는 방식의 육종 프로그램을 따로 지속하는 것은 어렵다. 가축의 경우, 향상된 종을 조합원들에게 제공하기 위한 육종 프로그램을 운영하기 위해 농장주들은 협동조합을 만들었다. 또 다른 방법은 개인회사가 국제 시장에 공급하기 위해 육종 프로그램을 운영하는 것이다.

육종 프로그램에서 검증방법과 육종가 추정을 위한 프로그램 개발이 필수적이며, 돼지와 젖소는 이런 방법들이 잘 발달되어 있다. 성과를 얻기 위해서는, 경제적 주요 형질을 다루는 육종 프로그램이 비교적 큰 집단의 동물들을 충족시켜야 한다.

육종 프로그램을 시작하기 전 세부적인 계획은 문제가 되는 생물의 번식력뿐만 아니라 번식생물학을 고려해야 한다. 더군다나 비교적 높은 정확도로 추정된 표현형 매개변수와 유전적 매개변수는 문제가 되는 형질과 생물에 사용할 수 있어야 한다. 사실, 수산양식 생산이 새로운 생물에 집중하자마자, 표현형 매개변수와 유전적 매개변수를 추정하기 위해 육종 조사 프로젝트를 완성하여 육종 계획에 대한 이론적 근거를 만드는 것이 중요하다.

16.2 가축과 비교하였을 때 어류와 패류의 육종 프로그램의 목표

양식되는 어류나 패류들은 가축과 비교하여 육종기간이 짧다. 어류와 패류의 양식화를 위해 이용되는 대부분의 유전물질들은 야생집단과 양식집단 간 완전한 분리가 이루어지지 않았다. 야생의 동복자어군은 끊임없이 또는 양식된 어류를 “새로 공급하기 위한” 어류 양식체계의 통상적인 부분으로 사용된다. 더군다나, 어류와 패류에서 성공적인 선발이 이루어지지 않은 것은 교배와 번식이 잘 이루어지지 않았으며, 적절한 표지 장치가 없었기 때문에 계통 기록의 유지가 어려웠다. 수산생물에는 육상 가축들과 비교하여 여러 가지 장점들이 있다.

- 수산생물의 경우, 암컷당 1개 또는 몇 개의 알을 낳는 농장용 가축과 비교하여 번식력이 매우 높다.
- 수산생물의 대부분은 체외수정을 한다. 이것은 인위적으로 제어가 가능하기에 교배계획에 유연성이 생긴다. 각 산란기에 모은 정액이나 난자가 여러 집단으로 나뉘어 다양한 잡종뿐 아니라 전형매 집단과 반형매 집단을 만들도록 교배될 수 있다.
- 가축과 비교하여 대부분의 어류와 패류는 2개의 종 사이에서 생기는 잡종 번식에 대해 놀랄만한 잠재력을 보여준다.
- 어류와 패류에서 반수체, 3배체, 4배체를 만들기 위해 염색체 수를 조작하는 것은 비교적 쉽다.
- 가축과 비교하여 생산과 사육이 매우 경제적이다.

그러나 단점들도 있다.

- 부화할 때 치어나 유생은 너무 작다. 따라서 표지 부착이 불가능하기 때문에 계통기록을 유지하기 위해서 각 전형매 가계들은 표지를 부착하기에 충분히 큰 크기가 될 때까지 개별사육을 해야 한다. 이런 크기의 자어나 치어는 몇 그램에 불과할 것이다. 이런 점이 문제가 되고 육종 프로그램 뿐 아니라 육종실험의 비용이 상승한다. 그리고 가계들간 환경분산이 생길 것이다. 하지만 친자감별을 위해 microsatellites를 적용한 현대기술들이 이러한 문제점들을 해소시켜 준다.
- 양식어류와 패류의 대부분은 경제적 가치가 낮은 생물들이다. 많은 양식업자와 연구자들은 비용이 많이 들기 때문에 이 생물들에 대해 정교하고 효율적인 육종 프로그램을 개발할 수 없다고 생각한다.
- 폐쇄집단에서는 특별한 예방책을 취하지 않으면 번식력이 높아서 근친교배가 빠르게 진행한다.

16.3 번식력 기준의 결과

양적유전학을 위한 이론적 근거가 1930년대 중반에 만들어진 이후로, 농장용 가축과 식물에 대한 현대적 육종 계획이 만들어졌다. 식물의 경우, 중요한 형질의 비상가유전분산이 중요한 형질에 대해 상대적으로 커서 잡종강세를 생산하기 위한 이종교배가 육종 계획의 중요한 요소가 되었다. 소, 돼지, 양, 가금류의 경우 경제적 형질은 주로 상가유전분산을 보였다. 그래서 선발과 함께 순종교배를 이용한 것이 육종 프로그램에서 중요한 역할을 하였다. 수산생물의 경우, 비상가유전분산은 상가성분과 비교하여 상대적으로 낮은 것으로 나타났다(5장 참조). 그래서 어류와 패류의 육종 프로그램은 식물보다 농장용 가축의 경우와 더 비슷할 것이다.

어류와 패류의 번식력은 매우 높다. 산란 당 300~1,500개 알을 낳는 틸라피아는 번식력이 낮은 생물 중의 하나이다. 하지만 최적의 사육 조건 하에서 틸라피아는 규칙적으로 산란을 하여 매년 많은 알을 낳는다. 어류와 패류는 이 보다 번식력이 더 높기 때문에 육종 프로그램을 현장 검증과 비교하여 운영비를 감소시키는 것에 더 집중시킬 수 있다. 높은 번식력으로 집중적인 선발도 가능하다.

여러 저자들이 높은 번식력에 맞추어 수산생물의 육종 프로그램 개발 방법을 논의하였다(Gjedrem, 1983a, 1985, 1992; Shultz, 1986; Gall 1990; Bentsen, 1990; Refstie, 1990). 육종 목표를 설정할 때 가축에 대한 육종 프로그램의 주요 요인들을 권하고 있다.

16.4 육종 목표

대부분의 육종 프로그램의 경우 프로그램의 최적화의 대부분이 시장의 경제적 가치에 근거했기 때문에 지금까지 생산형질의 점차적이고 단기간의 유전적 변화에 중점을 두었다. 반면 생물의 육종에 의한 지속적인 유전적 진보는 많은 기간이 걸리고 매우 복잡한 과정이다. 따라서 이 목표를 달성하기 위한 육종 프로그램은 장기간의 생물학적, 생태학적, 사회학적 해결책들에 중점을 둘 필요가 있다. 돼지와 가금류의 허약한 다리와 소의 번식형질처럼 가축의 육종 프로그램에서 예상할 수 없었던 불필요한 부작용을 피하기 위해 예방책을 강구 해야하며, 상관된 반응들에 대한 주의 깊은 관찰이 필요하다. 이를 위해 어류의 복지와 생태적 욕구에 대한 더 많은 기초지식이 필요하다.

생물육종에 대한 전반적인 목적을 달성하기 위해 Olesen et al.(2000)은 다음과 같은 절차들을 제안하였다.

1. 윤리학적 측면과의 우선 순위를 명확히 해둔다.
2. 한계와 구조, 자원 효율성, 환경, 재정적 고려, 사회적 효과에 대한 체계를 분명히 한다.
3. 위의 윤리적 우선 순위와 생산체계의 중요한 효과를 측정하거나 특성을 나타내는 척도를 분명히 한다.
4. 이런 기준과 목적을 충족시키기 위해 중요한 활동 형질과 특성들을 확인하고 이들을 중요시 여겨야 한다.

이러한 절차들은 윤리적 측면이 우선되어야 할 것이다. 그리고 생물의 유전적 개량의 목적은 이러한 절차에 따라 형질들을 적응시키는 것이다. 지금까지 형질의 중요성은 경제적 가치와 발현빈도, 또는 형질의 평균(예, 평균성장률과 생존율)에 따라 달라졌다. 자원효율성과 경제성에 관해서 형질을 평가하는 방법들은 잘 발달되어 있다.

Olesen et al.(2000)는 총 유전자형에 있는 형질가를 비시장가(NV)와 순수 시장경제가(MeV)로 나눌 것을 제안했다. 다음의 육종 목표나 총 유전자형(두형질을 Y_1와 Y_2로 가정하면, H)은

$$H = [NV_1 \times Y_1 \times MeV_1 \times Y_1] + [NV_2 \times Y_2 \times MeV_2 \times Y_2] \quad (16.1)$$

으로 나타난다. 비시장가의 유전적 증가는 경제적 형질에 있는 증가 외에 추가로 얻어질 것이다. 비시장 증가의 값은 $NV_1 \times \triangle G_1 + NV_2 \times \triangle G_2$이고 같은 방식으로 시장경제 증가는 $Mev_1 \times \triangle G_1$ +

$Mev_2 \times \triangle G_2$이다. 총 유전적 증가는 비시장 유전적 증가와 시장경제 유전적 증가의 합이다.

이와 같이 형질은 비시장가와 시장가를 모두 가지고 있다. 감소된 질병빈도는 증가된 생물복지에 의해 가치를 증가시키고, 감소된 경제적 치료비용, 감소된 산물과 증가된 시장 수용력으로 인해 시장 경제가치를 증가시킨다. 어류 생산이 사료의 비효율적인 장거리 수송이 필요한 경우, 시장가와 비시장가에 의하여 먹이 효율성이 강조된다. 하지만, 형질은 비시장가만 가지거나 시장 경제가만 가질 수 있다. 비시장 유전적 증가와 시장 유전적 증가는 전반적인 시각에서 육종 프로그램을 평가할 기회를 준다. 여기서 사회적, 문화적(주관적 가치를 포함), 생태학적, 경제적 목적과 효과를 고려할 수 있다. 예를 들면 환경서비스와 생물복지의 가치를 양으로 나타내는 발전된 방법론은 이미 나와 있다. 여기서 주관적 견해는 개인과 문화 간에 매우 다양하다(Braden and Kolstad, 1991; Freemen, 1993; Smith, 1993; Bennett, 1996). Olesen et al.(1999)은 이런 방법들을 심사숙고하여 생물육종 목표에 속해 있는 형질의 비시장가를 추정하는데 이 방법들을 적용할 수 있다고 결론 내렸다. 그러나 오늘날까지 이 방법들의 실행에 대한 사례가 거의 없기 때문에 생물육종에 대한 이런 방법들의 진전된 발전과 적응이 필요할 것이다.

육종 목표의 명확성은 육종 프로그램의 중요한 부분이다. 육종회사와 양식업자가 일반 목표에 대해 의견을 일치하여 육종 프로그램 내에서 같은 방향으로 모든 사람들이 함께 일하는 것은 중요하다. 일반적 목표는 높은 생산력과 양질의 생물을 발육시키는 것이다. 이런 일반 목표 내에서 육종 시설이 어떤 형질이나 특수화된 계통으로 선발된 생물을 양식업자에게 제공할 수 있다.

산업과 소비자는 가공업자와 수출업자들과 상의한 후 육종 목표를 세워야 한다. 품질에 대한 요구가 시장마다 다양하기 때문에, 다양한 시장에 대해 품질과 양의 분화가 필요하다. 이것은 여러 가지 특수화된 육종 목표의 논쟁이 될 수 있다. 집단을 여러 다른 목표를 가진 부차집단으로 나누는 것은 비용을 증가시켜서 생물당 육종 활동비용이 더 높아질 것이다. 대안에는 어떤 질병에 대한 증가된 내성처럼 어떤 형질에 한정된 자손들을 생산하는 것이 있다. 이것은 문제가 되는 특수형질의 육종가가 높은 동복자어군을 집중적으로 선발해서 얻을 수 있다.

육종 목표에 있는 형질은 미리 알 수 있는 미래에 중요해질 것이다. 성장률, 사료효율, 질병내성 같은 형질들은 매우 안정적이고 이들 형질의 육종 목표는 가까운 미래에 바뀌지는 않을 것이다. 이런 점 때문에 형질의 효과가 더 쉽게 나타난다. 친어가 선발될 때가 아니라 후대의 1세대와 그 이후의 세대가 시장에서 거래될 때인 미래 세대에 육종과 선발에 대한 반응을 얻을 수 있기 때문에 이런 점은 육종 목표를 논의할 때 고려되어야 한다.

형질이 육종 목표에 포함되기 위해서는, 다음의 선행조건을 가져야 한다.

- 형질은 경제적, 윤리적으로 중요해야 한다.
- 형질은 유전분산을 보여야 한다.
- 합리적인 비용으로 형질을 측정할 수 있어야 한다.

육종 목표의 명확성은 효과적인 다중형질 선발 프로그램에 점점 더 중요해진다. 특히 육종 목표에 있는 형질들이 매우 부정적으로 상관되어 있고, 경제적 가치가 다를 때 중요하다. 복합 육종형질 전부와 상호관계에 대한 유전적 배경의 생물학적 지식으로 육종 목표와 선발기준을 더 명확히 할 수 있게 된다.

16.4.1 성장률

고기를 생산하는 생물의 경우 성장률은 가장 중요한 경제적 형질이다. 높은 성장률은 생산 전환을 증가시켜서 빨리 성장하는 어류는 성성숙이 시작되기 전에 체중이 더 늘어날 것이다. 빨리 성장하는 생물은 유지하기 위해 요구되는 먹이의 양이 감소될 것이다. 이 생물들은 더 느리게 성장하는 생물보다 더 빨리 출하 크기에 도달하기 때문이다. 성장률은 기록하기 쉽고 간편하며 체중이나 체장으로 정확하게 측정될 수 있다. 체중은 유전 가능한 형질이며 매우 가변적이다(표 5.1과 5.7, 그림 10.1). 어류의 체중은 편차계수가 20~30%인데 반해, 새우와 굴은 편차계수가 더 낮은 것으로 보인다. 2개의 서로 다른 환경에서 성장한 새우집단간 생산 중량의 분산을 그림 16.1에 나타냈다. 2환경에서 집단 평균 사이의 상관관계는 0.87이었다. 성장률에 관한 유전적 획득의 경우 더 큰 생물을 생산하거나 개량 전의 생물보다 크기가 같지만 더 짧은 시간 안에 생물을 생산함으로써 얻을 수 있다.

16.4.2 사료효율

어류와 패류의 경우, 먹이는 전체 생산 비용의 큰 부분을 차지한다. 사료효율은 경제적으로 굉장히 중요하다. 그러나 개체에 의해 심지어 수산생물 집단의 경우 소비된 먹이량을 기록하는 것은 어렵고 비용이 많이 든다. 특히 어떤 영양분은 물속에서 녹기 때문에 생물들이 먹은 후 먹지 않은 먹이를 기록하는 것은 어렵다. 가능한 간접법으로는 먹이 소비 부분을 측정하거나 사료효율과 상관된 간접측정법을 찾아내기 위해 노력하는 것이 있다.

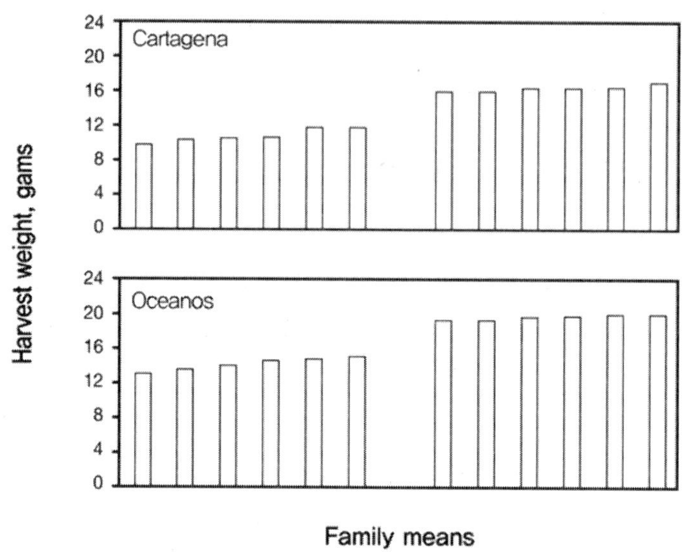

그림 16.1 다른 2가지 환경 Cartangena와 Oceanos에서 성장한 새우 전형매 집단의 수확 중량에 대한 순위.

농장용 가축의 경우 비교적 높은 유전적 상관관계가 성장률과 사료효율 사이에서 발견되었다(Andersen, 1977, 소에서 r_G = -0.95; Vangen, 1984, 돼지에서 r_G = -0.93; Crawford, 1990, 구이용 영계에서 r_G = -0.20에서 -0.80). Kinghorn(1981)은 어린 무지개송어에서 성장률과 총 사료효율(성장/소비된 먹이) 사이에서 매우 긍정적인 유전 상관관계를 발견하였고 성장률과 순 사료효율(성장/유지 부분을 제외한 소비된 식량) 사이에서 부정적 유전 상관관계를 발견하였다. 무지개송어에서 Gjoen et al.(1993)은 먹이 소비와 특별 성장 사이의 유전 상관관계가 r_G = -0.78일 것이라고 추정했다. 위에서 보고된 성장률과 사료효율 사이의 높은 유전적 상관관계가 어류와 패류의 경우 사실이라면, 증가된 성장률에 적합한 선발로 인해 사료효율에서 상관된 반응이 상당해질 것이다.

Thodesen(1999a)이 제시한 결과는 대서양연어에 대한 먹이 효율성 비(FER)의 유전분산을 나타낸다. 이것은 직접선발에 의해서 먹이 효율성이 향상될 가능성을 열어둔다. 7장에서 더 많이 논의될 것이다.

16.4.3 질병내성

질병은 어류와 패류에서 주요 문제 중 하나이다. 새우의 경우, 최근 여러 바이러스 질병이 발생해서 여러 나라의 양식집단 대부분 혹은 전부 소실되었다. 전염병이 있는 물이 보급될 가능성은 어류와 패류를 양식하는데 있어서 위험성을 증가시킨다. 질병은 행동 변화, 감퇴된 식욕, 장애, 마지막으로 사체로 알 수 있다. 실제 양식에서, 활동이 둔화된 감염된 생물을 확인하고 기록하는 것은 불가능하고 오직 죽은 생물들만 가능하다. 생존은 복합형질이고 폐사의 원인은 양식장마다 해마다 다르다. 그래서 생존을 육종 목표로 이용하는 것은 힘들다. 필요하다면, 집단을 별도로 사육할 동안 생존율을 기록할 수 있다. 생산의 다음 단계에서는 더 어렵지만 생물이 표지를 부착하면 가능하다. 생존에 대한 기록은 일반적으로 유전율이 낮다(표 5.7).

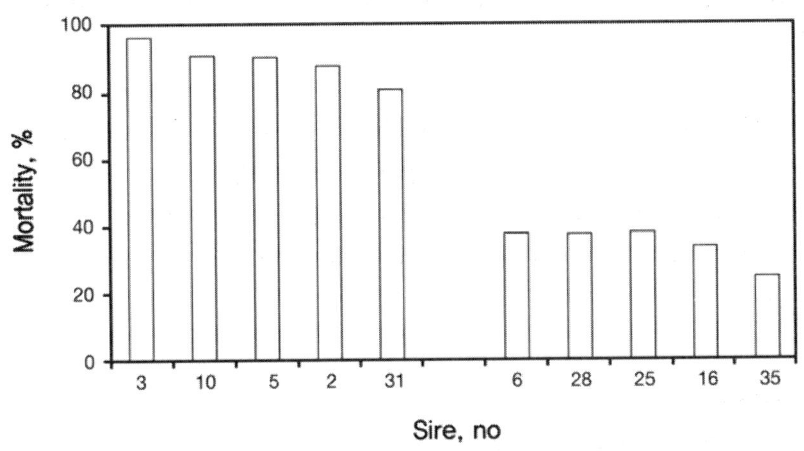

그림 16.2 절창병 바이러스에 걸린 대서양연어의 전형매 집단간 사망률 분산.

특정 질병에 대한 생존율 측정은 발전의 여지를 나타낸다. 최근 연구는 특정 질병에 대해 공격시험(challenge test)을 적용해서 질병내성의 비교적 큰 유전분산을 보여주었다. 그림 16.2에는 대서양연어의 공격시험으로 인한 전형매 집단간 사망률 빈도의 분산을 나타낸다. 대서양연어는 절창병 바이러스 감염에 대비한 질병내성에 대하여 조사하였다.

질병내성에 대한 직접적인 측정은 다소 어렵고, 공격시험을 위한 비용이 많이 소요되기 때문에, 질병내성과 관련이 깊은 마커를 찾아내는 것이다. 면역적 매개변수는 질병내성에서 상관된 반응을 얻기 위한 상관형질이 될 만한 형질로서 제안되었다. 그러나 7장에서 언급한 것처럼, 면역형질과 질병내성 간의 유전 상관관계의 어느 것도 ±0.37을 초과하지 못했다. 간접선발을 효과적으로 하기 위해서는 유전자 표지와 질병내성 사이의 유전 상관관계는 >±0.5가 되어야 한다.

16.4.4 성성숙 연령

조기 성성숙은 먹이가 근육이 아니라 생식소로 치환되기 때문에 어떤 생물에게는 불리하다. 성성숙은 일반적으로 성장률을 감소시키고 육질을 떨어뜨리며 사망률을 증가시킨다. 육종 목표는 생물이 성성숙 전 출하 크기가 될 때까지이다.

몇몇 생물에서는, 조기 성성숙에 대비하여 선발하는 것이 바람직하다. 연어와 틸라피아가 그 사례이다. 무지개송어 생산의 대부분은 1인분 크기여서 조기 성숙에 대한 문제가 없다. 대서양넙치의 경우, 수컷은 매우 빨리 성성숙에 접근하며(약 2kg) 성장률은 눈에 띄게 감소한다. 반대로, 어떤 생물은 출하 크기가 되는 것보다 훨씬 늦게 성적으로 성숙해진다. 초어, 백련어, 대두어, milkfish가 그 사례이다. 육종 목표와 이런 형질의 중요성은 성장률이 선발육종에 의해 향상된 집단에서 오랜 시간에 걸쳐 변할 수 있다.

조기 성숙연령에 대하여 상당한 유전분산이 나타나는 경향이 있으며(Longalong et al. 1999), 유전율 추정값은 표 5.7에 나타냈다. 그러나 이 형질에 대한 유전적 진보의 가능성은 대부분 주어진 연령에 어류가 성숙하는 빈도에 달려 있다. 성성숙기의 연령은 일정한 연령에 성숙하는지 그렇지 않은지로 기록되고, 전부 아니면 전무한 형질이라 한다. 가계선발은 형질의 빈도가 10~20%로 낮은 형질에 대해 권장한다.

16.4.5 질적형질

품질 향상 요구는 특히 식품에서 중요하여 어류와 패류 생산의 중심 목표 중 하나이다. 질적형질은 산업이 발전하면서 점점 더 중요해지고 있다. 그러나 품질에 대한 요구는 생물마다, 시장마다 상당히 다양하고, 시간에 따라 변할 것이다. 육종의 관점에서 질적형질이 가지고 있는 주요 문제는 질적형질의 대부분이 살아 있는 육종 대상 생물에 대해 측정될 수 없고 오직 죽어 있는 유연개체에 대해 측정되며, 개체선발이 비효율적이기 때문에 가계선발이 적용되어야 한다(Gjedrem, 1997a). 질적형질에 대한 유전 매개변수의 추정값은 표 5.7에 나타냈다.

어류의 육질은 보통 크기, 육질부위 양, 지방 비율, 지방 분포, 육색, fillet 산출, 구조, 전단력, 맛, 체형, 내장 비율 등의 문제이다. 패류의 경우, 육질부의 크기, 꼬리 비율, 맛과 색에 중점을 둔다. 더군다나 육질부의 양, 맛, 구조, 전단력 같은 형질은 측정하거나 판단하기가 다소 어렵다.

잉어, silvercarp, 도미 같은 어류들은 근육내 뼈를 가지고 있다. 이 작은 뼈들을 제거하기 어려워 소비자가 그 어류들을 원하지 않는다. 어류에 있는 근육내 뼈의 유전분산과 관련해서는 몇 개의 연구가 있으며, 잉어의 한 집단에서 큰 표현형분산이 발견되었다(Sengbusch, 1963, 1967; Sengbusch and Meske, 1967; Meske, 1968). Kossman(1972)는 잉어에 있는 근육내 뼈의 유전분산을 발견하였지만 Moav and Finkel(1975)은 이 형질의 유전분산을 발견하지 못했다. 그래서 이 중요한 형질에서 유전분산의 크기는 분명하지 않다.

비만도는 어류의 형태 측정으로 보통 사용된다. 이것은 체중(g)과 체장 세제곱(cm^3)의 비율이다. 내장 비율은 몸의 어느 정도가 폐기물인가에 대한 측정이다. 이것은 혈액, 장, 장내와 장 주위의 지방, 두부를 포함한다. 일반적으로 내장 비율이 높은 것은 죽은 몸통 중 많은 부분을 먹을 수 없다는 의미이다. 하지만 장의 크기를 줄이려고 하면 안 된다. 이 기관들은 대사 작용과 먹이 소화에 매우 중요하기 때문이다(Gjerde and Schaeffer, 1989).

16.4.6 번식력

어류와 패류는 번식력이 매우 높다(표 8.1). 동복자어군의 체중이 선발로 증가할 때 난수와 수확량은 증가할 것이다. 생식선의 중량이 체장과 같이 증가하기 때문이다. 그래서 육종 프로그램에서 증가된 알의 수에 적합한 선발은 필요하지 않다.

하지만 재생산 형질들이 시간에 대해 변화하는지를 연구하기 위해 재생산 형질, 특히 수정률, 알과 치어의 사망률, 치어의 기형, 다른 난자와 정자의 질에 대한 형질을 기록하는 것은 중요하다. 이런 적응성 형질의 비우호적 변화는 방향성 선발이 역효과를 보인다는 경고이다.

16.4.7 회귀율

바다목장은 특히 강을 거슬러 올라가는 생물에 대해 실행되었으며, 회귀율은 가장 중요한 경제형질이다(Isaksson, 1988). 회귀율은 생존이 중요한 성분인 복합 형질이다. 대서양연어에서 회귀율은 유전 가능한 것으로 나타났다(Carlin, 1969; Jonasson et al., 1997). 결과적으로 가계선발을 적용해서 회귀율을 증가시키는 것은 가능하다.

16.4.8 행동

수산 양식장에 있는 생물의 행동은 생산을 증가시킬 것이다. 야생생물은 불안하고 초조한 경향이 있다. 먹이는 쉽게 낭비되고, 사료효율은 낮고 비순치 생물은 스트레스를 많이 겪어 잘 자라지 않을 것이다. 높은 스트레스는 질병내성을 감소시킬 것이다. 이 문제들을 감소시키기 위해서 선발이 일어날 수 있다. Tanck et al.(2000)은 5개월 된 잉어에서 스트레스와 관련있는 코티솔 증가에 대한 유전율이 0.60이라고 추정했다. 이 스트레스는 9℃까지의 저온 자극으로 생겼다. 하지만 문제는 행동이 개체와 가계에 대해 기록하는 것을 어렵게 한다는 점이다. 하지만 여러 세대에서 높은 성장률과 다른 형질에 적합한 어류를 선발하는 것은 생물들에게 유리할 것이다. 이런 생물들은 양식 환경에 더 잘 적응하고, 더 침착하며 사람들을 무서워하지 않고 공격적이지 않다. 우리가 행동 형질을 정확히 측정하기 위한 간단하고 경제적인 방법들을 개발하지 않는 한, 행동 개선과 같은 육종 목표에 어류들을 포함시키기는 어렵다.

16.4.9 요약

일반적 육종 목표를 명확히 하는 것은 불가능하다. 그것은 생물마다 또는 생산체계마다 다양하기 때문이다. 중요성에 따라 형질들의 일반적 순위는

수산양식	바다목장
1. 성장률	1. 회귀율
2. 질병내성	2. 성장률
3. 질적형질	
4. 성성숙기의 연령(몇몇 생물들의 경우)	

16.5 기초집단 형성

수산생물의 육종 프로그램을 만들 때 넓은 유전적 근거로 시작하는 것이 중요하다. 잉어와 털라피아의 실험집단의 향상된 성장률에 적합한 집단선발법은 기초집단의 유전분산이 좁아서 실패했었던 사례가 있다(Moav and Wohlfarth, 1973, 1976; Hulata et al., 1986; Teichert-Coddington and Smitterman, 1988; Huang and Lial, 1990). 아래쪽으로의 선발반응이 관찰되었지만, Moav and Wohlfarth(1976)는 폐쇄된 실험집단의 유전 병목현상과 높은 근친교배 기준이 유전분산을 감소시킨다고 주장했다.

기초집단의 유전변이성 확산을 위해 종합집단을 구성하면 안전해질 수 있다(Skjervold, 1982). 종합 기초집단을 형성하는 첫 번째 단계는 사용할 수 있는 집단의 생산성을 비교하는 것이다. 기초집단은 부차집단의 특성들을 결합해야 한다. Bondari(1983)은 양식된 6마리 생물들을 이종교배해서 찬넬메기의 유전적 근거들을 알아내고 성장률에 대한 중요한 선발반응을 얻었다. 노르웨이 대서양연어의 육종 프로그램은 41마리의 야생생물 계통에서 육종 대상 생물을 수집하고 검증하는 것으로 시작됐다(Gunnes and Gjerdem, 1978). 선발 프로그램[GIFT(Genetic Improved Farm Tilapia)]에 사용된 털라피아의 종합집단은 털라피아 8개 계통간 8×8 이면교배였다(Eknath et al., 1993). 인도에서는 rohu 6마리가 기초집단을 형성하기 위해 이종교배되었다(Reddy et al., 2000). 양식 계통이 사용될 수 있더라도, 야생생물과 양식된 생물간 유전적 차이는 상당할 것이므로 야생집단은 여전히 종합집단에 기여할 수 있다(Bentsen and Gjerde, 1994). 집단에서 최고의 개체를 선발하는 것은 종합집단에서 창시적 생물을 만들어 내는 것이 된다. 종합집단의 유전 변이성을 보증하기 위해 검증된 집단에서 재현성과 관련한 최소한의 기준이 필요하다.

잡종 프로그램에서 친어 계통의 선발은 이종교배된 자어들의 비상가유전적 상호작용에 의해 결정된다. 이종교배에서 최고 계통과 결합하는 계통들은 이용할 수 있는 계통의 이종교배 만으로 발견될 수 있다. 잡종의 활동은 가장 뛰어난 친어 계통을 초월할 뿐 아니라, 다른 모든 순종교배 생물보다도 월등하다. 일반적으로 근친교배된 계통의 잡종교배된 자어는 상당한 잡종강세를 나타낸다. 반면 잡종 친어 계통은 일반적으로 혼성이 적은 집단생물을 만든다. 이 설명은 어류 이종교배에도 유효한 것 같다(Gjedrem, 1985; Dunham, 1986; Bakos, 1987). 향상된 형질에 적합한 선발이 없는 잡종 프로그램은 장기간의 선발육종 프로그램과는 비교될 수 없다.

16.6 육종 전략

일반적으로 근친교배는 유해하기 때문에, 계통간 이종교배가 적용되는 때를 제외하고 육종 프로그램에서 피해야만 한다. 이종교배와 순종교배는 실제 사용을 한다. 2방법 중 1개를 선발할지 아니면 2방법을 조합할지는 육종 목적에 있는 형질에 어떤 종류의 유전분산이 존재하는지에 따라 달라진다.

이종교배는 비상가유전분산이 클 때 이용될 수 있다. 반면, 선발과 결합된 순종교배는 상가유전분산을 이용하는 데 사용된다. 어떤 육종방법을 선택해야 하는지 결정하는 것이 항상 쉬운 건 아니다. Gjderem(1985)는 상가유전분산이 있다면, 항상 순종교배를 이용하고 선발을 적용해야 한다는 결론을 내렸다. 비상가유전분산 성분이 상당하다면, 선발은 이종교배와 조합되어야 한다. Gjedrem and Fimland(1995)에 따르면, 잡종강세의 크기가 선발에 의한 순종교배 프로그램에서 세대당 예상된 유전자 증가보다 더 클 때, 이종교배는 육종 프로그램에 사용된다. 이종교배는 적어도 2계통이나 집단이 사용되고 검증되어야 하기 때문에 육종 프로그램의 비용을 상당히 증가시킬 것이다. 그래서 순종교배와 이종교배가 조합된 프로그램은 순종교배 프로그램보다 약 2배 정도 더 큰 연구시설을 필요로 한다.

10장에 있는 것처럼, 근친교배의 실험 결과는 매우 다양하다. 오직 몇 가지만 높은 잡종강세가를 보여준다. 선발에 의한 순종교배는 어류와 패류의 육종 프로그램 대부분에 이용되어야 한다고 결론을 내리는 것이 적당하다. 하지만 새로운 결과들이 이 결론을 바꾸고 더 많은 이종교배 프로그램들을 정당화할 것이다.

16.7 선발방법

지금까지 상가유전분산은 표 5.7처럼 연구한 모든 생물에 있는 경제적으로 중요한 형질들에서 발견되었다. 그래서 선발은 어류와 패류의 육종 프로그램에서 사용된 주요 방법이고 핵심방법이 될 것이다. 11장에서 내린 결론처럼, 개체선발과 가계선발은 특히 어류와 패류의 육종 프로그램에서 사용되는 데 흥미가 있는 반면, 세대간격이 일반적으로 2배로 늘어나기 때문에 후대 검정을 할 가치가 없어진다. 그러나 후대 검정은 몇 년에 걸쳐 산란을 하는 생물들에게는 상당히 흥미가 있다.

개체선발은 가장 널리 사용된 선발방법이다. 실행하기가 쉽고, 다른 선발방법과 비교하여 육종가를 추정하기 위한 검증과 기록 비용이 낮고 세대간 간격도 확장되지 않는다. 그러나 개체선발에 한계가 있다. 유전율이 낮은 형질에 대한 효율성이 낮다. 사망률과 성성숙기 연령처럼 전부 아니면 전무한 형질에 이용될 수 없다. 육질 형질에도 이용될 수 없다. 수산생물의 육종 프로그램에서 개체선발은 보통 성장률로 제한된다.

가계내 선발은 효율성이 낮기 때문에, 다른 형질의 경우 가계선발이 이용된다(Gall and Huang, 1988a; Gjedrem, 1985). 가계선발은 유전율이 낮은 형질에 대해 개체선발과 비교하여 비교적 효율적이다. 이 선발은 전부 아니면 전무한 형질에 적용되어야 하고 육질 형질에 대해 이용되어야 한다. 가계선발은 후대 검정에서 일어나는 것처럼 세대간격을 늘리지는 않는다. 새로 부화된 유생이나 치어를 표지하는 것은 불가능하기 때문에, 각 가계는 표지할 수 있을 때까지 분리된 수조에서 사육해야 한다. 그러나 이런 성장은 수조효과라고 불리는 가계에 공통적인 환경효과를 조성한다. Refstie and Steine(1978)은 2세대 대서양연어의 체중에 대한 수조효과를 총 표현형분산의 5%로 추정했다. 반면 Aulstad et al.(1972)은 무지개송어의 150일 된 체중과 280일 된 체중에 대한 수조효과가 6.2%와 4.2%로 추정하였다. 전형매 집단에 표지를 부착하면 세대에 대한 계통 기록을 유지하고 근친교배를 피할 수 있게 된다.

일반적으로 개체선발은 모든 생물의 성장률에 대해 이용되고 가계선발은 육종 목표에 포함된 다른 형질들에 대해 이용된다고 결론내릴 수 있다. 가계선발이 적용되었을 때 가계와 가계내 선발이 결합된 성장률에 대해 이용된다.

16.8 유전자형과 환경 간 상호작용

육종 프로그램을 계획할 때, 유전자형과 환경 간 상호작용이 존재하는지를 밝히는 것이 매우 중요하다. 상호작용이 없다면, 육종 계획은 가장 우수한 계통에 집중할 수 있거나 가장 우수한 계통을 종합집단과 조합할 수 있다. 반대로, 상호작용이 중요하고 비교적 총 분산이 큰 부분을 차지한다면, 선발반응은 감소될 것이고 결과적으로 다른 환경을 위한 계통을 발전시키는 것이 바람직하다.

지금까지 패류에서 유전자형과 환경 간 상호작용이 중요하지 않은 것으로 보였다. 무지개송어, 대서양연어, 틸라피아, 선발된 찬넬메기 계통의 경우, 유전자형과 환경 간 상호작용은 무시할 수 있었다(Refstie and Steine, 1978; Gunnes and Gjedrem, 1981; Dunham, 1987; Eknath et al. 1993). 다양한 염분농도와 대초원 호수에서 성장한 잉어, 이종교배된 찬넬메기와 무지개송어의 경우, 상당한 유전자형과 환경 간 상호작용이 나타났다(Moav, 1976; Dunham, 1987; Sylven et al., 1991; Ayles and Baker, 1983).

16.9 생물 확인

생물을 확인하고 계통기록을 유지하기 위해 작고 어린 어류와 패류에 표지를 부착하는 경제적 방법에 대한 요구가 많다. Refstie and Aulstad(1975)는 어류의 표지방법을 만족시키는 요구조건을 정리했다.

- 표지는 작은 생물에게 적용될 수 있어야 한다.
- 표지는 생물의 성장률에 영향을 주지 않아야 한다.
- 표지는 비싸지 않아야 한다.
- 표지는 적은 노동력을 필요로 해야 한다.
- 표지는 기록 시간을 지나서도 읽을 수 있어야 한다.

이 요구조건은 패류의 경우에도 유효하다.

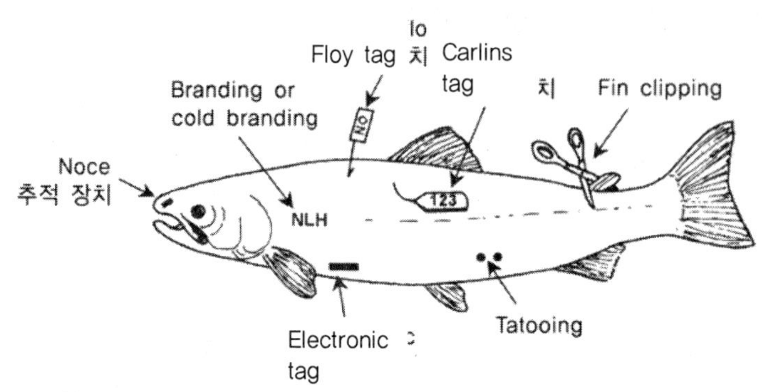

그림 16.3 어류의 확인을 위한 여러 종류의 표지.

문헌에는 다양한 표지방법들이 언급되어 있다. 숫자와 주소를 가진 물리적 금속이나 플라스틱 표지는 탄력성이 있는 와이어나 줄에 의해 지느러미, 턱, 꼬리, 아가미에 달려있으며, 그림 16.3에 나타나 있다. 어떤 금속 표지는 코 안에 삽입하거나(코 tag) 체강 속에 삽입된다(pit-tag). 또한 동상, 각인, 지느러미 절단이 일반적으로 사용된다. 어류와 패류에 사용할 수 있는 완전하고 만족할 만한 표지는 별로 없다. 가장 가능성이 큰 표지는 pit tag인데 이것은 체강 속에 삽입된다. 전자표지는 많은 숫자를 가지고 있어서 어류가 살았는지 죽었는지 언제라도 특별장비로 판독할 수 있다. 그러나 오늘날까지 일반적으로 사용되고 있는 pit tag는 가격이 비싸다. 새우의 경우, 내부 색깔 표식은 1g 정도의 작은 어린 새우들에게 사용될 수 있고, 플라스틱 표지는 더 큰 새우의 안병에 부착할 수 있다.

Refstie and Aulstad(1975)는 동상과 지느러미절단을 조합하여 사용하는 표지 시스템을 언급했다. 이 표지방법은 1973년에서 2000년까지 대서양연어와 무지개송어의 노르웨이 육종 프로그램에 이용되었다. 하지만 제한된 수의 집단만 표지할 수 있기 때문에 이 표지 장치는 죽은 어류에 대해 읽히지 않고, 어떤 어류는 생산 때 확인되지 않는다는 제약이 있다.

가계 확인 목적을 위한 microsatellite DNA 분석기술의 발전은 수산생물의 선발육종에 획기적인 일이다. 이 기술로 인해 다른 가계집단을 수정시킨 후 같은 수조 안에 넣을 수 있고, 포함된 비용을 실제적으로 감소시키며, 공통 환경효과와 관련된 문제들을 제거할 수 있게 된다. 또한 더 많은 가계집단이 검증되어, 근친교배가 축적되지 않으면서 더 높은 선발강도를 이용하도록 촉진될 수 있다. 하지만, DNA 염기서열을 해독하는 것은 고비용이 소요된다.

오직 생존하는 개체들만 확인될 필요가 있기 때문에 유전자 확인 시스템은 물리적 표지의 수요를 감소시킬 것이다. 이것은 특히 양식이 생활사의 일부분만 책임지고 생산된 어류가 방류된 전체 수의 다소 적은 부분을 구성하는 생물에게 유용할 것이다. 바다목장 프로그램에서 사용되는 와이어 표지(Jonasson, 1994)는 살아 있는 개체들에 대해 판독되지 않아서 가장 우수한 개체들의 이용과 교배에 대해 제약이 따른다.

16.10 폐쇄된 생활사와 제어된 교배

효과적인 육종 프로그램을 위해서는 대상 생물의 폐쇄된 생활사가 선결조건이다. 이것은 생물들을 번식시키고 동복자어군을 인공적으로 생산하는 것이 가능해야 한다. 즉, 야생생물은 동복자어군으로 이용되지 않는다는 것을 의미한다. 생활사가 폐쇄되면서 순치과정이 시작될 것이다. 생물이 사용되는 실제 양식 체계에 적응하게 된다는 사실은 매우 중요하다. 야생생물은 포획된 상태에서는 성장이 느리며 끊임없는 스트레스를 받으며 살 것이다. 반면 사육된 생물들은 포획된 상태에 점점 더 적응될 것이다.

잉어, 연어과 어류, 틸라피아, 메기, silver carp, 창꼬치, 철갑상어 등 매우 많은 담수어류들은 인공적으로 번식할 수 있는 반면 해산어의 번식 주기는 몇 종만이 알려져 있다. 인공적으로 번식할 수 있는 해산어는 가자미, turbot, halibut, 대구, 농어, 도미, 방어, mahimahi, 숭어, milkfish 등이다. 양식된 패류의 경우 번식주기는 부분적으로 알려져 있을 뿐이다.

잉어의 경우, 생리학적으로 멀리 떨어진 어류의 뇌하수체 추출물에서의 생식선자극호르몬으로 유도된 산란이 성공한 이후, 눈부신 발전을 이루었다. 잉어는 자연적으로 흐르는 물에서만 산란을 할 것이다. 1934년에 유도 산란을 처음 이용한 사람은 브라질 생물학자였고, 이 방법은 1954년부터 중국에서 이용되었으며, 그 이후로 널리 적용되었다. 유도된 산란은 농어, 도미, 메기 같은 다른 생물에게도 성공적으로 이용되었다.

육종 프로그램에서 교배를 제어할 수 있는 것은 중요하다. 이것은 근친교배를 막아서 집단에 근친교배가 생기는 것을 통제하는 데 필요하다.

16.11 교배 설계

대부분의 어류와 패류는 체외수정을 한다. 선발실험과 육종 프로그램에 높은 번식력과 함께 큰 유연성과 가능성이 열려있다. 그래서 공장형, 둥우리형, 계층적 조합 같이 다양한 교배 설계를 실행할 수 있다. 이 교배 설계의 장점과 한계는 표현형 매개변수, 유전적 매개변수, 육종가 추정 가능성과 함께 12장에서 자세하게 논의하였다.

16.12 검정 전략

생물을 검정하는 목적은 유전자형이나 육종가에 대한 정보를 얻기 위한 것이다. 그래서 환경분산 성분을 가능하면 최대한 감소시키기 위해 동일한 조건 하에서 동물들을 사육하는 것은 중요하다. 과거와 최근의 집단선발법에 의한 중간적 성공 사례들은 임의 환경분산 뿐만 아니라 제어되지 않은 체계적 분산과 근친교배로 인해 발생한 것이었다. 사회경쟁은 성장률의 또 다른 체계적 분산 원인일 수 있다. 경쟁 능력이 부분적으로 유전적이라고 생각되더라도, 경쟁 능력의 상관된 반응은 성장률을 증가시킬 것이라고 생각하지 않는다(Kinghorn, 1983a; Doyle and Talbot, 1986a). 사회경쟁은 또한 연령 종속 분산을 확대한다.

이런 문제들을 피하기 위하여 몇 가지 방법들이 제시되었다. 예를 들면 연령 표준화(Tave and Smitherman, 1980), 크기 표준화(Doyle and Talbot, 1986b), 가계내 선발과정(Uraiwan and Doyle, 1986)이 있다. 하지만 다른 농장용 가축들의 표준전략은 활동에 영향을 주는 자원에 대해 심한 제약이 없이 공통 환경에서 육종될 만한 생물들을 검증하고 개체의 생활사 기록을 유지해야 했었다(Bentsen, 1990). 검정 환경은 대표적이고 상업적인 양식환경과 유사해야 한다. 이런 전략은 어류(Gjedrem, 1979b; Bondari, 1983; Hershberger et al., 1990)와 새우(Fjalestad et al., 1997; Hetzel et al., 2000)에 성공적으로 적용되었다. 비교되는 유전자 그룹의 검사기간 동안 환경 조건과 시설의 표준화는 수온과 수질, 광도와 광주기, 먹이량, 먹이 내용물, 먹이의 질, 생물 밀도 등과 같이 우선 순위가 높게 주어져야 한다(Bentsen, 1990).

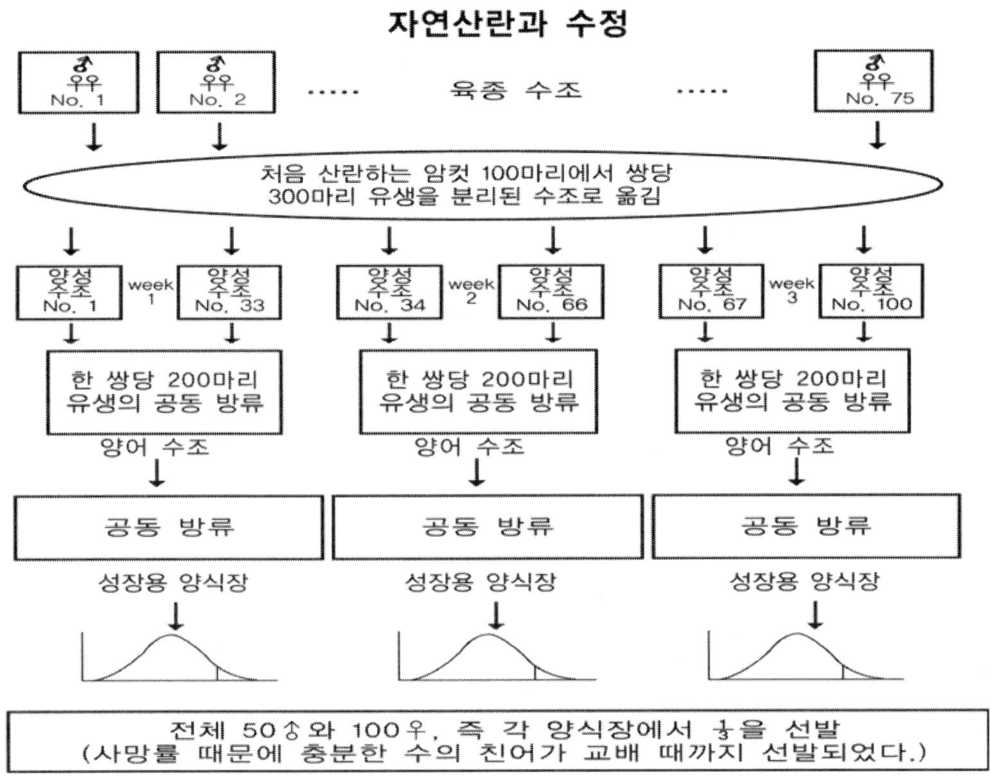

그림 16.4 선발할 때까지 자어의 교배와 자어의 성장.

이 전략의 주요 요구 사항은 모든 육종 가능성이 있는 생물의 개별적 표지다. 생물의 확인은 계통 기록을 유지하는 데 필요하고, 가계 검정이 적용되었을 때 선결조건이 된다. 개체선발이 실행되었을 때 생물을 표지하지 않는 효율적 육종 체계가 가능하다. 그러나 Gjerde et al.(1996)이 기술하고 그림 16.4와 16.5에 나와 있는 것처럼, 각 개체 수의 표준화를 필요로 하게 된다. 생물의 확인이 없고 후대 집단의 표준화가 없는 육종 프로그램으로 인해 근친교배가 빠르게 진행될 것이다.

계통 기록이 유지된다면 개체의 육종가를 결정하기 위해 유연개체의 활동을 이용하는 조합선발 전략을 이용하는 것은 가능하다. 어류와 패류의 육종 프로그램에서 동시에 생산될 수 있는 반형매와 전형매의 많은 수는 개체의 육종가 추정값의 정확도를 향상시킬 것이다. 질적형질 같이 육종 대상 생물에서 기록되지 않는 형질이나 생존율, 질병내성, 성 성숙기 연령 같이 빈도를 양으로 나타내야 하는 형질을 선발할 때 형매 기록의 이용도 매우 중요하다.

연령차와 양식장이나 연못간 차이 같은 체계적 환경효과는 가능하면 낮게 유지되어야 한다. 이 효과를 줄이기 위해 기록들은 체계적 효과에 맞춰져야 한다(5장).

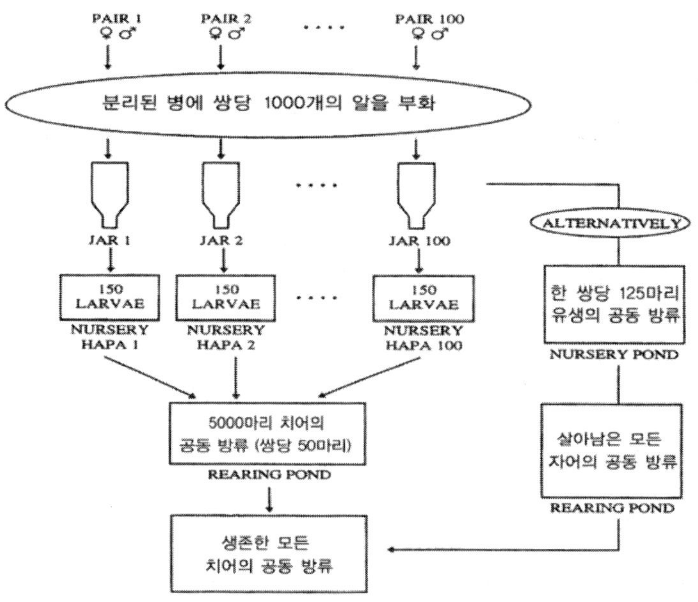

그림 16.5 친어의 교배와 번식, 후대의 성장과 검증.

16.13 기록 기재

육종 목표 형질의 기록, 측정, 점수는 이 목표가 기술된 시간에 취해져야 한다. 체계적 오차와 임의 오차를 피하기 위해 기록하는 모든 단계에서 높은 정확성을 가지고 작용하는 것이 필수적이다. 관련된 모든 인력은 기록 과정에서 오차를 줄이기 위해 훈련되어 있어야 한다. 기록하는 시간 동안, 스트레스와 기록오차를 줄이기 위해 생물들은 마취되어 있어야 한다. 부정확한 기록은 육종대상 생물의 잘못된 가치를 보여주고 유전적 획득을 감소시킬 것이다.

성장률은 시장에 있을 때 생체중이나 사체중으로 기록되어야 한다. 선발기준으로서, 부화에서부터 출하 크기까지의 성장은 경제적으로 중요한 형질이다. 그래서 유전집단간 연령차는 공정한 비교를 하기 위해 최소화되어야 한다. 똑같은 연령의 동물을 생산하는 것이 불가능하다면, 체중이 가계집단간 연령차에 대해 맞춰져야 한다. 연령차로 인한 문제는 그림 16.4에 나타낸 것처럼 성장하는 동안 연령

집단을 분리하므로서 어느 정도 극복될 수 있다. 다른 연령집단에 똑같은 유전적 이점이 있다고 가정하면, 환경변화에 대한 조정은 연령집단 평균에서의 편차를 이용해서 얻을 수 있다. 또 다른 가능성으로는 각 연령집단에서 똑같은 수의 동복자어군을 선발하는 것이다.

양식장 시험에서는 서로 다른 형질에 대해 양식장간, 심지어 양식장내 양식장이나 연못간에 분산이 클 수 있다. 이런 자료를 통계적으로 분석하기 위해 양식장과 양식장 평균의 편차를 이용해서 자료를 맞출 수 있다. 분석의 첫 번째 단계로서, 비합리적인 자료에 대해 검사되어야 한다. 그리고 오차를 없에도록 단계적으로 조치를 취해야 한다.

먹이 전환 효율성은 개체나 전형매 가계집단의 먹이 섭취량을 기록하는 데 문제가 있기 때문에 어류의 선발 프로그램에 포함되지 않았다(Gjedrem, 1983a). 각 어류의 단기간 먹이 섭취량은 "비디오 기록" (Br nn s and Alan r , 1992), 방사성동위원소를 이용한 "표지한 식품" 기술(Storebakken et al., 1981), X-선 방법(Talbot and Higgins, 1983; Jobling et al., 1995)이나 착색된 먹이(Johnston et al., 1994) 같은 여러 방법에 의해 기록될 수 있다. 하지만 어류의 사료효율을 연구할 때 몇 주나 몇 달 동안 먹이 섭취량을 기록해야 한다. 장기간 먹이 섭취량은 먹이를 많이 공급한 후 먹지 않은 먹이를 회수함으로써 분리된 수조나 양식장에서 성장한 어류 집단에 대해 정확히 기록할 수 있다(Helland et al., 1996). 사육환경은 서로 다른 수조와 양식장에 따라 변하기 때문에, 각 전형매 집단은 전형매에 공통인 환경효과를 줄이기 위해 최소 2개의 수조나 양식장에서 검사되어야 한다. 결과적으로, 어류의 향상된 먹이 효율성에 대해 기록하고 직접 선발하는데 많은 자원이 필요할 것이다.

사육 조건 하에서 성장률은 매우 낮은 유전율을 보이기 때문에 Gjedrem(1995b)는 가장 심각한 질병들의 표준화 방법을 사용하는 공격시험을 적용할 것을 제안했다. 이런 목적의 경우 높은 번식력을 가진 수산생물은 가축과 비교하여 큰 장점을 가지고 있다. 각 질병에 대해 전형매 집단 각각에서의 생물의 표본은 분리된 공격시험을 위해 선발되어야 한다. 대상집단의 검사기간 동안 사망한 생물은 사망 시간을 포함해서 기록해야 한다. 특정질병에 대한 내성의 측정은 대상 집단의 사망률이 50% 되었을 때 각 집단의 사망에 대한 평균 시간이 될 수 있다. 공격시험 측정 결과는 집단의 육종가 추정에 대한 기준으로서 사용되어야 한다.

물에 병원균을 넣는 공격시험은 먹이나 주사를 통한 병원균 경구투입보다 더 선호되고 있다. 물에 병원균을 넣으면 어류의 모든 방어 메커니즘이 점액과 피부를 포함해서 검사될 것이다. 비교적 작은 생물들이 공격시험에 이용되는데 그 이유는 경제적이고, 공간이 적게 필요하고 다루기 쉽기 때문이다. 따라서 이렇게 얻어진 결과들은 비교적 큰 동물이나 다른 환경에서 자란 동물들에서는 나타나지 않을 것이다. 그래서 양식조건에서 선발의 성공은 공격시험 후 생존과 상업적 양식조건에서의 질병내성간 유전적 상관관계에 달려 있다. 한 예로, Gjoen(1996)은 담수에 있는 20~40g 대서양연어 자어의 절창병에 대한 공격시험과 바다목장에서 $2\frac{1}{2}$개월 후 현장 검사간에 높은 유전적 상관관계(rG = 0.95)를 보고했다. 요각류(Lepeophtheirus salmonis)에 대한 공격시험은 AKVAFORSK에 의해 발전되었다(Kolstad et al., 2004).

공격시험에서 가장 높은 생존율을 가진 집단의 생존 생물은 동복자어군의 선발에 적합한 생물들일 것이다. 하지만 그런 생물들이 병균 보유 생물일 수 있기 때문에, 보통 육종에 사용되지 않는다. 육종 사육장에 있는 내성이 강한 집단의 감염되지 않은 형매들이 친어로 선발된다. 하지만 동복자어군으로서의 공격시험 동안 가장 적은 수의 요각류를 가진 어류를 이용하는 것은 가능하다.

지방 비율은 화학적 방법과 전산화된 단층 X선 사진 촬영법으로 측정될 수 있다. 이 기술은 지방 분포도를 측정하는데도 사용된다(Gjerde, 1987; Rye, 1991). 지방비율을 측정하는 다른 방법은 Torry 지방 미터기를 사용하는 것이다(Kent, 1990). 이 미터기는 비싸지 않고 휴대할 수 있으나 전산화된 단층 X선 사진 촬영법만큼 정확하지 않다. AKVAFORSK는 이미지와 filet 안의 지방 화학 분석간 R^2 = 0.83의 높은 상관성을 무지개송어에 대해 보인 이미지 분석법을 발전시켰다(Rorvik 개인 communication).

육색은 연어과 어류와 몇몇 패류의 경우에 중요하다. 음식의 카로티노이드 보유율은 낮지만 유전분산을 보여주며 표 5.7에 있다. 객관적인 점수가 육색을 판단하는 데 이용된다. 하지만 객관적 점수는 신뢰할 수 없는 색 기록 방법이다. Gjerde and Gjedrem(1984)은 대서양연어와 무지개송어의 색 점수의 유전율이 0.01과 0.06이라고 추정했다. 색 미터 판독법을 이용한 정확한 기술 장치(Minolta Chroma Meter CR-300)를 적용하면 정확성은 0.47의 유전율로 훨씬 향상되었다(Rye et al., 1994). 이미지 분석법은 이미지와 아스탁산틴의 화학 분석간 R^2 = 0.86로 무지개송어 filet의 높은 상관성을 보였다(Rorvik 개인 communication).

육질의 조직은 정제된 생산물뿐 아니라 신선한 상태에서 중요한 질적형질이다. Shahidi and Botta(1994)는 단단함, 전단력, 탄성으로 육질을 기술했고, 기계의 압력장치를 이용한 여러 장비로 측정된다. 장비들 중 하나는 조직 분석기 TA-XT2이다(Morkore and Rorvik, 2001). 어류와 패류의 맛을 측정하는 장비는 개발되지 않았다. 유일한 가능성으로는 훈련받은 인력을 필요로 하고 비용이 많이 드는 관능검사를 하는 것이 있다. 살아 있는 육종 대상 생물에 대한 형질을 기록하는 방법론의 부족은 수산생물의 선발육종의 한계를 나타낸다(Gjerde and Rye, 1997). 다른 형질에 대한 개체선발을 가능하게 하는 방법을 개발하는 것은 중요하다.

16.14 선발 절차의 체계

16.14.1 개체선발

11장에서 기술한 것처럼, 개체선발이 적용되었을 때 근친교배를 피하기 위해 각 세대에서 많은 수의 동복자어군을 이용할 필요가 있다. 각 육종조합에서의 자어 수를 표준화하는 것도 중요하다. 그렇지 않으면 어떤 조합은 적은 수의 자어를 가지게 되지만 다른 조합은 많은 수의 자어를 가지게 될 것이다.

16.14.1.1 자연교배의 사례(그림 16.4)

선발된 동복자어군의 교배, 즉 수컷 1마리와 암컷 2마리의 교배가 수조에서 일어난다. 각 전형매 집단에서의 유생은 육종 수조에서 중간육성 수조로 옮겨져 유생 300마리에 대해 표준화된다. 중간육성 수조에서 성장하는 기간 동안 사망률은 높을 수 있다. 사망률이 진정되면 유생이 공동사육을 위한 양식장이나 양성장으로 방류되기 전에 수를 다시 맞추어야 한다. 그림 16.4에서처럼 집단을 연령에 따라 여러 연못이나 양식장으로 방류함으로써 연령차를 줄일 수 있다.

16.14.1.2 인공수정의 사례(그림 16.5)

각 쌍으로부터 똑같은 수의 수정된 알은 부화수조나 부화통에 수용된다. 부화된 후 유생의 표본은 먹이를 공급하기 위해 양어 수조로 옮겨진다. 보통 이 기간은 사망률이 높다. 사망률이 감소되면 각 집단의 일정한 수는 출하 크기가 될 때까지 공동 사육장이나 양식장으로 옮겨진다. 대안 방법과 더 간단한 방법은 그림 16.5의 오른쪽에 있다. 여기서 유생은 공동 연못이나 양식장으로 바로 방류된다. 먹이를 공급하는 동안 사망률이 낮은 상황에서 이 방법이 사용될 수 있다.

16.14.2 가계선발

16.14.2.1 둥우리 교배 설계 사례

50마리의 반형매와 100마리의 전형매 생산이 그림 16.6에 나타나 있다. 잉어와 다른 생물의 경우 호르몬 처리는 집단간 연령차를 줄이는 데 사용된다. 각 산란에서 적어도 1,000개의 알이 부화수조에 옮겨져야 한다. 각 집단에서 새로 부화된 유생은 하나의 수조로 옮겨지고 표지방법과 생물에 따라 3~15g의 표지 크기가 될 때까지 그곳에서 성장해야 한다. 표지 후 모든 집단은 집단간 환경 차이를 가능한 한 줄이기 위해 연못이나 양식장에 공동으로 방류된다.

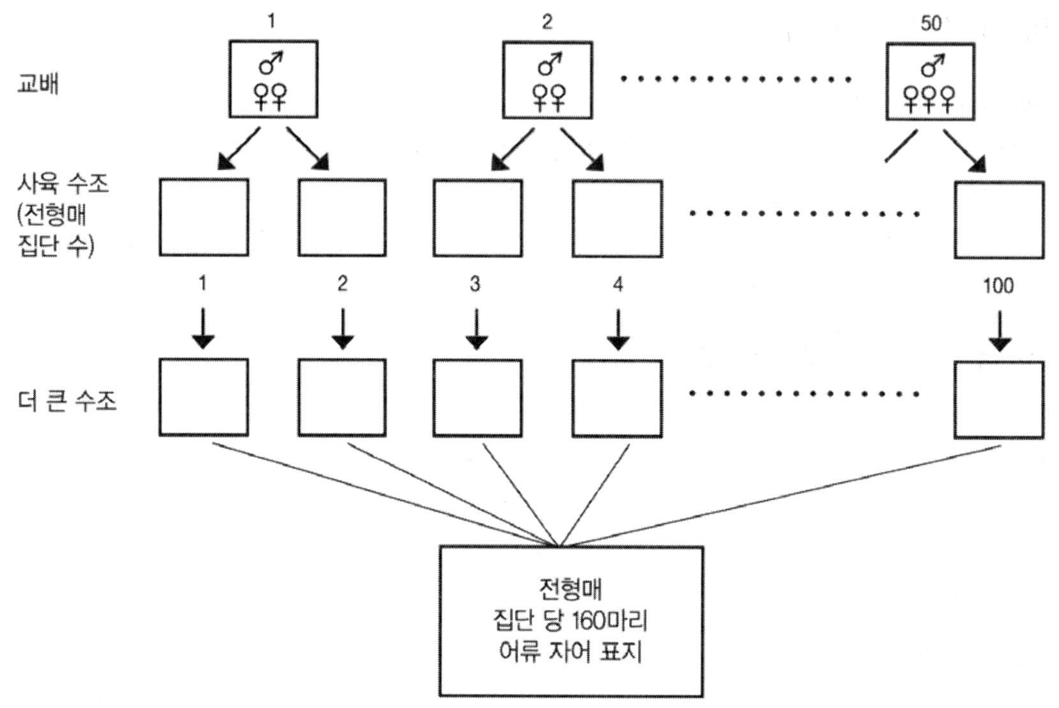

그림 16.6 가계선발을 위한 교배와 사육 설계.

16.14.2.2 다른 환경에서의 가계검사와 여러 형질 기록

그림 16.7은 다른 검정 사육장에서의 여러 형질에 대한 가계검증을 나타내고 있다. 이 검정 사육장의 목적은 다른 환경에서의 가계 순위를 연구하기 위한 것이다. 각 가계의 100마리 어류 자어는 육종센터에 있는 성장용 연못이나 양식장에서 공동으로 성장한다. 이 생물들은 잠재적 친어로 간주된다. 다른 환경과 실제 양식조건에서의 집단을 검정하기 위해 각 집단에서 15마리의 어류 표본은 양식장에서 성장하고, 각 집단의 15마리 어류는 연못 양식에서 성장하도록 하였다. 각 집단의 4번째 표본은 질병에 대한 내성을 연구하기 위해 공격시험용으로 사용되었다. 다른 표본은 다른 중요한 형질을 측정하는데 이용될 수 있다.

검정기간 동안 기록은 육종 목표에서 기술한 것처럼 취해져야 한다. 그림 16.7에 나타낸 사례에서 체중, 성성숙기의 연령, 질병내성이 검정되고 기록되었다. 모든 기록은 육종가 추정을 위해 육종센터로 옮겨진다. 검정 사육장의 기록이 육종 사육장의 기록보다 먼저 적혔다면, 이 기록은 집단의 육종가 예비 순위표를 만드는 데 사용될 수 있다. 이 순위표는 나중에 육종센터의 친어에 대한 선발에 사용될 수 있다.

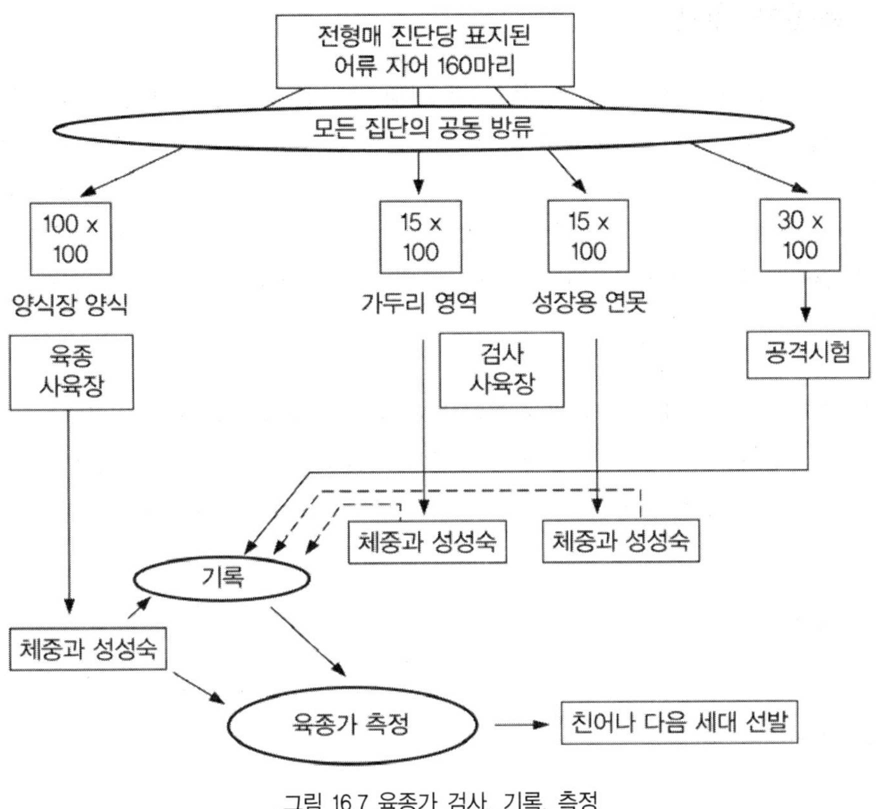

그림 16.7 육종가 검사, 기록, 측정.

16.14.3 후대 검정

다중산란 생물의 경우, 양쪽 성을 모두 검정할 수 있기 때문에 후대 검정이 특히 흥미롭다. 친어의 선발은 후대에 대해 형질이 기록되기 전에 일어나지 않는다. 이것은 세대간격이 증가되는 것을 의미한다. 후대 검정의 장점은 후대의 수가 크게 되면 육종가의 정확도가 100%에 근접할 수 있다.

16.15 육종가 추정

생물의 수가 많고 육종 목표에 여러 형질들이 포함되어 있을 수 있기 때문에 육종 프로그램의 자료 생산은 힘들고 시간이 많이 소비된다. 그래서 기록된 많은 양의 자료를 저장하고 처리해야 하기 때문에 용량이 큰 컴퓨터가 필요하다. 기록과 자료의 입력은 조직적이고 체계적이어야 한다. 육종가의 측정은 각 생물이나 가계의 유전자형에 대한 가능한 최고의 추정값을 얻기 위해 사용할 수 있는 모든 자료를 이용해야 한다. 추정된 육종가의 정확도는 0(유전분산이 존재하지 않음)과 100% 사이에서 바뀔 것이다.

육종가의 정확도는 기록된 자료의 질에 따라 달라진다. 그래서 기록 시간, 형질을 측정한 방법, 기록이 오차 없이 저장된 방법, 생물을 동정하고 확인을 읽고 저장하는 방법에 대한 자세한 기술이 필요하다. 모든 정보는 컴퓨터 안에 저장되므로, 자료는 가능한 오차를 줄이고 체계적 환경효과에 대해 맞춰져야 한다.

13장에서 육종가 추정의 과정과 개요를 기술하였다.

16.16 친어 선발

친어의 선발은 육종 프로그램의 중요한 부분이고 세부적인 계획을 필요로 한다. 가장 단순한 상황은 성장률에 대해 개체선발만 실행하고 표지를 사용하지 않을 때이다. 성별에 따른 차이가 작다면, 등급 체계는 친어로서 가장 육중한 생물을 선발하는 데 사용될 수 있다. 선발은 출하 크기에서 일어나고 선발된 생물은 성숙할 때까지 사육된다. 선발된 친어의 마리 수 추정은 육종 사육장의 수용 능력, 시장에서의 수요, 선발에서 성숙까지의 사망률을 고려해야 한다. 선발이 일어날 때 성별간에 상당한 크기 차이가 있고 성의 유형이 보이지 않을 때 제일 작은 성의 충분한 수가 선발되었는지 입증하기에 충분한 수의 생물을 선발해야 한다.

16.16.1 개체선발의 사례(그림 16.4)

3개의 양식장에 있는 어류는 유전적으로 똑같다고 가정된다. 친어로 150마리 암컷과 75마리 수컷이 필요하다면, 각 양식장에서 체중이 큰 암컷 50마리와 체중이 큰 수컷 25마리를 선발한다. 한 양식장의 수컷과 다른 양식장의 암컷을 교배하면 전형매 교배는 막을 수 있다.

16.16.2 가계선발의 사례(그림 16.7)

검사된 사육장에서 처음 기록을 하고, 가계지수를 측정하는 데 이 자료를 이용한다. 그래서 검사하에서 모든 집단의 순위를 정한다. 이 지수들은 가장 우수한 잠재적 친어 집단을 선발할 때 이용된다. 예를 들면 10~15개의 최고 집단에서의 평균이 위로 2σ 보다 더 무거운 수컷과 10~15개의 최고 집단에서의 평균이 위로 1σ 보다 더 무거운 암컷이 5~20개의 최고 집단에서 선발될 수 있다. 육종 사육장에서 모든 자료가 기록되고 검사 사육장의 자료에 더해질 때, 각 생물에 대한 육종가는 측정될 수 있고 친어군의 마지막 선발에 대한 근거로써 사용된다.

16.17 유전적 증가량 대조

육종 프로그램에서 유전적 증가에 대한 대조 과정을 만드는 것은 선발반응을 얻기 위해 필요하지 않다. 하지만 육종 프로그램에 대조 메커니즘을 포함하는 것은 유전변화가 예상대로 생겼을 때 계속 확인할 수 있게 한다. 만약 유전변화가 없다면 프로그램의 조절을 가능하게 한다. 육종 프로그램은 항상 제한된 검사 용량을 가지고 있어서 대조집단에 대해 어느 정도 사용되어야 하는지 결정해야 한다. 그것은 검사된 유전집단의 수를 감소시키기 때문이다.

유전변화를 측정하는 방법은 15장에서 논의하였다. 가장 보편적으로 사용되는 방법은

- 선발되지 않은 대조구 집단
- 발산선발
- 반복교배
- 평균 계통의 이용
- 유전 경향 분석
- 선발 경로에 근거한 반응

16.18 육종 프로그램에 대한 한계

16.18.1 부정적 상관효과

여러 형질이 육종 목표에 속해 있다면, 형질간 유전 상관관계는 선발 지수 방정식의 일부분일 것이다. 육종 목표에 있는 형질과 목표에 포함되지 않은 다른 형질들 간에 유전적 상관관계가 있다면, 선발은 예상하지 못한 형질도 바꿀 것이다. 어떤 경우에 이 상관된 반응이 유리할 수도 있으나, 생산체계에 해로울 수도 있다. Rauw et al.(1998)은 농장용 가축의 경우 가금류와 돼지의 다리 문제와 젖소, 칠면조, 가금류의 재생산 형질같이 선발의 부정적 부작용의 예를 몇 가지 제시했다. 바람직하지 않은 상관반응도 주의 깊게 연구되어야 한다는 사실은 중요하다. 수산생물의 경우, 부정적 부작용은 생식선의 질과 초기 생활사의 생명력 같이 적응성 형질에서 가장 나타나기 쉽다. 부정적 효과가 감지되면 육종 프로그램은 바뀌어야 한다. 그리고 이미 일어난 손상을 복구하기 위한 행동이 취해져야 한다.

16.18.2 육종 목표 변경

육종 목표의 성장률과 질병내성에 대한 중요성은 시간이 지나도 잘 변하지 않는다. 하지만 육질 같은 형질의 경우, 소비자가 기호를 바꾸어 선발된 것과 다른 품질을 선호하게 되면 변경이 일어날 수 있다. 이런 종류의 위험은 피하기 어렵다. 하지만 육종회사/기관이 생산 품질에 관하여 시장 선호도에 대한 추세를 연구하는 것은 매우 중요하다.

16.18.3 질병 확산

육종 프로그램이 18장에서 기술한 것처럼 중앙 집중화되면, 전염병이 육종센터에서 산업으로 옮겨갈 위험이 있다. 이것을 피하기 위해 육종센터와 증식 사육장은 높은 위생적 기준에서 일하고 엄격한 격리 규칙을 따르는 새로운 어류의 수입을 통제하는 것은 아주 중요하다. 산업을 위해 건강한 생물을 생산하기 위한 가능한 모든 것을 해야 한다.

질병내성에 대한 선발은 병균 보유자를 만들어서 전염병의 원인이 될 수 있다고 논의되었다. 하지만 대부분의 박테리아와 바이러스는 숙주에 따라 달라지기 쉽다.

16.18.4 유전자형과 환경 간 상호작용

제 14절에서 결론 내려진 것 같이 유전자형과 환경 간 상호작용에 대한 일반적인 결론을 도출하는 것은 불가능하다. 그래서 유전자형과 환경 간 상호작용은 육종 프로그램 개시 때부터 연구되어야 한

다. 만약 그 상호작용이 상당한 수준이라면 한 선발계통 이상을 개발하는 것이 필요할 것이다. 그러나 그런 선발계통들은 시간이 지남에 따라 환경변화(환경분산)에 대하여 더욱 민감해질 가능성이 있다. 이런 예상하지 못한 놀라움들을 피하기 위해서 주기적으로 유전자형과 환경 간 상호작용의 가능성에 대하여 조사하여야 한다. 육종 프로그램을 저해하고 있는 유전자형과 환경 간 상호작용의 위험은 일반 양식장 환경과 여러 사설 양식장의 조건에서 육종가를 측정함으로써 감소될 수 있다.

16.18.5 근친교배 축적

높은 번식력을 가진 생물들이 폐쇄된 집단에서 번식할 때, 근친효과가 빠르게 축적될 가능성이 항상 존재한다. 생물의 표지를 이용하거나 계통 기록을 이용하면, 근친교배를 피해서 근친효과가 천천히 형성되도록 한다. 개체선발이 생물의 확인없이 이용된다면 근친교배를 피하기 어렵다. 하지만 육종집단을 적어도 2개의 부차집단으로 나누면 근친교배 문제를 감소시키는 것은 가능하다. 동복자어군은 각 부차집단 내에서 선발되고 생산되어야 한다. 자어의 대량생산은 부차집단을 이종교배하면 진행할 수 있다. 혈연관계가 없는 생물을 넣는 것도 근친교배를 줄이는 효과적인 방법이다. 근친교배는 6장에서 더 많이 논의되었다.

16.18.6 유전분산 감소

선발 문제와 관련되어 언급된 또 다른 제한은 선발에서 형질의 유전분산 감소이다. Falconer (1960)에 다르면, 근친교배는 유전분산을 감소시킬 것이다. 이것은 근친교배를 피하는 또 다른 좋은 논쟁거리이다. 여러 저자들은 유전분산에 대한 선발효과를 논의해 왔다. Fimland(1979)는 유전분산의 작은 감소가 선발의 첫 번째 세대 동안 예상되고 그 후 안정된 단계가 된다는 사실을 보였다. 유전분산이 안정화되는 단계는 친어의 선발 강도와 선발의 정확성에 달려있다. 선발의 정확성이 0.6을 초과하지 않으면, 안정화 단계는 80%보다 더 낮을 수 없다. 분산이 제거되었다면 실제 분산은 처음 단계에서 다시 만들어질 것이다. 비교적 큰 집단의 경우, Enfield(1979)는 120세대에서 tribolium의 번데기 체중을 선발하고 선발기간 동안 유전분산과 표현형분산의 감소를 발견하지 못하였다. 농장용 가축의 대집단에서도 장기간 육종 프로그램으로 인해 유전분산의 감소가 생기지 않았다.

16.19 유전적 향상의 보급

육종 프로그램에서 이익을 최대화하기 위해서는 유전적 향상은 바로 양식업자에게 전해져야 한다. 보급용 생산물은 보통 향상된 정액, 난자, 치어, 친어군이다. 보급에는 주로 2가지 경로가 있다.

1. 그림 16.8에 하나의 경로를 나타냈다. 정액, 난, 치어, 친어군은 육종 사육장에서 양식업자에게 바로 옮겨진다. 이것은 선발된 친어군, 사용된 계통이나 다음 세대 계통에서의 난과 치어가 남을 수 있다.
2. 두 번째 경로는 육종 사육장에서 원래 생산된 친어군의 정액, 난, 치어 생산을 위한 증식 사육장을 만드는 것이다. 증식 사육장은 필요한 수의 친어군을 생산하고 성장률에 대해 선발해야 하며, 그림 18.1에 나타냈다.

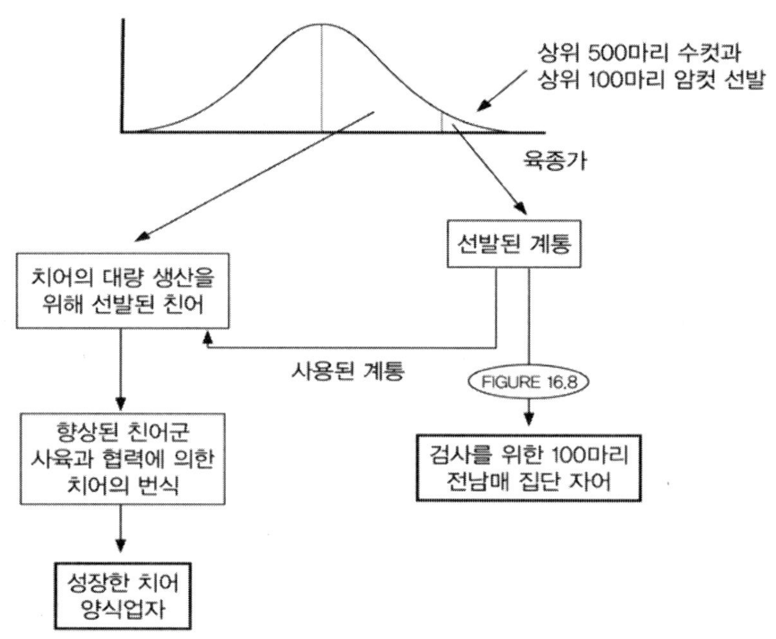

그림 16.8 1회의 검정에서 계통의 선발과 유전적으로 향상된 생물을 양식업자에게 보급.

육종 작업은 육종 협력사나 육종회사에서 잘 조직화되어 있어야 한다. 육종 계획을 만들고 필요한 검정 시설을 설립하는 데 자본이 필요하다. 수익이 양식업자에게 분명하게 나타날 때까지 생물을 향상시키는 데는 시간이 걸린다는 사실을 고려해야 한다. 향상된 생물의 생산을 어떤 비율까지 늘리고 생산시장을 형성하는 데 더 많은 시간이 걸린다.

16.20 선발육종과 유전자 마커 선발(MAS)의 병용

유전자 마커 선발은 19장에서 논의되었다. 특히 유전율이 낮은 형질과 질적형질같이 살아 있는 생물에 대해 측정할 수 없는 형질에 관심이 있다. 유전자 마커 선발의 또 다른 장점은 초기에 높은 유전값의 육종 대상 생물을 확인하는 것이 가능하다는 것이다.

16.21 육종 계획의 주요 요소의 요약

육종 계획은 마지막 증명이 아니라 경험과 연구를 통해 얻을 수 있는 새로운 지식처럼 끊임없이 개정되고 향상되어야 한다.

완전한 육종 계획의 주요 요소는

- 명확한 육종 목표
- 넓은 유전분산을 가진 기초집단 형성
- 육종 전략
- 선발방법
- 생물 확인
- 교배 설계
- 검사 전략에 대한 프로토콜
- 육종 목표의 모든 형질 기록에 대한 프로토콜
- 선발 과정 체계 기술
- 육종가 추정
- 친어군 선발에 대한 프로토콜
- 대조구 집단에 대한 프로토콜
- 제약과 선발의 부정적 효과
- 향상된 생물의 보급과 육종 작업 조직화에 대한 계획

17. 육종 프로그램 조직화

TRYGVE GJEDREM AND TERJE REFSTIE

17.1 농장용 가축의 실행

현대 육종 계획은 매우 복잡하고 큰 생물 집단을 다룬다. 효율적이기 위해서는 육종 작업과 육종 생산물(유전적으로 향상된 생물)의 분배가 잘 조직화되어 있어야 한다. 많은 나라에서 양식업자들은 육종 프로그램을 실행하기 위해 육종 합작회사를 설립해왔다. 회원들의 대표로서 합작회사는 필요한 검사와 육종 사육장을 만들고, 육종가 추정의 근거로서의 정보/기록을 얻기 위한 기록 체계를 개발시킨다. 다른 나라에서는 개인회사에 의해 조직화된다.

젖소의 경우 어린 황소의 육고기 생산 형질의 검정은 특별한 검정 사육장에서 실시한다. 선발 후 황소는 황소의 암컷 자어의 우유 생산량에 대해 검정된 후대이다. 황소의 암컷 자어는 개인 농장에서 태어나고 길러진다. 황소의 육종가의 근거는 우유 생산량, 모유능력과 성장률에 대한 기록이다. AI(인공수정)와 정액 냉동보존의 이용으로 매우 효율적인 젖소의 육종 프로그램 개발이 가능해졌다. 황소의 후대 검정으로 젖소의 육종 프로그램을 운영하는 데 비용이 많이 들기 때문에, 각 프로그램이 이미 암소 집단을 다루는 것이 필요하다. 젖소 육종을 하고 있는 큰 개인회사도 있다. 이 회사들은 완전히 상업적인 근거로 육종 프로그램을 시작하였고 여러 나라를 다니며 육종 합작회사와 경쟁하며 일한다. 젖소의 육종산물은 높게 선발된 황소의 정자가 이용되며 이 정자들이 저장되고 냉동보관된다.

돼지의 경우, 개인회사는 육종산물에 대해서 점점 더 시장 지배율을 늘리고 있다. 이 회사들은 사육자들과 합작을 한다. 이것은 젖소의 경우와 비슷하고 경쟁이 심하다. 오늘날까지 몇 개의 큰 회사들이 세계시장의 상당 부분을 차지하고 있다. 돼지의 육종 생산물은 정액과 어린 육종 수퇘지와 암퇘지이다.

가금류의 경우 몇몇 큰 회사가 구이용 영계뿐 아니라 알을 낳는 암탉의 전체 세계시장을 지배한다. 가금류의 육종 생산물은 다른 계통에서 선발된 생물들의 수정된 난이고 사육자들은 잡종 생물을 이용한다.

양에 대한 육종 프로그램은 매우 다양하다. 품종과 계통의 이종교배와 결합된 개체선발이 지배적이었다. 개량 프로그램은 보통 성장률과 번식력에 집중되었다. 양을 육종하는 데 있어 가장 큰 문제점은

AI의 사용으로 인한 낮은 임신율이다. 노르웨이에서 자연교배를 이용한 육종 프로그램은 만족할 만한 결과에 의해서 1960년대 중반부터 계속 적용되었다(Steine, 1980).

번식력이 높은 수산생물의 경우, 육종 프로그램은 선발된 생물의 교배가 일어나는 육종 사육장(육종 핵), 일상적인 양식 조건에서 생산 형질을 기록하기 위한 검정 사육장, 유전적으로 향상된 생물의 보급을 위한 증식장을 포함할 것이다. 육종 프로그램의 조직화는 사용된 선발방법, 생물의 번식력, 향상된 생물을 이용하는 산업의 전체 생산량에 따라 크게 달라질 것이다.

농장용 가축의 육종 프로그램에서 기본 요소는 경제적으로 중요한 형질을 개선시키기 위한 선발이다. 가장 널리 사용된 선발방법은 개체선발, 가계선발, 부친의 후대 검정이다. 닭의 경우와 돼지의 경우, 유전적 계통의 이종교배는 비상가 유전분산을 이용하기 위해 실행되었다. 육종 프로그램이 이종교배를 포함하면 육종회사는 같은 계통이나 이종교배된 생물들을 팔 것이다. 이런 식으로 육종회사는 순계를 보호한다. 양식업자들은 육종회사로부터 순계 생물을 구입해야만 하기 때문이다. 양식업자들이 사는 순계 생물들은 복제될 수 없다.

17.2 수산생물의 육종 프로그램 조직화

17.2.1 노르웨이의 대서양연어

1971년 AKVAFORSK는 대서양연어로 유전 연구를 시작하였고, 친어군의 최초 선발은 Sunndalsøra의 연구소에서 1975년 가을에 실시되었다. 4개의 종합적 기초집단이 야생 노르웨이 강 계통 40마리를 근거로 형성되었다. 대서양연어는 세대간격이 4년이기 때문에 4개의 집단이나 연차 등급들이 만들어졌다. 2개의 최초 선발세대는 증가된 성장률만을 위한 것이었다. 반면 조기 성성숙에 대한 선발은 1982년부터 시작되었고, 질병내성은 1991년부터, 육질의 질적형질은 1994년부터 시작되었다. 개체와 가계 선발조합은 매년 200개의 집단에 대해 검사가 실시되었다.

AKVAFORSK는 $2\frac{1}{2}$세대 동안 Sunndalsøra에서 선발 프로그램을 계속하였고, 선발된 친어의 발안란과 2살 된 연어를 보급하기 시작했다. 어류 양식업자 판매 조직(Fish Farmers Sales Organization)(FOS)과 노르웨이 어류 양식업자 협회(Fish Farmers Association)(NFF)가 육종 프로그램의 책임을 맡기 위해 초청되었다. 1985년 FOS와 NFF는 Kyrksaeterøra(NFA)에 두 번째 육종 사육장 시설을 설립하고 AKVAFORSK는 Sunndalsøra에 있는 자신들의 육종 사업장에서 나온 선발된 육종생물을 새로운 육종 사육장으로 옮겼다. AKVAFORSK는 1992년까지 육종 프로그램의 파트너가 되었다. 그 당시에 AquaGen AS가 유한회사로 설립되었다. 2000년에 산업체로서 Salmo Breed AS라는 두 번째 육종회사가 설립되었다.

표 17.1 노르웨이 육종 프로그램에서 대서양연어의 연차등급/집단

세대	1	2	3	4
0	1972[1)]	1973	1974	1975
1	1976[2)]	1977	1978	1979
2	1980	1981	1982[3)]	1983
3	1984	1985	1986[4)]	1987
4	1988	1989	1990	1991[5)]
5	1992[6)]	1993	1994[7)]	1955
6	1996	1997	1998	1999
7	2000	2001	2002	2003

1) 부화되는 해
2) 성장률에 대한 선발 시작
3) 조기 성숙에 대한 선발 시작
4) 두 번째 육종 사육장 설립
5) 질병내성에 대한 선발 시작
6) AquaGen AS가 설립
7) 육질에 대한 선발 시작

육종 사육장은 가계검정과 선발이 일어나는 육종 핵으로서 역할을 한다. 육종 사육장은 유전 향상의 열쇠이다. 유전 향상은 4개의 연차 등급의 모든 세대에서 일어난다.

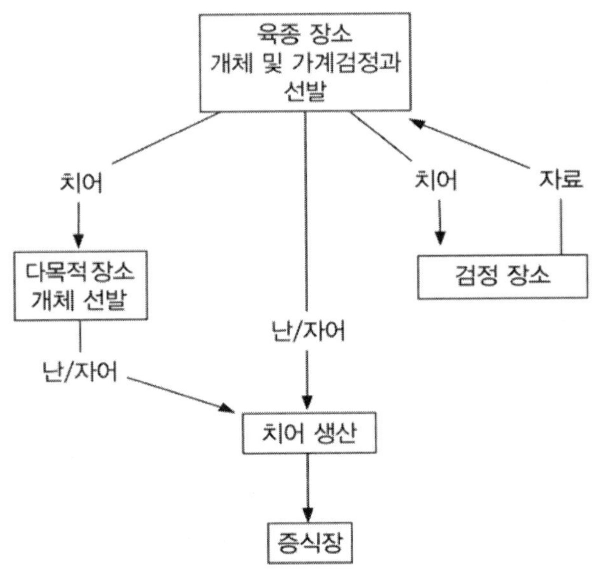

그림 17.1 노르웨이 연어육종 프로그램에서 유전적 획득의 보급.

발안란을 충분히 생산하여 산업체에 보급하기 위해 종묘배양장이 설립되었다. 종묘배양장은 모두 육종회사에서 유전적으로 향상된 2세어 연어를 사용하여 발안란의 생산과 친어군의 생산을 위해 육종회사를 가지고 있는 개인 양식장이다. 육종회사와 종묘배양장 간의 계약은 협동을 규정한다. 육종회사에서 종묘배양장으로 옮겨진 2살 된 연어의 수는 성장률에 대한 개체선발을 실행하는 데 충분하다. 육종회사와 함께 종묘배양장은 발안란을 생산한다. 발안란은 2살 된 연어 생산이나 나중의 해상 양식장에서의 성장을 위해 종묘배양장으로 팔린다. 발안란의 가격은 육종 프로그램 운영 비용을 감당하는 육종회사에 대한 로열티를 포함한다.

2육종 기관에서 어류 양식업자로의 유전적 획득의 보급은 그림 17.1에 나타나 있다.

17.3 육종 프로그램의 구조

기본 육종 이론은 모든 생물에 대해 같더라도, 육종 프로그램은 상당히 다르다. 이런 차이의 원인은 다음과 같은 것들이 있다.

- 생물의 번식력
- 육종 목표
- 형질이 성에 제한되는지의 여부
- 각 생물의 경제적 가치
- 수정이 체내 혹은 체외에서 일어나는지의 여부
- 친어군 생산 비용

17.3.1 생물의 번식력

어류와 패류는 어미당 1마리의 개체를 낳는 젖소와 비교하여 1마리의 어미에서 수천 개, 심지어 수백만 개의 알을 낳는 다산을 한다.

육종 프로그램이 매우 효과적인 목장의 경우, 대부분의 젖소는 육종집단에 포함된다. 우유 생산 기록이 젖소의 후대검정에 사용되기 때문이다. 비교적 많은 새끼 암컷들은 신뢰할 만한 육종가의 추정값을 얻기 위해 필요하다. 그것은 노르웨이에는 젖소 무리가 작고 환경 차이가 크기 때문이다. 이런 문제들을 극복하기 위해 새끼 젖소의 우유 생산량은 무리의 평균에서의 편차로서 받아들여진다. 육질관련 형질을 평가하기 위해서는 성장률, 사료효율, 육질형질을 연구하기 위한 어린 젖소용 활동 검사 사육장을 설립하는 것이 보통이다. 이런 검사 사육장을 운영하는 것은 많은 비용이 소요된다.

위에서 설명한 것처럼, 육종가의 어류와 패류에 대한 선발의 검사는 한 육종 기관에서 일어날 수 있다. 이 육종 사육장은 큰 집단을 취급한다. 노르웨이의 대서양연어의 경우, 2개의 육종 사육장이 있고, 증식장과 함께 이 사육장들은 연어와 무지개송어 500,000톤 생산을 위해 개량된 발안란을 대부분의 산업체에 공급한다. 하지만 이 육종 프로그램의 수용능력은 현재 생산보다 몇 배나 더 크다. 어떤 양식장은 생산형질이 기록된 검사 사육장으로 사용된다. 이것은 선발이 상업적 양식 조건에서 추구한 생산 기록을 근거로 한다는 사실을 보증한다.

17.3.2 다른 육종 목표

종간이나 종내에서 육종 목표에는 상당한 차이가 있을 수 있다. 육종 목표에 있는 1개 이상의 형질은 각 생물이 살아있는 상태에서 기록될 수 없다면, 가계선발이나 후대 검정이 적용되어야 한다. 가계선발이나 후대 검정 프로그램의 구조는 개체선발만 이용하는 육종 프로그램과 비교하여 점점 더 복잡해질 것이다.

17.3.3 성에 제한된 형질 표지

젖소의 우유 생산처럼 경제적으로 중요한 성에 제한된 형질을 가진 생물의 경우, 후대 검정은 수컷의 육종가를 추정하는데 사용되어야 한다. 후대 검정의 단점은 세대간격이 길어져 세대 당 유전적 획득이 매우 감소한다는 것이다. 수컷의 후대 검정은 특히 소, 양, 염소에 적용된다. 많은 연어과 어류의 경우, 번식 후 사망하기 때문에 후대 검정은 생식선의 냉동보관이 육종 프로그램의 일부로 포함되어 있지 않으면 사용될 수 없다.

17.3.4 각 생물의 경제적 가치

농장용 가축, 특히 가장 큰 가축들의 경우 각 생물의 가치가 높다. 이것은 육종 프로그램의 유연성을 제한한다. 예를 들면 소, 돼지, 양, 염소의 경우 많은 생물이 폐사할 수 있는 공격시험을 적용해서 질병내성에 대한 검사를 할 수 없지만, 닭의 경우에는 가능하다. 어류와 패류의 경우 각 생물의 경제적 가치는 낮아서 여러 질병에 대한 공격시험이 가능하다. 이것은 질병내성 계통을 만들어낼 수 있는 가능성을 열어준다.

17.3.5 수정이 암컷의 체내에서 일어나는지, 체외에서 일어나는지의 여부

양식된 어류와 패류는 모두 체외 수정을 한다. 이것은 12장에서 기술된 여러 가지 교배 체계의 실행을 가능하게 한다. 1마리 암컷의 난자는 많은 수컷의 정자에 의해 수정될 수 있고, 1마리 수컷의 정자는 여러 암컷의 난자를 수정시킬 수 있다. 이런 유연한 교배 체계로, 여러 유전성분, 상가효과, 우성효과, 우위효과, 모계효과, 유전자형과 환경 간 상호작용의 크기를 연구하는 것이 편리하다.

17.3.6 친어군 생산의 비용

어린 동물 중에서 높은 성장률을 중심으로 한 선발은 성숙한 체중에서 상관반응이 생길 것이다. 농장용 가축의 경우에는 친어 유지 비용이 증가하기 때문에 역효과가 생길 것이다. 친어의 성장과 유지비용은 여러 생물들의 경우 상당하다. Large(1976)은 모친어에 의해 소비된 총 먹이의 비율이 육량의 경우 72%, 육우의 경우 52%, 돼지의 경우 33%, 가금류의 경우 10%로 추정하였다. 어류는 종에 따라 1% 미만에서 성숙기에는 약 5%까지의 범위에 있다(Kinghorn, 1983a). 매우 낮은 번식 비용은 수산생물 육종 프로그램이 농장용 가축과 비교하여 상대적으로 비싸지 않다는 사실을 의미한다. 이것은 어류 양식업자가 육종 프로그램에 투자하도록 자극할 것이다. 어류와 패류의 경우 친어군이 성숙될 때까지 유전적으로 짧은 시간 동안 유지되기 때문에 성장률을 증가시키는 것은 복잡하다.

17.4 양식업자 합작-육종회사

대부분의 나라에서 동물 사육은 전통적으로 작은 규모였다. 역사적으로 소규모 어업인들은 수컷만을 유지하려고 하였는데, 그것은 수컷 1마리가 여러 무리를 담당할 수 있기 때문이었다. 현대 육종 이론이 알려지면서 어업인들은 조합을 만들어 더 큰 집단을 형성하고 육종 프로그램을 개발하였다. 가끔 정부로부터 지원을 받지만 보통 그들이 책임을 맡고 필요한 투자에 자금을 대며 운영비를 감당한다. 육종 계획은 육종 이론의 지식을 지닌 연구자들의 도움으로 개발되었다. 육종 합작회사와 연구자들이 경험을 통해 새로운 기술을 개발하면, 그들은 좀 더 효과적인 육종 프로그램을 만들 수 있었다. 그 후 현대의 자료생산 기술은 생산 기록을 저장하는 데 사용되었고, 대량으로 수집된 기록들은 조합되어 육종가 추정에 훨씬 효과적으로 이용되었다.

어업인 합작 육종 프로그램은 육종 프로그램 조직화의 좋은 모형이다. 이 모형은 생산기록과 육종가 검증이 분산화된 젖소의 경우에 일반적이다. 그리고 이 모형은 농장에서도 일어난다. 육종가의 기록과 검증이 중앙 집중화되고 기관에서 일어나는 생물의 경우, 개인회사는 자체적인 육종 프로그램을 가지고 있는 것이 보통이다. 이것은 몇개의 육종회사들이 향상된 동물로 전 세계 시장을 차지하고 있으며 특히 가금류의 경우에 실제로 행해지고 있다.

어류와 패류의 경우, 육종 프로그램은 개인회사와 양식업자가 잘 조직화된 합작회사로 조직화될 수 있다. 하지만 육종 작업이 회사에 의해 행해진다면, 양식업자와 양식업자 조합은 육종 작업과 육종 방침의 방향에 영향을 주기 위해 주주가 되어야 한다.

17.5 육종 프로그램을 시작한 계기

Gjedrem(1997b)은 1994년에 생산된 어류와 패류의 약 1%만이 효과적인 육종 프로그램에서 만들어졌다고 추정하였다. 유전적으로 향상된 생물을 이용할 때 먹이자원, 토지자원, 수자원의 효율적 이용과 함께 큰 경제적 장점을 고려하면, 수산생물의 육종 프로그램이 모든 나라에서 시급히 시작되어야 한다. 효과적인 육종 프로그램의 경우 비용에 비례해 이득이 매우 높다는 사실이 나타났다. Barlow(1983)와 Mitchell et al.(1982)에 따르면, 비용/수익 비율은 양, 소, 돼지의 경우 1:5에서 1:50까지였다. 비용/수익 비율은 어류와 패류에 더 높게 나타나는데, 그것은 어류와 패류는 번식력이 높고 생산과 친어군 유지비용이 낮기 때문이다. 이것을 고려하면 상업적 생산에서 어떤 생물에 대한 육종 프로그램을 시작하지 않을 이유가 없다.

어류와 패류 양식업자는 이러한 생산력이 증가하고, 다른 생산물에 관련된 경쟁적 이점을 스스로 가지는 점과 경제적으로 이익을 보는 것은 그들이기 때문에 육종 프로그램을 시작할 책임감을 가져야 한다. 개별 양식업자가 육종 프로그램을 시작하는 것은 어렵기 때문에 조합의 발전으로 육종 프로그램을 조직하고 시작할 수 있도록 장려해야 한다. 많은 나라에서 연구자와 연구기관이 육종 프로그램의 1차 발원지이다.

17.6 국제적 또는 지역적 육종 프로그램

큰 생물을 집단으로 하는 육종 프로그램의 경우 장점이 많다. 설비당 운영비는 육종집단이 증가하면서 감소될 것이다. 하지만 집단 크기에 제한이 있다. 국제적 육종 프로그램은 국제적 제약을 충족시킬 것이며 질병의 도입을 감소시킬 것이다. 이런 이유로 대부분 육종 프로그램은 국제적 규모로 작동할 것이다.

소비자들은 다양한 생산물과 품질을 요구하기 때문에 1국가 내에 있는 집단을 부차집단으로 나누는 것이 필요하다. 하지만 집단 내에서 상당한 변이가 있기 때문에, 이런 요구는 시장에 출하하기 전 사체를 품질로 구분을 하게 된다.

유전자형과 환경 간 상호작용이 크다면, 1집단을 부차집단으로 나누는 것은 적당하다. 이것은 집단과 다른 유전집단의 순위가 서로 다른 환경이나 양식 조건에서 다르다는 사실을 의미한다. 14장에서 논의한 것처럼, 분산의 상당한 부분을 차지하는 이런 상호작용은 잉어의 조사에서 발견되었다(Moav et al., 1975; Wohlfarth et al., 1983). 반면 연어과 어류, 틸라피아, 새우의 성장률에 대한 상호작용은 중요하지 않은 것으로 보인다(Gunnes and Gjedrem, 1978, 1981; Eknath et al., 1993;

Fjalestad et al., 1997). 결론적으로 미리 유전자형과 환경 간 상호작용의 중요성을 예측하는 것은 불가능하므로 이 문제는 각 사례별로 조사되어야 한다.

18. 염색체 공학

TERJE REFSTIE AND TRYGVE GJEDREM

18.1 서론

대부분의 어류와 패류의 경우 수정은 외부에서 일어나 염색체의 수를 조작하는 것을 가능하게 한다. 이와 같은 기술들은 반수체와 3배체 그리고 4배체를 가진 배수체 생산을 가능하게 한다. 염색체가 모친으로부터만 유래하거나(자성발생) 부친으로부터만 유래한(웅성 발생) 생물을 생산하는 것도 가능하다.

자성발생은 경골어류 *Millienesia formosa*(Hubbs and Hubbs, 1932), 붕어류(*Carassius auratus gibelio*)와 멕시코의 Poeciliidae과의 몇몇 종들(Gold, 1979; Cherfas, 1981)에서는 번식의 자연스런 형태이다. 실험실 어류에 있는 분명한 클론의 여부는 조직이식 검사에 의해 확인되었다(Kallman, 1962). 이런 종들은 완벽하게 정상적이고 생존에 적합한 친어군으로 성장할 수 있다. 자성발생에서 난자핵의 성장은 난자와 상호작용하지만 수정이 불가능한 근연 종의 정자에 의해 발생한다. 그래서 수컷 핵은 성장하는 배아에 기여를 할 수 없다.

자연발생적 3배체는 미꾸라지(Gold and Avis, 1976)와 담수송어 그리고 무지개송어의 부화 집단(Allen and Stanly, 1978; Thorggard and Gall, 1979)에서 확인되었다.

염색체 공학의 목적은 주로 자성발생의 근친교배된 계통이나 번식하지 못하는 3배체 혹은 배수체를 만들어내기 위한 것이다. 이것은 개구리의 난자를 방사선에 노출시켜 불활성된 정자와 수정시킨 Hertwig(1911)에 의해 시작되었다. Hertwig는 난자가 수컷의 유전적 기여 없이도 발생한다는 사실을 입증했다. 이 과정을 자성발생(모두 암컷 유전)이라 했다. 이것은 단위 발생의 특별한 형태(수정 없이 난자의 발생)이다. 생존한 배아는 1%의 낮은 빈도를 지닌 반수체가 제 2극체 보유로 배수체가 되거나 세포의 제 1난할을 저지하는 것으로 알려졌다. 나중에 수정란에 대한 온도 자극, 고수압, 화학 약품 처리는 배수체 배아의 성공률을 증가시킬 수 있다는 사실이 발견되었다. 또한 반대의 과정으로 난자의 염색체를 방사선에 노출시킨 후 정상 수정을 통해 배수체가 만들어졌다. 배아의 성장은 오직 정자에서 유래된 염색체만을 포함하였다. 이 과정을 웅성발생(모두 수컷 유전)이라 한다.

같은 기술을 사용하지만 난자를 수정하기 위해 정상적인 정자를 사용하면 배수체를 생산할 수 있다. 수정 후에 간단한 처리를 적용하면, 제 2극체를 보유하므로써 3배체가 생산될 것이다. 세포분열을 막기 위해 제 1난할이 시작하기 전에 수정난을 처리하면, 염색체 수가 2배인 4배체가 생산될 것이다. 불임의 3배체의 생산은 조기 성성숙기가 진행되는 것을 막기 위해 몇몇 생물에서 생산되었다. 4배체는 정상 2배체를 4배체와 교배하여 3배체를 만드는 데 사용되었다.

이 방법은 소련의 연구자들(Romashov et al., 1961; Golovinskaya, 1968), 영국의 Purdom(1969, 1970, 1972a)에 의해 어류에 처음 적용되었고 배수체를 생산하기 위해 확대되었다. 염색체 조작은 많은 어류와 대합(Allen et al., 1982), 굴(Stanly et al., 1984)에서 실시되었다. 이 분야에서 실행된 포괄적 연구의 예가 Purdom(1983)과 Thorgaard(1992)에 의해 정리되었다.

18.2 자성발생

자성발생 어류를 생산하는 목적은 근친교배된 생물과 암컷을 만들기 위한 것으로 유전적으로 불활성 정자에 의한 난자의 발생에 의해 행해진다. 정자는 유전적으로 약 100,000rad를 지닌 이온화된 방사선에 노출시키거나 자외선에 정자를 노출시키면 불활성화될 수 있다(Chourrout, 1982a). 방사선이나 자외선에 정자를 노출시키면 염색체를 파괴하고 여러 단편으로 부서질 것이다. 하지만 정자는 여전히 움직일 수 있고 난자를 뚫고 감수분열의 제 2단계를 시작하도록 난자를 발생시킬 능력이 있다.

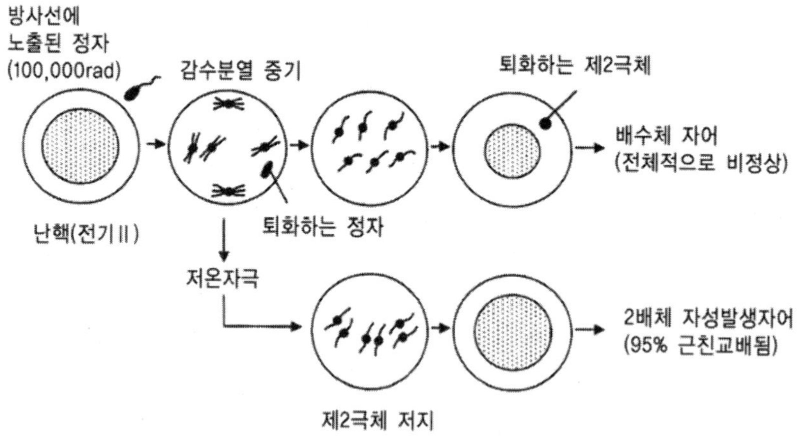

그림 18.1 자성발생 유도를 위한 모식도.

핵의 정상 분열에서는 감수분열이 나중에 퇴화하는 제 1극체를 만드는 제 1기 후에 잠시 멈춘다. 감수분열 제 2기는 두 번째 분열이 일어나는 수정 때가지 발생하지 않는다. 그리고 수정이 되면 제 2 감수분열이 일어나면서 제 2극체라 불리는 두 세포핵의 하나가 퇴화한다(그림 18.1).

정자에 있는 염색체는 파괴되고, 발생한 난자는 감수분열의 2기가 완료된 후에 오직 반수체만이 남게 되며 반수체 수정란 배아로 성장할 것이다. 이 배아는 비정상적이고 부화될 때까지 거의 살아남지 않는다. 반수체와 2배체 어류는 매우 다르고 쉽게 분리될 수 있어, 이 체계는 실험적 목적에 이상적이다.

18.2.1 정자의 불활성

정자를 불활성시키기 위한 첫 번째 실험은 높은 양의 이온 방사선을 사용하였다. 이것은 정자를 불활성시키는 데 필요하지만 약간 위험을 안고 있다. 대안책은 Stanly(1976)와 Chourrout(1982a)가 정자세포를 불활성시키기 위해 자외선을 사용하기 시작하면서 진전된다. 자외선 사용은 자성발생 배아를 만드는 데 널리 사용되고 경험상 이온화된 방사선보다 효과가 더 좋은 것으로 나타난다. 자성발생 배체를 만들어 내는 방법은 대상 어류와 혈연관계가 없는 종의 정자를 사용하는 것이다.

18.2.2 자성발생 2배체를 유도하기 위한 자극

양서류(Frankenhauser, 1945), 넙치(Purdom, 1972b), 연어과 어류(Svardon, 1945)의 초기 작업은 저온 자극을 주면 높은 빈도의 자성발생 2배체를 얻는 게 가능하다는 사실을 보여주었다. 이것은 물과 얼음 혼합체에 새로 수정된 알을 담가 두면 가능했다. 하지만 Lincoln et al.(1974)은 대서양연어에 저온 자극을 사용해서 자성발생이라는 2배체를 생산하는 데 성공하지 못했다. Chourrout (1980)은 고온 자극이 냉수성인 연어과 어류에 효과적이라는 사실을 보여주었다. 이 발견은 나중에 Thorgaard et al.(1981), Refstie(1983b), Lincoln and Scott(1983)에 의해 확인되었다. 고수압 처리도 자성발생 2배체 어류를 만드는 데 사용되었다(Lou and Purdom, 1984b).

자성발생 2배체를 만들기 위한 자극의 개시시간은 중요하고 각 생물에 대해 효력이 발생해야 한다. 이 자극은 일반적으로 수정 후 5~15분에 시작하고 고온 자극을 사용하면 최고 20분 동안 지속시켜야 하고, 저온 자극이 적용되면 20~120분 동안 지속시켜야 한다. 저온 자극을 사용하는 것보다 고온 자극이나 고수압을 사용할 경우는 더 정확한 시간이 요구된다. 대서양연어와 무지개송어의 경우 Refstie(1983b)는 대서양연어와 무지개송어의 알이 24℃와 26℃에서 고온 자극을 받았을 때 가장 높은 빈도의 자성발생 치어가 생산된다고 결론을 내렸다(그림 18.2). Lou and Purdom(1984b)은 발생된 이후 10분과 40분 동안 고수압을 적용하면(55,000Kpa) 최고 81% 이형접합체의 2배체 자성 게놈을 생산하였다.

항생물질 Cytochalasin B는 배수체를 생산하는 데 사용되었고, 처리되는 농도에 따라(Refstie et al., 1977; Allen and Stanly, 1979, 1981; Refstie, 1981) 변동되는 배수체의 비율을 발견했다. Bolla and Refstie(1985)는 Cytocalasin B에 의한 배수체 어류의 유도 비율이 너무 낮아 배수체 유도에 유용한 화학물질로 보이지 않는다고 결론을 내렸다. 3배체의 유도는 고온 자극이나 고수압을 사용한 더 경제적이고 더 효과적 방식으로 얻을 수 있다.

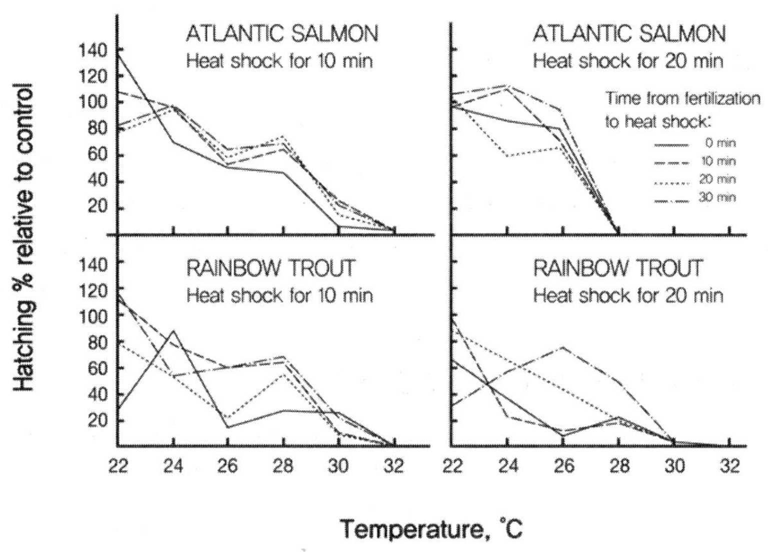

그림 18.2 다양한 온도 및 자극 시기에 따른 대서양연어와 무지개송어의 부화율.

18.2.3 근친교배 계통의 생산

자성발생 2배체 자어들은 오직 모계의 유전물질만을 포함한다. 이것은 자가수정과 비슷하다. 자가수정은 F = 0.50인 근교계수를 가진 자손을 생산한다. 자성발생 2배체 어류에 있는 2개의 염색체 집합은 같은 유래를 가지고, 감수분열 제 1기 동안 일어난 복제에서 온 것이다. 잡종교배의 결과로, 근친교배는 일어나지 않을 것이며 잉어의 자성발생의 1세대에서 F = 0.60으로 추정되었다(Cherfas, 1981).

연어과 어류처럼 암컷이 동형 배우자의 성어인 경우, 모든 자성발생 2배체 어류는 모친으로부터의 유일한 유전정보를 가진 암컷이 될 것이다. 근친교배 계통을 만들기 위해 근친교배된 수컷도 생산하는 것이 필요하다. 근친교배 계통의 수컷은 자성발생 암컷을 호르몬으로 처리하여 만들 수 있다. 수컷

호르몬(17 α-methyl-testosterone)을 처음 두 달 동안 자성발생된 치어에 사용된 먹이에 첨가함으로서 좋은 결과를 얻을 수 있다(Johnstone and Youngson, 1984). 이 방법으로 유전적 암컷은 표현형 수컷으로 성전환되었다. 성전환된 자성발생 암컷은 성적으로 성숙될 것이고, 난자를 성공적으로 수정시키는 정자를 생산할 것이다. 하지만, 성전환된 암컷은 정관이 부족해서 번식공에서 정자를 밀어내는 능력이 없다(Feist et al., 1995). 정자를 얻기 위해 어류를 폐사시키거나 피하 주사 바늘로 정자를 표본추출해야 한다.

자성발생 자어는 정상 2배체와 비교하여 사망률이 높고 성장률이 감소된다(Refstie et al., 1982). 사망률은 성장이 지속되면서 증가하다가 어류가 성적으로 성숙되면 멈춘다. 하지만 사망률과 성장의 경우, 하나의 암컷에서 만들어낸 자성발생 "가계"간 분산이 큰 것을 알 수 있었다.

일정한 수의 자성발생 암컷은 결함있는 난소를 가지고 있고 어떤 암컷은 간성의 형질을 가지고 있다. 하지만 많은 자성발생 암컷의 번식 형질은 정상이다. 정상 친어군의 높은 사망률 때문에 근친교배된 계통을 이종교배 하여 많은 수의 잡종만 연속적으로 생산하는 것은 쉽지 않다. 산업적으로 이용되기 위해서는 다른 품종과 비교하여 생산형질에 관하여 잡종의 우위성이 입증될 필요가 있다.

어떤 실험의 경우, 유전분산이 없거나 낮은 생물이 필요한 경우도 있다. 자성발생이 몇 세대 동안 반복된다면 생물은 완전히 F = 1.0에 근접하는 근교계수를 가진 동형접합체가 되어 유전분산이 없어지게 될 것이다. 연구를 위한 근친교배 계통의 생산과 이용은 Komen(1990)과 Bongers(1997)에 의해 정리되었다.

18.3 웅성발생

자성발생에서는 정자의 염색체를 불활성화시키는 반면, 웅성발생에서는 난자의 염색체를 불활성화시킨다. 웅성발생의 어려움은 이온화된 방사선이 난자의 유전자를 손상시켜서 생존력을 감소시킨다는 점이다. Thorgaard et al.(1990)은 방사선 조사로 난자의 제 1난할을 억제하고 4배체 수컷의 정자와 수정시켜 웅성발생된 무지개송어를 생산했다. 2배체 수컷의 정자를 사용하는 것보다 더 좋은 결과를 나타냈지만 생존율은 다소 낮았다.

웅성발생의 장점은 동형접합체 계통을 냉동보관된 정자에서도 생산할 수 있다는 것이다. 중요한 계통의 유전자 은행은 정자의 냉동보관으로 만들 수 있다. 그 이후 웅성발생과 계통이 성숙했을 때 웅성발생된 자어간의 교배도 이루어진다.

18.4 3배체

조기 성성숙은 상업적 양식에서 문제가 되는데, 그것은 조기 성숙이 육질의 빠른 저하, 높은 사망률, 성장의 감소와 관련되기 때문이다. 번식하지 못하는 3배체 어류는 생식선 발달이 제어됨으로 성성숙에 관계없이 성장을 계속할 수 있고, 언제라도 출하될 수 있으며 그림 18.3에 나타내고 있다. 연못에서 성장한 틸라피아처럼 번식으로 인한 산란은 성장을 감소시키고, 번식하지 못하는 3배체는 그런 면에서 장점을 가질 것이다. 번식을 못하는 양식 어류는 도망친 어류가 야생 종과 교배하지 않아서 야생 종의 유전적 구성에 영향을 주지 않는 장점도 가지고 있다.

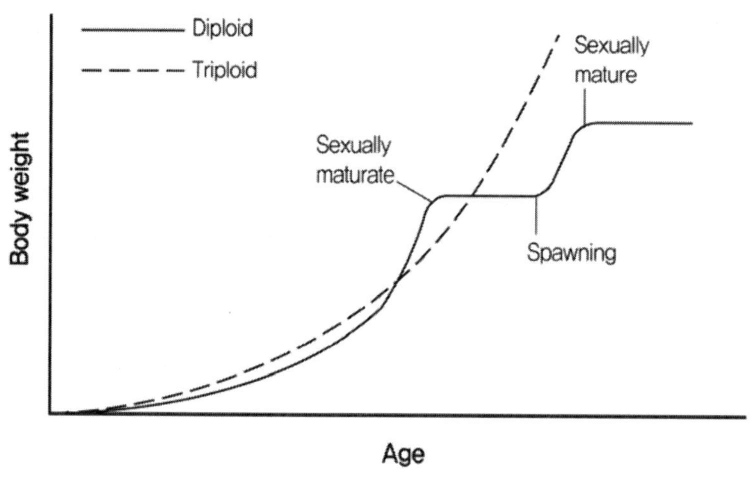

그림 18.3 2배체와 3배체 어류의 성장 곡선.

18.4.1 3배체 생산

정상 정자가 사용되는 점을 제외하고 자성발생의 경우처럼 3배체를 만드는 데 간단한 기술이 적용된다. 수정은 난자와 정자를 섞어서 실시한다. 세포분열과 제 2극체의 방출을 저지하기 위해, 수정란에 온도 자극을 주거나 수정 후 간단히 고수압에 노출시키며, 그 과정은 그림 18.4에 나타나 있다. 3배체의 성공률은 처리 후 난자의 생존과 살아남은 3배체의 빈도의 산물이며, 표 18.1에 정리했다. 온도와 자극의 지속시간을 바꾸면, 0에서 75.5%까지의 성공률을 대서양연어에서 얻을 수 있었다(Johnstone, 1985). 최고 산출량은 수정 후 즉시 자극을 시작하는 20분 동안 26℃ 고온 자극을 주면 얻을 수 있다. 무지개송어의 최적 조건은 연어의 경우와 유사하였다. 하지만 최대 3배체 생산량은 연어와 비교하여 더 낮았다(Purdom, 1993).

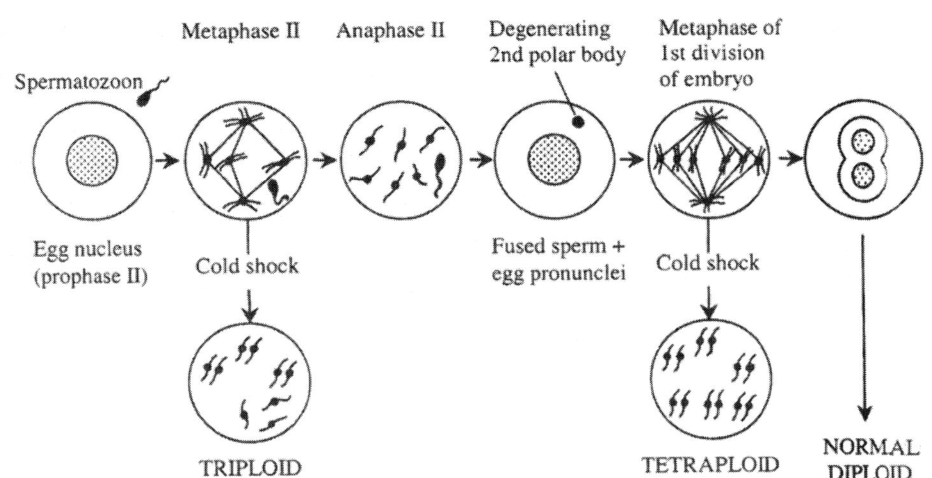

그림 18.4 유도된 배수체의 도표.

표 18.1 여러 가지 고온 자극 처리를 한 대서양연어 난자에 대한 부화 때까지의 생존, 배수체 상태

실험 번호	온도자극 ℃	자극지속시간 min	수정 후 자극개시 min	부화율 %	3배체 비율 %[a]	3배체 생산율 %
1	30	4	20	72	30	21.6
	30	6	20	73	50	36.5
	30	8	20	72	82	59.0
	30	10	20	63	92	58.0
	30	12	20	67	100	67.0
	30	14	20	56	100	56.0
2	30	10	0	0	–	–
	30	10	10	50	100	50.0
	30	10	20	67	100	67.0
	30	10	30	73	84	61.3
	30	20	10	0	–	–
	28	20	10	42	92	38.6
3	26	10	0	67	54	36.2
	26	20	0	75	94	70.5
	26	10	10	83	2	1.7
	28	10	0	68	96	65.3
	28	10	10	76	90	68.4
4	32	4	20	69	96	66.2
	32	6	20	0	–	–
	32	8	20	0	–	–
	32	10	20	0	–	–
5	28	10	45	70	16	11.2
6	30	5	35	65	6	3.9

[a] 각 경우 50개의 표본에 근거

Holmefjord(1986)는 대서양연어와 무지개송어의 자성발생과 3배체를 생산하기 위한 고온 자극의 최적 지속시간을 연구하였다. 고온 자극이 수정 후 10분에 시작했을 때, 3배체의 최대 생산량을 두 종 모두 24~26℃에서 얻었다. 3배체의 빈도는 90%와 100% 사이였다. 대서양연어의 최적 자극 지속시간은 26℃에서 24~36분이었고, 24℃에서 32~48분이었다. 무지개송어의 경우는 26℃에서 16~24분, 24℃에서 24~64분였다. 이 결과들은 온도, 자극 지속시간, 수정에서 자극 시작까지의 시간들을 조합한 것이 3배체를 생산한다는 사실을 보여준다. 이 결과들은 또한 100% 3배체를 만들기 어렵고, 어떤 배수체가 3배체와 함께 생산된다는 사실을 보여준다. 고온 자극 후에 난자의 사망률이 증가하는 것은 일반적이다. 고수압처리는 고온 자극과 비교하였을 때 난자의 생존이 더 높다. 고수압은 3배체 연어과 어류의 대량 생산에 가장 일반적인 방법이다(Lou and Purdom, 1984a). 틸라피아의 경우, Hussain et al.(1991)은 고수압, 고온과 저온 자극으로 3배체를 생산하였다. 많은 수의 3배체 생산은 넓은 시설과 인력을 필요로 하기 때문에 3배체 틸라피아 생산은 대부분의 경우 비경제적이다.

대량의 3배체 굴(*Crassostrea virginica*)의 생산은 Allen and Bushek(1992)에 의해 보고되었다. 3배체는 제 2극체를 cytochalasin B로 제어하여 생산되었다. 48시간 된 유생의 평균 생존율은 22%였다. 3배체의 비율은 범위가 58~93%였고, 3배체의 평균 성공률은 79%였다. 3배체 *C. virginica*는 높은 비율로 성공적으로 만들 수 있다고 결론내렸다.

18.4.2 배수체 확인방법

4가지 다른 방법이 배수체를 확인하는데 주로 사용된다.

1. 염색체 수는 배아나 부화된 치어, 유생에서 취한 세포의 표본에 근거를 둔다. 세포는 배양되어 나중에 염색체 수를 세기 위해 착색된다. 이 방법은 매우 어려워서 3배체에서 신뢰할만한 결과를 얻기 위해 필요한 많은 세포나 개체는 셀 수가 없다.
2. 염색체 수와 핵 부피 사이에 높은 상관관계가 있기 때문에 핵의 부피는 3배체를 확인하는 데 사용될 수 있다. 이런 목적의 경우 적혈구 세포를 사용할 것을 권한다(Refstie, 1981).
3. 개개의 세포의 DNA 측정은 마이크로형광강도측정법(microfluorimetry)이나 마이크로밀도법(micro-densitometry)이 사용되었다(Gervai et al., 1980).
4. Flow cytometry는 DNA에 특별히 묻힌 형광염료로 착색된 세포액을 포함한다. 1개의 세포에서 나오는 형광의 양은 세포 당 DNA-함유량의 빈도 분포를 나타내는 flow cytometer로 측정된다. 배수체는 세포의 모든 성장 단계에서 측정될 수 있다. 혈액 시료가 일반적으로 가장 좋은 결과를 보여준다. 그림 18.5는 대서양연어의 반수체, 2배체, 3배체의 DNA-도수분포를 보여준다. 이 방법은 빠르고 정확하다(Thorgaard et al., 1982; Allen, 1983; Holmefjord, 1986). 반면 앞에서 기술한 3가지 방법은 배수체를 결정하는 데 부정확하고 더 번거롭다(Thorgaard et al., 1982).
5. Microsatellite나 다른 유전자좌의 대립유전자 수도 사용될 수 있다.

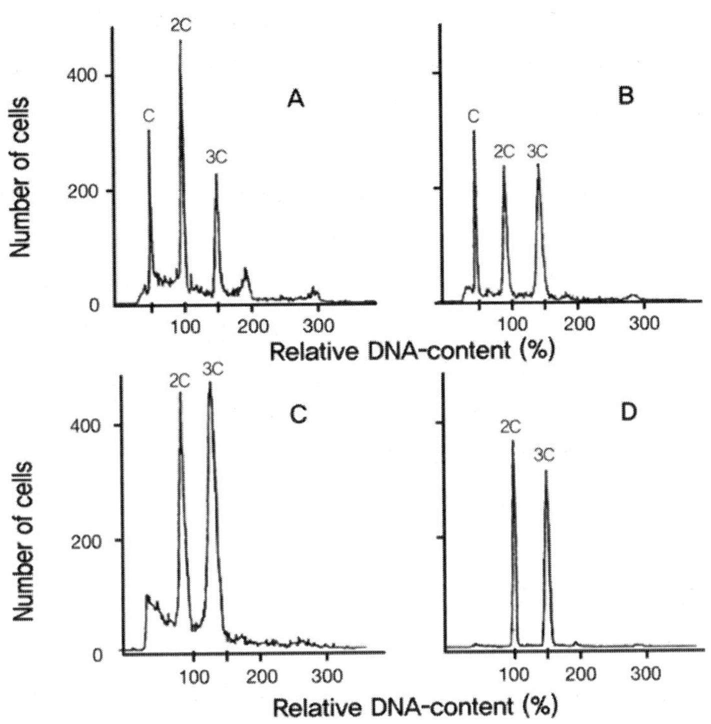

단계	일수×온도C	CV	C : 2C : 3C
A : 초기 배아	(50-200)	2.1%	51:100:152
B : 발안란	(250-600)	2.5%	54:100:153
C : 부화된 유생	(500-600)	4.0%	100:148
D : 혈구 세포	(600>d0)	1.9%	100:151

그림 18.5 4개의 다른 성장 단계(일수×온도)에서 대서양연어의 DNA-도수분포도.
최고점 : C = 반수체, 2C = 2배체, 3C = 3배체.

18.4.3 3배체의 성성숙

3배체의 생산이 가장 흥미로운데, 그 이유는 어류가 번식을 하지 못하게 되기 때문이다. 3배체의 불임성은 감수분열에서 3개 세트인 염색체에 의해 생긴 분열의 결과이다. 가자미의 3배체 수컷의 경우, Lincoln(1981a)은 정자 발달의 과정이 심하게 영향받지 않았다는 사실을 보였다. Jonasson (1984)은 3배체 무지개송어의 경우 정자 발달이 정상으로 보이고 정자를 제외하고 모든 단계의 세포가 생산된다는 사실을 발견했다. 성성숙기에 3~4개월 앞서 생식선의 체중은 2배체 수컷과 3배체 수컷이 비슷하였다. Jonasson(1984)는 3배체 수컷에 있는 정소의 외형이 비정상이라는 사실도 발견했다. 3배체의 정소는 회색이고 형태가 규칙적인 2배체 정소와 비교하여 푸르스름한 회색의 젤리처럼 보였고 형태가 불규칙적이었다. 3배체 수컷은 2차 성징을 나타냈고, 육질은 2배체 수컷이 성숙하는 경우와 같은 정도로 저하되었다.

Lincoln(1981b)는 가자미의 난소 발달은 3배체 암컷에서는 거의 전적으로 멈추게 된다는 사실을 보여주었다. 무지개송어에 관하여, Jonasson(1984)는 3배체 암컷의 난소 발생이 비정상적인 것 같다는 사실을 보였으나, 난소의 구조는 정상이었다. 번식세포는 1차와 2차의 난원세포로 인식되었으나, 난모세포는 거의 발견되지 않았다. 어떤 3배체 암컷은 1차 난원세포를 가진 매우 성장되지 않은 생식선을 가지고 있었다. 이 연구에서 3배체 무지개송어 암컷의 생식선 중량은 1g 이하였다.

Hussain et al.(1995)에 따르면 3배체와 2배체 틸라피아 수컷들은 내분비 개요와 2차 성징들에 대하여 특별한 차이를 보이지 않았지만, 3배체들은 생식체로서 불능이었다. 3배체 암컷들은 기능적으로 그리고 내분비학적으로 불임이라는 것이 발견되었다.

18.4.4 어류양식을 위한 3배체

번식하지 않는 것을 제외하고 2배체 수컷의 모든 성징을 나타내는 3배체 수컷은 어류양식에 대한 장점이 없다. 하지만 암컷은 생식선을 발달시키지 않고 계속 성장하기 때문에 장점이 있다. 반면 2배체는 성적으로 성숙되어 품질이 낮아지고 성장을 멈춘다. 상업적 생산이 모두 3배체 암컷을 생산하는 것은 흥미가 있다(Quillet et al., 1991). 이것은 암컷이 동형 배우자인 종의 경우에 유전적 암컷에서 표현형 수컷을 만들어서 이용할 수 있고, 3배체가 되기 전에 난자의 수정을 위해 성전환된 암컷에서의 정자를 이용할 수 있다. 유전적 암컷은 첫 번째 급이기간 동안 먹이에 웅성 호르몬(17 α-methyl-testosterone)을 첨가하여 성전환시킬 수 있다. 모든 암컷들이 가진 단점은 암컷이 수컷보다 더 느리게 성장한다는 것이다. 이것은 연어과 어류와 틸라피아의 경우이다. 반면, 대서양넙치와 가자미는 반대이다.

평균 3kg인 성성숙기에 3~4개월 앞서 3배체 무지개송어의 체중은 2배체의 체중과 비슷하였다(Jonasson, 1984). 그림 18.3에 있는 것처럼 3배체와 비교하여 2배체는 성숙기에 앞서서 성장률을 증가시킨다는 사실이 발견되었다. 이 그림은 3배체가 성장을 계속하지만 2배체는 성장을 멈추고 성성숙을 계속하는 것을 보여준다. 연어과 어류의 경우, 어류가 출하크기가 되기 전에 성성숙이 일어나면 3배체만 유리하다. Galbreath and Thorgaard(1995)는 대서양연어의 모든 암컷 3배체가 2배체와 비교하여 해수에서 1년 후 더 느리게 성장한다는 사실을 발견하였다.

해상 양식장에서 성장한 3배체 무지개송어와 2배체 무지개송어의 육질은 Bencze(1988)에 의해 연구되었다. 사용된 어류는 2배체보다 더 빠르게 성장하고, 대부분은 4~5kg 사이였다. 화학적 성분(지방비율과 단백질비율), 형태, 육색에는 큰 차이가 없었다.

Hussain et al.(1995)에 따르면 3배체 틸라피아는 성장률이나 대체적인 구성에서 2배체 암컷과 크게 다르지 않았다. Nell et al.(1994)은 평균적으로 틸라피아가 성장한 2.5년 후에 2배체보다 41% 체중이 증가한다는 사실을 보고했다. 반면 시드니바윗굴의 경우, 3배체 굴은 2배체와 비교하였을 때 더 높은 육중량과 더 높은 비만 지수를 유지했다. 유사한 결과가 태평양굴에서도 보고됐었다(Guo et al., 1996).

18.5 YY 생물의 생산

어떤 양식생물의 경우, 수컷이 암컷보다 더 빨리 성장한다. 그래서 모든 수컷 집단이 상업적 생산에 유리할 수 있다. 수컷이 이형배우자일 때 모든 암컷 집단은 YY 수컷을 생산하고 정상 XX 암컷과 교잡하면 얻을 수 있다. YY 수컷이 생존에 적합할 때 2가지 방법으로 얻을 수 있다.

웅성발생은 50% 암컷(XX)과 50% 수컷(YY)을 만들 것이다. 이것은 수컷이 이형배우자일 때, YY 수컷을 만들기에 효과적인 방법이다. 그러나 웅성발생은 생산하기 약간 어렵다. 웅성발생의 2배체성은 제 1기 세포분열을 억제하면 생산할 수 있지만, 제 1기 세포분열은 배아를 조작하기에 어려운 시기이다.

Mair et al.(1997)은 나일틸라피아에 대한 대체 방법을 발표했다. 그들은 초기 발생 단계에서 β-estradiol을 투약해서 유전적 수컷을 표현형 암컷으로 암컷화했다. 암컷화된 유전적 수컷의 난자는 정상 수컷(XY)의 정자와 수정시켰으며, 그 결과 25% 암컷(XX)과 50% 정상 수컷(XY), 25%(YY) 수컷이 나왔다. YY 계통은 몇몇 YY 수컷을 암컷으로 만들면 유지될 수 있었다. YY 수컷의 대량 생산은 YY×YY 교배로 얻을 수 있었고, XY와 YY 표현형 수컷을 식별하기 위한 후대 검정의 필요성이 없어졌다.

XX 암컷과 교배한 YY 틸라피아 수컷의 총 성비는 95% 이상이었다. YY 유전자형 수컷은 정상 XY 수컷처럼 생존할 수 있고 번식가능하다고 판명되었다(Scott et al., 1989; Varadarjaj and Pandiana, 1989; Mair et al., 1991; Hussain et al., 1994). YY 나일틸라피아 수컷의 후대는 필리핀에 있는 육성장과 양식장 시험에서 포괄적으로 평가되었다. 육성장 시험의 결과는 유전자 변형 틸라피아(GMT)가 양식장에서 같은 계통의 혼성 틸라피아와 비교하여 최고 58%까지 생산량을 증가시킨다는 이점을 갖고 있다는 사실을 보여준다.

18.6 4배체

4배체 어류 생산의 주요 관심사는 3배체를 생산하기 위해 2배체와 이종교배되는 친어로서 사용하기 위한 것이다. 4배체 어류 생산의 절차는 그림 18.4에 나타냈다. 기본적으로 3배체 생산과 같은 절차를 따른다. 하지만 저온 자극은 3배체 생산의 경우보다 나중, 즉 배아의 제 1난할 중기에 적용되었다. Chourrout(1984)와 Myers et al.(1986)은 4배체 무지개송어를 생산하는 데 성공한 최초의 연구자들이었다.

4배체 어류는 정상 정자를 난과 수정시킨 후 수정난의 제 1난할을 억제하거나(Thorgaard et al., 1981; Chourrout, 1982b; Chourrout, 1984; Myers et al., 1986; Fosil and Chourrout, 1992; Diter et al., 1993) 두 개의 종 사이에서 생기는 잡종 번식으로 만들 수 있다(Liu et al., 2001). 홍합의 경우, 정상 반수체 정자와 3배체 암컷의 난을 수정시킨 후 감수분열 제 1기를 저지하여 제 1극체 방출을 저지하면 4배체를 만들 수 있다(Yang et al., 1997; Yang et al., 1999; He et al., 2000 ; Supan et al., 2000).

18.7 결론

어류와 패류의 체외수정은 유전공학의 흥미로운 방법들을 열어준다. 지난 30년 동안 많은 나라의 연구자들은 이 주제에 관심을 보이고 수산양식 생산에 사용될 새로운 방법들을 조사하였다. 가장 가능성 있는 견해들은

- 불임성 어류의 생산은 연어과 어류나 틸라피아처럼 출하 크기가 되기 전에 성성숙되는 생물들에 가장 효과적이다.

- 단성 생물의 생산은 1개의 성이 다른 성보다 빨리 성장하는 종에 특히 흥미가 있다. 어떤 생물들의 경우, 틸라피아와 연어과 어류처럼 수컷이 암컷보다 더 빨리 성장한다. 반면 대서양넙치(*Hippoglossus hippoglossus*), 남방대구(*Merluccius merluccius*)와 특히 심해 아귀(*Lophius piscatorius*)의 경우, 암컷이 더 빨리 성장한다.

- 세대 또는 2세대에서 근친교배된 어류의 생산은 이종교배 프로그램에서 비상가 유전분산을 사용하는 것에 흥미가 있다. 수산양식에서 가장 많이 이용되는 방법은 3배체 무지개송어와 모든 수컷 틸라피아의 생산이다. Anon(2004)은 그 어류들이 영국에서 2002년에 89% 암컷 2배체, 8% 3배체, 3%만 혼성 2배체를 생산했다고 보고했다.

- Robinson(2002)은 유전자 조작 프로그램을 시작하기 전에 해결해야 하는 여러 문제들이 있다고 지적하였다(즉, 비용/수익 분석). 한쪽의 성이 시장에서 더 높게 평가되는가? 한쪽의 성이 생산자에게 더 높은 생산가치가 있는가? 성 결정은 생물 때문인가 아니면 주로 환경적으로 유도된 것인가? 깨끗한 안전 시장 점유율/판매 고정위치가 조작에 의해서 위험해질 것인가? 등의 문제들이 있다고 지적하였다.

19. 현대 생명공학과 수산양식

BEN HAYES AND ØIVIND ANDERSEN

19.1 서론

"생명공학은 상업적 목적으로 살아 있는 유기체나 유기체의 생성물을 사용하는 것으로 넓게 정의될 수 있다. 생명공학은 빵을 굽거나 술을 양조하거나 농작물을 재배, 동물을 사육하는 등의 활동같이 역사가 기록되기 시작한 후 인간 사회에서 실행되었다(Betsch, 1994)."

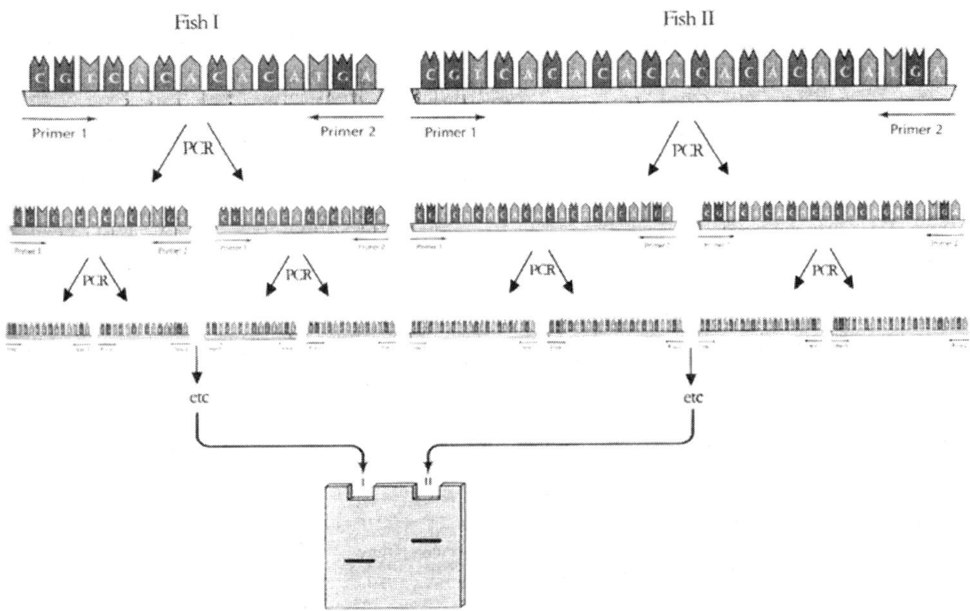

그림 19.1 PCR 의한 microsatellite 마커의 검출. 이 microsatellite는 디뉴클레오티드 CA가 반복된 배열로 구성된다. Microsatellite 안에서 반복된 수는 개체에 따라 다양하다(예, 어류 Ⅰ의 경우 4번 반복, 어류 Ⅱ의 경우 8번 반복). 이런 변화는 flanking primer 1과 2를 가진 반복된 DNA 단편을 증폭시키는 PCR에 의해 검출될 수 있다. 이 과정은 gel 전기영동법에 의해 가시화되어 다양한 길이의 증폭된 DNA 생성물을 만든다.

현대 생명공학은 살아 있는 유기체의 DNA 분자, 즉 유전자 암호를 사용하고 조작하는 것과 관계가 있다. 현대 생명공학의 출현은 열에 안정적인 DNA polymerase 효소의 발견으로 시작되었다. 열에 안정적인 DNA polymerase 효소는 PCR에서 소량의 DNA 복제물을 많이 만든다(그림 19.1). 이 기술로 유전자를 포함한 게놈 중에 일부가 선발되어 대량으로 증폭될 수 있다. DNA 염기서열이 유용하다면, 수산생물의 유전적 향상에 대한 새로운 유전정보로서 선발육종에 응용될 수 있다.

수산생물의 유전적 개량에 중요한 영향을 미칠 현대 생명공학의 두 영역은 DNA 마커와 유전자 이식이다. 이 장에서, 수산생물의 유전적 개량 프로그램에서 DNA 마커의 잠재적 응용가치를 설명하고자 한다. 유전적 개량 프로그램에 사용할 수 있는 유전자 마커 종류, 연관지도의 작성, 마커유전자를 이용한 선발(MAS)에 의한 분자육종에 관한 내용을 포함한다. 우리는 수산생물의 품종개량 연구에 유전자이식 응용과는 다른 분자육종 기술들의 잠재성을 논의하고자 한다.

19.2 DNA 마커

DNA 마커는 유전자를 관찰할 수 있는 염색체 위의 동정가능한 물리적 위치이다. 마커는 DNA 부분이나 알려진 암호화 기능이 없지만 유전의 양식이 결정될 수 있는 DNA 단편을 나타낼 수 있다(Hyperdictionary, 2003). 목표 생물의 마커에 대한 지식이 없어도, PCR 기술을 사용하여 빠르고 경제적으로 알아낼 수 있다. 수산생물의 경우, 3가지 마커 유형이 사용된다. 각 마커 유형의 가치는 의도된 적용, 검출과 유전자형화의 용이성과 비용, 정보량의 기준(얼마나 많은 대립유전자가 마커 유전자좌에 집단에 존재하는지와 대립유전자 빈도)에 달려 있다.

AFLPs는 DNA가 제한효소로 절단되고 PCR primer 결합 위치가 끝에서 결합된 후 게놈 절편 부분집합의 PCR 증폭의 결과이다. 이 증폭된 절편은 gel 전기영동법을 이용하여 분석된다. Gel 전기영동법은 다형성으로 비교되기 위해 band를 만든다. 이 다형성은 전형적으로 유전형질의 유형과 확인, 지도 작성에 다형성을 사용할 수 있게 하는 Mendel 유전 유형으로 유전된다. AFLPs는 우성 마커이기 때문에 이형접합체와 우성 동형접합체를 구별할 수 없다. 결과적으로, AFLPs의 정보량은 다소 낮다. 하지만 AFLPs는 적은 비용으로 분석할 수 있고 그만한 가치가 있다.

Microsatellite 마커는 여러 번 반복된 AT나 CG처럼 디뉴클레오티드의 반복이다. 이 대립유전자는 염기에 있는 반복된 DNA를 포함하는 증폭된 DNA 절편의 크기에 따라 평가된다. 예를 들면, 이형접합체 생물은 유전자형 280,282를 가지고 있다. 이 대립유전자는 높은 다형성(집단의 많은 대립유전자들)과 결과적으로 높은 정보량과 증폭의 용이성을 포함하는 많은 바람직한 형질들을 가지고 있다. Microsatellite의 감도는 AFLPs 표지의 감도보다 더 민감하다(그림 19.1). 그리고 유전자형에 대해서 더 많은 비용이 소요된다. 수백 개의 다형성 microsatellite는 경제적 가치가 있는 많은 어류에서 확인되었다. 하지만 어류 게놈에 존재하는 잠재적 microsatellite 유전자좌의 수는 많다. 특히, 대서양대구 게놈에서 AC 디뉴클레오티드의 반복의 수는 2.34×10^5순서 즉, 7,000개 염기마다 1개가 있다고 추정되었다(Brooker et al., 1994). Microsatellite는 일반적으로 게놈의 비암호화 부분에서 발견되기 때문에 유전자 발현에 영향을 주지 않는다.

유전자 지도 작성에 문제가 될 수 있는 microsatellite 마커의 어려움은 수산양식 생산에 중요한 형질에 영향을 주는 유전자와 매우 근접하여 연관될 정도로 게놈 안에 충분한 밀도로 존재하지 않는다는 것이다. 대안적 마커 유형은 단일염기 다형성, 즉 SNP이다. 이 마커들은 게놈의 알려진 위치에 있는 단일염기 치환이다.

SNPs는 게놈을 통해 1,000 염기마다 약 1개씩(0.005cM) 매우 자주 생긴다는 장점을 가지고 있다. SNPs는 비암호화 DNA나 특정 유전자에 있을 수 있다. 후자의 경우, 암호 서열의 SNP는 표현형 변이를 일으키는 돌연변이일 수 있다. SNP의 단점은 최대 2개의 대립유전자를 가지기 때문에 microsatellite만큼 정보가 많지 않다는 점이다. 일반적으로 약 5개의 SNP는 하나의 microsatellite와 똑같은 정보량을 보여준다(Glaubitz et al., 2003). SNP 탐색은 염기 치환에 대해 복수 생물의 서열 비교를 포함한다. SNP를 유전자화하는 비용은 microsatellite보다 훨씬 더 낮다. 대량 배열 같은 높은 기술로 여러 가지 마커에 대한 많은 생물을 유전자화하는 비용이 낮아지게 된다.

19.3 연관지도

DNA 마커 유전자좌가 발견되고 유전자형이 결정되면 연관지도에 놓일 수 있다. 이것은 염색체에 유전자좌를 정하고 염색체에 따라 순서를 정하는 것을 필요로 한다. 많은 친어로부터 많은 자손의 유전자형을 분석하면, 어떤 마커 유전자좌와 함께 분리되어 같은 염색체 위에 있어야 하는지 결정할 수 있다. 염색체 위의 유전자좌 사이의 거리도 결정할 수 있다. 이 거리의 간단한 측정방법은 재조합 비율, 즉 번식세포 형성과정 동안 감수분열당 두 유전자좌 사이에 있는 모계 유전 염색체와 부계 유전 염색체 간 교차이다. 이 측정의 어려운 점은 유전자좌 사이에서 홀수번의 재조합이 측정될 수 있다는 것이다. 2유전자좌 사이에서 짝수번의 재조합으로, 재조합이 없는 것과 같은 마커 대립유전자 형태가 생긴다. 결과적으로 거리 측정으로서 측정된 재조합 비율은 비상가적이지 않다. 그래서 유전자좌 A와 B 그리고 B와 C 사이의 재조합 비율은 유전자좌 A와 C 사이의 거리를 얻기 위해 상가될 수 없다. 이것은 많은 마커를 가진 연관지도 구성을 어렵게 한다. 대안법은 지도 작성 함수를 이용하는 것이다. 지도 작성 함수는 측정된 재조합 비율(c)에서 지도거리(m)라고도 불리는 교차 수를 예측하기 위한 것이다. 이것은 짝수 번의 재조합이 관측될 수 없다는 사실을 설명한다. M의 단위는 모르간(M), 또는 센티-모르간(cM)이다. 예를 들어, 평균적으로 길이 1M의 염색체는 감수분열 당 1회의 교차를 겪게 된다. 가장 간단한 지도 작성 함수는 Haldane(1919)이 이끌어 낸 것으로, 교차가 전체 염색체에 대해 무작위적이고 독립적으로 발생한다고 가정한다.

$$m = -\frac{\ln(1-2c)}{2} \tag{19.1}$$

이 지도 작성 함수는 간섭을 설명하지 않는다. 간섭의 경우, 한 부분에 있는 교차의 존재가 다른 부분의 교차 빈도에 영향을 준다. Kosambi(1944)의 지도 작성 함수는 간섭을 고려한다.

$$m = \frac{1}{4}\ln\left(\frac{1+2c}{1-2c}\right) \tag{19.2}$$

한 예가 Haldane 지도 작성 함수와 Kosambi 지도 작성 함수에 의해 예측된 2유전자좌 간의 거리를 나타낸다. 같은 염색체 위에 있는 2마커 유전자좌 A와 B의 경우, 암컷 동복자어군은 모친어에게서 물려받은 염색체에 있는 대립유전자 A1_B1과 부친어에게서 물려받은 염색체에 있는 A2_B2를 가지고 있다. 암컷 동복자어는 10개의 후손을 가지고 있다. 4개는 대립유전자 A1과 B1, 4개는 A2와 B2, 1개는 A1과 B2, 1개는 A2와 B1을 받는다. 그러면 2개의 재조합 후손이 있고 재조합 빈도는 2/8 = 0.25이다. Haldane 지도 작성 함수를 사용하면, 두 유전자좌간 거리는 $-\frac{\ln(1-2\times 0.25)}{2} \approx 0.35$ Morgan이다. Kosambi 지도 작성 함수를 사용하면 두 유전자좌간 거리는 $\frac{1}{4}\ln\left(\frac{1+2\times 0.25}{1-2\times 0.25}\right) \approx 0.27$ Morgan이다. 일반적으로 작은 재조합 빈도, 즉 측정된 재조합 비율에서 Haldane 지도 작성 함수와 Kosambi 지도 작성 함수는 매우 비슷한 지도 거리를 예측한다. 반면, 큰 재조합 비율에서 예측된 거리간의 차이는 증가한다. 2배의 재조합은 증가하기 쉽기 때문이며, 그림 19.2에 나타나 있다.

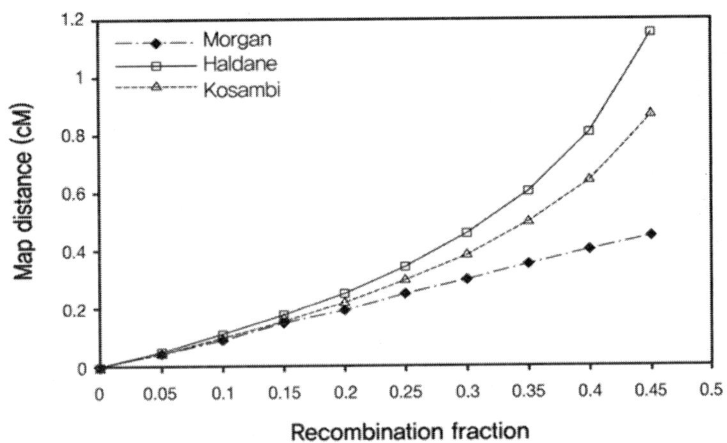

그림 19.2 Morgan, Haldane, Kosambi의 지도 작성 함수에 대한 재조합 비율과 지도 거리 간 관계.

Kosambi와 Haldane 지도 작성 함수는 모두 연관지도 작성에 널리 쓰인다. 그림 19.3은 Kosambi 지도 작성 함수로 구성한 *Penaeus monodon*의 연관지도에 대한 예이다.

수산생물 중 많은 생물은 성별간 재조합 비율의 엄청난 차이를 보여준다. 예를 들어, zebrafish의 경우 암컷의 재조합 비율은 수컷보다 2.74배 더 높은 것으로 추정된다(Singer et al., 2002). 연어과 어류의 경우, 차이는 훨씬 크다. 대서양연어의 수컷의 재조합이 암컷보다 약 8배 더 크며(Moen et al., 2004b), 무지개송어의 경우 수컷이 암컷보다 약 6배 더 크다(Sakamoto et al., 1999). 이런 점 때문에 연관지도의 길이에 큰 차이가 생긴다. 그림 19.3에 그 사례를 나타냈다. 그래서 수산생물의 연관지도를 작성할 때 성별을 고려하는 것이 중요하다.

여러 수산생물에 사용할 수 있는 DNA 마커 정보량은 경제적, 과학적 중요성을 반영한다. 예를 들어, 질병 연구에서 기준 생물체로서 사용된 zebrafish의 연관지도는 수천 개의 마커를 가지고 있다(Woods et al., 2000). 기록 당시에 AFLP 표지와 microsatellite의 조합을 이용한 연관지도는 틸라피아(Kocher et al., 1997; Kocher et al., 1997; McConnell et al., 2000), 무지개송어(Young et al., 1998; Sakamoto et al., 1999; Nicholas et al., 2003), 보리새우(Moore et al., 1999), 홍다리얼룩새우(Wilson et al., 2002)에 사용될 수 있었다. 특정생물에 사용할 수 있는 microsatellite 마커의 수가 적었기 때문에 AFLP 표지는 microsatellite 마커를 보충하는 데 사용된다. 다른 생물에 대한 연관지도는 다음 몇 년 후에 나오게 될 것이다.

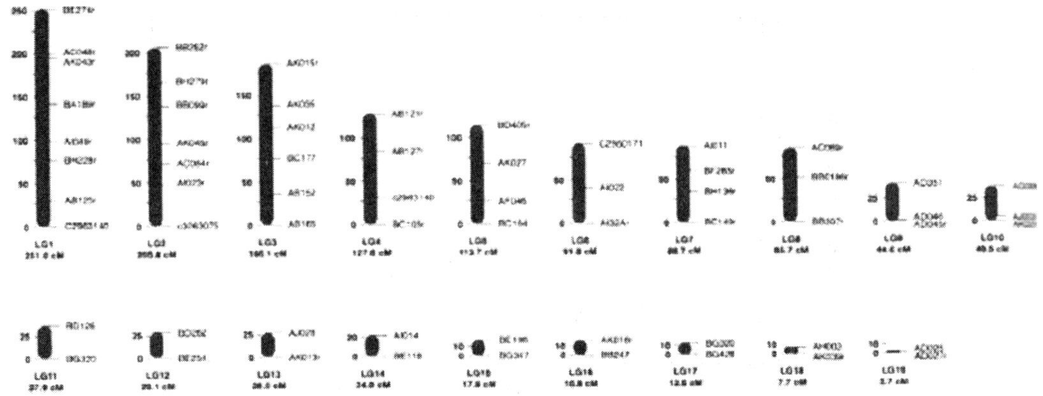

그림 19.3 홍다리얼룩새우의 연관지도, 각 염색체의 길이는 그 염색체의 유전자 길이(cM)를 나타낸다. 암컷(위)과 수컷(아래)의 지도는 따로 나타냈다.

19.4 연관지도와 QTL 분석

19.4.1 양적형질 유전자좌의 탐색

연관지도가 만들어지면, 연관지도는 분자 단계에서의 변이(연관지도를 따라 있는 마커 유전자좌에서의 대립유전자 변이)가 표현형 변이와 연관되어 있는지 결정하는 데 사용된다. 이런 경우라면, 마커는 양적형질 유전자좌, 즉 양적형질 변이를 일으키는 대립유전자 변형을 가진 QTL과 연관되어 있다. QTL 지도화 원리를 나타내기 위해 특정 친어가 많은 자어들을 가지고 있는 예를 생각해보자. 친어와 자어는 특정 마커에 대해 유전자형화되어 있다. 그림 19.4와 같이 이 마커에서 친어는 대립유전자 172와 184를 가지고 있다. 자어는 친어에게서 대립유전자 172를 받은 집단과 184를 받은 집단으로 나뉠 수 있다. 자어의 2집단 간 큰 차이가 있다면, 그 마커에 연관된 QTL이 있다는 증거이다.

주어진 QTL 효과의 크기에 대해 마커가 염색체 위에 있는 QTL에 가까울수록 2집단 간 차이는 커질 것이다. 재조합은 QTL 표지 결합력을 감소시키기 때문이다. QTL 대립유전자 치환의 평균 효과인 QTL 효과의 크기는 α = d/(1-2r)로 추정된다. 여기서 d는 각 대립유전자를 받은 자어의 2집단 간 차이이고, r은 QTL과 마커 간 거리이다. 오직 하나의 마커만 있다면, r과 α 두개 모두 추정하는 것은 불가능하다. 방정식에서 알고 있는 매개변수가 d뿐이기 때문이다. 해결방법은 간격 지도화로 알려진 과정에서 복수의 마커를 사용하는 것이다(Lander and Botstein, 1989). 여기서 염색체 위에 있는 모든 마커의 정보는 QTL의 위치와 효과의 크기를 추정하는 데 동시에 이용된다.

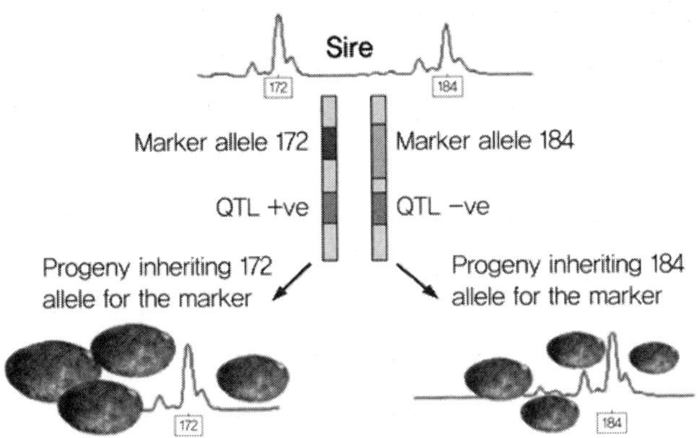

그림 19.4 양적형질 유전자좌(QTL) 탐지의 원리.

QTL 탐색원리 설명을 위해 전복을 사례로 사용하고 있다. 부친어는 마커 유전자좌에 대해 이형접합체이고, 이 유전자좌에 대립유전자 172와 184를 가지고 있다. 친어는 많은 자어를 가지고 있다. 이 자어들은 대립유전자 172를 받은 집단과 대립유전자 184를 받은 집단으로 나뉜다. 자어들의 2집단 간 평균 크기 형질에서 중요한 차이는 표지에 연관된 QTL을 나타낸다. 이 경우에, 크기가 증가하는 QTL 대립유전자는 172 대립유전자와 연관되어 있고, 크기가 감소하는 QTL 대립유전자는 184 대립유전자에 연관되어 있다(Nick Robinson, AKVAFORSK).

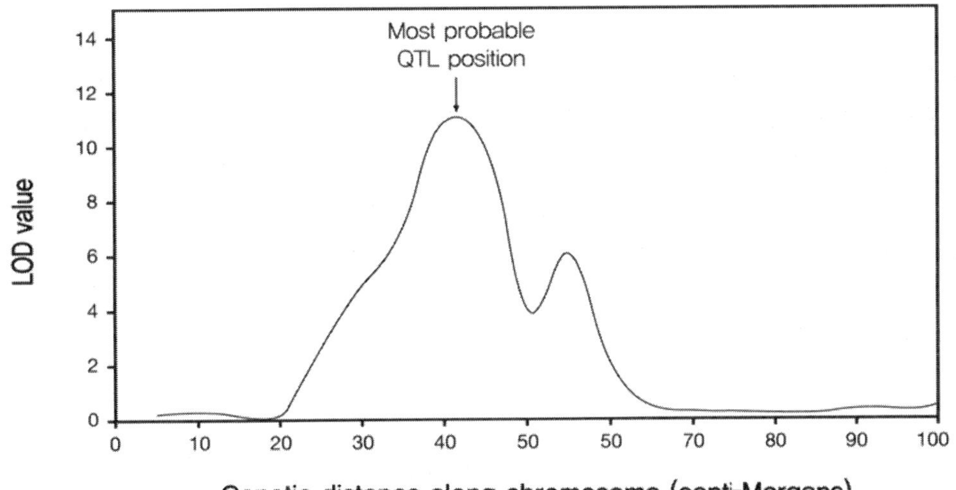

그림 19.5 양적형질 유전자좌(QTL) 탐색의 원리.

간격 지도 작성을 이용하고 충분한 마커가 사용될 수 있다면, 전체 게놈은 QTL에 대해 탐색될 수 있다. QTL의 존재에 대한 증거는 게놈을 따라 규칙적인 간격으로 평가된다. 각 간격의 측면에 있는 마커의 정보가 사용된다. 2통계적 방법론은 QTL의 유무, 최대가능도(ML), 회귀를 평가하기 위해 게놈 탐색에 널리 사용된다. 최대유사도(ML) 방법은 각각 추정된 QTL 위치에서 측정된다. 이것은 QTL 분리가 없는 귀무가설하의 최대유사도 함수 대 마커와 표현형 자료가 주어진 위치에서 분리되는 QTL의 대립가설 하의 최대유사도 함수의 비율을 log한 값이다. 그 결과는 각각 추정 QTL 위치의 확률의 유사도(LOD)이다. 이것은 염색체에 따라 유사도 profile을 만든다(그림 19.5). LOD profile이 가장 높은 점이 QTL이 있을 가장 유력한 위치이다. ML에 대한 대안은 회귀 방법론을 사용하는 것이다. 이 방법에서 자어들이 친어로부터 특정 QTL 대립유전자를 받을 확률은 측면에 있는 마커 정보에서 측정된다. 그리고 자어의 표현형은 이런 확률로 회귀한다(Knott and Haley, 1992). 회귀법의 결과는 ML 방법과 유사한 것으로 나타났고 측정 시간이 훨씬 덜 걸린다. QTL 지도 작성의 통계적 방법에 대한 자세한 설명은 Lynch and Walsh(1998)을 참조하라.

QTL 지도 작성 실험을 시작하기 전에 QTL을 탐색하기 위해 계획된 실험의 능력에 대한 개념을 가지는 것이 매우 중요하다. 가축의 QTL 지도 작성 실험 결과는 대부분의 형질에 대해 가장 큰 효과를 지닌 QTL도 비교적 작은 효과를 가지고 있다는 것을 나타내기 때문에 강력한 지도 작성 실험이 필요하다(Carlborg et al., 2003). 연관 실험에서 QTL을 탐색하고 위치를 찾는 능력은 환경효과와 다른 효과에서 QTL 효과를 분리하기 위한 실험능력을 결정하면서 QTL 효과를 추정하는 정확성과 실험생물의 재조합 발생의 총 수에 달려 있다. 실험에서 재조합 빈도가 높을수록 QTL 위치 추정이 더 정확해진다.

QTL 탐색 실험에서 사용될 실험집단은 번식생물학과 문제가 되는 생물의 존재 계통에 달려 있다. 어류의 경우, 역교배와 F_2 집단은 다른 계통의 이종교배로 만들어질 수 있다. 마커와 QTL 유전자좌에 대한 상호 대립유전자가 고정되었을 때나 상호 품종이나 계통의 서로 다른 빈도에서, 유전자좌의 2 유형은 F_2나 역교배 후대에서 분리될 수 있다. 이런 집단은 QTL 지도 작성의 강력한 수단이다. F_2 집단은 틸라피아(Cnaani et al., 2003)와 무지개송어(Ozaki et al., 2000) 같은 어류의 QTL 지도 작성에 대한 수단으로 사용된다. 대안적 모형은 생물의 육종 프로그램에 존재하는 전형매 집단과 반형매 집단을 이용하는 것이다.

근친교배된 계통의 잡종에서 F_2 집단을 이용하는 QTL을 탐색하기 위한 지도 작성 실험의 능력은 연구된 자손의 수와 QTL 효과의 크기에 따라 다르다. Lynch and Walsh(1998)는 $(1-\beta)$의 능력을 가진 F_2 분리 분산의 rF_2 부분을 설명하는 QTL을 탐색하는 데 필요한 후대 F_2의 수를 나타내었다.

$$n_{F2} = \left(\frac{1 - r_{F2}^2}{r_{F2}^2} \right) \left(\frac{z_{(1-[a/2])}}{\sqrt{1 - r_{F2}^2}} + z_{(1-\beta)} \right)^2 [1 + (k^2/2)] \qquad (19.3)$$

여기서 α 는 중요도의 기준이고, z는 주어진 중요도 기준에서 정규분포도의 세로 좌표이다. 90% 능력과 α = 0.05, 완전히 상가유전활동(k=0)인 총 F_2 분산의 10%를 설명하는 QTL을 탐색하려면 101 F_2 후대가 필요하다. 친어 계통이 완전 순계가 아니라면, 능력은 마커와 친어 계통들 간 QTL 유전자좌에서의 대립유전자 빈도 차에 대한 함수이며, 대립유전자가 비슷할수록 QTL을 탐색하기 위한 모형의 능력이 더 떨어진다.

노르웨이의 연어에 대한 육종 프로그램같이 이계교배된 집단의 지도 작성 실험의 QTL 능력을 탐색하는 QTL 지도 작성 실험의 확률은 분리되는 QTL의 이형접합성과 가계당 개체의 수에 따라 달라진다. Martinez et al.(2002)은 QTL을 탐색하기 위해 어류의 QTL 지도 작성 실험의 여러 모형의 능력을 조사했다. 그들은 전형매 모형, 계층 모형(한 마리 이상의 암컷과 교배하는 수컷 한 마리), 이중 반수체 모형(이중 반수체의 설명은 12장을 참조)을 조사했다. 그들의 결과는 QTL 지도 작성 실험이 탐색되는 작은 효과의 QTL을 중간 효과로 할 가능성이 있다면 큰 전형매 집단이 필요하다는 사실을 나타내며 표 19.1에 나타냈다. 예를 들어, 1,000마리 후대를 가진 하나의 전형매 집단의 경우 0.2의 효과를 지닌 유전자를 탐색하는 능력은 겨우 0.51이다(즉, QTL은 이 크기의 게놈의 51%에서만 감지된다). 이중 반수체가 사용된다면, 전형매 집단의 크기는 크게 줄어들 수 있는 반면 QTL 탐색 능력은 똑같이 유지된다.

표 19.1 모의실험에서 서로 다른 어류 집단 구조에 대한 QTL 탐색 능력(괄호 안에 있는 집단 크기에 대응하는). 능력은 이중 반수체(DH)와 전형매(FS) 모형의 집단 구조, 서로 다른 집단크기(NO), QTL 효과(a), 오차유전분산(σg^2) 에 대해 최적화되어 있다. 환경분산은 모든 경우에 1이었다.

σ_g^2	집단크기 (NO.)	반수체(DH)			전형매(FS)		
		0.0	0.5	1.0	0.0	0.5	1.0
		Power			Power		
0.2	200	0.276(200)	0.180(200)	0.129(200)	0.084(200)	0.065(200)	0.053(200)
	400	0.449(400)	0.355(400)	0.276(400)	0.199(400)	0.151(400)	0.120(400)
	600	0.573(300)	0.449(600)	0.386(600)	0.319(600)	0.248(600)	0.199(600)
	800	0.660(400)	0.531(400)	0.449(800)	0.423(800)	0.341(800)	0.280(800)
	1000	0.731(333)	0.607(500)	0.507(500)	0.507(1000)	0.423(1000)	0.356(100)
0.4	200	0.660(100)	0.531(100)	0.449(200)	0.423(200)	0.341(200)	0.280(200)
	400	0.869(57)	0.750(133)	0.660(200)	0.660(400)	0.594(400)	0.531(400)
	600	0.955(50)	0.870(100)	0.787(150)	0.787(300)	0.711(300)	0.660(600)
	800	0.986(50)	0.936(80)	0.869(133)	0.869(400)	0.806(400)	0.749(400)
	1000	0.996(50)	0.969(83)	0.923(111)	0.923(333)	0.870(333)	0.817(500)

19.4.2 유전자형 분석을 최소화하는 전략

게놈 scanning에서 가장 중요한 비용은 DNA 마커의 유전자형 분석에 소요된다. 많은 전략들이 유전자형 분석 비용을 줄이기 위해 고안되었다.

선발을 위한 유전자형 분석에서는 극단적으로 빈도가 높은 표현형이나 낮은 표현형의 개체들만이 유전자형 분석에 사용된다(Darvasi and Soller, 1992). 반형매나 전형매 모형이 사용된다면, 선발을 위한 유전자형 분석은 각 가계에 대해 행해진다. 선발을 위한 유전자형 분석은 평균에서 가장 벗어난 개체가 연관에 대해 가장 소중한 정보를 준다는 사실을 이용한다. QTL에서 이런 유전자형은 평균 표현형이 가진 개체군에서보다 더 정확하게 표현형과 관련된 정보를 얻을 수 있기 때문이다.

선발 DNA pool로 인해 유전자형 분석 비용을 더 낮출 수 있다(Darvasi and Soller, 1994; Lipkin et al., 1998). DNA pool에 있는 마커와 QTL 간 연관의 결정은 자손들의 극단적으로 높은 표현형 집단과 극단적으로 낮은 표현형 집단의 DNA pool 표본 사이에서 친어의 대립유전자 분포에 근거를 두고 있다. 개념은 그림 19.6에 나타나 있다.

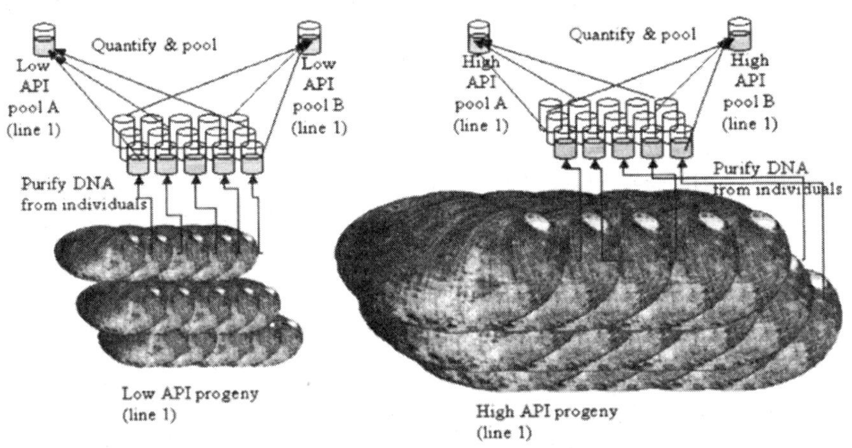

그림 19.6 전복 가계 계통에 속해 있는 높은 성장률의 전복 자손과 낮은 성장률의 전복 자손의 선발 DNA pool에 대한 모형. 낮은 성장률의 2 pool과 높은 성장률의 2 pool은 복제를 위해 만들어졌다. Pool은 측정된 각 pool에서 DNA 마커와 풍부한 대립유전자에 대해 유전자형화 될 수 있다(Nick Robinson, AKVAFORSK).

특정 친어의 경우 만약 microsatellite 마커 대립유전자가 150이 증가하면 QTL 대립유전자(Q)에 연관되어 있고, 마커 대립유전자 160이 감소하면 QTL 대립유전자(q)에 연관되어 있다면, 우리는 낮은

pool보다 높은 pool에서 150 마커를, 높은 pool보다 낮은 pool에서 160 마커를 더 많이 확인할 수 있으며, 그림 19.7에 나타냈다. DNA pool 실험은 높은 표현형 자손과 낮은 표현형 자손의 pool이 만들어진 것에서 하나의 형질에 영향을 주는 QTL을 탐색하기 위한 높은 능력을 가지고 있다. 형질간 상당한 유전 상관관계가 없다면, 다른 형질에 대한 QTL을 탐색하는 능력은 낮다.

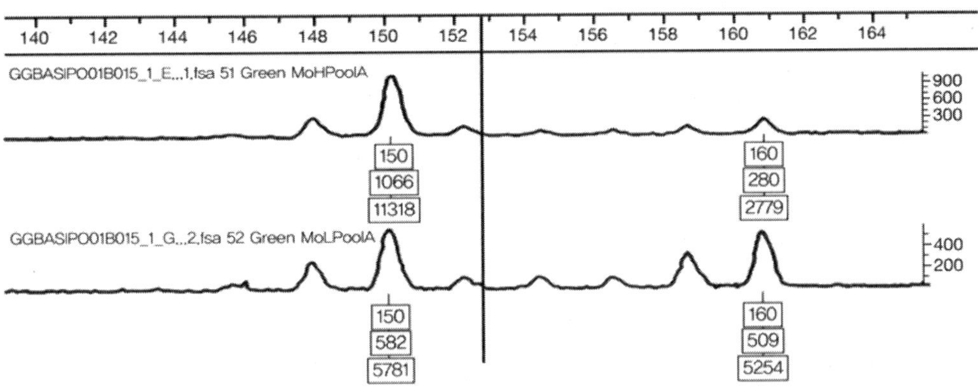

그림 19.7 1마리의 친어에서 높은 표현형 pool의 자손과 낮은 표현형 pool의 자손에 있는 풍부한 마커 대립유전자의 전기영동도(위의 선과 아래의 선). 이 수컷은 microsatellite 마커에 2개의 대립유전자 150과 160을 가지고 있다(Nick Robinson, AKVAFORSK).

19.5 QTL 탐색의 결과

기록 당시에 수산생물에서 탐색된 QTL의 수는 약간 적었고, 틸라피아, 잉어, 무지개송어, 대서양연어에 한정되었다. Sun and Liang(2003)은 잉어와 Boshi 잉어(*C. pellegrini pellegrini*) 간 교배에서 분리되는 저온 내성에 대한 QTL을 보고했다. Cnaani et al.(2003)은 F_2 틸라피아 잡종의 저온 내성과 어류 크기에 대한 QTL을 보고했다. 틸라피아의 염분 내성(Lee, 2003)과 붉은 체색(Howe and Kocher, 2003)에 대한 QTL도 보고되었다. 무지개송어의 경우 Ozaki et al.(2000)은 감염성췌장괴사(IPN)의 내성에 대한 중요한 효과를 지닌 2개의 추정 QTL을 보고했다. 마지막으로 Moen et al.(2004a)는 대서양연어의 감염성 연어 빈혈증의 내성에 대한 중요한 효과를 가진 QTL을 보고했다.

19.6 수산생물 육종 프로그램에서 유전자 마커를 이용한 선발

DNA 마커가 유전 돌연변이나 양적형질에 우호적 영향을 주는 QTL에 가깝다면, 이 정보는 양적형질에 대해 유전적으로 우위에 있는 동복자어군을 더 정확하게 선발하는 데 사용될 수 있으며, 그림 19.8에 정리했다.

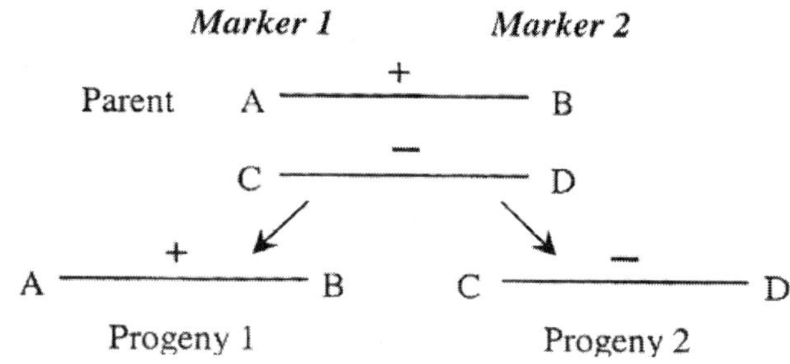

그림 19.8 수컷 동복자어군의 염색체의 작은 단편의 부계 쪽과 모계 쪽 복제물과 2개의 자손 마커 1과 2 사이에 성장률에 영향을 주는 QTL이 있다. 부계 쪽 염색체 위에 수컷 동복자어군은 성장률이 증가하는(+로 나타냈다) QTL을 가지고 있다. 모계 쪽 염색체 위에 성장률이 감소하는 대립유전자를 가지고 있다.

마커 1에서 친어는 부계 쪽 염색체에 대립유전자 A, 모계 쪽 염색체에 대립유전자 C를 가지고 있다. 마커 2에서 동복자어는 부계 쪽 염색체에 대립유전자 B, 모계 쪽 염색체에 대립유전자 D를 가지고 있다. 2마커 사이에 QTL이 있다. 동복자어는 부계 쪽 염색체에 양적형질을 증가시키는 돌연변이를 가지고 있다. 마커 1과 마커 2에 대해 자어의 유전자형 분석을 통해, 동복자어의 염색체의 부계 쪽이나 모계 쪽 복제물을 물려받았다는 사실과 우호적 돌연변이를 물려받았는지(이 사례에서 교차는 무시한다)를 알 수 있다. 마커 정보는 미래의 육종을 위한 후대를 선발하는 도구로써 사용된다. 이 과정을 마커 유전자를 이용한 선발(MAS)이라 부른다.

마커 유전자를 이용한 선발을 실행하기 위해 표현형 정보, 계통 정보, 마커 정보는 마커 유전자를 이용한 육종가, 즉 M-EBVs를 추정하기 위해 조합된다(Fernando and Grossman, 1988). 친어군은 M-EBVs와 선발된 희망 수에 대해 순위가 매겨진다. 그림 20.8처럼 마커가 QTL에 매우 가까이 연관되어 있지 않다면, 마커그룹을 사용하여 추정된 M-EBVs는 오직 1개의 마커에서 추정된 M-EBVs보다 더 정확하다(Meuwissen and Goddard, 1996). 실제로 QTL과 가깝게 연관되어 있지 않은 마커를 사용하는 것은 어렵다. 큰 집단은 정확하게 대립유전자 효과를 추정하는 데 필요하고 마커-QTL 단계 정보(마커 대립유전자가 각 집단에 있는 우호적 QTL 대립유전자와 관련되어 있다)는 끊임없이 재추정되어야 하기 때문이다. 그래서 이런 마커는 큰 집단을 다루는 핵(예를 들면 노르웨이 연어 산업)을 가진 생물의 경우에만 실제로 실행된다. 반대로 각각의 계통은 다른 곳에서 얻은 QTL 대립유전자 효과의 추정값에 의존할 수 있기 때문에 QTL에 대해 매우 정밀하게 연관된 마커나 직접 검사는 사용하기 쉽다.

만약 육종가 예측의 정확도가 마커의 정보 없이도 충분히 높다면, DNA 마커 자료는 필요없을 것이다(Goddard and Hayes, 2002). 예를 들어, 유전율 h^2 = 0.5인 형질의 경우 단일 표현형 기록은 정확도 h = 0.71인 EBV를 산출한다. 선발에 앞서 모든 생물에 대해 측정된 형질(예, 성장률)을 가진 MAS의 장점을 조사하는 모의실험 연구들은 마커 자료를 추가함으로써 오직 최저의 획득을 발견한다(Lande and Thompson, 1990; Meuwissen and Goddard, 1996). 증가물은 질병내성, 육질 형질, 연어의 filet 색 같은 형질에 대해 훨씬 더 크다. 이런 형질들의 경우 표현형은 개체에 대해 기록되어 있지 않다. 정보는 잠재적 육종 대상 생물의 혈연이나 후대 검정에서 나온다. 이런 상황에서 육종 대상종은 선발에 앞서 마커(s)에 대해 유전자형 분석이 될 수 있다. QTL 효과가 크다면, 예측된 육종가의 정확도는 상당히 높아질 수 있다(Goddard and Hayes, 2002).

수산생물 육종 프로그램에서 마커 정보를 사용하는 장점 중의 하나는 초기에 높은 육종가의 육종 대상 생물을 확인할 수 있다는 점이다. 예를 들어, 연어 육종 프로그램에서 미래의 체색과 질병내성에 대한 유전분산의 대부분을 설명하는 QTL에 연관된 표지가 사용될 수 있다. 그러면 초기에 이런 형질들에 대해 우호적인 QTL 대립유전자를 가진 후대를 확인하고 선발할 수 있다. 이것은 검정을 위해 가계 당 많은 후대를 양식할 필요가 없다는 것을 나타낸다.

19.7 DNA 마커의 적용사례

수산생물의 선발육종 프로그램은 가계 정보를 이용한다. 가계 정보는 어류들이 물리적으로 표지될 정도로 충분히 컸을 때까지 가계가 나뉘어져 있어야 되는 것을 전제로 한다. 이것은 중요한 경제적, 실질적 문제를 내포하며 전형매에 공통적인 환경효과를 유도할 수 있다. DNA 마커를 사용해서 가계 집단을 확인하는 것은 이런 문제들을 극복할 잠재성을 가지고 있다. 이 기술을 사용하면, 서로 다른 가계의 어류들이 수정란 상태에서도 같은 수조 안에서 함께 수용될 수 있다. 각 가계를 분리된 수조에 둘 필요성이 없기 때문에, DNA 마커의 사용으로 수조 수를 증가시키지 않고 근친교배의 빠른 축적 없이 더 높은 선발강도 이용을 촉진하면서 더 많은 가계가 검증될 수 있다(Estoup et al., 1998).

다형성이 높기 때문에 microsatellite 마커는 유전자 마커에 유용하다. Microsatellite는 부화 때부터 혼합된 가계를 가진 어류 집단의 계통을 재구성하는 데 성공적으로 사용되어 왔다(Hallerman and

Beckmann, 1988). 대서양연어 집단의 실험에서 4개의 다형성이 높은 microsatellite를 사용한 것은 최소한 99%의 자어를 100마리 수컷과 100마리 암컷과 관련된 100종으로 정확하게 구분하는 데 충분했다(Hallerman and Beckmann, 1988). 부차적 다형성 microsatellite는 100마리의 잡종이 10마리 수컷과 10마리 암컷으로 만들어졌을 때 자어의 99%를 정확하게 구분하는 데 필요했다(Hallerman and Beckmann, 1988). 이 연구는 친어를 구분하는 데 있어 여러 어류에서 사용될 수 있는 DNA 마커로 가능하다는 사실을 보여주었다.

계통 분석에 근거한 microsatellite의 효율성과 비용은 이 방법이 육종 프로그램에 포함되기 전에 고려되어야 한다. 실제로 친어와 혼합된 자어들은 어류 비늘, 점액, 지느러미 절단같이 파괴되지 않게 표본추출된 작은 조직에서의 가공되지 않은 DNA 추출물들의 적당한 부수체 유전자좌를 증폭시키는 PCR에 의해 유전자형화된다. 이 프로토콜을 사용하여 500개의 혼합 가계에서 약 2,000마리의 어류는 약 99%정도 성체로써의 특징들을 가지게 되는 1개월 미만의 어류들에서 10개의 마커들을 이용하여 분석했다(Verspoor pers.com.). 모든 가계의 특징을 파악하기 위해 충분한 어류가 표본추출된다면 친어의 유전자형이 없어도 자손을 가계별로 구분하는 것도 가능하다. 하지만 많은 수의 마커가 100개 이상의 microsatellites를 필요로 한 친어 분석보다 더 많이 필요하다(Garcia et al., 2002).

점차적으로 감소하는 유전자 비용은 전통적인 물리적 표지와 경쟁되지 않는다. 유전자형 정보가 개체에서 분리되었기 때문에 유전자표지는 어류가 매번 그 활동이 평가되거나 매번 개체가 선발된 것이 재분류되어야 한다고 암시하고 있다. 어류는 유전자형화하고 친어 구분 선별 이후 재확인을 위하여 물리적으로 표지될 수 있다. 이런 이유로 선발 프로그램에서 DNA 마커의 실행 비용은 상당할 수 있다. 하지만 많은 SNP 마커가 동시적으로 경제적으로 유전자형화될 수 있는 DNA 칩 같이 인류유전학의 최근 발전을 수산생물에게 곧 적용할 수 있을 것이며, 유전자표지 비용을 많이 감소시킬 것이다. DNA 마커는 또한 근친교배 기준 평가, 생물의 동정, 방류되거나 도망친 어류의 움직임과 야생생물과 가능한 유전적 상호작용을 포함하는 어류의 관리에도 여러가지 적용 사례가 있다.

19.8 형질전환 어류

대부분 어류의 높은 번식력, 체외 수정과 배아 발생으로 인해 어류는 특정 유전자를 옮기는 데 적합하다고 할 수 있다. Microinjection, particle gun bombardment, electroporation을 포함하는 여러 기술들을 적용해서 다양한 수산생물로의 성공적인 유전자 이식이 증명되었다. 정자나 골격근에 직접적으로 유전자를 이식하는 것은 수정난에 대한 대안법이 되었다. 형질전환 어류의 생산은 성장, 질병내성, 환경내성 같은 많이 개선되는 형질에 목표를 두고 있다. 동의유전자에 의해 영향을 받은 양적

형질의 특성 때문에 유전자 이식기술에 의해 조작되는 것은 어렵다. 하지만 몇몇 어류의 중요한 성장 강화는 강한 프로모터의 통제 하에 있는 주요 유전자인 성장호르몬 유전자의 이식 후에 입증되었다(Melamed et al., 2002). 형질전환 어류의 성장률 증가는 주로 간이나 생식선 같은 큰 조직에서 생성된 대량의 성장호르몬 때문이고, 수정된 난자에 수백만 개의 유전자 복제물을 주입한 결과가 아니라는 사실을 주목해야 한다. 놀랍게도, 형질전환된 야생 계통의 무지개송어는 빠른 성장에 대해 형질전환되지 않은 선발된 순치 계통보다 성장이 추월하지 않는다는 것이 증명되었다(Devlin et al., 2001). 더군다나, 성장호르몬 구조물을 빠르게 성장하는 순치 계통에 주입하는 것은 더 나은 성장효과가 일어나지 않았다. 성장률의 비슷한 변화는 선발육종과 형질전환에 의해 얻을 수 있지만, 그 효과는 적어도 무지개송어가 아닌 경우에 비상가적이라는 사실을 이 결과들이 나타낸다.

형질전환 생물이 대량으로 생산되기 전에 극복되어야 하는 문제가 있다. 미량주사된 알의 90% 이상에서, 이식 유전자는 단세포 단계에 있는 게놈에서는 효율적으로 합쳐지지 않는다. 변형된 세포에서 발생하는 조직만이 이식 유전자를 가지기 때문에, 그 결과 모자이크 모양의 형질전환 어류와 낮은 빈도의 번식세포 계통 유전이 생긴다. 더군다나, 주입된 DNA는 유일한 반접합체 어류로 각각 성장하는 수정란 배아의 게놈에 있는 단일 또는 여러 무작위 위치에서 합쳐진다. 그래서 안정적인 형질전환 동복자어군을 만드는 것은 여러 세대가 요구되는 값비싼 시도가 될 것이다.

반면에 DNA 백신을 사용해서 상업적 생물을 위협하는 바이러스 병원균과 박테리아 병원균을 퇴치하려는 시도는 가능성이 있었다. 이 기술은 어류의 근육에 있는 박테리아의 외부막이나 바이러스 캡시드(단백외각) 단백질인 항원의 DNA 암호화 부분의 주입에 근거를 두고 있다. 여기서 단백질은 합성될 것이다. 그리고 외부 단백질에 대비한 항체의 생성이 유도된다. 감염성조혈괴사바이러스(IHNV)의 보호가 IHNV 당단백질을 포함하는 유전자 구조물을 지닌 예방접종 후 대서양연어에서 발견되었다(Traxler et al., 1999). 마찬가지로, 바이러스성출혈성패혈증 바이러스(VHS)에 대비한 보호는 예방주사를 맞은 무지개송어에서 유도되었다(Lorentzen et al., 1999). 이 방법의 주요 단점은 병원균의 단백질에 대한 구조, 형태, 암호서열에 대한 자세한 정보가 필요하다는 것이다.

병원균에 대한 어류의 내성을 증가시키는 대안 방법은 척추동물과 무척추동물에서 모두 발견되는 항균성 단백질을 사용해서 비특이적 면역 반응을 목표로 정하는 것이다. 강한 항균성을 가진 30~50개의 아미노산으로 구성되는 짧은 펩타이드는 여러 어류의 피부 점액에서 분리되었다. 최근에 일본의 medaka와 찬넬메기에 있는 항균성 세크로핀 유전자 조작은 어류의 박테리아 병원균에 의한 감염에 내성이 있는 형질전환 어류 계통을 만들었다(Sarmasik et al., 2002; Dunham et al., 2002).

19.9 미래의 전망

수산생물의 분자 기술 응용은 전망이 있지만, 여전히 불명확한 점은 많다. 확인 목적의 DNA 마커와 마커유전자를 이용한 선발의 응용이 일반화되는 데는 높은 비용이 유일한 방해물인 것 같지만, 유전적으로 변형된 어류의 상업적 이용에 관한 상황은 더 복잡하다. 유전자 이식기술의 잠재적 중요성이 크다고 해도, 주요 관심은 방류되거나 우연히 도망친 유전적으로 변형된 개체가 자연생태계에 미치는 영향과 관계가 있다. 또 다른 쟁점은 생물의 복지, 먹이의 안정성, 유전자 조작에 대한 일반적 인지와 관계가 있다. 이런 화제가 미래의 사용을 여전히 제한하고 있는 여전히 수산생물 생산에서 해결되어야 하는 쟁점이 되고 있다.

미래에 수산생물들에게 사용되거나 사용될 만한 다른 기술들이 빠르게 나타나고 있다. 예를 들어 DNA나 단백질 표본이 동시적으로 많은 유전자값의 발현을 연구하기 위한 probe로 혼성화되는 micro-array 기술은 질병에 대한 반응, 육질의 색깔 발현, 다른 중요한 형질에 어떤 유전자값이 관련되어 있는지 결정하는 데 사용될 수 있다. 이미 3,700개의 DNA 염기서열이나 유전자에 대한 DNA probe를 가지고 있는 micro-array가 연어에 사용될 수 있고, 질병 공격된 어류와 공격되지 않은 어류의 유전자 발현을 비교하는 데 사용될 것이다(Davidson and Koop, 2003). 이런 기술은 수산생물의 경제적 형질에 영향을 주는 유전자와 유전자 경로에 대한 대량의 정보를 확보할 수 있는 기술로서 잠재성을 가지고 있다.

20. 노르웨이에서 대서양연어의 양식산과 자연산 간 유전 상호작용

HANS BERNHARD BENTSEN AND JØRN THODESEN

20.1 서론

수산양식은 외래 종이나 집단의 도입과 양식된 생물의 유전자 변형과 깊은 관련이 있다. 가축화되어 높은 생산성을 나타내는 수산생물의 품종은 주로 포획된 상태에서 장기간의 자연선택과 인위적 선발 세대에 의해 발생된 유전적 증가의 축적에 의해 발전되었다. 더군다나, 이종교배 계획, 자성발생, 염색체 조작, 유전자 이식 같은 여러 기술들이 사용될 수 있다. 이런 다양한 기술들은 더 빠른 성장과 향상된 먹이 이용처럼 양식 생물들을 더 효율적으로 만드는 잠재성에 근거를 두어 평가된다. 하지만 외래 어류 혹은 유전적으로 향상된 어류가 양식장에서 이탈하여 야생생물과 상호작용하면 환경의 생물학적 다양성에 무슨 일이 발생할지 대중적 관심이 증가하고 있다. 양식된 생물체가 빠져 나가는 것에 대비하여 완전히 안전하다고 간주되는 어류양식 체계가 없기 때문에, 어류의 유전적 향상에 대해 사용할 수 있는 기술은 잠재적 환경 위험도에 따라 평가되어야 한다. 대부분의 수산생물의 경우, 도망친 양식생물의 영향에 대한 정보가 제한되어 있기 때문에, 노르웨이에서 양식된 대서양연어가 유전적으로 향상된 연어와 야생 연어 간의 유전적 상호작용을 설명하기 위한 사례연구로 이용된다.

20.2 생물학적 다양성의 보존

1992년에 유엔은 지구의 생물학적 다양성을 보호하기 위한 협약에 동의했다(Biodiversity Convention). 또한 이 협약에 따르는 필요한 조치를 논의할 때 "종의 다양성"과 "유전적 다양성" 같은 개념이 "생물학적 다양성"의 동의어로 가끔 사용된다. 이 개념들이 모두 서로 관련이 있고, 유전적으로 향상된 어류의 환경적 영향에 대한 논의를 위해서 각 개념에 대해 간단하게 정의할 필요가 있다.

20.2.1 종의 다양성

종은 서로 교배했을 때 번식력이 있고 경쟁적인 자손들을 생산할 수 있는 기본 단위로 정의된다. 이것은 유전자가 한 종에서 다른 종으로 옮겨질 수 없고 종이 소멸되면 전체 게놈이 영원히 소멸된다는 사실을 의미한다. 그래서 종의 보존은 미래의 생물학적 다양성을 지키는 가장 기초적이고 중요한 노력이다.

20.2.2 유전적 다양성

유전적 다양성은 종 내에 있는 집단과 개체의 다양성도 포함한다. 그래서 종의 다양성보다 더 넓은 정의를 가진다. 어느 정도 유전적으로 거리가 있는 길들여진 가축이나 품종의 양식 종뿐만 아니라 대부분의 야생종들도 자연적 집단으로 나뉜다. 같은 종의 집단은 우연히(즉, 돌연변이와 유전적 부동) 또는 다른 환경에 대한 유전적 적응으로 인해(즉 자연 선발이나 인위 선발) 유전적으로 서로 다르게 될 수 있다. 1종이 다양하게 적응된 많은 집단으로 분리되면, 1집단의 소실은 또 다른 집단이 비어있는 서식지로 확장되므로 인해 항상 메워지는 것이 아니다. 그래서 집단의 소실은 생존 능력을 위협하여 결국 종의 생존을 위협한다.

20.2.3 생물학적 다양성

생물학적 다양성은 유전적 다양성과 환경조건 차이에 의해 생긴다. 다른 기후와 영양 공급 같은 다른 환경적 조건은 집단간 유전적 차이가 없거나 매우 한정되어 있을 때도 집단간 생물학적 다양성을 만들 수 있다. 생물학적 다양성은 종의 다양성과 유전적 다양성보다 훨씬 넓은 정의를 가진다. 그리고 생물학적 다양성의 보존은 환경적 다양성도 보호되는 것을 요구한다.

20.2.4 장기간 보존

지구상의 종의 수는 시간이 흐름에 따라 일정하거나 끊임없이 증가하지는 않았다. 종의 수가 증가하는 시기와 감소하는 시기가 있었다는 사실을 화석의 연구가 보여준다. 이 시기들은 가끔 기후와 환경조건의 급작스런 변화와 같이, 종의 다양성을 크게 감소시키는 사건들에 의해 방해받았다. 그래서 생물학적 다양성 보존의 장기간 목표는 영원히 모든 종들을 지키는 것은 아니다. 하지만 인간의 활동으로 인하여 종 다양성의 자연적 변화가 가속화됨을 다소 방지하고자 하는 것이다. 생물학적 다양성의 장기간 보존에서 주요 초점은 종을 보호하고 때로는 종 내의 집단을 보호하는 것이다. 하지만 더 생존할 수 있는 다른 집단과 유사한 유전적 구성을 가진 위협받는 집단의 보존은 유전적 다양성과 종의 생존 능력을 보존하는 데 크게 기여하지 않는다. 반면, 오래 지속된 유전적으로 격리된 진화사를 지닌 생존력이 있는 집단은 특정 환경에 독특한 유전적 적응을 발전시켜 적응성 돌연변이를 축적할 수 있다. 이런 집단은 특정의 유전적 적응의 다양성과 미래의 종의 생존 능력을 유지하는 데 더 큰 중요성을 가지고 있다고 여겨진다. 이런 점에 따라서 어류에 대한 관리 개념은 1980년대 초기에 개발되었다(Billingsley, 1981; Ryman, 1981). 하지만 이런 중요한 집단을 확인하는 데 좋은 기준은 아직 개발되지 않았다.

20.3 외래 어류의 도입

여러 나라에서 수산양식 생산물에 대한 수요의 증가는 새로운 수익성 있는 어류양식을 도입하기 위해 상당한 관심을 불러일으켰다. 그 결과, 야생집단이 존재하지 않는 나라에서 대서양연어와 나일틸라피아 같은 여러 양식생물을 도입하였다. 예를 들면, 여러 아프리카 국가들이 원산지인 나일틸라피아의 GIFT 계통은 방글라데시, 중국, 피지, 인도, 인도네시아, 말레이시아, 스리랑카, 파푸아뉴기니, 태국, 베트남을 포함하는 아시아-태평양의 10개 나라에 보급되었다(Gupta and Acosta, 2001; World Fish Center, 2002). 몇 개체가 빠져 나가는 것에 대비하여 완전히 안전하다고 여겨지는 어류 양식 체계가 없기 때문에, 수산양식 목적으로 외래종이나 집단을 도입하는 것은 자연환경으로의 도피를 항상 염두에 두어야 한다.

20.3.1 유전적 다양성에 대한 효과

자연선택 동안 지역 환경에 적응된 고유종과 비교하여 외래종이 야생에서 경쟁력이 떨어짐에도 불구하고, 고유종과 경쟁하여 생태계를 방해하는 도입종들의 사례가 있다(아시아 나라들의 Mozambique 틸라피아). 더군다나 농업, 산업화, 오염 등과 같은 인간의 방해로 인해 서식지의 변화는 고유종을 희생시켜서 외래종들의 집단을 만들고자 하는 능력을 강화시킨다. 그래서 수산양식 종의 도입은 예방원칙에 따라서 주의 깊게 평가되어야 한다(EIFAC/ICES "해양생물과 담수생물의 도입과 이동의 고려에 대한 실행 규약과 과정 설명서"를 참고).

서식지의 변화나 도입된 종과의 경쟁은 안정화 선발(즉, 환경조건과 개체의 평균 활동 사이에 평형이 존재한다)에서 방향성 선발(즉, 새로운 유전적 적응을 일으킨다)이 되도록 변하기 위해 고유집단에서 자연선택을 일으켜 집단의 유전적 구성에 변화가 생기게 된다. 더군다나, 환경변화가 크거나 너무 빨리 발생하면 집단이 새로운 환경에 적응하면서 고유집단의 사망률은 증가한다. 이런 감소된 유효집단 크기의 결과로 유전적 부동으로 인하여 유전분산이 손실되면서 근친교배는 더 빨리 축적된다. 점차적으로 감소된 유전분산은 환경조건의 빠른 변화에 적응하는 집단의 능력을 감소시킬 것이다.

20.3.2 미생물과 기생충의 도입

외래 어류를 도입할 때 가장 큰 영향은 새롭고 유해한 미생물과 기생충이 비의도적으로 도입되는 것이다. 이런 미생물과 기생충은 고유집단의 어류를 숙주로 이용한다. 고유집단은 자연 방어 체계의 발전이 없이 그런 질병들에 관해서 "경험이 전무"하기 때문에 사망률은 매우 높을 수 있다. 노르웨이의 가장 보편적인 사례들은 스웨덴으로부터 기생충 *Gyrodactylus salaris*와 스코틀랜드로부터 박테리아 질병인 절창병의 도입이다. 무지개송어와 대서양연어가 20~30년 전에 수입되었을 때 2유기체 모두 수동적으로 따라 들어왔다. 그리고 여전히 노르웨이 대서양연어의 자연집단에 대해 심각한 우려 사항이 되고 있다.

20.4 같은 종으로서 유전적으로 향상된 어류와 야생어류 간 유전 상호작용

같은 종의 야생집단에 대한 유전적으로 향상된 어류의 환경적 영향은 유전적으로 향상된 양식 어류와 야생집단 간 유전적 차이와 양식집단에서의 유전자 흐름, 즉 야생 어류와 비교하여 육종되어 생존할 수 있는 자어를 낳는 데 성공한 유전적으로 향상된 어류가 얼마나 되는가에 달려있다.

20.4.1 양식집단과 야생집단 간 유전적 차이

야생에 노출된 양식 어류로 인해 생긴 유전효과는 양식집단과 야생집단 간 유전적 차이에 따라 달라질 것이며 유전적 차이가 클수록 영향은 커질 것이다. 하지만 유전적 차이가 작다면 영향은 중요하지 않다. 일반적으로 양식된 어류 집단과 야생 어류집단 간 유전적 차이는 양식된 어류의 기원(즉, 어류들이 지역적 야생집단에 근거한 것인지 아닌지), 양식어류를 유전적으로 향상시키는 데 사용되는 전략, 양식집단의 유효집단 크기, 세대 수에 달려 있다. 그것은 양식집단은 야생에서 유래되었기 때문이다.

20.4.1.1 순치선발

어류의 양식집단이 다른 양식집단이나 야생집단과 유전적으로 분리되어 있다면, 양식집단의 유전적 구성은 몇 세대 후에 변해 있을 것이다. 첫째 방향성 자연선택은 강, 호수, 바다의 자연환경과 상당히 다른 종묘배양장과 양식장에서 양식집단이 새로운 환경에 적응하도록 할 것이다. 양식집단에 사용된 친어군의 수가 작다면, 어류의 혈연들이 곧 서로 교배하기 시작하고 근친교배가 축적되기 시작한다. 근교약세 외에도 근친교배의 축적으로 양식집단의 유전분산이 감소하게 된다. 어류의 근친교배, 유전적 부동, 자연선택으로 인해 유전형질과 대립유전자 빈도가 벗어나거나 폐쇄된 양식집단에서 대립유전자가 고정되거나 소실되기 때문에 양식집단과 야생집단 간 유전적 차이는 곧 중요해진다.

20.4.1.2 인위 선발

선발육종은 새로운 대립유전자를 만드는 것이 아니라 유전적으로 향상된 형질에 대해 긍정적 효과를 가진 대립유전자를 위하여 존재하는 대립유전자의 빈도의 변화를 만든다. 그래서 선발에 의해 유전적으로 향상된 양식집단의 유전적 구성은 기초집단의 어류의 태생, 육종 목표의 형질, 육종 목표에서 명확해진 집단을 바꾸는 데 사용되는 선발 전략에 의해 영향을 받는다. 개체선발은 가장 간단하기 때문에 어류의 성장을 향상시키는 데 가장 보편적으로 사용된 선발 전략이다. 그러나 근친교배 축적은 상당할 것이다. 또한 근친교배 축적으로 인하여 육종집단의 감소된 유전분산 때문에 몇 세대 후 선발반응이 감소하게 된다. 그래서 집단선발 모형은 친어의 수를 증가시키고 친어 당 검증된 자어의 수를 감소시켜서 근친교배를 줄이도록 개선되었다(Gjerde et al., 1996; Bentsen and Olesen, 2002).

노르웨이의 대서양연어(Gjøen and Bentsen, 1997)와 필리핀의 나일틸라피아의 GIFT-계통의 성공적인 선발육종으로 인하여 증가된 어류육종 프로그램이 가계와 가계내 선발이 결합된 전략을 사용하여 전 세계적으로 만들어지게 되었다. 이런 전략의 장점은 희생된 어류에 기록된 형질(예, 질병내성과 사체의 육질)이나 이항분포를 가지는 형질(예, 생존과 성성숙기의 연령) 같은 부가적 형질이 육종 목표에 포함될 수 있다는 사실이다. 여러 형질을 동시에 개선시키는 선발로 인해 더 많은 유전분산이 육종집단에서 유지되고 대립유전자 고정의 위험성이 감소하게 된다. 하지만 조합된 선발 전략은 근친교배의 축적과 대립유전자 분산의 소실을 최소화하고, 모든 형질의 선발반응을 높게 보장하기 위해 각 세대에서 생산된 많은 가계를 필요로 한다.

마지막으로 대서양연어(Lie et al., 1997)와 나일틸라피아(Kocher et al., 1997) 같이 경제적으로 중요한 어종에 대한 유전자 지도의 개발과 양적형질 유전자좌(QTL's)의 위치, 즉 양적형질의 분산과 관계가 있는 DNA 서열들은 마커 유전자를 이용한 선발을 촉진시킨다. 여러 복합형질(즉, 많은 단백질 암호화와 조절 유전자에 의한 영향을 받는 형질)이 육종 목표에 포함되어 있다면, QTL 정보의 최적 이용을 결정할 필요가 있다. 마커 유전자를 이용한 선발은 최초의 선발반응을 증가시키지만, 복합형질의 잠재적 반응을 감소시킨다는 사실이 모의실험 연구에서 밝혀졌다. 그것은 선발의 폭이 너무 좁아서 긍정적 효과를 가진 대립유전자를 모두 포함하지 않기 때문이다(Weller, 2001). 그래서 QTL 선발은 선발된 대립유전자(s)의 빠른 고정화를 일으킨다고 예상된다.

20.4.1.3 이종

다른 양식집단 개체로부터의 이종교배는 축적된 근친교배의 부정적 효과를 중화하는 데 사용된다. 자어들은 각각의 친어로부터(완전한 DNA를 포함하는) 염색체 한 쌍을 받기 때문에, 1개의 집단에 있는 열성 대립유전자의 유해한 효과는 또 다른 집단의 우성 정상 대립유전자 효과로 제거되어서 개체의 전체적 적응성과 관련된 형질의 경우에 특히 잡종의 향상된 활동을 만든다(즉, 잡종강세를 일으킨다). 이종교배 계획을 위하여 동종교배된 어류 계통은 유전적으로 향상된 다양한 식물을 개발할 때 더 일반적으로 사용된 전략인 자성발생(즉, 자가수정)을 이용하여 실험적으로 만들어질 수 있다.

하지만 잡종강세 효과는 개체에 있는 유전자 쌍의 조합(즉, 완성된 유전자형)에 따라 다르기 때문에 한 세대에서 다른 세대로 옮겨질 수 없다. 그래서 이종교배 계획은 2개 이상의 육종집단이 분리된 양식 설비에 있거나 각 집단 내에서 선발에 의해 끊임없이 향상되어야 한다. 이형접합체인 잡종 자어(즉, 대부분의 유전자 쌍에 다른 대립유전자를 받음)를 만드는 것이 가능하더라도, 친어집단의 발생과 유지의 내력으로 인해 양식 잡종집단이 야생집단과 비교하여 더욱 유전적으로 달라지게 된다.

20.4.1.4 유전자 이식(GMO)

Micro injection, eletroporation, particle bombardment 같은 여러 기술들은 어류의 수정란에 유전자 구조물(즉, 같은 종이나 다른 종에서 만들어진 단백질-암호화와 DNA 서열의 새로운 조합)을 삽입하는 데 사용될 수 있다. 어류의 유전자 이식은 최근에 성장호르몬과 부동유전자가 사용된다(Hew et al., 1995). 이런 유전자의 발현은 적당한 프로모터를 선발하면 상당히 증가된다. 그리고 몇몇 형질전환 어류에서 이루어진 증가된 성장률은 뇌하수체 외에 간에서 일어나는 성장호르몬 합성을 지시하는 조직-특정 프로모터에 의해 주로 발생된다.

하지만 이식된 유전자 구조물은 micro-injection된 수정난의 10% 아래에서 적절히 합체되는데, 그 이유는 염색체의 다른 위치에 있는 다양한 수의 유전자 구조물을 받기 때문이다(Hackett, 1993). 그래서 형질전환 어류의 양식집단의 발생은 이식된 유전자 구조물을 지닌 개체의 수를 늘리기 위해 여러 세대의 선발어류를 필요로 한다. 형질전환 어류양식(가끔 유전자 변형 생물 GMO's로 불린다)에 대한 걱정은 선발육종 프로그램의 이탈한 어류와 대조를 이루어, 도망친 어류들로 인해 새로운 유전자 구조물이 야생집단의 어류에 확산되는 점이다.

20.4.2 유전적으로 개량된 품종에서 야생집단으로의 유전자 흐름

유전적으로 개량된 품종에서 야생집단으로의 유전자 흐름은 도망친 어류의 수, 그들의 육종 성공률, 그들 자어의 생존율에 따라 달라질 것이다. 양식된 어류가 빠져나가는 것에 대비하여 완전히 보장된다고 여겨지는 상업적 수산양식 체계는 없다. 하지만, 적절한 양식장 구조(즉, 연못의 안전한 어류의 입구와 출구, 어류 양식장의 강화된 층이나 이중층의 그물 등)와 완벽한 양식장 관리가 도망치는 어류의 수를 감소시킬 수 있다. 더군다나, 도망친 양식어류의 육종 성공률과 자어들의 생존율은 어류를 유전적으로 개량시키는 데 사용된 기술에 의해 영향 받을 수 있다.

20.4.2.1 불임 개체

염색체 조작(예, 수정란의 온도 자극으로)은 3쌍의 염색체를 가진 3배체 어류를 만드는 데 사용될 수 있다. 3배체 어류가 2배체 어류와 비교하여 우월한 성장을 하는지는 의문이 있지만(Tave에 의한 총설, 1986a), 번식하지 못하는 개체를 만들어 탈출한 어류의 환경적 영향을 제한하는 데 적합한 기술이 될 수 있다. 몇몇 3배체 어류는 성징을 발전시키나, 여분의 염색체 쌍으로 인해 번식에 성공하지 못한다. 하지만 번식하지 못하는 많은 탈출한 어류는 경쟁적 생태와 섭이를 통해 천연의 야생생물에게 다른 영향을 줄 수 있다.

20.4.2.2 단성집단

암수 중 한 쪽이 다른 쪽보다 더 빨리 성장하거나(예, 틸라피아 수컷이나 대서양넙치 암컷) 암수 중 한 쪽이 너무 일찍 성적으로 성숙하거나(예, 대서양연어의 수컷) 양식환경에 통제하지 못한 교배 문제가 존재한다면(예, 틸라피아) 어류의 단성집단을 양식하는 게 유리하다. 염색체 조작(예, 틸라피아의 YY 수컷을 만들기 위함. Beardmore et al., 2001), 자성발생(예, 대서양연어를 모두 암컷으로 만들기 위함. Thorgaard et al., 2002), 2종 사이에 생기는 이종교배(예, 나일틸라피아 × 블루틸라피아) 같은 여러 기술들은 단성집단을 만드는 데 일반적으로 사용된다. 단성집단이 어류 양식장에서 통제되지 않은 교배의 문제를 감소시킨다고 해도, 양식집단에서 양쪽 성이 이용될 수 있는 야생집단으로의 유전자 흐름을 피할 수 없다. 단성집단에서 탈출한 어류는 혼성집단에서 도망친 어류보다 야생집단으로 더 큰 유전자 흐름을 만든다. 그것은 바로 그들이 단지 동성의 야생 개체와 경쟁을 해야 되기 때문이다.

20.5 사례 연구
: 노르웨이의 양식 대서양연어와 야생 대서양연어 간 상호작용

30년 전 노르웨이에서 대서양연어 양식이 시작된 초기에 양식된 연어가 양식장에서 도망쳐 나와 알을 낳던 노르웨이 강에 있는 야생 대서양연어와 함께 발견되었다(Lura and ØKland, 1994). 탈출한 친 양식 연어의 수는 1980년대 말에 크게 증가하여 1988~92년 동안 매년 약 160만 마리가 탈출한 것으로 추정되었다. 1990년대에 매년 탈출한 어류의 수가 250,000~500,000 사이로 감소했지만, 지난 2년 동안 그 수는 다시 증가하였다. 노르웨이 강으로부터 소하하는 야생 연어의 총 수는 약 600만 마리로 추정되었고, 매년 똑같은 강으로 돌아간 성체 연어의 수는 1980년대와 90년대에 200,000~300,000마리 사이에서 변이가 있었다. 양식된 연어가 몇몇 강에 있는 많은 산란 어류로 구성되었기 때문에, 탈출한 양식 연어의 환경적 영향에 대하여 노르웨이의 국민의 우려가 컸다.

노르웨이의 양식 대서양연어가 양식된 어류집단과 야생 어류집단 간 유전적 상호작용의 완전한 대표적 사례 연구는 아닐 수 있다. 대부분의 다른 양식생물과 다르게, 노르웨이의 양식 연어집단은 지역의 야생집단에서 선발된 유전물질에 전적으로 근거를 두고 있다. 그리고 해외의 집단으로부터 알려진 도입이 없었다. 더군다나 선발하고 있는 유사한 양식집단의 수는 대부분의 다른 수산양식 종보다 훨씬 크다. 그리고 유전적 부동에 의해 생긴 임의의 유전적 변화는 집단마다 다르기 쉽다.

20.5.1 노르웨이 양식 연어의 유전적 구성

노르웨이의 수산양식 기초집단을 구성하는 모든 친어들이 노르웨이의 강에서 포획되었으므로, 노르웨이의 양식 연어는 노르웨이 야생 연어에서 자연스럽게 생기는 대립유전자를 가질 수밖에 없다. 16장과 17장에서 기술한 것처럼, 노르웨이의 대서양연어로 잘 구성된 선발육종 프로그램은 1970년대 초에 AKVAFORSK에 의해 시작된 가계 기준 프로그램이다(Gjedrem et al., 1991; Gjøen and Bentsen, 1997). 노르웨이의 양식 대서양연어가 4년의 세대간격을 가지므로, 유전적으로 뚜렷한 4개의 집단은 매년 유전적으로 향상된 2세 연어를 연어 양식업자에게 제공하기 위해 만들어졌다. 1971~74년 동안 유전물질(즉, 정자와 란)은 40개 이상의 노르웨이 강에서 총 190마리 수컷과 430마리 암컷으로부터 얻어졌다. 더군다나 집단선발법에 근거한 다른 여러가지 육종 프로그램은 비슷한 태생을 가진 2차집단으로 1970년대와 1980년대 초에 시작되었다.

육종 프로그램(NFA)에 의한 두 번째 가계는 유전적으로 향상된 대서양연어의 공급을 더 보장하기 위해 또 다른 4개 집단으로 1985년에 확립되었다. 사육장은 1986~89년 동안 AKVAFORSK에서 만들어진 모든 가계의 대표적 견본과 노르웨이의 다른 육종집단으로부터 추가되었다. 근친교배 축적과 대립유전자의 고정/소실을 줄이기 위해 10~20개 가계의 발안란이 매년 2개의 유사 육종 프로그램 사이에서 교환되었다. 1992년에(AKVAFORSK와 NFA) 2개의 유사 육종 프로그램은 공동 육종회사(AquaGen)로 조직되었다.

최근에 노르웨이의 양식 대서양연어의 유용한 재료에 근거를 둔 AKVAFORSK 유전센터의 관리에 있는 새로운 육종회사(SalmoBreed)에 의해 4개의 추가적 육종집단이 확립되었다.

20.5.1.1 양식집단의 유전 변화

오늘날 AquaGen과 SalmoBreed는 노르웨이의 양식장에 유전적으로 개량된 대서양연어를 보급하기 위해 육종 사육장, 여러 가지 검사 사육장(즉, 상업적 양식장과 어류 연구실), 친어 사육장, 증식 설비(즉, 상업적 종묘 배양장)로 구성되어 있다. 그래서 노르웨이에서 가장 훌륭하게 양식된 대서양연어의 유전 활동과 대립유전자 분산은 2개의 육종회사에 의해 개발된 육종 프로그램과 유사하다. 육종회사는 2회사 모두 육종 목표에서 명확해진 여러 경제적으로 중요한 형질을 유전적으로 개량시키기 위해 가계와 가계내 선발조합을 이용하고 있다. 새로운 형질, 즉 생산 때 체중으로 기록된 성장(1976), 성 성숙기의 연령(1983), 절창병과 감염성 연어빈혈증에 대한 내성(1991), 근육 색(1994), 전체 근육 지방과 지방 분포(1994)를 기록하기 위한 방법론들이 개발되면서 육종 목표에 해당하는 형질 수는 점차적으로 증가하였다. 선발 5세대 후 축적된 유전적 증가는 생산 때 증가된 체중 85%, 조기 성성숙 어류의 감소 12.5%(Gerde and Korsvoll, 1999), 더 빠른 성장에 상관된 반응으로서 향상된 사료효율성이 20%(Thodesen et al., 1999)가 된다고 추정되었다. 넓은 육종 목표로 인해 많은 대립유전자 각각에 대한 선발압력이 다소 낮아지게 된다.

처음에 AKVAFORSK/AquaGen 육종 프로그램은 매년 120개의 가계를 만들고 검사했다. 하지만 새로운 표지(즉, PIT-tag)를 사용하게 되면서, 가계의 수는 상당히 증가되었다. 오늘날, 가계 기준 육종 프로그램은 매년 약 300 가계를 생산하며 검사하고 있다. 초기 가계 구조의 육종 프로그램에서 유효집단 크기는 생물집단의 단기간 유전분산 보존에 대한 국제적 권고(즉, 50개체)와 유사한 33~125개체의 범위로 추정되었다. 더군다나, 노르웨이 대서양연어의 모든 육종집단에 걸친 총 유효집단 크기는 생물집단의 장기간 보존에 대한 권고, 즉 500~5,000개체와 유사하다(Frankel and Soul , 1981; Lande, 1995).

하지만 분자유전 연구는 노르웨이 야생 대서양연어의 자연산 집단과 비교하였을 때 양식 연어의 단일 육종집단 내에서는 감소된 이형접합성을 나타내고 있는 것이 AquaGen의 육종 프로그램에서 5번째와 6번째 세대의 연어에서 관측되었다(Skaald et al., 1999). 더군다나 양식집단과 몇몇 최초의 강에 있는 집단간 대립유전자 빈도의 차이도 증가되었다(Mj∅lner∅d et al., 1997). 만약 대립유전자 분산의 소실이 육종집단마다 다르다면 모든 육종집단에 걸친 이형접합성은 현저하게 감소하지 않을 수 있다. 15개의 효소-암호화 유전자의 추정 대립유전자 빈도는 야생 대서양연어의 대립유전자 반 정도가 1% 이하의 빈도를 가지며 대립유전자의 1/5이 10% 이하의 빈도를 가지는 것으로 나타났다(Anon, 1999). 30~100개체의 유효집단 크기에 근거하면 1%의 최초 빈도를 지닌 중성 대립유전자가 유전적 부동으로 인해 소실되기 전 평균 시간은 6~19세대, 10%의 초기 빈도를 지닌 대립유전자의 경우에 평균 시간은 31~102세대로 추정된다(Kimura, 1970). 그래서 유전적 부동이 육종집단마다 무작위로 다르더라도 야생 연어집단에 희귀한 몇몇 대립유전자들은 선발된지 7~8세대 후에 전체 양식 연어집단에서 소멸되었다.

20.5.2 강에 있는 야생집단의 유전적 구성

강을 거슬러 올라가는 대서양연어는 태어났을 때와 똑같은 장소로 회귀하기 때문에, 유전적으로 분화된 집단은 자연선택과 유전적 부동의 결과로 진화한다. 그래서 450개의 노르웨이 연어가 있는 강이나 각각의 장소는 유전적으로 유일한 대서양연어 집단을 만들고, 각 집단은 미리 발표된 생물 관리 권고에 따라 분리되어 보존된다.

하지만 노르웨이 강에서의 공식 포획량 통계는 이 강들의 대부분에 매우 작은 대서양연어 친어집단이 있는 반면 몇몇 강에 매우 큰 집단이 있다는 사실을 시사한다. 최근 포획량 통계는 매우 신뢰할 수 있다고 여겨진다. 그리고 1984~1986년 동안 보고된 강에서의 포획량은 그림 20.1에 나타냈다. 노르웨이 강의 총 포획률은 약 50%이다. 산란기 동안 각 강에서의 산란 어류의 수는 어획 기간 동안 포획된 연어의 수와 같을 것이다. 이것은 강에 있는 집단의 75% 이상이 매년 50마리 이하의 산란 어류수가 되고, 집단의 90% 이상이 500마리 이하의 산란 어류 수가 된다는 것을 의미한다.

더군다나 연구는 유효집단 크기가 강에서 산란하는 어류 수의 약 1/5이라는 사실을 알아냈다(Altukhov and Salmenkova, 1994). 노르웨이 강에 있는 대서양연어 집단이 실제로 서로 유전적으로 분리되었다면, 제한된 세대 내에서 집단의 존재를 위협하는 속도의 근교약세 축적과 유전분산 소실(유전적 부동으로 인함)을 피하기에 충분히 큰 집단이 거의 없을 것이다. 결과적으로 강에 있는 작은 집단들의 대부분의 지속은 강 사이의 규칙적인 산란 어류의 이입에 달려 있는 것 같다. 이런 세분된 집단을 메타집단(meta-population)이라 한다. 성적으로 성숙된 연어의 평균 4%(0~20% 범위)가 부화된 강이 아닌 다른 강으로 올라간다(Stabell, 1984). 소실된 대립유전자는 다시 돌아와 메타집단을 방해하는 근친교배를 할 수 있다. 오랜 시간에 걸쳐 생존 능력과 유전분산을 유지하기에 충분한 노르웨이의 비교적 소수의 강에 있는 대서양연어 집단은 어류를 이입시킴으로써 규칙적으로 더 작은 집단에 보급된 유전분산의 저장소의 역할을 한다.

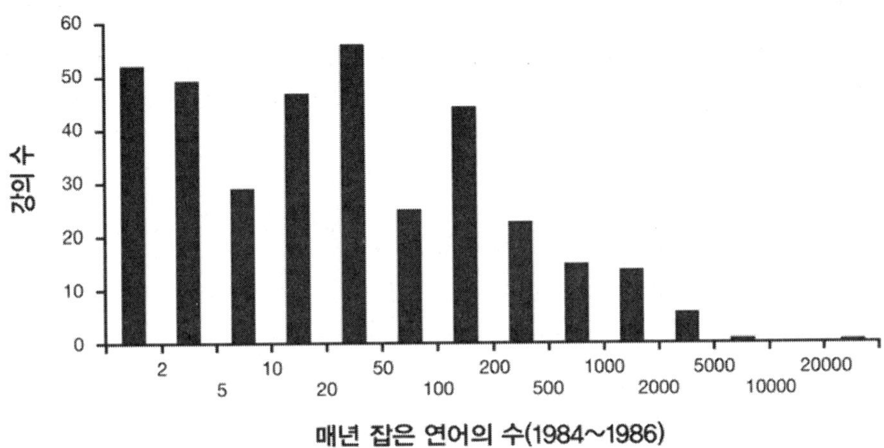

그림 20.1 공식 포획량 통계에 따라 1984~1986년 동안 포획량이 보고된 362개의 노르웨이 각 강에서 매년 포획된 연어의 수. 평균 포획률은 약 50%이고 이 강에 있는 거의 같은 수의 연어가 산란을 위해 이동한다. 수평축에 있는 비선형 눈금을 주목하라.

이것은 서로 다른 강의 환경에서 유전적 부동이나 다양한 자연선택에 의해 생긴 집단의 유전적 다양화를 방해하는 강의 집단간 산란 어류의 효과적 이입을 나타낸다. 임의의 유전적 다양화의 크기는 집단간 중성 대립유전자의 빈도 차를 분석하여 연구될 수 있다. 노르웨이 강의 여러 집단에 있는 9개의 가변 효소-암호 유전자의 빈도에 근거한 추정값은 이형접합성의 93.5%가 강의 집단 내에서 분산에 의해 일어나고 오직 6.5%가 강의 집단간 차이에 의해서 일어난다는 사실을 나타낸다(St hl and Hindar, 1988). 이 결과는 그 후의 연구에 의해 확인되었다. 이것이 중성 다유전자 형질에도 맞는다면, 강의 집단간 평균 무작위 다양화는 그림 20.2(a)에 보인 것처럼 나타난다. 즉 집단은 대부분 중복될 것이다. 이 그림을 그림 4.4와 비교하면, 대립유전자 구성 면에서 집단간 유전적 차이가 작다는 것은 분명하다. 산란 어류의 이입으로 인한 자연적 유전자 흐름이 제한된다고 하더라도, 유전적 부동 때문에 노르웨이 강의 집단이 정상에서 벗어나는 것을 막기에 충분해 보인다.

여전히 노르웨이 강의 집단이 체중, 2년생 연어가 되는 연령, 성성숙 연령, 2살 된 연어의 이입 적기, 산란 어류가 강으로 돌아오는 적기, 번식 적기, 부화 적기 등과 같이 여러가지 복합적이고 다유전자 형질의 평균값의 차이를 나타내는 것은 사실이다(Huitfeldt-Kaas, 1946; Jonsson et al., 1991; Heggber get et al., 1993). 이것들은 모두 다른 강의 체계적 환경효과의 영향을 강하게 받은 표현형 측정값이다. 대부분의 노르웨이 강의 대서양연어 집단이 너무 작아서 지역 환경에 대한 특정적이고 장기간의 진화적인 유전 적응을 축적할 수 없다고 하더라도, 야생 연어의 매우 강력한 선발(약 0.001%만이 성어 산란 어류가 될 수 있다)은 한 세대에서 그 다음 세대로 큰 유전적 변동을 만든다.

이 단기간 선발반응은 이입의 균질효과로 평형 상태에 있게 되며, 집단간 비진화적인 유전분산을 만들 것이다. 자연 선발반응이 다른 집단 어류의 이입과 유전적 부동에 의해 영향을 받는 더 큰 집단에서는, 이탈한 환경조건이 역사적으로 안정되면 장기간의 유전적 적응이 축적될 수도 있다.

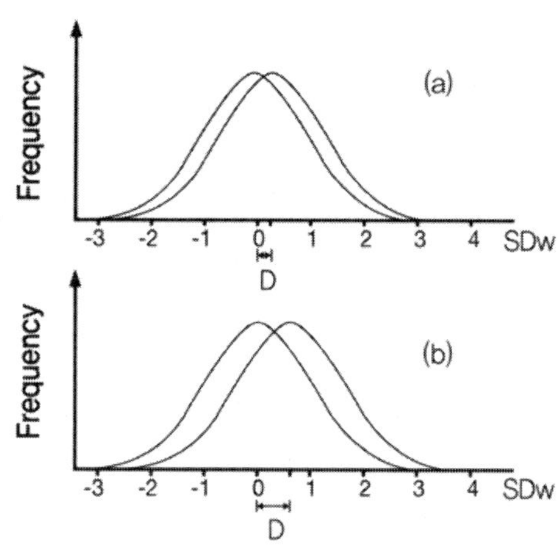

그림 20.2 총 유전분산의 5%(a)와 25%(b)가 집단간 분산일 때 2집단의 다유전자 형질의 평균 유전 분포도.

표준화 수조나 양식장 환경에서 실행된 40개의 다른 강에서 유래한 대서양연어에 대한 연구는 부화율, 생존율, 치어의 성장, 2년생 연어화 연령, 여러 단계에서의 성장률 같은 적응성 형질의 측정된 표현형분산의 2~8%가 강의 집단간 차이로 인한 것이라는 사실을 나타낸다(Kanis et al., 1976 ; Refstie et al., 1977 ; Refstie and Steine, 1978; Gunnes and Gjedrem, 1978). 이들 형질의 유전율이 0.1과 0.3 사이에 있으므로, 이 형질들에 대한 유전자의 총 분산의 10~20%가 강 집단간의 차이와 관계가 있다고 추정되었다. 이것은 위에서 언급한 임의적 차이보다 더 큰 분화이다. 이런 사실은 선발이 노르웨이 강의 집단에 유효하다는 것을 타나낸다. 그림 20.2(b)는 총 분산의 25%가 집단간의 차이에 의한 것일 때 다유전자 형질에 대한 두 집단 간 평균 유전 분화를 보여준다. 다시 그림 4.4와 비교하였을 때, 이것은 형질이 많은 유전자에 의해 영향을 받는다면 대립유전자 빈도의 큰 차이없이 얻어지는 다소 약한 분화이다.

20.5.3 양식집단에서 야생집단으로의 유전자 흐름

이탈한 어류의 생태와 생존을 관찰하기 위해 연령이 다른 표지된 양식 연어가 방류된 강으로부터 다른 위치에 있는 양식장에서 포획된 양식 연어의 비율과 어류의 생애 단계를 기록하면 대서양연어의 양식집단에서 야생집단으로의 유전자 흐름이 추정될 수 있다. 그리고 자연환경에서 양식 연어와 야생 연어의 상대적 적응성과 번식 활동을 비교하면 유전자 흐름이 추정될 수 있다. 각 강의 집단이 유전적으로 유일한 진화의 산물이라고 간주되면, 각 집단으로의 유전자 흐름은 별도로 평가되어야 한다. 반면, 전체 노르웨이 대서양연어 집단이 하나의 메타집단으로 간주되면, 전체 유전자 흐름은 다음 논의에 있는 것처럼 전체로서 생각해야 한다.

20.5.3.1 야생집단에 있는 이탈한 양식 연어의 표식

어장에서 잡힌 양식 연어의 비율은 위치에 따라 다르다(그림 20.3). 1990년대 초, Faeroe 섬 근처의 해상에서 포획된 연어의 약 40%는 양식장에서 탈출한 어류로 분류되었다. 하지만 이듬해 탈출한 어류의 비율은 약 25%로 감소했다. 노르웨이 해안선에 접해 있는 어장에서 1989~96년 동안 포획량의 37~54%가 탈출한 양식 연어로 분류되었다. 연어의 대부분이 강으로 산란하러 가는 도중에 있는 노르웨이 피오르드에서 같은 기간에 연어 포획량의 10~21%가 어류 양식장에서 탈출한 것으로 추정되었다. 여전히 어획 시기 동안 노르웨이 강에서 포획된 연어의 오직 4~7%만이 탈출한 어류로 분류되었다. 하지만 탈출한 양식 연어는 야생 연어와 비교하여 지연된 산란 이입을 가지고 있는 듯하다. 그리고 노르웨이 강에 있는 대서양연어 친어의 평균 17%가 어류 양식장에서 탈출하여 생긴다는 사실은 어획 시기가 끝난 후 몇 개의 강에 대한 연구들에 근거하여 추정되었다(Anon, 1999). 탈출한 연어가 나타나는 것은 작은 강에서 가장 높고, 몇개의 가장 큰 강에서는 0에 가까웠다.

20.5.3.2 탈출한 양식 연어의 상대적 육종 성공

양식된 대서양연어 집단에서의 유전자 흐름은 야생 연어와 비교하여 탈출한 어류의 상대적 육종 성공에 의해 영향을 받는다. 큰 수조 실험에서 AKVAFORSK(지금은 AquaGen에 의해 관리)의 선발육종 프로그램의 3번째 세대에서 나온 양식 부친어와 모친어는 야생 친어군과 비교하여 3%와 30% 육종에 성공하였다(Fleming et al., 1996). 하지만 양식 연어의 상대적 육종 성공은 양식 연어가 생애 초기 단계에서 탈출한다면 더 높아질 수 있다. 종묘배양장에서 낳은 야생의 대서양연어가 친어의 강에 있는 2세어 연어로 방류한 실험에서(Fleming et al., 1996), 같은 강에서 자연적으로 부화된 야생 연어와 비교하여 회귀한 수컷과 암컷은 51%와 100% 육종에 성공하였다. 종묘배양장에서의 2세어 연어가 순치된 집단에서 취해진다면 육종 성공률은 이것보다 더 낮아질 것이다. 탈출한 어류의 약 절반이 초기 단계에서 탈출하고(Lura and økland, 1994), 야생 연어 자어 수컷이 해수로 이동하지 않고 산란한다고 가정하면, 탈출한 양식 대서양연어의 총 육종 성공률은 야생 연어와 비교하여 최대 40%가 될 것으로 추정된다(그림 20.3).

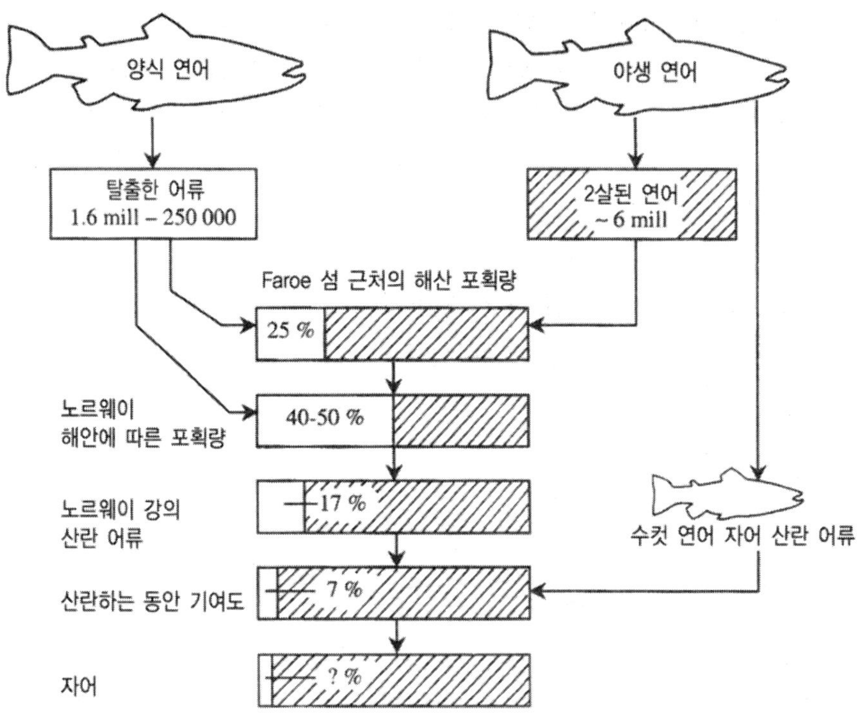

그림 20.3 탈출한 노르웨이 양식 대서양연어에서 노르웨이 강의 연어 집단으로의 유전자 흐름.

20.5.3.3 자어의 생존

탈출한 양식 연어의 표지 표시와 육종 성공률을 조합하면, 산란 단계일 때 노르웨이 대서양연어의 양식집단에서 야생집단으로의 유전자 흐름은 최대 6~7%라는 것이다(Anon, 1999). 하지만 유전자 흐름은 양식 연어와 야생 연어 자어의 상대적 생존율에 따라 달라진다. 몇몇 노르웨이 수조실험(Hindar et al., 1991)과 아일랜드 현장 실험(McGinnity et al., 2003)은 야생 연어 자어와 비교하여 양식 연어 자어가 더 빨리 성장하며 더 경쟁적 행동을 갖는다는 사실을 시사한다. 하지만 아일랜드 연구의 경우, 양식 연어 자어의 생존이 모든 생애 단계에서 훨씬 더 낮았다. 그래서 노르웨이 양식 대서양연어 집단에서 야생집단으로의 유전자 흐름은 위에서 제시된 추정값보다 더 낮을 것으로 생각된다.

20.5.4 양식 대서양연어와 야생 대서양연어 간 유전적 상호작용의 효과

노르웨이의 양식 대서양연어와 야생 대서양연어 간 유전적 상호작용의 효과는 예상된 대립유전자 분산의 변화, 적응성 형질 발현, 강에 있는 야생집단의 생산성에 근거하여 앞으로 논의될 것이다.

20.5.4.1 야생집단의 대립유전자 구성에 대한 효과

노르웨이의 연어양식은 노르웨이 강에서 생긴 유전적으로 향상된 어류에 전적으로 근거를 두기 때문에, 탈출한 양식 어류는 이미 존재하거나 다른 강의 야생 연어가 이입하면서 들어온 대립유전자 외에 다른 대립유전자를 지역의 강에 있는 집단에 들여올 수 없다. 하지만 양식된 대서양연어의 집단은 진행하고 있는 선발육종 때문에 야생집단과 비교하여 다른 대립유전자 빈도를 가질 수 있다. 그리고 양식집단이 유전적으로 격리되어 있는 한, 유전적 부동의 결과로서 유전적 차이가 증가할 것이다. 탈출한 양식 연어가 양식집단에서 야생집단으로 한쪽 방향의 유전자 흐름을 나타내므로, 야생집단에 있는 중성 대립유전자의 빈도가 점차적으로 변하여 모든 육종집단의 평균과 비슷해질 것이라고 생각된다. 여러 연구들은 야생집단의 중성 대립유전자 빈도가 북아일랜드(Crozier, 1993), 아일랜드(Clifford et al., 1998a, b), 노르웨이(Skaala and Hindar, 1998)에서 탈출한 양식 연어 때문에 변했다는 사실을 보여주었다. 그래서 모든 육종집단에서 소멸된 중성 대립유전자가 길게 내다보면 야생집단에서도 소멸될 것이라고 생각된다. 하지만 현재 환경에서 야생집단의 적응에 영향을 주는 다른 대립유전자의 빈도(즉, 적응성 형질)는 변화에 민감하다. 그것은 자연선택에 의해 안정화되려는 경향이 있기 때문이다. 그래서 집단의 적응성 대립유전자가 소멸할 위험성은 중성 대립유전자가 소멸하는 것보다 훨씬 적다. 탈출한 양식 연어의 수가 감소하고 다른 강 집단에서 이입된 어류가 소멸된 대립유전자를 다시 들여오면, 야생집단의 유전적 구성에 대한 효과는 반대가 될 수 있다. 하지만 이 강들에서의 자연선택이 정확하게 똑같은 대립유전자 빈도를 회복(또는 유지)할 것이라고 생각되지 않는다. 개체의 최적 적응은 다양한 대립유전자 빈도 조합의 마지막 결과이기 때문이다.

20.5.4.2 야생집단의 유전적 적응에 대한 효과

대부분의 적응성 형질은 많은 단백질-암호화와 조절 유전자에 의해 영향을 받는다. 그 결과, 이런 형질들의 유전자형 값은 단일 대립유전자 빈도에 의해 결정되지 않고, 몇몇 대립유전자 빈도의 변화나 소실은 다른 유전자좌에 있는 대립유전자 빈도의 변화에 의해 메워진다. 그래서 탈출한 양식어류로 인한 대립유전자 분산의 감소는 진행하는 자연선택에 대해 반응하는 야생집단의 능력을 감소시키기 전에 일정한 크기가 되어야 한다. 유전적으로 적응된 자어의 빈도는 탈출한 양식어류에 의해 만들어진 집단에서보다 지역적으로 적응된 강에 있는 집단에서 훨씬 더 높을 것으로 예상된다. 하지만 일부 양식 연어의 자어, 특히 양식어류와 야생어류 간 잡종도 매우 적합한 적응성 형질을 물려받았다는 사실을 제외하지 않는다. 이런 경우, 이 개체들은 지역의 강에 있는 집단의 장래 유전적 적응에 심각한 위협이 되지 않을 것이다. 그러나 야생집단간 자연적 이입에 의해 발생한 집단에 대해 유사한 효과를 가질 것으로 예상된다. 하지만 이입의 유전효과와 자연선택의 유전효과 간 평형이 지역적 환경에 대한 강에 있는 집단의 자연적 적응에 대하여 항상 최적인 것은 아니다(유전적 부하라고 한다). 이입이 감소되면 유전적 부하도 감소될 것이다. 그래서 탈출한 양식 연어의 수를 제한하려는 노력을 강화하는 것은 여전히 중요하다.

강에 있는 몇 개의 대서양연어의 큰 집단은 탈출한 양식어류에 의해 더 심하게 영향을 받는 더 작은 집단으로의 이입을 통해 적응성 형질의 새로운 유전분산의 규칙적 도입에 대한 저장고의 역할을 하기 때문에, 노르웨이 양식장 관리 전문가들은 중요한 강의 계통을 보호하기 위해 어류양식을 제한하는 특별 지역을 만들어야 한다는 제안을 하였다.

20.5.4.3 야생집단의 생산성에 대한 효과

선발육종 프로그램의 순치가 계속되면 양식 연어는 강의 자연 서식지에 대해 적응력이 떨어진다. 이것이 탈출한 양식 연어에서 야생집단으로의 유전자 흐름을 감소시키더라도(야생에서 양식 연어의 생존이 감소되기 때문), 탈출한 양식 연어는 여전히 강에 있는 야생 연어의 생산성에 영향을 미친다. 탈출한 양식 연어가 강에서 지연된 산란 이입을 할 수 있으며, 이 연어들이 야생 연어에 의해 이미 산란된 수정란을 파내어 문제를 일으키는 사실을 관찰하였다(Lura and Sægrov, 1991). 이런 경우, 양식 연어의 자어는 부화가 늦어져 생존하지 못한다. 반면 야생 자어의 생산은 감소될 것이다. 더군다나 노르웨이와 아일랜드 실험(Hindar et al., 1991; McGinnity et al., 1993)은 양식 연어의 자어가 야생 연어 자어와 비교하여 더 많은 우성 행동을 가지며 초기 생활사 동안 부족한 먹이자원과 서식지를 차지한다는 사실을 시사한다. 이것은 강에서 더 생존할 수 있는 2세어 야생 연어의 생산을 감소시킬 수 있다. 2세어 연어의 생산은 강으로 회귀하는 성적으로 성숙한 연어의 수를 위해 필수적이기 때문에 강에 있는 야생집단의 생산성은 감소된다.

20.6 요약

수산양식은 도입된 종, 즉 외래종의 양식이나 고유종들의 유전적으로 향상된 집단의 양식에 근거를 둔다. 양식생물의 비의도적 방류에 대비하여 완전히 안전하다고 여겨지는 상업적 수산양식 체계가 없으므로 수산양식 방법의 확립은 생물체를 주위 환경에 도입하는 것으로 간주되어야 한다. 대부분의 경우, 도입된 종들은 환경에 유전적으로 적응된 고유종들과 비교하여 약하게 경쟁할 것으로 예상된다. 하지만 지역의 유전적 다양성에 대해 도입종이 유해하다는 사례가 많다. 그래서 생물의 도입에 대한 국제적 권고와 실행 규범은 지켜져야 한다. 수산생물 종에 따라오는 질병의 도입에 대한 가능성에도 특별한 관심을 기울여야 한다. 외래종이나 유전적으로 향상된 토종집단은 탈출한 어류는 야생 친어군과 동종 교배할 수 있기 때문에 부가적인 문제를 나타낼 수 있다. 지역의 야생 생물들이 특정 환경에 대한 진화적 적응의 오랜 역사를 가지고 있는 경우에, 이종교배는 잡종인 자어의 적응을 방해할 것이다. 양식된 어류집단과 야생 어류집단 간 유전적 상호작용 중 가장 철저하게 조사된 예는 노르웨이 대서양연어의 경우이다. 여러 연구들의 결과가 제시되고 논의되었다. 노르웨이의 양식 연어는 독립된 수 많은 육종 프로그램에서 만들어지기 때문에, 이 경우가 노르웨이 강에 있는 생물의 배타적인 유전적 태생을 지닌 모든 생물을 완전히 대표하지 않을 수 있다.

정규분포화된 형질의 선발 비율(p), 집단 평균에서 절단점까지 표준편차의 수(x), 선발강도(i).

p%	x	i	p%	x	i
0.01	3.719	3.960	09	1.341	1.804
0.05	3.291	3.554	10	1.282	1.755
0.10	3.090	3.367	11	1.227	1.709
0.20	2.878	3.170	12	1.175	1.667
0.30	2.748	3.050	13	1.126	1.627
0.40	2.652	2.962	14	1.080	1.590
0.50	2.576	2.892	15	1.036	1.554
0.60	2.512	2.834	16	0.994	1.521
0.70	2.457	2.784	17	0.954	1.489
0.80	2.409	2.740	18	0.915	1.458
0.90	2.366	2.701	19	0.878	1.428
1.00	2.326	2.665	20	0.842	1.400
2.00	2.054	2.421	25	0.674	1.271
3.00	1.881	2.268	30	0.524	1.159
4.00	1.751	2.154	35	0.385	1.058
5.00	1.645	2.063	40	0.253	0.966
6.00	1.555	1.985	45	0.126	0.880.
7.00	1.476	1.918	50	0.000	0.798
8.00	1.405	1.858	60	−0.25	0.644

참고문헌

Allen, S.K. 1983. Flow cytometry. Assaying experimental polyploid fish and shellfish. Aquaculture, 33:317-328.

Allen, Jr. S.K 1998. Commercial applications of bivalve genetics: not a solo effort. World Aquaculture, 29:38-43.

Allen, S.K., and Bushek, D. 1992. Large-scale production of triploid oysters, Crassostrea *Virginica* (Gmelin), using "stripped" gametes. Aquaculture, 103:241-251.

Allen, S.K., Gagnon, P.S. and Hidu, H. 1982. Induced triploidy in the soft-shell clam. Cytogenetic and allozymic confirmation. The Journal of Heredity, 73:421-428.

Allen, S.K. and Stanley, J.G. 1978. Reproductive sterility in polyploid brook trout, *Salvelinus fontinalis*. Trans. Am. Fish. Soc., 107:473-478.

Allen, S.K. and Stanley, J.G. 1979. Polyploid mosaics induced by cytochalasin B in landlocked Atlantic salmon, *Salmo salar*. Trans. Am. Fish. Soc., 108:462-466.

Allen, S.K. and Stanley, J.G. 1981. Mosaic polyploid Atlantic salmon (*Salmo salar*) induced by cytochalasin B. Rapp. Pv Reun. Cons. penn. mt. Explor. Mer., 178:509-510.

Altukhov, Y.P. and Salmenkova, E. A. 1994. Straying intensity and genetic differentiation in salmon populations. Aquacult. Fish. Manage. 25(Suppl.2):99-120.

Andersen, B.B. 1977. Genetic studies concerning growth rate in cattle, body development and feed efficiency(Genetiske unders kelser vedr rende kvaegets tilvaekst,. kropsudvikling og foderudnyttelse). Report no. 488, Natl. Inst. Anim. Sci., Copenhagen, 137 pp.

Anon, 1999. Til lakes at alle kann ingen guerra? NOU 9 1999:9

Anon, 2004. Trout news No 37, January 2004, CEFAS and defra: 5-8.

Aulstad, D., Gjedrem, T. and Skjervold, H. 1972. Genetic and environmental sources of variation in length and weight of rainbow trout (*Salmo gairdneri*). Journal of the Fisheries Research Board of Canada., 29:237-241.

Aulstad, D. and Kittelsen, A. 1971. Abnormal body curvatures of rainbow trout (*Salmo gairdneri*) inbred fry. J. Fish. Res. Bd. Can., 28:1918-1920.

Ayles, G.B. and Baker, R.F. 1983. Genetic differences in growth and survival between strains and hybrids of rainbow trout (*Salmo gairdneri*) stocked in aquaculture lakes in Canadian prairies., 33:269-280.

Bakken, M., Vangen, O. and Rauw, W. 1998. Biological limits to selection and animal. welfare. Invited paper, Proc 6th World Congress of genetics Applied to Livestock. Production, 27:381-389.

Bakos, J. 1979. Crossbreeding of Hungarian Races of Common carp to develop more productive Hybrids. In T.V.R. Pillay, W.M.A. Dill (ed.) Advances in Aquaculture; Fishing. News books Ltd. Farnham, Surrey England., 633-635.

Bakos, J. 1987. Selective breeding and intraspecific hybridization of warm water fishes. Proc. World Symposium on Selection, Hybridisation, and genetic Engineering in Aquaculture, Bordeaux, I:303-311.

Barber, B., Davis, C. and Hawes, R. 1998. Genetic improvement of oysters for the Marine Aquaculture industry. Abstract of the first Annual Northwest Aquaculture Conference and Exposition, Nov. 35 pp.

Bardach, J.E., Ryther, J.H. and McLarney, W.O. 1972. Aquaculture; the farming and husbandry of freshwater and marine organisms. John Wiley and Sons. New York, hichester, Brisbane, Toronto.

Barlow, R. 1983. Benefit-cost analyses of genetic improvement programs for sheep, beef cattle and pigs in Ireland. Ph. D. Thesis, University of Dublin. Ref. by E. P. Cunninham, Present and future perspective in animal breeding research. XV. International Congress of Genetics, New Dehli, India, 12-21. December, 1983, 19pp.

Beacham, T.D. and Evelyn, T.P.T. 1992. Genetic variation in disease resistance and growth to chinook, coho, and chum salmon with respect to vibriosis, furunculosis, and bacterial kidney disease. Trans. Amer. Fish. Soc., 121:456-485.

Beardmore, J.A., Mair, G.C. and Lewis, R.I. 2001. Monosex male production in finfish as exemplified by tilapia: applications, problems, and prospects. Aquaculture 197:283-301.

Beilharz, R., Luxford, B.G. and Wilkinson, J.L. 1993. Quantitative genetics and evolution: is our understanding of genetics sufficient to explain evolution?, J. Anim. Breed. Genet., 110:161-170.

Bencze, A.M. 1988. Flesh quality of triploid rainbow trout (Kvalitet pa tripoid regnbue orret). Msc. thesis, Agricultural University of Norway, In Norwegian, 69 pp.

Bennet, R.M. 1996. People's willingness to pay for farm animal welfare. Animal Welfare, 3-11.

Bentsen, H.B. 1990. Application of breeding and selection theory on farmed fish. Proceedings of the 4th World Congress on Genetics Applied to Livestock Production, Edinburgh 23-27:149-158.

Bentsen, H.B. 1994. Genetic effects of selection on polygenic traits with examples from Atlantic salmon. *Salmo salar* L. Aquaculture and Fisheries Management, 25:89-102.

Bentsen, H.B., Eknath, A.E., Palada-de Vera, M.S., Danting, J.C., Bolivar, H.L., Reyes, R.A., Dionisio, E.E., Longalong, F.M., Circa, A.V., Tayamen, M.M., and Gjerde, B. 1998. Genetic improvement of farmed tilapias: growth performance in a complete diallel cross experiment with eight strains of *Oreochromis niloticus*. Aquaculture, 160:145-173.

Bentsen, H.B., Eknath, A.E., Rye, M., Thodesen, J. and Gjerde, B. 2004. Genetic Improvement of Farmed Tilapias: Response during Five Generations of Selection (for increased harvest weight) in *Oreochromis niloticus*. In manuscript.

Bentsen, H.B., Gjedrem, T. and Hao, N.V. 1996a. Breeding plan lver barb (Puntius Gonionotus)in Vietnam: Improve growth rate. INGA, July 1996, ICLARM, Report No. 3-12.

Bentsen, H.B., Gjedrem, T., Tien, T.M. and Dan, N.C. 1996b. Breeding plan for Nile tilapia in Vietnam: Combined multi trait selection. INGA. July 1996, ICLARM, Report No. 1-10.

Bentsen, H.B. and Gjedre, B. 1994. Design of fish breeding programs. Proceedings of the 5th World Congress on Genetics Applied to Livestock Production, Selection and quantitative genetics: Growth; Reproduction; Lactation; Fish; Fiber; Meat, Guelph August 7-12, 19:353-359.

Bentsen, H.B. and Olesen, I. 2002. Designing aquaculture mass selection programs to avoid high inbreeding rates. Aquaculture, 204:349-359.

Benzie, J.A.H., Kenway, M., Ballment, E., Fresher, S. and Trott, L. 1995. Interspecific hybridisation of the tiger prawns *Penaeus monodon* and *Penaeus esculentus*. Aquaculture, 133:103-111.

Benzie, J.A.H., Kenway, M. and Trott, L. 1997. Estimates for the heritable in juvenile *Penaeus monodon* prawns from half-sib mating. Aquaculture, 152:49-53.

Berg, P. and Henryon, M. 1998. A comparison of mating designs for inference on genetic parameters in fish. In: Proc. of the 6th World Congress on Genetics Applied to Livestock Production, Armidale, NSW, Australia, 27:115-118.

Betsch, D.F. 1994. Principles of biotechnology. Biotechnology Information Series (Bio-1) North Central Regional Extension, Publication Iowa State University-University Extension.

Billard, R. 1978. Changes in structure and fertilizing ability of marine and freshwater fish spermatozoa diluted in media of various salinities, Aquaculture, 14:187-198.

Billingsley, L.W. 1981(ed.). Proceedings of the stock concept international symposium. Can. J. Fish. Aquat. Sci., 38:1457-1921.

Blaxter, J.H.S. 1953. Sperm storage and cross fertilization of spring and autumn spawning herring. Nature 172:1189-1190.

Bolivar, R. 1999. Estimation of response to within-family selection for growth in Nile tilapia. Diss. Abst. Int. Pt. B-Sci and Eng. 60(3):p.934.

Bolla, S. and Refstie, T. 1985. Effect of cytochalasin B on eggs of atlantic salmon and rainbow trout. Acta Zoologica(Stockh.), 66(3):181-188.

Bondari, K. 1983. Response to bidirectional selection for body weight in channel catfish. Aquaculture, 33:73-81.

Bondari, K. 1984. A study of abnormal characteristics of channel catfish and blue tilapia. Proc. Ann. Ci/onf. Southeast. Assoc. Fish Wild. Agen., 35(1981):566-578.

Bondari, K. and Dunham, R.A. 1987. Effects of inbreeding on economic traits of channel catfish. Theor. Appl. Genet., 74:1-9.

Bongers, A.B.J. 1997. Development and application of genetically uniform strains of common crap(Cyprinus carpio L.). Doctoral thesis, Wageningen Agricultural University, Wageningen, the Netherlands, 155 pp.

Braden, J.B. and Kolstad, C.D. 1991. Measuring the demand for environmental quality. Elsevier Science Publishers, Amsterdam, 370 pp.

Brichette, I., Reyero, M.I. and Garcia, C. 2001. A genetic analysis of intraspecific competition for growth in mussel cultures. Aquaculture, 192:155-169.

Bridges, W.R. and von Limbach, B. 1972. Inheritance of albinism in rainbow trout. J. Hered., 63:152-153.

Brier et al. 1940 pages 153-160, in Proc. Amer. Soc. An. Prod.

Brooker, A.L., Cook, D., Bentzen, P., Wright, J.M. and Doyle, R.W. 1994. Organization of microsatellites differs between mammals and cold-water teleost fishes. Canadian Journal of Fisheries and Aquatic Sciences, 51:1959-1966.

Brown, C., Woolliams, J. and Mc Andrew, B. 2004. Factors influencing effective population size in commercial populations of gilthead seabream, *Sparus aurata*. Aquaculture, 247:219-225.

Brusle, S. 1987. Sex-inversion of the hermaphroditic protogynous teleost *Coris julis* L. (Labridae). Journal of Fish Biology. 30:605-616.

Brannas, E. and Alanara, A. 1992. Feeding behaviour of the Arctic charr in comparison with rainbow trout. Aquaculture, 105:53-59.

Bulmer, M.G. 1985. The mathematical theory of quantitative genetics. Charendon Press, Oxford.

Bulmer, M.G. 1971. The effect of selection on genetic variability. Am. Nat., 105:201-221.

Buyukhatipoglu, S. and Holtz, W. 1978. Preservation of trout sperm in liquid or frozen state. Aquaculture. 14:49-56.

Cabellero, A., Santiago, E. and Toro, M. 1996. Systems of mating to reduce inbreeding in selected populations. Anim. Sci., 62:431-442.

Cameron, N.D. 1997. Selection indices and prediction of genetic merit in animals breeding. CAB International, Wallingford, Oxon OX10 8DE, UK. ISBN 0 85199 1966.

Carlborg, O., Kerje, S., Schutz, K., Jacobsson, L., Jensen, P. and Andersson, L. 2003. A global search reveals epistatic interaction between QTL for early growth in the chicken, Genome Res., 13(3):413-421.

Carlin, B. 1969. Salmon tagging experiments. Lake forsknings institute (Swedish Salmon Research Institute) Medd. 2-4:8-13.

Casella, G. and George, E.I. 1992. Explaining the Gibbs sampler. The American Statistician, 46:167-174.

Chapman, A.B. 1962. Biometrical genetics related to breeding plans. Lecture notes. Department of Genetics. University of Wisconsin, USA.

Chen, F.Y. 1969. Preliminary studies on the sex-determinating mechanism of Tilapia mosambica Petersand T. homorum Trewawas. Verh. Int. Ver. Theor. Angew. Limnol., 17:719-724.

Cerda, C., Neira, R. and Barria, N. 2003. Genetic and phenotypic parameters for harvest weight, color flesh and fat content in coho salmon (*Oncorthynchus kisutch*). International Association for Genetics in Aquaculture, Genetics in Aquaculture VII, 9-5 November, 2003:102, Puerto Varas, Chile.

Cherfas, N.B. 1981. Gynogenesis in fishes. In: Genetic bases of fish selection, Editor Kirpichnikov, V.S. Springer-Verlag, Berlin, heidelberg, New York, 412 pp.

Chevasuss, B. 1976. Variablite et heritablite des performances de croissance chez la truite arc-en-ciel (*Salmo gairdneri* Richardson), Ann. Genet. Sel. Anim., 18:273-283.

Chevassus, B. 1979. Hybridization in salmonids: Results and prespectivies. Aquaculture, 17:113-128.

Chevassus, B. and Dorson, M. 1990. Genetics of resistance to disease in fishes. Aquaculture, 85:83-107.

Chourrout, D. 1980. Thermal induction of diploid gynogenesis and triploidy in the eggs of the rainbow trout (Salmo gairdneri Richardson). Reproduction Nutrition Development, 20(3A):727-733.

Chourrout, D. 1982a. Gynogenesis caused by ultraviolet irradiation of salmonid sperm. Journal of Experimente Zoology, 223:175-181.

Chourrout, D. 1982b. Tetraploidy induced by heat shocks in the rainbow trout (*Salmo gairdneri* Richardson). Reprod. Nutr. Develop., 2:569-574.

Chourrout, D. 1984. Pressure-induced retention of second polar body and suppression of first cleavage in rainbow trout; production of all-triploids, all-tetraploids, and heterozygous and homozygous diploid gynogenetics. Aquaculture, 36:111-126.

Clayton, G.A. and Robertson, A. 1957. An experimental check on quantitative genetical theory. II. The longterm effects of selection. J. Genet., 55:152-170.

Clifford, S.L., McGinnity, P. and Ferguson, A., 1998a. Genetic changes in an Atlantic salmon population resulting from escaped juvenile farm salmon. J. Fish Biol., 52:118-127.

Clifford, S.L., McGinnit, P. and Ferguson, A., 1998b. Genetic changes in Atlantic salmon (*Salmo salar*) populations of northwest Irish rivers resulting from escapes of adult farm salmon. Can. J. Fish. Aquat. Sci., 55:358-363.

Cnaani, A., Hallerman, E.M., Ron, M., Weller, J.L., Indelman, M., Kahi, Y., Gall, G.A.E. and Hulata, G. 2003. Detection of a chromosomal region with two quantitative trait loci, affecting cold tolerance and fish size, in an F2 tilapia hybrid. Aquaculture, 223:117-128.

Cochrane, W.G. 1951. Improvement by means of selection. Proc. 2nd Berkeley Symp. Math. Stat. Prov. Univ. of California Press, Berkerley. 449-470 pp.

Comstock, R.E., Robinson, H.F. and Harvey, P.H. 1949. A breeding procedure designed to make maximum use of both general and specific combining ability. J. Am. Sci. Agron., 41:360-367.

Connel, J. 1980. Control of fish quality. Fishing News books Ltd, Farnham, Survey, England, 222 pp. University of Agricultural Sciences, 1-13.

Cooper, E.L. 1961. Growth of wild and hatchery strains of brook trouts. Am. Fish Soc., 90:424-438.

Crawford, R.D. 1990. Poultry breeding and genetics. Elsevier, Amsterdam- Oxford- New York-Tokyo. 1123 pp.

Crenshaw, J.W., Jr., Heffeman, P.B. and Walker, R.L. 1991. Heritability for growth rate in the southern bay scallop. *Argopecten irradians* concentricus (Say 1822). Journal of Shellfish Research., 10(1):55-63.

Crenshaw, J.W., Jr., Heffeman, P.B. and Walker, R.I. 1996. Effect of grouout density on heritability of growth rate in the northern quahog, *Mercenaria merce* (Linnae 1758). Journal of Shellfish Research, 15:341-344.

Crollius, H.R., Jaillon, O., Bernot, A., Dasilva, C., Bouneau, L., Fisher, C., Fizames, C., Wincker, P., Brottier, P., Quetier, F., Saufin, W. and Weissenbach, J. 2000. Estimate of human gene number provided by genome-wide analysis using Tetraodon nigrovirudis DNA sequence. Nature America Inc., 25:235-238.

Crow, J.F. and Kimura, M. 1970. An Introduction to population genetics theory, Harper and Row, New York, USA.

Crozier, W.W. 1993. Evidence of genetic interaction between escaped farmed salmon and wild Atlantic salmon (Salmo salar) in a Northern Irish river. Aquaculture 113:19-29.

Darvasi, A. and Soller, M. 1992. Selective genotyping for determination of linkage between a marker locus and a quantitative trait locus. Theoretical and Applied Genetics, 85:353-359.

Darvasi, A. and Soller, M. 1994. Selective DNA pooling for determination of linkage between a molecular marker and a quantitative trait locus. Genetics, 138:1365-1373.

Darwin, C.R. 1859. The origin of species. The Modern Library, New York.

Davidson, W.S. and Koop, B.F. 2003. GRASP: Genomic research on Atlantic Salmon Project. Proc. Genetics in Aquaculture, VIII. 17 pp.

Davis, C.V. 2000. Estimation of narrow-sense heritability for larval and juvenile growth traits in selected and unselected sub-lines of eastern oysters, *Crassostrea virginica*. Journal of Shellfish Research, 19:613.

Demster, E.R. and Lerner, I.M. 1950. Heritability of threshold characters. Genetics, 35:212-236.

Devlin, R.H., Biagi, C.A., Yesaki, T.Y., Smailus, D.E. and Byatt, J.C. 2001. Growth of domesticated transgenic fish. Nature, 409:781-782.

Dey, M.M. and Eknath, A.E. 1996. Current trends in the Asian tilapia industry and the significance of genetically improved tilapia breeds. In: Sustainable Aquaculture: (Edited) Nambiar, K.P.P. and Singh, T. Pings of INDOFISH - Aquatech 1996, International Conference on Aquaculture, Kuala Lumpur, Malaysia, 25-27 Sept. 1996:59-78.

Dickerson, G.E. 1952. Inbred lines for heterosis tests? In: Gown, J.W. (ed.). Heterosis, 330-351. Iowa State College.

Diter, A., Quillet, E. and Chourrout, D. 1993. Suppression of first egg mitosis induced by heat shocks in the rainbow trout. J. Fish Biol., 42:777-786.

Donaldson, L.R. and Olson, P.R. 1955. Development of rainbow trout broodstock by selective breeding. Trans. Am. Fish. Soc., 85:93-101.

Doyle, R.W. 1983. An approach to the quantitative analysis of domestication selection in aquaculture. Aquaculture. 33:167-185.

Doyle, R.W. and Herbinger, C. 1994. The use of DNA fingerprinting for high-density, within-family selection in fish breeding. Proc. 5th World Congress on Genetics Applied to Livestock Production, Guelph, Canada, 19:23-27.

Doyle, R.W. and Talbot, A.J. 1986a. Artificial selection on growth and correlated selection on competitive behavior in fish. Can. J. Fish. Aquat. Sci., 43:1059-1064.

Doyle, R.W. and Talbot, A.J. 1986b. Effective population size and selecetion in variable aquaculture stocks. Aquaculture, 57:27-35.

Dunham, R.A. 1986. Selection and crossbreeding responses for cultured fish. Proc. 3rd World Congress on Genetic Applied to Livestock Production, X:391-400.

Dunham, R.A. 1987. American catfish breeding programs. Proc. World Symp. on selection, hybridisation, and genetic engineering in aquaculture, Bordeaux 27-30 May, 1986, Berlin, 11:407-416.

Dunham, R.A., Brummett, R.E., Ella, M.O. and Smitheman, R.O. 1990. Genotype-environment interactions for growth of blue, channel and hybrid catfish in ponds and cages at varying densities. Aquaculture, 85:143-151.

Dunham, R.A., Warr, G.W., Nichols, A., Duncan, P.L., Argue, B., Middleton, D. and Kucuktas, H. 2002. Enhanced bacterial disease resistances of transgenic Channel catfish Ictalurus *punctatus* possessing cecropin genes. Mar. Biotechnol., 4:338-344.

Edwards, D. and Gjedrem, T. 1979. Genetic variation in survival of brown trout eggs, fry and fingerlings in acidic water. SNSF-project, Norway, FR 16/79, 28 pp.

Ehlinger, N.F. 1977. Selective breeding of trout for resistance to furunculosis. New York Fish and Game Journal, 24:25-36.

Eide, D.M., Linder, R.D., Fjalestad, K., Larsen, H.J.S., Roed, K.H. and Stromsheim, A. 1994. Genetic variation in antibody response to diphtheria toxoid in Atlantic salmon and rainbow trout. Aquaculture, 127:103-113.

Eisen, E.G. 1980. Conclusions from long-term selection. experiments with mice. Z. Tierz chtg. Z chtgsbiol. 97:305-319.

Eknath, A.E. and Acosta, B.O. 1998. Genetic Improvement of Farmed Tilapias(GIFT) Project: final report, March 1988 to December 1997. ICLARM. Makati City.

Eknath, A.E., Bentsen, H.B., Gjerde, B., Tayamen, M.M., Abella, T.A., Gjedrem, T. and Pullin, R.S.V. 1991. Approaches to national fish breeding programs: Pointers from tilapia pilot study. NAGA, The ICLARM Quarterly No 723:10-12.

Eknath, A.E., Dey, M.M., Rye, M., Gjerde, B., Abella, T.A., Sevilleja, R., Tayamen, M.M., Reyes, R.A. and Bentsen, H.B. 1998. Selective breeding of nile tilapia for Asia. Proceedings of the 6th World Congress on Genetics Applied to Livestock Production, 27:89-96.

Eknath, A.E., Tayamen, M.M., Palada-de Vera, M.S., Danting, J.C., Reyes, R.A., Dinosio, E.E., Capili, J.B., Bolivar, H.L., Abella, T.A., Circa, A.V., Bentsen, H.B., Gjerde, B., Gjedrem, T. and Pullin, R.S.V. 1993. Genetic improvement of farmed tilapia: the growth performance of eight strains of *Oreochromis niloticus* tested in different farm environments. Aquaculture, 111:171-188.

El-Ibiary, H.M. and Joyce, J.A. 1978. Heritability of body traits, dressing weight and lipid content in channel catfish. J. Anim. Sci., 47:82-88.

Ellegren, H. and Fridolfsson, A.K. 2003. Sex-Specific mutation rates in salmonid fish. J. Mol.

Evol., 56:458-463.

Elvingson, P. 1992. Estimates of phenotypic and genetic parameters of carcass lipid content on rainbow trout (*Oncorhynchus mykiss*) based on specific gravity measurements. Dr. Thesis. Swedish University of Agricultural Sciences, 1-10.

Elvingson, P. and Nilsson, J. 1992. Phenotypic and genetic parameters of body and compositional traits in Arctic char (*Salvelinius alpinus*). Dr. Thesis, Swedish University of Agricultural Sciences, 1-13.

Embody, G.C. and Hyford, C.D. 1925. The advantage of rearing brook trout fingerlings from selected breeders. Trans. Amer. Fish. Soc., 55:135-138.

Enfield F.D. 1974. Recurrent selection and response plateaus. In: Proceedings of the First World Congress on Genetics Applied to Livestock Production, Madrid, 1:365-371.

Enfield, F.D. 1979. Long term effects of selection; the limits to response. In proceedings of a symposium on "Selection experiments in laboratory and domestic animals". Commonwealth Agric. Bureaux, 69-86.

Enfield, F.D. 1988. New sources of variation. In: Proceedings of the Second International Conference on Quantitative Genetics, 215-218. Sinauer, Sunderland, MA.

Estoup, A., Gharbi, K., SanCristobal, M., Chevalet, C., Haffray, P. and Guyomard, R. 1998. Parentage assignment using microsatellites in turbot (*Scophthalmus maximus*) and rainbow trout (*Oncorhynchus mykiss*) hatchery populations. Can. J. Fish Aquat. Sci., 55:715-725.

Evans, F., Matson, S., Brake, J. and Langdon, C. 2004. The effect of inbreeding on performance traits of adult Pacific oysters (*Crassostrea gigas*). Aquaculture, 230:89-98.

Falconer, D.S. 1955. Patterns of response in selection experiments with mice. Cold Spring Harbor Symp. Quant. Biol., 20:178-196.

Falconer, D.S. 1960. Introduction to Quantitative Genetics. Oliver and Boyd, Edinburgh, 365.

Falconer, D.S. 1965. The inheritance of liability to certain diseases, estimated from the incidence among relatives. Ann. Hum. Genet., 29:51-76.

Falconer, D.S. 1981. Introduction to quantitative genetics. Second edition. 340. Longman, London and New York.

Falconer, D.S. and Mackay, T.F.C. 1996. Introduction to quantitative genetics. Longman, Essex CM20 2JE, England, 464.

FAO, 2003. FAO Yearbook. Fishery statistics, Aquaculture production. Vol. 92/2 2001, 86.

Feist, G., Yeoh, C.G., Fitzpatrick, M.S. and Schreck, C.B. 1995. The production of functional sex-reversed males rainbow trout with 17a-methyltestosterone and 11b-hydroxyandrostenedione. Aquaculture, 131:145-152.

Ferguson, A., Taggart, J.B., Prodohl, P.A., McMeel, O., Thomson, C., Stone, C., McGinnity, P. and Hynes, R.A. 1995. The application of molecular markers to the study and conservation of fish populations, with special reference to Salmo. J. Fish Biol., 47(Suppl.A):103-126.

Fernando, R. and Grossman, M. 1988. Marker assisted selection using best linear unbiased prediction. Genetics Selection Evolution, 21:467-477.

Fevolden, S.E., Roed, K.H. and Gjerde, B. 1994. Genetic Components of Post-Stress Cortisol and Lysozyme Activity in Atlantic Salmon: Correlations to Disease Resistance. Fish & Shellfish Immunology, 4:507-519.

Fimland, E. 1979. The effect of selection on additive genetic parameters. Zeitschrift fur Tiezuchtung und Zuchtungsbiologie, 96:120-134.

Fjalestad, K.T., Gjedrem, T., Carr, W.H. and Sweeney, J.N. 1997. Final report: The shrimp breeding program Selective breeding of *Penaeus vannamei*. AKVAFORSK, Report no. 17/97, 85 pp.

Fjalestad, K.T., Gjedrem, T. and Gjerde, B. 1993. Genetic improvement of disease resistance in fish: an overview. Aquaculture, 111:65-74.

Fjalestad, K.T., Gjedrem, T., Lund, T., Roed, K.H. and Refstie, T. 1994. Immune parameters as indirect selection criteria against furunculosis. In manuscript.

Fjalestad, K.T., Larsen, H.J.S. and Roed, K.H. 1996. Antibody response in Atlantic salmon (Salmo salar) against Vibrio anguillarum and Vibrio salmonicida O-antigens: Heritabilities, Genetic correlations and correlations with survival. Aquaculture, 145:77-89.

Fleming, I.A., Jonsson, B., Gross, M.R. and Lamberg, A. 1996. An experimental study of the reproductive behaviour and success of farmed and wild Atlantic salmon (Salmo salar). J. Appl. Ecology, 33:893-905.

Fleming, I.A., Lamberg, A. and Jonsson, B. 1997. Effects of early experience on the reproductive performance of Atlantic salmon. Behavioral Ecology, 8:470-480.

Flynn, F.M.O., Bailey, J.K. and Friars, G.W. 1999. Response to two generations of index selection in Atlantic salmon (Salmo salar). Aquaculture, 173:143-147.

Fosil, L. and Chourrout, D. 1992. Chromosome doubling by pressure treatments for tetraploidy and mitotic gynogenesis in rainbow trout, *Oncorhynchus mykiss* (Walbaum): RE-examination and improvements. Aquacult. Fish. Manage., 23:567-575.

Frankel, O.H. and Soul . 1981. Conservation and evaluation. Cambridge Univ. Press, Cambridge.

Frankenhauser, G. 1945. The effect of changes in chromosome numbers on amphibian development. Q. Rev. Biol., 20:20-78.

Fredrich, F. and Reuter, W. 1982. Hinweis zur weiteren Verbesserung der kunstliche Vermehrung der Regenbogenforelle Salmo gairdnerii R. Binnenfisch. DDR 29(5):146-150.

Freeman, A.M. 1993. The measurement of environmental and resource values: Theory and methods. Resources for the future. Washington DC, 516.

Friars, G.W. 1993. Breeding Atlantic salmon: A primer. ASF, St. Andrews, NB, 13.

Friars, G.W., Bailey, J.K. and Saunders, R.L. 1979. Considerations of a method of analysing diallel crosses of Atlantic salmon. Can. J. Genet. Cytol., 21:121-128.

Galbreath, P.F. and Thorgaard, G.H. 1995. Saltwater performance of all female triploid Atlantic salmon. Aquaculture, 138:77-85.

Gall, G.A.E. 1972. Phenotypic and genetic components of body size and spawning performance. In Progress in Fishery and Food Science, R.W. Moor (Editor). Univ. of Washington Publications in fisheries, New Series Vol: 5 univ. of Washington, Seattle, Wa.

Gall, G.A.E. 1974. Influence of size of eggs and age of female on hatchability and growth in rainbow trout. Calif. Fish. Game., 60:26-35.

Gall, G.A.E. 1975. Genetic of reproduction in domesticated rainbow trout. J. Anim. Sci., 40:19-28.

Gall, G.A.E. 1990. Basis for evaluating breeding plans. Aquaculture, 85:125-142.

Gall, G.A.E. and Bakar, Y. 2002. Application of mixed-model techniques to fish breed improvement: analysis of breeding-value selection to increase 98-day body weight in tilapia. Aquaculture, 212:93-113.

Gall, G.A.E., Baker, Y. and Famula, T. 1993. Estimating genetic change f개m selection. Aquaculture, 111:75-88.

Gall, G.A.E. and Huang, N. 1988a. Heritability and selection schemes for rainbow trout: body weight. Aquaculture, 73:43-56.

Gall, G.A.E. and Huang, N. 1988b. Heritability and selection schemes for rainbow trout: Female reproductive performance. Aquaculture, 73:57-66.

Gardner, E.J. and Snustad, D.P. 1981. Principles of genetics. John Wiley and Sons, New York, Chichester, Brisbane, Toronto, Singapore, 611.

Garcia, D., Carleos, C., Parra, D. and Canon, J. 2002. Sib-parentage testing using molecular markers when parents are unknown. Animal Genetics, 33:364-371.

Gervai, J., Peter, S., Nagy, A., Horvath, L. and Csanyi, V. 1980. Induced triploidy in carp, *Cyprinus carpio* L. J. Fish. Bio., 17:667-671.

Gjedrem, T. 1967. Selection indexes compared with single trait selection. 1. The efficiency of including correlated traits. Acta Agric. Scand., 17:263-268.

Gjedrem, T. 1976. Genetic variation in tolerance of brown trout to acid water. SNSF - project, Norway, FR 5/76, 11.

Gjedrem, T. 1979a. Selection for growth rate and domestication in Atlantic salmon. Z. Tierz Zuechtungsbiol., 96:56-59.

Gjedrem, T. 1979b. Farming of salmon and trout. (oppdrett av laks og aure). Landbruksforlaget, Oslo, 332pp.

Gjedrem, T. 1983a. Genetic variation in a quantitative traits and selective breeding in fish and shellfish. Aquaculture, 33:51-72.

Gjedrem, T. 1983b. Possibilities for genetic changes in the salmoides. Roczniki nauk rolniczych, 3:65-78.

Gjedrem, T. 1985. Improvement of productivity through breeding schemes. GeoJournal, 10(3):233-241.

Gjedrem, T. 1992. Breeding plan for rainbow trout. Aquaculture, 100:73-83.

Gjedrem, T. 1995a. Genetics and breeding for aquaculture. (Genetikk og avlslære for akvakultur). Landbruksforlaget, 112.

Gjedrem, T. 1995b. Diseases and parasites in fish. Genetic improvement of resistance. GIFT, Final Report (March 1988 to December 1997). ICLARM publication: Attachment 11:27.

Gjedrem, T. 1997a. Flesh quality improvement in fish through breeding. Aquaculture International, 5:197-206.

Gjedrem, T. 1997b. Selective breeding to improve aquaculture production. World Aquaculture, 28(1):33-45.

Gjedrem, T. 1998. Developements in fish breeding and genetics. Acta Agric. Scand., Sect. A. Animal Sci., 28:19-26.

Gjedrem, T. and Aulstad, D. 1974. Selection experiments with salmon. I. Differences in resistance to vibrio disease of salmon parr (*Salmo salar*). Aquaculture, 3:51-59.

Gjedrem, T. and Fimland, E. 1995. Potential benefits from high health and genetically improved shrimp stocks. Proc. of the Special Session on Shrimp Farming: Swimming through troubled water. The World Aquaculture Society, February 1-4 1995, San Diego, California:60-65.

Gjedrem, T. and Fjalestad, K.T. 1997. Body weight distribution of Atlantic salmon parr during domestication. AKVAFORSK, manuscript, 14 pp.

Gjedrem, T. and Gjøen, H.M. 1995. Genetic variation in susceptibility of Atlantic salmon, Salmo salar L., to furunculosis, BKD and coldwater vibriosis. Aquaculture Research, 26:129-134.

Gjedrem, T., Gjøen, H.M. and Gjerde, B., 1991. Genetic origin of Norwegian farmed Atlantic salmon. Aquaculture, 98:41-50.

Gjedrem, T., Gjøen, H.M., Hardjamulia, A., Sudarto, Ir., Widiaty, A., Gustiano, R., Kristanto, A.H., Emmawati, L. and Hadie, W. 1997. Breeding plan for Nile tilapia in Indonesia: Individual (mass) selection. INGA, ICLARM, Report No. 4:11 pp.

Gjedrem, T., Refsite, T. and Gjerde, B. 1987. A review of quantitative genetic research in salmonids at AKVAFORSK. Second Int. Conference on Quantitative Genetics: 527-535.

Gjedrem, T., Salte, R. and Gjøen, H.M. 1991. Genetic variation in susceptibility of Atlantic salmon to furunculosis. Aquaculture, 97:1-6.

Gjerde, B. 1984a. Response to individual selection for age at sexual maturity in Atlantic salmon. Aquaculture, 38:229-240.

Gjerde, B. 1984b. Variation in semen production of farmed Atlantic salmon and rainbow trout. Aquaculture, 40:109-114.

Gjerde, B. 1986. Growth and reproduction in fish and shellfish. Aquaculture, 57:37-55.

Gjerde, B. 1987. Predicting carcass composition of rainbow trout by computerized tomography. J. Anim. Breed. Genet., 104:121-136.

Gjerde, B. 1988. Complete diallele cross between six inbred groups of rainbow trout, Salmo gairdneri. Aquaculture, 75:71-87.

Gjerde, B. 1991. Breeding theory, salmon and rainbow trout. (Avlslære, laks og regnboge aure). Landbruksbokhandelen, Norway. ISBN 82-557-0374-8.

Gjerde, B. 2003. Genetic markers for practical assignment in fish breeding programs. International Association for Genetics in Aquaculture, Genetics in Aquaculture, Genetics in Aquaculture VIII. 9-15 November 2003:75, Puerto Varas, Chile.

Gjerde, B. and Gjedrem, T. 1984. Estimates of phenotypic and genetic parameters for carcass traits in Atlantic salmon and rainbow trout. Aquaculture, 36:97-110.

Gjerde, B., Gjøen, H.M. and Villanueva, B. 1996. Optimum designs for fish breeding programmes with constrained inbreeding. Mass selection for a normally distributed trait. Livestock Production Science, 47:59-72.

Gjerde, B., Gunnes, K. and Gjedrem, T. 1983. Effect of inbreeding on survival and growth rate. Aquaculture, 34:327-332.

Gjerde, B. and Korsvoll, A. 1999. Realized selection differentials for growth rate and early sexual maturity in Atlantic salmon. Abstracts, Aquaculture Europe 99, Trondheim, Norway, August 7-10:73-74.

Gjerde, B., Mahapatra, K.D., Reddy, P.V.G.K., Saha, J.N., Jana, R.K. and Rye, M. 2004. Genetic parameters for growth of rohu carp (Labeo rohita). Aquaculture, in manuscript.

Gjerde, B. and Reddy, P.V.G.K. 1996. Results from the project selective breeding of rohu. Final Workshop on Selective Breeding of Rohu. An Indo-Norwegian Collaborative Project CIFA and AKVAFORSK, 21st and 22nd March, 1996. CIFA. Orissa, India.

Gjerde, B., Reddy, P.V.G.K., Rye, M., Mahapatra, K.D., Saha, J.N., Jana, R.K., Gupta, S.D., Sahu, M., Lenka, S. and P. Govindassamy, P. 1999. Average heterosis for growth and survival in two diallel crosses with four stocks of rohu carp, (*Labeo rohita*). European Aquaculture Society, Special.

Gjerde, B. and Refstie, T. 1984. Complete diallel cross between five strains of Atlantic salmon. Livest. Prod. Sci., 11:207-226.

Gjerde, B. and Rye, M. 1997. Design of breeding programs in aquaspecies - Possiblities and constraints. Genetics and breeding of Mediterranean aquaculture species. Proc. of the seminar of the CIHEAM Network on Technology of Aquaculture in the Mediterranean (TECAM). jointly organized by CIHEAM and FAO, Zaragoza, Spain. Options Mediterr. 34:181-192. ISSN:1022-1379.

Gjerde, B., Rorer, J.E., Lein, I., Stoss, J. and Refstie, T. 1997. Heritability for body weight in farmed turbot. Aquaculture International, 5:175-178.

Gjerde, B. and Schaeffer, L.R. 1989. Body traits in rainbow trout. II. Estimates of heritabilities and phenotypic and genetic correlations. Aquaculture, 80:25-44.

Gjerde, B., Terjesen, B.F., Barr, Y., Lein, I. and Thorland, I. 2004. Genetic variation for juvenile growth and survival in Atlantic cod(*Gadus morhua*).Aquaculture, 236:167-177.

Gjerde, B., Villanueva, B. and Bentsen, H.B., 2002. Opportunities and challenges in designing sustainable fish breeding programs. In: Proc. of the 7th World Congress on Genetics Applied to Livestock Production, Montpellier, France, 30:461-468.

Gjøen, H.M. 1996. Studies on estimation of genetic parameters and design of optimal breeding schemes for survival traits in Atlantic salmon. Ph thesis at Agricultural University of Norway. 79 pp.

Gjøen, H.M. and Bentsen, H.B. 1997. Past, present and future of genetic improvement in salmon aquaculture. ICES J. Marine Sci. 54:1009-1014.

Gjøen, H.M., Gjedrem, T. , Hardjamulia, A., Sudarto, Ir., Widiaty, A., Gustiano, R., Kristanto, A.H., Emmawati, L. and Suparta, M. 1997. Breeding plan for common carp in Indonesia: Combined multitrait selection. INGA, ICLARM, Report No. 5:12 pp.

Gjøen, H.M. and B. Gjerde. 1998. Comparing breeding schemes using individual phenotypic values and BLUP breeding values as selection criteria. Proc. 6th World Congress on Genetics Applied to Livestock Production 111-114.

Gjøen, H.M., Storebakken, T., Austreng, E. and Refstie, T. 1993. Genotypes and nutrient utilization. Fish Nutrition in Practise, Blarritz (France), June 24-27, 1991. Ed. INRA, Paris (Les Colloques, n61), 19-26 pp.

Goddard, M.E. and Hayes, B.J. 2002. Optimisation of selection response using molecular data. Proc. 7th World Congress on Genetics Applied to Livestock Production. Montpellier, France.

Godin, D.M., Carr, W.H., Hagino, G., Segura, F., Sweeney, J.N. and Blankenship, L. 1996. Evaluation of a fluorescent elastomer internal tag in juvenile and adult shrimp *Penaeus vannamei*. Aquaculture, 139:243-248.

Gold, J.R. 1970. Cytogenetics. In "Fish Physiology" (Editor: Hoar, W.S. Randall, D.J. and Brett, J.R.), 8:353-405. Academic Press, New York.

Gold J.R. and Avise, J.C. 1976. Spontaneous triploidy in the California roach *Hesperoleucus symmetricus* (Pisces: Cyprinidae). Cytogenet. and Cell Genet., 17:144-149.

Golovinskaya, K.A. 1968. Genetics and selection of fish and artificial gynogenesis of the carp (Cyprinus carpio). FAO Fisheries Reports, (44)4:215-222.

Gow, R.S. and Fairfull, R.W. 1990. Genetics controls in selection. In "Poultry Breeding and Genetics", 935-954 pp., Editor Crawford, R.D., Elsevier, Amsterdam, Netherlands.

Grundy, B., Villanueva, B. and Woolliams, J.A. 2000. Breeding and genetics - Dynamic selection for maximizing response with constrained inbreeding in schemes with overlapping generations. Anim. Sci., 70:373-382.

Gunnes, K. and Gjedrem, T. 1978. Selection experiments with salmon. IV. Growth of Atlantic salmon during two years in the sea. Aquaculture, 15:19-23.

Gunnes, K. and Gjedrem, T. 1981. A genetic analysis of body weight and length in rainbow trout reared in sea water for 18 months. Aquaculture, 24:161-174.

Gunnes, K. and Refstie, T. 1980. Cold branding and fin-clipping for marking of salmonids. Aquaculture, 19:295-299.

Cunsett, F.C. 1986. Problems associated with selection for traits defined as a ratio of two component traits. In: Proc. of the 3rd World Congress on Genetics Applied to Livestock Production, Univ. Nebraska, Lincoln, Nebraska, USA., 11:437-442.

Guo, X., DeBrosse, G.A. and Allen, S.K. 1996. All-triploid Pacific oysters (Crassostrea gigas Thunberb) produced by mating tetraploids and diploids. Aquaculture, 142:149-164.

Gupta, M.V. and Acosta, B.O. 2001. Networking in aquaculture genetics research, p.1-5. In. M.V. Gupta and B.O. Acosta(eds.), Fish genetics research in member countries and institutions at the International Network on Genetics in Aquaculture, ICLARM Conf. Proc. Penang.

Hadley, N.H., Dillon, R.F.Jr. and Manzi, J.J. 1991. Realized heritability of growth rate in the hard clam *Mercenaris mrcenaris*. Aquaculture, 93:109-119.

Haldane, J.B.S. 1919. The combination of linkage values and the calculation of distances between linked factors. J. Genet., 8:299-309.

Haldane, J.B.S. 1946. The interaction of nature and nurture. Ann. Eugen. 13:197.

Hale, E.B. 1969. Domestication and evolution of behavior. In: E.S.E. Hafez (Editor), The behavior of domestic animals. Ballier, Tindall and Castell, London, 22-42.

Haley, L.E. and Newkirk, G.E. 1982. The genetics in growth rate of *Crassostrea virginia* and *Ostrea edulis*. Malaclogia, 22:399-401.

Haley, L.E., Newkirk, G.F., Waugh, D.W. and Doyle, R.W. 1975. A report on the quantitative genetics of growth and survivalship of the American oyster, *Crassostera virginica* under laboratory conditions, In: 10th Eur. Symp. Mar. Biol. Ostend, Belium, 17-23:221-228.

Hallermann, E.M. and Beckmann, J.S. 1988. DNA-level polymorphism as a tool in fisheries science. Can. J. Fish. Aquat. Sci., 45:1075-1087.

Hammond, J. 1947. Conservation of domestic diversity: global overview. In: Proceeding of the 5th World Congress on Genetics Applied to Animal Production, Guelph, Canada, 21:423-430.

Hanke, A.R., Friars, G.W., Saunders, R.L. and Terhune, J.M. 1989. Family x photoperiod interaction on growth in juvenile Atlantic salmon, Salmo salar. Genome, 32(6):1105-1112.

Hanocq, E., Boichard, D. and Foulley, J.L. 1996. A simulation study of the effect of connectedness on genetic trend. Genet Sel Evol., 28:67-82.

Hard, J.J. and Herschberger, W.K. 2002. Research on quantitative genetic consequences of captive broodstock programs for Pacific salmon populations. Annual report to Bonneville Power Administraion, P.O. Box 3621, Portland, OR 97208-3621.

Hardy, G.H. 1908. Discussion and correspondence: Mendelian proportions in a mixed population. Science, 28:49-50.

Harvey, W.R. 1964. Computing procedures for g generalized last square analysis program. Paper presented at the Analysis of Variance Conference, Colorado State University, Fort Collins, Colo. 50.(mimeographed).

Haskin, H.H. and Ford, S.E. 1979. Development of resistance to Minchinia nelsoni (MSX) mortality in laboratory reared and native oyster stocks in Deleware Bay. Mar. Fish. Rev., 41:54-63.

Hayes, B. and Goddard, M.E. 2001. The distribution of the effect of genes affecting quantitative traits in livestock. Genet. Sel. Evol., 33:209-229.

Hazel, L.N. 1943. The genetic basis for constructing selection indexes. Genetics, 28:476-490.

Hazel, L.N. and Lush, J.L. 1942. The efficiency of three methods of selection. J. Hered., 33:393-399.

He, M., Lin, T., Shen, Q., Jianxin, J. and Jiang, W. 2000. Production of tetraploid pearl oyster (Pinctada martensii Dunker) by inhibiting the first polar body in eggs from triploids. J. Shellfish Res., 19:147-151.

Hadley, N.H., Dillon, R.T.Jr. and Manzi, J.J. 1991. Realized heritability of growth rate in the hard clam Mercenaris mercenaria. Aquaculture, 93:109-119.

Hackett, P.B. 1993. The molecular biology of transgenic fish. In: hochachka and Mommsen (eds.) Biochemistry and molecular biology of fishes. Vol. 2, Elsevier Sci. Publ.

Heffeman, P.B., Walker, R.L. and Romu, M. 1993. Second heritability estimate of growth rate in the southern bay scallop, Argopecten irradians concentricus (Say 1822), J. Shellfish Res., 12(1):151.

Heggberget, T.G., Johnsen, B.O., Hindar, K., Jonsson, B., Hansen, L.H., Hvidsten, N.A. and Jensen, A.J. 1993. Interactions between wild and cultured Atlantic salmon: a review of the Norwegian experience. Fish. Res., 18:123-146.

Helland, S.J., Grisdale-Helland, B. and Nerland, S. 1996. A simple method for measurement of daily feed intake of groups of fish in tanks. Aquaculture, 139:157-163.

Henderson, C.R. 1949. Estimation of changes in herd environment (abstract). Journal of Dairy Science, 32:709.

Henderson, C.R. 1950. Estimation of genetic parameters. Annals of Mathematical Statistics, 21:309-310.

Henderson, C.R. 1953. Estimation of variance and covariance components. Biometrics, 9:226-252.

Henderson, C.R. 1963. Selection index and expected genetic advance. NAS-NRC. 982.

Henderson, C.R. 1973. Sire evaluation and genetic trends. In: Proceedings of the Animal Breeding and Genetics Symposium in Honour of J.L. Lush. American Society for Animal Science, Blackburgh, Champaign, Illinois, 10-41 pp.

Henderson, C.R. 1975. Best linear unbiased estimation and prediction under a selection model. Biometrics, 31:423-437.

Henderson, C.R. 1976. A simple method for computing the inverse of a numerator relationship matrix used in predicting of breeding values. Biometrics, 32:69-83.

Henderson, C.R. 1984. Application of Linear Models in Animal Breeding. University of Guelph Press, Guelph, Canada.

Heringstad, B. 2001. Liability to clinical mastitis. J. Dairy Sci., 84(II):2337-2346.

Hershberger, W.K., Meyers, J.M., McAuley, W.C. and Saxton, A.M. 1990. Genetic changes in growth of coho salmon (*Oncorhynchus kisutch*) in marine netpens, produced by ten years of selection. Aquaculture, 85:187-197.

Hertwig, O. 1911. Die radiumkrankheit tierischen Kiemzellen. Archiv fur Mikroskopische Anatomie und Entwicklungsmechanik, 77:1-97.

Hetzel, D.J.S., Crocos, P.J., Davis, G.P., Moore, S.S. and Preston, N.C. 2000. Response to selection and heritability for growth in the Kuruma prawn, *Penaeus japanicus*. Aquaculture, 181:215-223.

Hew, C.L., Fletcher, G.L. and Davies, P.L. 1995. Transgenic salmon: tailoring the genome for food production, 1995. J. Fish. Biol., 47(Suppl.A):1-19.

Hickling, C.F. 1962. Fish culture. Faber and Faber, London.

Hindar, K., Ryman, N. and Utter, F. 1991. Genetic effects of cultured fish on natural fish populations. Canadian J. Fish. and Aqua. Sci., 48:945-957.

Holmefjord, I. 1986. DNA-measuring and induction of triploidy in Atlantic salmon and rainbow trout. (DNA-mailing og induksjon av triploidi hos laks og regnbueorret). 1. Flow cytometric DNA-analysis of some salmonid species, hybrids and induced triploids. 2. Optimization of heat shock treatment for induction of triploidy in Atlantic salmon (Salmo salar) compared to rainbow trout (*Salmo gairdneri*). Msc. thesis, Department of Fisheries Biology, University of Bergen, Norway, 66pp.

Howe, A. and Kocher, T.D. 2003. Comparitive mapping of a QTL for red body colour in Tilapia. Aquaculture Workshop, January 2003, San Diego.

Huang, C.M. and Liao, I.C. 1990. Response to mass selection for growth rate in *Oreochromis niloticus*. Aquaculture, 85:199-205.

Hung, S.S.O., Storebakken, T., Cui, Y., Tian, L. and Einen, O. 1997. High-energy diets for white sturgeon, *Acipenser transmontanus* Richardson. Aquacult. Nutr., 3:281-286.

Hubbs, C.L. and Hubbs, L.C. 1932. Apparent parthenogenesis in nature, in a form of fish of hybrid origin. Science, NY, 76:628-630.

Huitfeldt-Kaas, H. 1946. Tribes of salmon in Norway. Nytt Mag. Naturvidensk, B85:115-159.

Hulata, G. 1995. A review of genetic improvement of the common carp (*Cyprinus carpio L.*) and other cyprinids by crossbreeding, hybridisation and selection. Aquaculture, 129:143-155.

Hulata, G. 2002. Genetic manipulations in aquaculture: a review of stock improvement by classical and modern technologies. Genetica, 111:155-173.

Hulata, G., Wohlfarth, G.W. and Halevy, A. 1986. Mass selection for growth rate in the Nile tilapia (Oreochromis niloticus). Aquaculture, 57:177-184.

Hulata, G.A. and Donaldson, E.M. 1983. Hormonal sex control and its application to fish culture, in Fish Physiology (eds Hoar, W.S., Randall, D.J. and Donaldson), Academic Press, New York, 9B:223-303.

Hussain, M.G., Chatterji,A., McAndrew, B.J. and Johnstone, R. 1991. Triploidy induction in Nile tilapia, *Oreochromis niloticus L.* using pressure, heat and cold shocks. Theoretical and Applied Genetics. 81:6-12.

Husain, M.G., McAndrew, B.J., Penman, D.j. and Sodsuk, P. 1994. Estimating gene-centromere recombination frequencies in gynogenetic diploids of *Oreochromis niloticus* (L)., using allozymes, skin colour as a putative sex-determination locus (SLD-2). In: genetics and evolution of aquatic organisms Edited by Beaumont, A.R., Beaumont. Chapman and hall, London, UK. 502-508pp.

Hussain, M.G., Rao, G.P.S., Humayun, N.L., Randall, C.F., Penman, D.J., Kime, D., Bromage, N.R. and McAndrew, B.J. 1995. Comparative performance of growth, biochemical composition and endocrine profiles in diploid and triploid *Oreochromis niloticus L.* Aquaculture, 138:87-98.

Hyperdictionary, 2003. http://www.hyperdictionary.com/

Ibarra, A.M., Ramirez, J.L., Ruiz, C.A., Cruz, P. and Avila, S. 1999. Realized heritabilities and genetic correlation after dual selection for total weight and shell width in catarinal scallop (Argopecten ventricosus). Aquaculture, 175:227-241.

Isaksson, A. 1988. Salmon ranching: a World Review. Aquaculture, 75:1-33.

Iwamoto, R.N., Myers, J.M. and Hershberger, W.K. 1990. Heritability and genetic correlations for flesh coloration in pen-reared coho salmon. Aquaculture, 86:181-190.

Jarayabhand, P. and Thavornyutikarn, M. 1995. Realized heritability estimation on growth rate of oyster, Succostrea cucullata born, 1778. Aquaculture, 138:111-118.

Jarimopas, J. 1988. Realized response of Thai red tilapia to weight-specific selection for growth (3rd-5th generations). NACA, Bangkok, 13pp.

Jarimopas, P. 1990. Realized response of Thai red tilapia to 5 generations of size-specific selection for growth. Proceedings of the second Asian fisheries forum, Tokyo, Japan, 17-22/4:1990, 519-522.

Jobling, M., Arnesen, A.M., Baadsvik, B.M., Christiansen, J.S. and Jorgensen, E.H. 1995. Monitoring feeding behaviour and food intake: methods and applications. Review article.

Aquacult. Nutr., 1:131-143.

Johnstone, R. 1985. Induction of triploidy in Atlantic salmon by heat shock. Aquaculture, 49:133-139.

Johnston, W.L., Atkinson, J.L. and Glanville, N.T. 1994. A technique using sequential feedings of different coloured foods to determine food intake by individual rainbow trout, *Oncorhynchus mykiss*: effect of feeding level. Aquaculture, 120:123-133.

Johnstone, R. and Youngson, A.F. 1984. The progeny of sex-inverted female Atlantic salmon (*Salmo salar L.*) Aquaculture, 37:179-182.

Jonasson, J. 1984. Comparison of sexual maturation between diploid and triploid rainbow trout (*Salmo gairdneri*). Msc. thesis, Agricultural University of Norway, 43pp.

Jonasson, J. 1993. Selection experiments in salmon ranching: I. Genetic and environmental sources of variation in survival and growth in freshwater. Aquaculture, 109:225-236.

Jonasson, J. 1994. Selection experiments in Atlantic salmon ranching. Phd thesis at Agricultural University of Norway, 97.

Jonasson, J., Gjerde, B. and Gjedrem, T. 1997. Genetic parameters for return rate and body weight of sea-ranched Atlantic salmon. Aquaculture, 154:219-231.

Jonasson, J., Stefansson, S.E., Gudnason, A. and Steinarsson, A. 1999. Genetic variation for survival and shell length of cultured red abalone (Haliotis rufescens) in Iceland. J. of Shellfish Res., 18(2):621-625.

Jonsson, N., Hansen, L.P. and Jonsson, B. 1991. Variation in age, size and repeat spawning of adult Atlantic salmon in relation to river discharge. J. Anim. Ecol., 60:937-947.

Kackar, R.N. and Harville, D.A. 1984. Unbiasedness of two-stage estimation and prediction procedures for mixed linear models. Comm. in Stat. A10:1249.

Kallman, K.D. 1962. Gynogenesis in the teleost, *Mollienesial formosa*, (Girard), with a discussion of the detection of parthegonesis in vertebrates by tissue transplantation. J. Genet., 58:7-24.

Kallman, K.D. 1965. Genetics and geography of sex determination in the poeciliid fish. *Xiphophorus maculatus*. Zoologica, 50:151-190.

Kanis, E., Reftie, T. and Gjedrem, T. 1976. A genetic analysis of egg, alevin and fry mortality in salmon (*Salmo salar*), sea trout (*Salmo trutta*) and rainbow trout (*Salmo gairdneri*). Aquaculture, 8:259-268.

Kause, A., Ritola, O., Paananen, T., Mantysaari, E. and Eskelinen, U. 2002. Coupling body weight and its composition: a quantitative genetic analysis in rainbow trout. Aquaculture, 211:65-79.

Kause, A., Ritola, O., Paananen, T., Mantysaari, E. and Eskelinen, U. 2003. Selection against early maturity in large rainbow trout Oncorhynchus mykiss: the quantitative genetics of sexual dimorphism and genetype-by environment interactions. Aquaculture, 228:53-68.

keightley, P.D. 1998. Genetic basis of response to 50 generations of selection on body weight in inbred mice. Genetics, 148:1931-1939.

Kennedy B.W. and Trus, D. 1993. Considerations of genetic connetedness between management units under and animal model. A. Anim. Sci., 71:2341-2352.

Kennedy B.W., van der Werf, J.H.L. and Meuwisson. T.H.E. 1993. Genetic and statistial properties of residual intake. J. Anim. sci., 71:3239-3250.

Kent, M. 1990. Hand-held instrument for fat/water determination in whole fish. Food Control, 1:47-53.

Kimura, M. 1970. Stochastic processes in population genetics, with special references to distribution of gene frequencies and probability of gene fixation, 178–209 pp. In: Kojima, K. (ed.) Mathematical topics in population genetics. Springer Velag, Berlin–Heidelberg–New York.

Kerr, R.J., Goddard, M.E. and Jarvis, S.F. 1998. Maximising genetic response in tree breeding with constraints on group coancestry. Silvae Genetics, 47:2–3.

Kincaid, H.L. 1976a. Effects of inbreeding on rainbow trout populations. Trans. Am. Fish. Soc., 105:273–280.

Kincaid, H.L. 1976b. Inbreeding in rainbow trout (*Salmo gairdneri*). J. Fish. Res. Board Can., 33:2420–2426.

Kincaid, H.L., Bridges, W.R. and Von Limbach, B. 1977. Three generations of selection for growth rate in fall spawning rainbow trout. Trans. Am. Fish. Soc., 106:621–629.

Kinghorn, B.P. 1981. Quantitative genetics in fish breeding. Ph. D. Thesis, University of Edinburgh, Edinburgh, 142.

Kinghorn, B.P. 1983a. A review of quantitative genetics in fish breeding. Aquaculture, 31:283–304.

Kinghorn, B.P. 1983b. Genetic variation in food conversion efficiency and growth in rainbow trout. Aquaculture, 32:141–155.

Kirpichnikov, V.S. 1970. Goals and methods in carp selection. In selective breeding of carp and intensification of fish breeding in ponds, Kirpichnikov, V.S. (Editor). Israel program for scientific translations, Jerusalem, Israel.

Kirpichnikov, V.S. 1972. Methods and effectiveness of breeding the Ropshian carp. Communication I. Purpose of breeding, initial forms, and system of crosses Soc. Genet., 8:996–1001.

Kirpichnikov, V.S., 1981. Genetic basis of fish selection. Springer Verlag, Berlin–Heidelberg–New York. 410pp.

Kirpichnikov, V.S., Ilyassov, Y.I., Shart, L.A., Vikhman, A.A., Ganchenko, M.V., Ostashevsky, L.A., Smirnov, V.M., Tikhonov, G.F. and Tjurin, V.V. 1993. Selection of krasnodar common carp (*Cyprinus carpio L.*) for resistance to dropsy: principal results and prospects. Aquaculture, 111:7–20.

Klupp, R., Heil, G. and Pirchner, F. 1978. Effects of interaction between strains and environment on growth traits in rainbow trout (*Salmo gairdneri*). Aquaculture, 14:271–275.

Knibb, W.R. 2000. Genetic improvement of marine fish– which method for industry? Aquaculture Research, 31:11–23.

Knibb, W.R., Gorshkova, G. and Gorshkov, S. 1997. Growth of strains of gilhead seabream Sparus aurata L. Israeli. Journal of Aquaculture bamidgeh, 49:57–66.

Knott, S.A. and Haley, C.S. 1992. Maximum likelihood mapping of Quantitative trait loci using full–sib families. Genetics, 132(4):1211–1222.

Kocher, T.D., Lee, W., Sobolewska, H., Penman, D. and McAndrew, B. 1997. A genetic linkage map of a cichild fish, the tilapia (*Oreochromis niloticus*). Genetics, 148:1225–1232.

Kolstad, K. Heuch, P.A., Gjerde, B., Gjedrem, T. and Salte, R. 2004. Genetic variation in resistance of Atlantic salmon to the salmon louse. Aquaculture, submitted.

Komen, J. 1990. Clones of common carp, *Cyprinus carpio*. New perspectives in fish research. Doctoral thesis, Agricultureal University Wageningen, 169 pp.

Kosambi, D.D. 1944. The estimation of map distances from recombination values. Ann. Eugenics, 12:172–175.

Kossmann, H. 1972. Untersuchungen uber die genetische Varianz der Zwischenmuskelgræten des Karpfens. Theoretical and Appliede Genetics, 42:130–135

Lande, R. 1981. The minimum number of genes contributing to quantitative variation between and within populations. Genetics, 99:541-553.

Lande, R. 1995. Mutation and conservation. Conserve. Biol., 9:782-791.

Lande, R. and Thompson, R. 1990. Efficiency of marker assisted selection in the improvement of quantitative traits. Genetics, 124:743-756.

Lander, E.S. and Botstein, D. 1989. Mapping Mendelian factors underlying quantitative traits using RFLP linkage maps. Genetics, 121:185-199.

Langdon, C.J., Jacobson, D.P., Evans, F. and Blouin, M.S. 2000. The molluscan broodstock program- Improving pacific oyster broodstock through genetics selection. J. Shellfish Res., 19:616-

Lannan, J. 1972. Estimating heritability and predicting response to selection for the pacific oyster, *Crassostrea gigas*. Proc. Natl. Shellfish Assoc., 62:62-66.

Large, R.V. 1976. The influence of reproduction rate on the efficiency of meat productionin animal populations. In: D. Lister, D.N. Rodes, V.R. Fowler and M.F. Fuller (Editors), Meat Animals Growth and Productivity. Plenum Press, New York and London, 43-55 pp.

Lee, W. 2003. Detection of QTL for salinity tolerance of Tilapia. Aquaculture Workshop, January 2003, San Diego.

Lerner, I.M. 1950. Population Genetics and Animal Improvement as Illustrated by the Ingeritance of Egg Production, PP. 1-74. Cambridge University Press, Cambridge.

Lewis, R.C. 1944. Selective breeding of rainbow trout at Hot Creek Hatchery. Califronia Fish and Game., 30:95-97.

Lie, O., Danzmann, R., Guyomar, R., Holm, L.E., Powell, R., Slettan, A. and Taggart. J. 1997. Genetic linkage maps of salmonid fishes: SALMAP. Plant and Animal Genome V, San Diego, January 1997. Abstract.

Lin, S.Y. 1940. Fish culture in the New Territories of Hong Kong. Journal of the Hong Kong Fisheries Research Station 1(2).

Lincoln, R.F. 1981a. Sexual maturation in male triploid place (*Pleuronectes platessa*) and place x flounder (*Platichthys flesus*) hybrids. J. Fish Biol., 19:499-507.

Lincoln, R.F., 1981b. Sexual maturation in female triploid place (*Pleuronectes platessa*) and place x flounder (*Platichthys flesus*) hybrids. J. Fish Biol., 19:499-507.

Lincoln, R.F., Aulstad, D. and Grammeltvedt, A. 1974. Attempted triploid induction in Atlantic salmon (*Salmo salar*) using cold shocks. Aquaculture, 4:287-297.

Lincoln, R.F. and Scott, A.P. 1983. Production of all-triploids in rainbow trout. Aquaculture, 30:375-380.

Ling, S.W. 1977. Aquaculture in Southeast Asia: a Historical Overview. University of Washington Press, Seattle, USA. 108 pp.

Lipkin, E., Mosig, M.O., Darvasi, A., Ezra, E., Shalom, A., Friedman, A. and Soller, M. 1998. Quantitative trait locus mapping in dairy cattle by means of selective milk DNA pooling using dinucleotide microsatellite markers: analysis of milk protein percentage. Genetics, 149:1557-1567.

Liu, S., Liu, Y., Zhang, G., Feng, H., He, X., Zhu, G. and Yang, H. 2001. The formation of tetraploid stocks of red crucian carp x common carp hybrids as an effect of interspecific hybridization. Aquaculture, 192:171-186.

Lodi, E. 1979. Experientia, 35:1440-1441.

Longalong, F.M., Eknath, A.E. and Bentsen, H.B. 1999. Response to bi-directional selection for frequency of early maturing females in Nile tilapia (*Oreochromis niloticus*). Aquaculture, 178:13-25.

Longwell, A.C. and Stiles, S.S. 1973. Gamete cross incompatibility and inbreeding in the commercial American oyster, *Crassostrea virginica* Gmelin. Cytologia, 38:521-533.

Lorenzen, N., Olesen, N.J. and Koch, C. 1999. Immunity to VHS virus in rainbow trout. Aquaculture, 172:41-61.

Lou, Y.D. and Purdom, C.E. 1984a. Polyploidy induced by hydrostatic pressure in rainbow trout, *Salmo gairdneri Richardson*. J. Fish Biol., 25:345-351.

Lou.Y.D. and Purdom, C.E. 1984b. Diploid gynogenesis induced by hydrostatic pressure in rainbow trout, *Salmo gairdneri Richardson*. J. Fish Biol., 24:665-670.

Lovshin, L.L. 1980. Progress report on fisheries development in northeast Brazil. Res. Dev. Ser. No. 26.15 pp. Culture of monosex and hybrid tilapia. FAO/CIFA Tech. Pap. 4(Suppl. 1):548-564.

Lund, T., Gjedrem, T., Bentsen, H.B., Eide, D.M., Larsen, H.J.S. and Roed, K.H. 1995. Genetic variation in immune parameters and associations to survival in Atlantic salmon. J. Fish Biol., 46:748-758.

Lura, H. and Okland, F. 1994. Content of synthetic astaxanthin in escaped farmed Atlantic salmon, Salmo salar L., ascending Norwegian rivers. Fish. Manage. And Ecol., 1:205-216.

Lura, H. and Saegrov, H. 1991. Documentation of successful spawning of escaped farmed female Atlantic salmon, *Salmo salar*, in Norwegian rivers. Aquaculture, 98:151-159.

Lush, J.L. 1947. Family merit and individual merit as basis for selection. Part I. Am. Nat. 81:241-261. Part II. Am. Nat., 81:362-379.

Lush, J.L. 1949. Animal breeding plans. A book of the Iowa State College Press. 443pp.

Lush, J.L. 1994. The genetics of populations. Iowa Agriculture and Home Economics Experiment Station College of Agriculture, Iowa State University, Ames, Iowa, 900pp.

Lutz, C.G. 2001. Practical genetics for aquaculture. Fishing News Books, Blackwell Science, 235pp.

Lynch, M. and Walsh, B. 1998. Genetics and analysis of quantitative traits. Sinauer Associates, Inc. 980pp.

Macaranas, J.M., Agustin, L.Q., Ablan, M.C.A., Pante, M.J.R., Eknath, A.A. and Pullin, R.S.V. 1995. Genetic improvement of farmed tilapias: biochemical characterization of Strain differences in Nile tilapia. Aquaculture International, 3:43-54.

MacArthur, J.W. 1949. Selection for small and large body size in the house mouse. Genetics, 34:194-209.

Maclean, J. 1984. Tilapia, the aquatic chicken. ICLARM Newsletter. ICLARM, Makat;, metro Manila. 1(7).

Mahapatra, K.D., Gjerde, B., Saha, J.N., Reddy, P.V.G.K., Jana, R.K., Sahoo, M. and Rye, M. 2004. Realised genetic gain for growth in rohu (*Labeo rohita*). Aquaculture, in manuscript.

Mair, G.C., Abucay, J.S., Beardmore, J.A. and Skibinski, D.O.F. 1995. Growth performance trials of genetically male tilapia (GMT) derived from YY males in *Oreochromis niloticus* L.: On-station comparisons with mixed sex and sex reversed male populations Aquaculture, 137:313-322.

Mair, G.C., Abucay, J.B., Skibinski, D.O.F., Abella, T.A. and Beardmore, J.A. 1997. Genetic manupulation of sex-ratio for the large-scale production of all-male tilapia, *Oreochromis niloticus*. Canadian Journal of Fisheries and Animal Sciences, 54:396-404.

Mair, G.C., Scott, A., Penman, D.J., Beardmore, J.A. and Skibinski, D.O.F. 1991. Sex determination in the genus Oreochromis I: Sex reversal, gynogenesis, and triploidy in *O.niloticus L.* Theor. Appl. Genet., 82:144-152.

Malecot, G. 1948. Les mathematiques de I'heridite. Masson, Paris.

Mallet, A.L., Freeman, K.R. and Dickie, L.M. 1986. The genetics of production characters in the blue mussel *Mytilus edulis*. I. A preliminary analysis. Aquaculture, 57:133-140.

Mallet, A.L. and Haley, L.E. 1983. Effects of inbreeding on larval and spat performance in the American oyster. Aquaculture, 33:229-235.

Martinez, V.A., Hill, W.G. and Knott, S.A. 2002. On the use of double haploids for detecting QTL in outbred populations. Heredity, 88:423-431.

Maynard, L.A. and Loosli, J.K. 1969. Animal nutrition. 6th edition, McGraw-Hill, New york.

McCarthy, J.C. and Siegel, P.B. 1983. A review of genetical and physiological effects of selection in meattype poultry. Animal Breeding Abstract, 51:87-94.

McConnell, S.K. Beynon, C., Leamon, J. and Skibinski, D.O.F. 2000. Microsatellite marker based genetic linkage maps of Oreochromis aureus and O.niloticus (Cichlidae): extensive linkage group segment homologies revealed. Anim. Gen., 31:214-218.

McDonald, G.J., Danzmann, R.G. and Ferguson, M.M. 2004. Relatedness determination in the absence of pedigree information in three cultured strains of rainbow trout (*Oncorhynchus mykiss*). Aquaculture, 233:65-78.

McGinnity, P., Prodohl. P., Ferguson, A., Hynes, R., O Maoileidigh, N., Baker, N., Cotter, D., O'Hea, B., Cooke, D., Rogan, G., Taggart, J. and Cross, R. 2003. Fitness reduction and potential extinction of wild populations of Atlantic salmon, *Salmo salar*, as a result of interactions with escaped farm salmon. Proc. R. Soc. Land. B.

McKay. L.R., Ihssen, P.E. and Friars, G.W. 1986. Genetic parameters of growth in rainbow trout, *Salmo gairdneri*, as a function of age and maturity. Aquaculture, 58:241-254.

Melamed, P., Gong, Z., Fletcher, G. and Hew, C.L. 2002. The potential impact of modern biotechnology on fish aquaculture. Aquaculture, 204:255-269.

Menasveta, P. and Fast, A.W. 1998. The evolution of shrimp culture and its impact on mangroves. Infofish International, 1/98:24-29.

Mendel, J.G. 1866. "Versuche uber Pflantzen-Hybriden". Verh. Naturforsch. Verein. Brunn, 4:3-47.

Mesa, M.G. 1991. Variation in feeding, aggression, and position choice between hatchery and wild trout in an artificial stream. Transaction of the American Fisheries Society, 116:574-579.

Meske, Ch. 1968. Breeding carp for reduced number of intramuscular bones, and growth of carp in aquaria. Badmidgeh, 20:105-119.

Meuwissen, T.H.E. 1997. Maximizing the response of selection with a predefined rate of inbreeding. J. Anim. Sci., 75:934-940.

Meuwissen, T.H.E. and Goddard, M.E. 1996. The use of marker haplotypes in animal breeding schemes. Genetics Selection Evolution, 28:161-176.

Meuwissen, T.H.E. and Lou, Z. 1992. Computing inbreeding coefficients in large populations. Genet. Sel. Evol., 24:305-313.

Meuwissen, T.H.E. and Sonesson, A.K. 1998. Maximizing the response to selection with a predefined rate of inbreeding: Overlapping generations. J. Anim. Sci., 76:2575-2583.

Meuwissen, T.H.E. and Woolliams, J.A. 1994a. Effective size of livestock production to prevent a decline in fitness. Theor. Appl. Genet., 89:1019-1026.

Meuwissen, T.H.E. and Wooliams, J.A. 1994b. Response versus risk in breeding schemes. In: Proc. of the 5th World Congress on Genetics Applied to Livestock Production, University of Guelph, Guelph, Ontario Canada, 18:236-243.

Mitchell. G.C., Smith, M., Makower, P.J. and Bird, W.N. 1982. An economic appraisals of pig improvement in Great Britain. Genetic and production aspect. Animal Prod., 35:215-224.

Mjolner, I.B., Refseth, U.H., Karlsen, E., Balstad, T., Jakobsen, K.S. and Hindar, K. 1997. Genetic differences between two wild and one farmed population of Atlantic salmon (Salmo salar) revealed by three classes of genetic markers. Hereditas, 127:239-248.

Moav, R. 1976. Genetic improvement in the aquaculture industry. 610-622. In: Advances in aquaculture, FAO Technical Conference on Aquaculture. Kyoto, Japan, 26 May-2 June.

Moav, R. and Finkel, A. 1975. Variability of intramuscular bones, vertebrate, ribs, dorsal fin rays and skeletal disorders in common carp. Theoretical and Applied Genetics, 46:33-43.

Moav, R., Hulata, G. and Wohlfarth, G. 1975. Genetic differences between the chinese and European races of the common carp. 1. Analysis of genotype- environment interactions. Heredity, 34:323-340.

Moav, R. and Wohlfarth, G.W. 1963. Breeding schemes for the genetic improvement of edible fish. Progress report. 1962. Fish breeders Association of Israel, 44pp.

Moav, R. and Wohlfarth, G.W. 1973. Carp breeding in Israel. In: R. Moav (Editor) Agricultural Genetics. Selected Topics. J. Wiley, New York, NY, 352pp.

Moav, R. and Wohlfarth, G.W. 1976. Two way selection for growth rate in the common carp (*Cypinus carpio L.*). Genetics, 82:83-101.

Moen, T., Høyheim, B., Munck, H. and Gomez-Raya, L. 2004a. A linkage map of Atlantic salmon (*Salmo salar*) reveals an uncommonly large difference in recombination rate between the sexes. Animal Genetics, Accepted.

Moen, T., Munck, H., Fjalestad, K.T. and Gomez-Raya, L. 2004b. A multi-stage testing strategy for detection of quantitative trait loci affecting disease resistance in Atlantic salmon. Genetics, Accepted.

Moore, S.S., Whan, V., Davis, G.P., Byme, K., Hetzel, D.J.S. and Preston, N. 1999. The development and application of genetic markers for the Kumara prawn, *Penaues japonicus*. Aquaculture, 173:19-32.

Moyle, P.B. 1969. Comparative behavior of young brook trout of domestic and wild origine. Prog. Fish Cult., 31:51-59.

Mrode, R.A. 1996. Linear models for the prediction of animal breeding values. CAB International, Wallingford, Oxon OX10 8DE, UK, 187.

Mustafa, A. and MacKinnon, B.M. 1999, Genetic variation in susceptibility of Atlantic salmon to the louse Caligus elongates Nordmann, 1832. Can. J. Zool., 77:1332-1335.

Myers, J.M., Hershberger, W.K. and Iwamoto, R.N. 1986. The induction of tetraploidy in salmonids. Journal of the World Aquaculture Society, 17:1-7.

Mørkøre, T. and Rørvik, K.A. 2001. Seasonal variation in growth, feed utilization and product quality of farmed Atlantic salmon (Salmo salar) transferred to seawater as 0+ smolts or 1+ smolts. Aquaculture, 199:145-157.

Naciri-Graven, T., Martin, A.G., Baud, J.P., Renault, R. and Gerard, A. 1998. Selecting the flat oyster *Ostrea edulis* (*L.*) for survival when infected with the parasite Bonamia ostreae. J. Exp. Mar. Biol. Ecol., 224:91-107.

Nei, M. 1975. Molecular population genetics and evolution. North-Holland, Amsterdam.

Nell, J.A., Cox, E., Smith, I.R., and maguire, G.B. 1994. Studies on triploid oysters in Australia. 1. The farming potential of triploid Sydney rock oysters *Saccostrea commercialis* (Iredale and Roughley). Aquaculture, 126:243-255.

Nell, A.J. and Hand, R.E. 2003. Evaluation of the progeny of second-generation Sydney rock oyster *Saccostrea glomerata* (Gold, 1850) breeding lines for resistance to QX disease Marteilia sydney. Aquaculture, 228:27-35.

Nell, J.A., Smith, I.R. and Sheridan, A.K. 1999. Third generation evaluation of Sydney rock oyster *Saccostrea commercialis* (Iredale and Roughley) breeding lines. Aquaculture, 170:195-203.

New, M.B. 1991. Turn of the millennium aquaculture. World Aquaculture, 22(3):28-49.

Newkirk, G.F. 1978. Interaction of genotype and salinity in larvae of oyster Crassostrea virginica. Mar. Biol., 48(3):227-234.

Newkirk, G.F. 1980. Review of the genetics and the potential for selective breeding of commercially important bivalves, Aquaculture, 19:209-228.

Newkirk, G.F. and Haley, L.E. 1983. Selection for growth rate in the European oyster, Ostrea edulis: response of second generation groups. Aquaculture, 33:149-155.

Nicholas, F.W. 1989. Incorporation of new reproductive technologies in genetic improvement programmes. In: Evolution and Animal Breeding (Hill, W.G., MacKay, F.C., eds). CBA International. Wallingford, 203-209.

Nichols, K.M., Young, W.P., Danzmann, R.G., Robison, B.D., Rexroad, C., Noakes, M., phillips, R.B., Bentzen, P., Spies, Il, Knudsen, K., Allendorf, F.W., Cuningham, B.W., Brunelli, J., Zhang, H., Ristow, S., Drew, R., Brown, K.H., Wheeler, P.A. and Thorgaard, G.H. 2003. A consolidated linkage map for rainbow trout (*Oncorhynchus mykiss*) Anim. Gen., 34:102-115.

Nilsson, J. 1992. Genetic variation in resistance of Arctic char to fungal infection. J. Aquatic Anim. Health, 4:36-47.

Norris, A.T., Bradly, D.G. and Cunnigham, E.P. 2000. Parentage and relatedness determination in farmed Atlantic salmon (Salmo salar) using microsatellite markers. Aquaculture, 182:73-83.

Nævdal, G., Holm, M., Moller, D. and Ovsthus, O.D. 1975. Experiments with selective breeding of Atlantic salmon. Int. Council Exp. Sea. C.M.M:22.

O'Farrell, M.M. and Price, R.E. 1989. The occurrence of a gynandromorphic migratory trout, *Salmo trutta* L. J. Fish Bio., 34:327.

Okamoto, N., Tayaman, T., Kawanobe, M., Fujiki, N., Yasuda, Y. and Sano, T. 1993. Resistance of a rainbow trout strain to infectious pancreatic necrosis. Aquaculture, 117:71-76.

Olesen, I., Gjedrem, T., Bentsen, H.B., Gjerde, B. and Rye, M. 2003. Breeding programs for sustainable aquaculture. Journal of Applied Aquaculture, 13:179-204.

Olesen, I., Gjerde, B. and Groen, Ab.F. 1999. Methodology for deriving non-market trait values in animal breeding goals for sustainable production systems. GIFT Workshop Wageningen, Session 1a Breeding and goals. Bulletin no., 23:13-21.

Olesen, I., Groen, A.F. and Gjerde, B. 2000. Definition of animal breeding goals for sustainable production systems. Journal of Animal Science, 78:570-582.

Osman, H.E.S. and Robertson, A. 1968. The introduction of genetic material from inferior into superior strains. Genet. Res. Camb., 12:212-236.

Ozaki, A., Sakamoto, T., Khoo, S., Nakamura, K., Coimbra, M.R.M., Akutsu, T. and Okamoto, N. 2000. Quantitative trait loci (QTLs) associated with resistance/ susceptability to infectious pancreatic necrosis virus (IPN) in rainbow tout (*Oncorhynchus mykiss*). Mo.Genet. Genomic, 265:23-31.

Pante, M.J.R., Gjerde, B. and McMillan, I. 2001a. Effect of inbreeding on body weight at harvest in rainbow trout, *Oncorhynchus mykiss*. Aguaculture, 192:201-211.

Pante, M.J.R., Gjerde, B. and McMillan, I. 2001b. Inbreeding levels in selected populations of rainbow trout, *Oncorhyncus mykiss*. Aquaculture, 192:213-224.

Pante, M.J.R., Gjerde, B., McMillan, I. and Misztal, I. 2002. Estimation of additive and dominance genetic variances for body weight at harvest in rainbow trout, *Oncorhyncus mykiss*. Aquaculture, 204:383-392.

Pearson, K. 1903. Mathematical contributions to the theory of evolution. XI. On the influence of natural selection on the variability and correlation of organs. Philosophical Transaction of the Royal Society London Series A 200:1-66.

Pillay, T.V.R. 1990. Aquaculture. Principles and practices. Fishing News Books, 576.

Pillay, T.V.R. and Dill, W.A. 1979. Advances in aquaculture. Fishing News Books Ltd. Farnham, Surrey, England, 653pp.

Pirchner, F. 1985. Genetic structure of population. 1. Closed populations or matings among related individuals. In World animal science. General and quantitative genetics, A. Basic information. 4 Editor A.B. Chapman, Elsevier, 227-250.

Pondzoni, R.W., Hamzah, A.B., Saadiah, S.T. and Kamaruzzaman, N. 2003. Phenotypic and genetic parameters for live weight in two environments in a selected line of Nile tilapia in Malaysia., International Association for Genetics in Aquaculture, Genetics in Aquaculture VIII. 9-15 November 2003:83, Puerto Varas, Chile.

Pruginin, Y., Rothbard, S., Wohlfarth, G., Harvey, A., Moav, R. and Hulata, G. 1975. All-male broods of *Tilapia nilotica* X *T. aurea* hybrids. Aquaculture, 11:329-334.

Purdom, C.E. 1969. Radiation-induced gynogenesis and androgenesis in fish. Heredity, London, 24:431-444.

Purdom, C.E. 1970. Gynogenesis - a rapid method for producing inbred lines of fish. Fishing News International, September, 29-32.

Purdom, C.E. 1972a. Genetics in fish farming. MAFF, Lowestoft. Lab. Leaflet, 25:1-16.

Purdom, C.E. 1972b. Induced polyploidy in place (*Pleuronectes platessa*) and its hybrid with flounder (*Platichthys flesus*). Heredity, 29:11-24.

Purdom, C.E. 1974. Variation in fish. In: F.R. Harden Jones (Editor), Sea fisheries Research, Elek Science, London, 347-355pp.

Purdom, C.E. 1976. Genetic techniques in flatfish culture. J. Fish Res. Board Can., 33:1088-1096.

Purdom, C.E. 1983. Genetic engineering by the manipulation of chromosomes. Aquaculture, 33:287-300.

Purdom, C.E. 1993. Genetics and fish breeding. Chapman and Hall, London- Glasgow- New York-Tokyo-Melbourne-Madras. 277pp.

Quaas, R.L. 1976. Computing the diagonal elements of a large numerator relationship matrix. Biometrics, 32:949-953.

Quilet, E., Fosil, L. and Chourrout, D. 1991. Production of all- triploid and all-female brown trout for aquaculture. Aquac. Living Resour,/Resour. Vivantes Aquat, 4:27-32.

Rauw, W.M., E. Kanis, E.N. Noordhuizen-Stassen and F.J. Grommers, 1998. Undesirable side effects of selection for high production efficiency in farm animals: a review. Livest. Prod. Sci., 56:15-33.

Reagan Jr, R.E. 1980. Heritability and genetic correlations of desirable commercial traits in channel catfish. Compl. Rep. Miss. Agric For. Exp. Sttn. Publ. by Mafes-MS (USA)(June 1980)4-5 pp.

Reagan, R.E. and Conley, C.M. 1977. Effect of egg diameter on growth of channel catfish. Prog. Fish. Cult., 39:133-134.

Reddy, P.V.G.K., Gjerde, B., Tripathi, S.D., Jana, R.K., Mahapatra, K.D., Gupta, S.D., Saha, J.N. Lenka, S., Sahu, M., Govindassamy, P., Rye, M. and Gjedrem, T. 2002. Growth and survival of six stocks of rohu (*Labeo rohita*) in mono-and polyculture production systems. Aquaculture, 203:239-250.

Reed, D.H. and Frankham, R. 2001. How Closely Correlated are Molecular and Quantitative Measures of Genetic Variation? A Meta-Analysis. Evolution, 55(6):1095-1103.

Refstie, T. 1981. Tetraploid rainbow trout produced by Cytochalasin B. Aquaculture, 25:51-58.

Refstie, T. 1982. Preliminary results: Differences between rainbow trout famillies in resistance against vibriosis and stress. In: W.B. van Muiswinkel (Editor), Developmental and Comparative Immunology, suppl. 2. Pergamon Press, New York, NY, 205-209pp.

Refstie, T. 1983a. Hybrids between salmonid species. Growth rate and survival in seawater. Aquaculture, 33:281-285.

Refstie. T. 1983b. Indiction of diploid gynogenesis in Atlantic salmon and rainbow trout using irradiated sperm and heat shock. Can. J. Zool., 61:2411-2416.

Refstie. T. 1990. Application of breeding schemes. Aquaculture, 85:163-169.

Refstie, T. and Gjedrem, T. 1977. Selection experiments with salmon. II. Proportions of Atlantic salmon smoltifying at one year of age. Aquaculture, 10:231-242.

Refstie. T., Stoss, J. and Donaldson, E. M. 1982. Production of all female coho salmon (*Oncorhynchus kisutch*) by diploid gynogenesis using irradiated sperm and cold shock. Aquaculture, 29:67-82.

Refstie, T., Vassvik, J. and Gjedrem, T. 1977. Induction of polyploidy in salmonids by Cytochalasin B. Aquaculture, 10:65-74.

Refstie, T., Mørkøre, T., Johansen, H. and Gjoen, H.M. 1999. Texture, AKVAFORSK Report no. 12/99, 19pp.

Rezk, M.A., Smitherma, R.O., Williams, J.C., Nichols, A., Kucuktas, H. and Dunham, R.A. 2003. Response to three generations of selection for increased body weight in channel catfish, *Ictalurus punctatus*, grown in earthen ponds. Aquaculture, 228:69-79.

Robertson, A. 1955. Selection response and the properties of genetic variation. Cold. Spr. Harb. Symp. Quant. Biol., 20:166-177.

Robertson, A. and Lerner, I.M. 1949. The heritability of all-or-non traits: viability of poultry. Genetics, 34:395.

Robinson, N. 2002. Techniques for advanced genetic improvement of fish and shellfish in aquaculture. Report on an NRE scientific exchange visit to aquaculture and marine science institute in Scotland and Norway, September 2002. Victorian Institute of Animal Science, Attwood VIC 3049, Australia, 35pp.

Robison, O.W. and Luempert, L.G. 1984. Genetic variation in weight and survival of brook trout (*Salvelinius fontinalis*). Aquaculture, 38:155-170.

Romashov, D.D., Belyaeva, V.N, Golovinskaia, K.A. and Prokofieva-Bel'govskaya, A.A. 1961. Radiation disease in fish. Radiatsionnaya Genetika, 161:247-266.

Ruzzante, D.E. 1994. Domestication effects on aggressive and schooling behavior in fish. Aquaculture, 120:1-24.

Ruzzante, D.E. and Doyle, R.W. 1991. Rapid behavioral changes in medaka, *Oryzias latipes*, during selection for competitive and noncompetitive growth. Evolution, 45:1936-1946.

Rye, M. 1991. Prediction of carcass composition in Atlantic salmon by computerized tomography. Aquaculture, 99:35-48.

Rye, M., Johansen, H., Suarez, J.A., Angarita, M.R. and Gitterle, T. 1999. Selective breeding of *Lito penaeus vannamei* in Columbia. Batch 1, 1998. Technical Report, December 1999. Institute of Aquaculture Research Ltd. Norway and Corporation Centro de Investigaciona de Columbia (CENIACUA), Columbia, 21pp.

Rye, M., Baeverfjord, G. and Jopson, N. 1994. Datomografi avslorer feittfordelinga hos laks. (Computerized tomographi reveal distribution of fat in salmon). Norsk Fiskeoppdrett, 11A-94:37-39.

Rye, M. and Eknath, A.E. 1999. Genetic improvement of tilapia through selective breeding - Experience from Asia. European Aquaculture Society, Special Publication. No 27:June 1999:207-208.

Rye, M. and Gjerde, B. 1996. Phenotypic and genetic parameters of composition traits and flesh colour in Atlantic salmon. Aquaculture Research, 27:121-133.

Rye, M., Lillevik, K.M. and Gjerde, B. 1990. Survival in early life of Atlantic salmon and rainbow trout: estimates of heritabilities and genetic correlations. Aquaculture, 89:209-216.

Rye, M. and Mao, I.L. 1998. Nonadditive genetic effects and inbreeding depression for body weight in Atlantic salmon (*Salmo salar L.*). Lives. Prod. Sci., 57:15-22.

Rye, M. and Refstie, T. 1995. Phenotypic and genetic parameters of body size traits in Atlantic salmon, *Salmo Salar L.* Aquaculture research, 26:875-885.

Rye, M., Storebakken, T., Gjerde, B. and Ulla, O. 1994. Efficient selection for colour in Atlantic salmon (Effektiv seleksjon for innfarging hos laks). Norsk Fiskeoppdrett, 11A:22-24.

Ryman, N. 1970. A genetic analysis of recapture frequencies of released young of salmon (*Salmo salar L.*). Hereditas, 65:159-160.

Ryman, N. 1981(ed.). Fish Gene Pools. Preservation of Genetic Resources in Relation to Wild Fish Stocks. Ecological Bulletins (Stockholm), 34:1-111.

Røed, K.H., Brun, E., Larsen, H.J. and Refstie, T. 1990. The genetic influence on serum haemolytic activity in rainbow trout. Aquaculture, 85:109-117.

Røed, K.H., Fjalestad, K., Larsen, H.J. and Midthjell, L. 1992. Genetic variation in haemolytic activity in Atlantic salmon (*Salmo salar L.*). J. Fish Biol., 40:739-750.

Røed, K.H., Fjalestad, K.T. and Strømsheim, A. 1993. Genetic variation in lysozyme activity and pontaneous haemolytic activity in Atlantic salmon (*Salmo salar*). Aquaculture, 114:19-31.

Sakamoto, T., Danzmann, R., Okamoto, N., Ferguson, M. and Ihssen, P. 1999. Linkage analysis of quantitative trait loci associated with spawning time in rainbow trout (*Oncorhynchus mykiss*). Aquaculture, 173:33-43.

Salte, R., Galli, A., Falaschi, U., Fjalestad, K.T. and Aleandri, R. 2004. A protocol for the on-site use of frozen milt from rainbow trout (*Oncorhynchus mykiss* Walbaum) applied to the production of progeny groups: comparing males from different populations. Aquaculture, 231:337-345.

Salte, R., Gjoen, H.M., Norberg, K. and Gjedrem, T. 1993. Plasma protein levels as potential marker traits for resistance to furunculosis. J. Fish Diseases, 16:561-568.

Sanders, G.P. 1986. Biology the science of life. Scott, Foresman and Company. Glenviw, Illinois: London, England, 1217pp.

Sarmasik, A., Warr, G. and Chen, T.T. 2002. Production of transgenic medaka with increased resistance to bacterial pathogens. Mar. Biotechnol., 4:310-322.

Schaperclaus, W. 1961. Lehrbuch der Tierchwirtschaft. Berlin, P. Parey. 582pp. Purdom, C.E. 1976. Genetic techniques in flatfish culture. J. Fish Res. Board Can., 33:1088-1096.

Schaperclaus, W. 1962. Trate de Pisciculture en Etang. Vigot Freres, Paris, 208-227.

Schultz, R.J. 1971. Am. Zool., 11:351-360.

Scott, A.P. and Baynes, S.M. 1980. A review of the biology, handling and storage of salmonid spermatozoa. J. Fish Biol., 17:707-739.

Scott, A.G., Penman, D.J., Beardmore, J.A. and Skibinski, D.O.F. 1989. The YY supermale in *Oreochromis niloticus* (*L.*) and its potential in aquaculture. Aquaculture, 78:237-251.

Searle, S.R. 1971. Linear Models. John Wiley and Sons, 532pp.

Searle, S.R. and Henderson, C.R. 1961. Computing procedures for estimating components of variance in the two-way classification, mixed model., Biometrics, 17: 607-616.

Searle, S.R. and Mao I.L. 1992. Responses to selection on genotypic or phenotypic values in the presence of genes with major effects. Theoretical and Applied Genetics, 85:403-406.

Sengbusch, R. 1963. Fische "ohne Græte". Der Zuchter, 33:284-286.

Sengbusch, R. 1967. Eine Schnellbestimmungsmethode der Zwischenmuskelgræten bei Karpfen zur auslese von "graetenfreien" Mutanten (mit Røntgen-Fernsehkamera und Bildschirmgeræt). Der Zuchter, 37:275-276.

Sengbusch, R. and Meske, C. 1967. Auf dem Wege zum graetenlosen Karpfen. Der Zuchter, 37:271-274.

Shadidi, F. and Botta, J.R. 1994. Seafoods. Chemistry, processing technology and quality. Blackie Academic and Professional, London, Glasgow, Weinheim, New York, Tokyo, Melbourne, Madras.

Shultz, F.T. 1986. Developing a commercial breeding program. Aquaculture, 57:65-76.

Siitonen, L. and Gall, G.A.E. 1989. Response to selection for early spawn date in rainbow trout, *Salmo gairdneri*. Aquaculture, 78:153-161.

Silverstein, J. 2003. Use of residual feed intake to compare feed efficiencies in strains of rainbow trout, *Onchorhynchus mykiss*. Abstract, Genetics in Aquaculture VIII, 9-15 November, 2003, Puerto Varas-Chile, 77.

Silverstein, J.T., Bosworth, B.G., Waldbieser, G.C. and Wolters, W.R. 2001. Feed intake in channel catfish: is there a genetic component? Aquaculture Research, 32:199-205.

Singer, M. and Berg, P. 1991. Genes & Genomes. University Science Books, Mill Valley, CA.

Singer, A., Perlman, H., Yan, Y., Walker, C., Corley-Smith, G., Brandhorst, B. and Postlethwait, J. 2002. Sex specific recombination rates in zebrafish (*Danio rerio*). Genetics, 160:649-657.

Siraj, S.S., Smitherman, R.O., Castillo-Gallusser, S. and Dunham, R.A. 1983. Reproductive traits for three year classes of Tilapia niloticus and maternal effects on their progeny. In International Symposium on Tilapia in Aquaculture, L. Fishelson and Yarson (Editors). Tel Aviv, Israel.

Skaala, Ø. and Hindar, K. 1998. Genetic changes in the River Vosso salmon stock following a collapse in the spawning population and invation of farmed salmon, p.29. In: Youngson, A.F., Hansen, L.P. and Windsor, M.L. (eds.). Interactions between salmon culture and wild stocks of Atlantic salmon. The scientific and management issues. Norsk institute for naturforskning, Trondheim.

Skaala, Ø., Taggart, J.B., Nævdal, G., Gunnes, K., Jørstad, K.E. and Karlsen, T. 1999. Genetic variability of farmed Atlantic salmon strains and wild stocks. Poster, Aqua. NOR, 1999.

Skjervold, H. 1982. Die Bildung einer synthetischen Rasse. Archiv fur Tierzucht, 25:1-12.

Smieser, J. 1979. Hybridization of carp of the Vodnany and Hungarian lines. Bull. VURH Vodnany, 15(1):3-12.

Smith, H. 1936. A discriminant function for plant selection. Ann. Eug., 7:240-250.

Smith, V.K. 1993. Nonmarket valuation of environmental resources: An interpretive apprisal. Land Econ., 69:1-26.

Snedecor, G.W. 1957. Statistical methods. Ames, Iowa, Iowa State College Press, 534pp.

Snedecor, G.W. and Cochran, W.G. 1980. Statistical methods. (7th edn). Iowa State University, Ames, Iowa, USA, 507pp.

Sneed, K.E. 1971. Some current North American work in hybridization and selection of cultured fishes. In: FAO Seminar/Study tour in the USSR on genetic selection and hybridization of cultivated fishes. Rep. FAO/UNDP- (TA). 2926:143-150pp.

Sokal, R.R. and Rolph, F.J. 1981. Biometry. The principles and practice of statistics in biological research, 2nd Edition, W.H. Freeman and Company, New York, 859.

Solazzi, M.F. 1977. Effects of inbreeding coho salmon (*Oncorhynchus kisutch*). An abstract of a thesis submitted to Oregon State University, 26pp.

Sonesson, A.K., Gjerde, B. and Meuwissen, T.H.E. 2004. Truncation selection for BLUP-EBV and phenotypic values in fish breeding schemes. AKVAFORSK, manuscript.

Sonesson, A.K. and Meuwissen, T.H.E. 2000. Mating schemes for optimum contribution selection with constrained rates of inbreeding. Genet. Sel. Evol., 32:231-248.

Sorensen, D.A. and Kennedy, B.W. 1984a. Estimation of response to selection using least squares and mixed model methodology. J. Anim. Sci., 58:1097-1106.

Sorensen, D.A. and Kennedy, B.W. 1984b. Estimation of genetic variances from unselected and selected populations. J. Anim. Sci., 59:1213-1223.

Sonesson, A.K. and Meuwissen, T.H.E. 2000. Mating schemes for optimum contribution selection with constrained rates of inbreeding. Genet. Sel. Evol., 26:333-360.

Stabell, O.B. 1984. Homing and olfaction in salmonids: a critical review with special references to the Atlantic salmon. Biol. Rev., 59:333-388.

Standal, M. and Gjerde, B. 1987. Genetic variation in survival of Atlantic salmon during the sea-rearing period. Aquaculture, 66:197-207.

Stanley, J.G. 1976. Production of hybrid, androgenetic and gynogenetic grass carp and carp. Transactions of the American Fisheries Society, 105:10-16.

Stanley, J.G., Hidu, H. and Allen, S.K. 1984. Growth of American oysters increased by polyploidy induced by blocking meiosis I but not meiosis II. Aquaculture, 37:147-155.

Steine, T. 1980. Fifteen years, experience with a co-operative sheep breeding scheme in Norway. Proc. World Congress in Sheep and Cattle Breeding, II:145-148.

Storebakken, T., Austreng, E. and Steenberg, K. 1981. A method for determination of feed intake in salmonids using radioactive isotopes. Aquaculture, 24:133-142.

Stoss, J. 1979. Spermakonservirung bei der Regenbogenforelle, (Salmo gairdneri). Dissertation, Institute fur Tierzucht und Haustiergenetik der Georg-August-Universistat Gottingen, Gottingen, Germany, 122 pp.

Stoss, J. 1983. Fish gamete preservation and spermatozoa physiology. Fish Physiology, Vol. IXB: 305-349. Academic press, Inc. IBSN 0-12-350429-5.

Stoss, J. and Refstie, T. 1983. Short-term storage and cryopreservation of milt from Atlantic salmon and sea trout. Aquaculture, 30:229-236.

Streelman, J.T. and Kocher, T.D. 2002. Microsatellite variation associated with prolactin expression and growth of salt-challenged tilapia. Physiol. Genomics, 9:1-4.

Strømsheim, A., Eide, D.M., Hofgaard, P.O., Larsen, H.J.S., Refstie, T. and Roed, K.H. 1994a.

Genetic variation in the humoral immune response against Vibrio salmonicida and in antibody titre against Vibrio anguillarum and total IgM in Atlantic salmon (Salmo salar). Veterinary Immunology and Immunopathology, 44:85-95.
Strømsheim, A., Eide, D.M., Fjalestad, K.T., Larsen, H.J.S. and Roed, K.H. 1994b. Genetic variation in the humoral immune response in Atlantic salmon (Salmo salar) against Aeromonas salmonicida A-layer. Veterinary Immunology and Immunopathology, 41:341-352.
Stahl, G. and Hindar, K. 1988. Genetic structure of Norwegian salmon: Status and perspectives. Rapport fra Fiskeriforskningen. No. 1 (In Norwegian).
Su, Guo-Sheng, Liljedahl, L.E. and Gall, G.A.E. 1996. Effect of inbreeding and growth and reproductive traits in rainbow trout (*Onchorhyncus mykis*). Aquaculture, 142:139-148.
Suarez, J.A., Gitterle, T., Angarita, M.R. and Rye, M. 1999. Genetic parameters for harvest weight and pond survival in *Litopenaeus vannamei*. European Aquaculture Society, Special Publication. No. 27:June 1999:232-233.
Sun, X. and Liang, L. 2003. A genetic linkage map of common carp (*Cyprinus carpio L.*) and mapping of a loci associated with cold tolerance. Aquaculture, in press.
Supan, J.E., Allen, Jr. S.K. and Wilson, C.A. 2000. Tetraploid eastern oysters: An ardous effort. J. Shellfish Res., 19:655.
Sutherland. T.M. 1965. The correlation between feed efficiency and rate of gain, a ratio and its denominator. Biometrics, 21:739-749.
Svardson, G. 1945. Chromosome studies of Salmonidae. Meddn St. Unders. Fors Ans. Sottvatt. Fisk., 23:1-151.
Swain, D.P. and Riddell, B.E. 1991. Domestication and agonistic behaviour in coho salmon: reply to Ruzzante. Can. J. Fish. Aquat. Sci., 48:520-522.
Sylven, S., Rye, M. and Simianer, H. 1991. Interaction of genotype with production system for slaughter weight in rainbow trout (*Oncorhynchus mykiss*). Livestock Production Science, 28:253-263.
Sorensen, P. 1986. Study of the effect of selection for growth in meat type chickens. (Studium af effekten af selektion fo vækst hos slagtekyllinger). Report no. 612 from the National Institute of Animal Science, Denmark, 31-35pp.
Talbot, C. and Higgins, P.J. 1983. A radiographic method for feeding studies on fish using metallic iron powder as a marker. J. Fish Biol., 23:211-220.
Tanck, M.W.T., Vermeulen, C.J., Bovenhuis, H. and Komen, J. 2001. Heredity of stress-related cortisol response in androgenetic common carp (*Cyprinus carpio L.*). Aquaculture, 199:283-294.
Tave, D. 1986a. Genetics for fish hatchery managers. AVI publishing Company, Inc. Westport, Connecticut.
Trave, D. 1986b. A Quantitative Genetic Analysis of 19 Phenotypes in *Tilapia nilotica*. Copeia, 3:672-679.
Tave, D., Rezk, M. and Smitherman, R.O. 1989. Genetics of body color in Tilapia mossambica. J. World Aquacul. Soc., 20:214-222.
Tave, D. and Smitherman, R.O. 1980. Predicted response to selection for early growth in Tilapia nilitica. Trans. Am. Fish. Soc., 109:439-445.
Tayamen, M.M., Reyes, R.A., Danting, Ma. D., Mendoza, A.M., Marquez, E.B., Salguet, A.C., Gonzales, R.C., Abella, T.A. and Vera-Cruz, E.M. 2002. Tilapia broodstock development for saline waters in the Philipines. Naga, The ICLARM Quarterly, 25(1):22-26.
Teichert-Coddington, D. 1983. divergent selection for prematuration body weight in tilapia niloticus.

M.S. Thesis, Auburn University, Auburn, AL.

Teichert-Coddington, D.R. and Smitterman, R.O. 1988. Lack of response by tilapia nilotica to mass selection for rapid early growth. Trans. Am. Fish. Soc., 117:297-300.

Terjesen, B.F., Barr, Y., Lein, I. and Gjerde, B. 2004. Development of a breeding nucleus production protocol for the Atlantic cod (*Gadus morhua L.*). I: Model development and production system dimensions. In manuscript.

The Tecnical Committee for tilapia. 1985. The Philippines recommends for tilapia. PCARRD Tech. Bull. Series No. 15-A. Philippines Council for Agriculture and Resources Research and development. Los Banos, Laguna.

Thodesen, J. 1999a. Selection for improved feed conversion in salmon (Avl for bedre forutnytting hos laks). Norsk Fiskeoppdrett, March 1999, No. 5A, 20-21.

Thodesen, J. 1999b. Selection for improved feed utilization in Atlantic salmon. Doctor Scientiarum Thesis, Agricultural University of Norway, 1999, 108pp.

Thodesen, J., Gjerde, B., Grisdale-Helland, B. and Storebakken, T. 2001. Genetic variation in feed intake, growth and feed utilization in Atlantic salmon (Salmo salar). Aquaculture, 194:273-281.

Thodesen, J., Gjerde, B., Grisdale-Helland, B., Helland, S.J. and Gjerde, B. 1999. Feed intake, Growth and feed utilization of offspring from wild and selected Atlantic salmon (*Salmo salar*). Aquaculture, 180:237-246.

Thorgaard, G.H. 1992. Application of genetic technologies to rainbow trout. Aquaculture, 100:85-97.

Thorgaard, G.H., Bailey, G.S., Williams, D., Buhler, D.R., Kaattari, S.L., Ristow, S.S., Hansen, J.D., Winton, J.R., Bartholomew, J.L., Nagler, J.J., Walsh, P.J., Vijayan, M.M., Devlin, R.H., Hardy, R.W., Overturf, K.E., Young, W.P., Robison, B.D., Rexroad, C. and Palti, Y. 2002. Status and opportunities for genomics research with rainbow trout. Comp. Biochem. and Phys. (Part B), 133:609-646.

Thorgaard, G.H. and Gall, G.H. 1979. Adult triploids in a rainbow trout family. Genetics, 93:961-973.

Thorgaard, G.H., Jazwin, M.E. and Stier, A.R. 1981. Polyploidy induced by heat shock in rainbow trout. Trans. Am. Fish. Soc., 110:546-550.

Thorgaard, G.H., Rabinovitch, P.S., Shen, M.W., Gall, G.A.E., Propp, J. and Utter, F.M. 1982. Triploid rainbow trout identified by flow cytometry. Auaculture, 29:305-309.

Thorgaard, G.H., Scheerer, P.D., Hershberger, W.K. and Myers, J.M. 1990. Androgenetic rainbow trout produced using sperm from tetraploid males show improved survival. Aquaculture, 85:215-221.

Toro, M.A. 1998. Selection of grandparental combinations as a procedure designed to make use of dominance genetic effects. *Genet. Sel. Evol.*, 30:339-349.

Toro, J.E., Aguila, P. and Vergara, A.M. 1996. Spatial variation in response to selection for live weight and shell length from data on individually tagged Chilian native oysters (Ostrea chilensis Philippi, 1845). Aquaculture, 146:27-36.

Toro, J.E. and Newkirk, G.F. 1990. Divergent selection for growth rate in the European oyster Ostrea edulis: response to selection and estimate of genetic parameters. Mar. Ecol. Prog. Ser., 62(3):219-227.

Toro, J.E. and Newkirk, G.F. 1991. Response to artificial selection and realized heritability estimate for shell height in the Chilian oyster Ostrea chilensis. Aguatic Living Resources, 4(2):101-108.

Toro, M.A., Nieto, B. and Salgado, C. 1988. A note on minimization of inbreeding in small scale selection programmes. Livest. Prod. Sci., 20:317-323.

Toro, M. and Perez-Enciso, M. 1990. Optimization of selection response under restricted inbreeding. Genet. Sel. Evol., 22:93-107.

Traxler, G.S., Anderson, E., LaPetra, S.E., Richard, J., Shewmaker, B. and Kurath, G. 1999. Dis. Aquat. Org., 38:183-190.

Trong, T.Q. 2004. Walk back selection. Msc. Thesis, Agricultural University of Norway, 1430. Aas, Norway, 36pp.

Uraiwan, S. and Doyle, R.W. 1986. Replicate variance and the choice of selection procedures for tilapia (*Oreochromis niloticus*) stock improvement in Thailand. Aquaculture, 57:93-98.

Vangen, O. 1984. Future breeding program in pigs in a situation with artificial insemination. (Framtidig avlsopplegg pa svin I en KS-situasjon). Aktuelt fra Statens fagtjeneste for landbruket, 1:300-306.

Vangen, O. and Kolstad, N. 1986. Genetic control of growth composition, appetite and feed utilization in pigs and in poultry. I.: Proc. 3rd World Congr. Genetics Applied to Livestock Prod. University of Nebraska, Lincoln, Nebraska, USA, 11:367-380.

Van Bebber, J. and Meyer, J.T. 1994. Selection for feed efficiency in broilers: A comparison of residual feed intake with feed conversion ratio. In: Proc. 5th World Congr. Genetics Applied to Livestock Prod. university of Guelph, Ontario, Canada, 20:53-56.

Van Vleck, L.D., Polak, E.J. and Oltenacu, E.A.B. 1987. Genetics for the Animal Sciences. W.H. Freeman and Company, New York, 391pp.

Varadaraj, K. and Pandian, T.J. 1989. First report on production of supermale tilapia by integrating endocrine sex reversal with gynogenetic technique. Curr. Sci., 58:343-441.

Vignal, A., Milan, A., SanCristobal, M. and Eggen, A. 2002. A review on SNP and other types of molecular markers and their use in animal genetics. Gen. Sel. Evol., 34:275-305.

Villanueva, B., Verspoor, E. and Visser, P.M. 2002. Parental assignment in fish using microsatelilite genetic markers with fifth numbers of parents and offspring. Animal Genetics, 33:33-41.

Villanueva, B. and Woolliams, J.A. 1997. Optimization of breeding programmes under index selection and constrained inbreeding. Genet. Res. Camb., 69:145-158.

Villanueva, B., Woolliams, J.A. and Gjerde, B. 1996. Optimum designs for breeding programmes under mass selection with an application in fish breeding. Animal Science, 63:563-576.

Villanueva, B., Wooliams, J.A. and Simm, G. 1994. Strategies for controlling rates of inbreeding in MOET nucleus schemes for beef cattle. Genet. Sel. Evol., 26:517-535.

Von Limbach, B. 1970. Breeding rainbow trout. 153-158 pp. In U.S. Bureau of Sport Fisheries and Wildlife Annual Report, Devision of Fisherity Research, 318pp.

Wallace, R.A., King, J.L. and Sanders, G.P. 1986. Biology the science of life. Scott, Foresman and Company. Glenviw, Illinois, London, England, 1217pp.

Watson, J. and Crick, F.H.C. 1953. Molecular structure of nucleic asids. Nature, 171:737-738.

Weinberg, W. 1908. Uber den Nachweis der Vererbung beim Menschen. Jahreshelfts Ver. vaterl. Naturf. Wuttemberg, 64:369-382.

Weller, J.I. 2001. Quantitative trait loci analysis in animals. CABI Publishing. 287 pp. World Fish Center 2002. INGA Technical Report (July 2001- June 2002). Submitted to the Norwegian Agency for Development Cooperation.

Wild, V., Simianer, H., Gjoen, J.M. and Gjerde, B. 1994. Genetic parameters and genotype-environment interaction for early sexual maturity in Atlantic salmon (*Salmo salar*). Aquaculture, 128:51-65.

Wilson, K., Li, Y., Whan, V., Lehnert, S., Byrne, K., Moore, S., Pongsomboon, S., Tassanakajon, A., Rosenborg, G., Ballment, E., Fayazi, Z., Suan, J., Kemay, M. and Benzieg, T. 2002. Genetic mapping of the black tiger shrimp *Penaeus monodon* with amplified fragment length polymorphism. Aquaculture, 204:297-309.

Winkelman, A.M. and Peterson, R.G. 1994. Genetic parameters (heritabilities, dominance ratios and genetic correlations) for body weight and length of chinook salmon after 9 and 22 months of saltwater rearing. Aquaculture, 125:31-36.

Wohlfarth, G.W. 1983. Genetics of fish: Application to warm water fishes. Aquaculture, 33:373-381.

Wohlfarth, G.W. 1993. Heterosis for growth rate in common carp. Aquaculture, 113:31-46.

Wohlfarth, G., Moav, R. and Hulata, G. 1983. A genotype- environment interaction for growth rate in common carp, growing in intensive manured ponds. Aquaculture, 33:187-195.

Woods, I.G., Kelly, P.D., Chu, F., Ngo-Hazelett, P., Yan, Y.L., Huang, H., Postlethwait, J.J. and Talbot, W.S. 2000. A comparative map of the zebrafish genome. Genome Research, 10:1903-1914.

Woolliams, J.A. 1989. Modifications to MOET nucleus breeding schemes to improve rates of genetic progress and decrease rates of inbreeding in dairy cattle. Anim. Prod., 49:1-14.

Woolliams, J.A., Pong-Wong, R. and Villanueva, B. 2002. Proceedings 7th World Congress on Genetics Applied to Livestock production, Communication, 23-32.

World Fish Center, 2002. Jalan Batu Maung, Penang, Malaysia.

Wray, N. and Hill, W.G. 1989. Asymptotic rate of responses from index selection. Anim. Prod., 49:217-227.

Wray, N.R., Woolliams, J.A. and Thompson, R. 1994. Prediction of rates of inbreeding in populations undergoing index selection. Theor. Appl. Genet., 87:878-892.

Wright, S. 1931. Evolution in Mendelan population. Genetics, 16:97-159.

Wright, S. 1934. The method of path coefficients. Annals of Mathematical Statistics, 5:161-165.

Yamamoto, T. 1969a. Inheritance of albinism in the medaka, Oryzias latipes, with special reference to gene interaction. Genetics, 62:797-809.

Yamamoto, T. 1969b. Sex differentiation, In Fish Physiology by Hoar, W.S. and Randall, D.J., Vol. III:117-175. Academic Press, New York and London.

Yamazaki, F. 1983. Sex control and manipulation in fish. Aquaculture, 33:329-354.

Yang, H., Guo, X., Chen, Z. and Wang, Y. 1999. Tetraploid induction by inhibiting mitosis 1 in scallop Chamus farreri. Chin. J. Oceanol. Limnol., 17:350-358.

Yang, H., Wang, R., Guo, X. and Yu, Z. 1997. Tetraploid induction by blocking polar body 1 and mitosis 1 unfertilized eggs of the scallop Chlamys (Azumapecten) farreri with cytochalasin B.J. Ocean Univ. Qingdao/Qingdao Haiyang Daxue Xuebao., 27:166-172.

Young, W.P., Wheeler, P.A., Coryell, V.H., Keim, P. and Thorgaard, G.H. 1998. A detailed genetic linkage map of rainbow trout produced using doubled haploids. Genetics, 148:839-850.

Zohar, Y., Abraham, M. and Gordin, H. 1978. The gonadal cycle of the captivity-reared hermaphroditic teleost *Sparus aurata* (*L.*) during the first two years of life. Annales de Biologie Animale, iochimie Bet Biophsique, 18:877-882.

sg rd, T. and Hillestad, M. 1998. Eco-friendly aquafeeds and feeding. Safe feed safe food. Symposium Victam 98. Utrecht, The Netherland, 13-14 May.

찾아보기